普通高等院校 精品课程规划教材
优质精品资源共享教材

建设工程招标投标与合同管理

主　编　谷学良
副主编　石东斌　关秀霞
主　审　蔡云龙　徐国良

中国建材工业出版社

图书在版编目（CIP）数据

建设工程招标投标与合同管理/谷学良主编．—北京：中国建材工业出版社，2013.9（2018.12重印）

普通高等院校精品课程规划教材　普通高等院校优质精品资源共享教材

ISBN 978-7-5160-0553-8

Ⅰ．①建…　Ⅱ．①谷…　Ⅲ．①建筑工程-招标-高等职业教育-教材②建筑工程-投标-高等职业教育-教材③建筑工程-合同-管理-高等职业教育-教材

Ⅳ．①TU723

中国版本图书馆CIP数据核字（2013）第190416号

内 容 简 介

本书根据我国最新的建设工程法律法规，结合建设工程项目的实际，以工作过程为导向，采用项目教学法，系统地阐述了建设工程招标投标及合同管理的基本知识和操作方法。全书共分五个学习情境，包括：建设工程的承发包与市场管理，建设工程项目施工招标，建设工程项目施工投标，建设工程项目开标、评标和中标，建设工程施工合同管理。

通过对本书的学习，读者可以掌握认知建设市场管理、建设工程招标投标、建设工程施工合同管理的基本理论和操作技能，能够完成某特定工程的招标投标文件的编制和合同的签订。

本书可作为高职高专建筑经济管理、工程造价、建筑工程技术、建筑工程管理、工程监理、房地产经营与估价、物业管理等专业的教学用书，也可供建筑工程技术管理人员和有关岗位培训人员学习参考。

建设工程招标投标与合同管理

主　编　谷学良
副主编　石东斌　关秀霞
主　审　蔡云龙　徐国良

出版发行：中国建材工业出版社
地　　址：北京市海淀区三里河路1号
邮　　编：100044
经　　销：全国各地新华书店
印　　刷：北京雁林吉兆印刷有限公司
开　　本：787mm×1092mm　1/16
印　　张：21.75
字　　数：536千字
版　　次：2013年9月第1版
印　　次：2018年12月第3次
定　　价：**54.00元**

本社网址：www.jccbs.com.cn

本书如出现印装质量问题，由我社发行部负责调换。联系电话：（010）88386906

前　言

为了全面及时地反映我国建筑领域工程招投标政策法规的新发展和新变化，为了适应 21 世纪职业教育发展的需要，培养建筑行业具备招标投标及合同管理与索赔知识的高技能人才，我们根据国家最新建设法规，结合国家示范性高职院校建设和课程改革经验，以工作过程为导向，采用项目教学法，编写了这本实用性很强的教材。

本教材的特点是求新与务实。求新，是把我国建筑行业中最新的政策法律、法规及标准范本融入在教材中，将《中华人民共和国招标投标法实施条例》（2012 年 2 月 1 日实施）、《中华人民共和国简明标准施工招标文件》（2012 年版）、《中华人民共和国标准设计施工总承包招标文件》（2012 年版）、《建设工程施工合同（示范文本）》（GF—2013—0201）呈现在本书中作为授课内容；务实，是对建设施工工程招标、投标、合同管理等方面，注重实际应用，做到可操作性和可读性统一。全书内容新颖，理论联系实际，注重实际应用，突破了已有相关教材的知识框架，内容通俗易懂，便于读者掌握并运用，是采用项目教学法编写的同类教材中不可替代的最新品种，适用于建筑类高职高专各专业的教学。

全书由黑龙江建筑职业技术学院谷学良任主编并统稿，石东斌、关秀霞任副主编，蔡云龙、徐国良任主审。各情境编写分工如下：学习情境一由山东工业职业技术学院何滨编写，学习情境二由谷学良编写，学习情境三由石东斌编写，学习情境四由关秀霞编写，学习情境五由李正喜、陈宏编写，附录由谷学良整理。

本书在编写过程中参考了不少文献资料，在此谨向原著作者们致以诚挚的谢意。

由于编写时间仓促，书中难免存在不当之处，恳请同行及广大读者批评指正。

编　者
2013 年 8 月

中国建材工业出版社
China Building Materials Press

我 们 提 供

图书出版　广告宣传　企业/个人定向出版　图文设计　编辑印刷　创意写作　会议培训　其他文化宣传

编 辑 部　010-88386119　　邮箱　jccbs-zbs@163.com
出版咨询　010-68343948　　网址　www.jccbs.com
市场销售　010-68001605
门市销售　010-88386906

发展出版传媒　　　服务经济建设

传播科技进步　　　满足社会需求

目　　录

学习情境一 建设工程的承发包与市场管理

学习目标

了解工程建设项目的内涵，掌握工程建设项目的分类与程序，了解工程承发包方式；了解熟悉建筑市场，理解建筑市场的构成；了解承包商承包工程应具备的基本条件，掌握不同的承包商资质等级划分标准。

技能目标

能够掌握工程建设项目划分标准，能够掌握工程建设项目的建设程序，熟悉建筑市场的构成与管理，会运用企业资质等级标准确定建筑业企业资质等级。

任务一 工程建设项目承发包方式的确定

任务引入

某建设单位准备投资建设一座商业城，那么该商业城属于哪类项目？如何建设该商业城？分几个阶段建设？各个阶段需要做哪些工作呢？采取什么样的承发包方式？

任务分析

建设一座商业城就是开发一个建设项目，我们要清楚工程建设项目的内容与分类，明确工程建设项目的建设分为决策阶段、准备阶段、实施阶段。商业城的建设要采取一定的承发包方式。

知识链接

一、工程建设项目

（一）工程建设项目的特征

建设工程是发展国民经济的物质技术基础，是实现社会主义扩大再生产的重要手段。因此，建设工程在国家的社会主义现代化建设中占据重要地位。

项目是指按限定时间、限定资源和限定质量标准等约束条件完成的具有明确目标的一次性任务。

《中华人民共和国招标投标法实施条例》（以下简称《条例》）规定，工程建设项目是指工程以及与工程建设有关的货物、服务。工程，是指建设工程，包括建筑物和构筑物的新建、改建、扩建及其相关的装修、拆除、修缮等。与工程建设有关的货物，是指构成工程不可分割的组成部分，且为实现工程基本功能所必需的设备、材料等。与工程建设有关的服务，是指为完成工程所需的勘察、设计、监理等服务。

工程建设项目具有如下基本特征。

1. 建设目标的明确性

建设工程项目以形成固定资产为特定目标。对于这一目标的实现，政府主要是审核建设项目的宏观经济效益和社会效益；发包方主要是在降低工程成本、保证工程质量的前提下，达到预期的使用效果；而承包方则更看重盈利能力等微观的财务目标。

2. 建设工程项目的综合性（整体性）

建设工程项目是在一个总体设计或初步设计范围内，由一个或若干个互相有内在联系的单项工程所组成；另外，建设工程项目的建设环节较多，因而在工程建设过程中涉及的内部专业多，外界单位广，综合性强，协调配合关系复杂。所以，建设工程项目的建设必须进行综合分析、统筹管理。

3. 建设过程的程序性

建设工程项目的实施必须遵循科学合理的建设程序和经过特定的建设过程。通常建设工程项目的全过程要经过项目建议书、可行性研究、勘察设计、建设准备、工程施工和竣工验收交付使用等6个阶段。

4. 建设工程项目的约束性

建设工程项目实施过程的主要约束条件有：

（1）时间约束。工程建设必须在合理的建设工期时限内完成。

（2）资源约束。工程建设应控制在一定的人力、物力和投资总额等条件范围内。

（3）质量约束。工程建设通过科学合理的管理，必须达到预期的生产能力、产品质量、技术水平和使用效益目标。

5. 建设工程项目的一次性

建设工程项目是一项特定的建设任务，它具有区域性、固定性、单件性和大体量等特点。因此，必须根据每一建设项目的不同特点，进行单独设计和独立组织施工生产活动。

6. 建设工程项目的风险性

由于建设工程项目具有体型庞大、建设周期长，受自然条件、区域条件和经济条件等因素影响较大，故建设工程项目的投资额巨大。特别是建设期间的人力、物力的市场需求，价格的变动及资金利率的变化，对工程项目的建设会带来很大的风险。

（二）建设工程项目的分类

建设工程项目的种类繁多，其分类方式多种多样。根据管理的需要，建设工程项目可大致分为以下几类。

1. 按建设工程项目的性质分类

（1）新建项目，指开始建设的项目或对原有建设项目重新进行总体设计，经扩大建设规模后，其新增加的固定资产价值超过原有固定资产价值三倍以上的建设项目。

（2）扩建项目，指原有建设项目为了扩大原有主要产品的生产能力或效益，或增加新产品生产能力，在原有固定资产的基础上新建一些主要车间或其他固定资产。

（3）改建项目，指为了提高生产效率，对原有设备、工艺流程进行技术改造的项目。

（4）迁建项目，指原有企业、事业单位，由于某些原因报经上级批准进行搬迁建设。不论规模是维持原状还是扩大建设，均属于迁建项目。

（5）恢复项目，指企业、事业单位因受自然灾害、战争等特殊原因，使原有固定资产已全部或部分报废，须按原有规模重新建设，或在恢复中同时进行扩建的项目，均属于恢复项目。

2. 按建设工程项目的建设阶段分类

（1）筹建项目，指正在准备建设的项目。

（2）施工项目，指正在施工中的项目。

（3）收尾项目，指工程主要项目已完工，只有一些附属的零星工程正在施工的项目。

（4）竣工项目，指工程已全部竣工验收完毕，并已交付建设单位的项目。

（5）投产或使用项目，指工程已投入生产或使用的项目。

3. 按建设工程项目的用途分类

（1）生产性建设工程项目。如工业矿山、地质资源、农田水利、运输、邮电等项目。

（2）非生产性建设项目。即消费性建设项目，如住宅、文教卫生、体育、电视、疗养、排水管道、燃气等。

4. 按建设工程项目的规模分类

（1）大型建设工程项目，指建设工程项目在规定年产量数值以上的项目。

（2）中型建设工程项目，指建设工程项目在规定年产量数值之间的项目。

（3）小型建设工程项目，指建设工程项目在规定年产量数值以下的项目。

划分大、中、小型项目，并不是固定不变的，而是随着技术能力的提高和投资的提高而改变。

5. 按建设工程项目资金来源和渠道分类

（1）国有（政府）投资项目，指国家财政预算中直接投资的建设项目。

（2）自筹投资项目，指除国家财政预算外的投资项目，它可以是地方自筹资金和单位自筹资金的建设项目。

（3）银行贷款筹资项目，指建设项目的主要资金来源是银行借贷。

（4）外商投资项目，指建设项目的资金来源是靠外商投资。

（5）债券投资项目，指建设项目是靠金融债券筹集的资金建设的项目。

6. 按建设工程项目的构成层次分类

一个建设工程项目是一个完整配套的综合性产品，可划分为多个项目。

（1）建设工程项目。一般是指具有设计任务书，按一个总体设计进行施工，经济上实行独立核算，行政上有独立组织建设的管理单位，并且是由一个或一个以上的单项工程组成的新增固定资产投资项目，如一家工厂、一座矿山、一条铁路、一所医院、一所学校等。

（2）单项工程，指能够独立设计、独立施工，建成后能够独立发挥生产能力或使用效益的工程项目，如生产车间、办公楼、影剧院、教学楼、食堂、宿舍楼等。它是建设工程项目的组成部分。

（3）单位工程。单位工程是可以独立设计，也可以独立施工，但不能独立形成生产能力或发挥使用效益的工程。它是单项工程的组成部分，如一个车间由土建工程和设备安装工程组成。

（4）分部工程。分部工程是单位工程的组成部分，它是按照建筑物或构筑物的结构部位或主要的工种工程划分的工程分项，如基础工程、主体工程、钢筋混凝土工程、楼地面工程、屋面工程等。

（5）分项工程。是分部工程的细分，是建设项目最基本的组成单元，也是最简单的施工过程。一般是按照选用的施工方法，所使用的材料、结构构件规格等不同因素划分的施工分项。例如，在砖石工程中可划分为砖基础、内墙、外墙等分项工程。

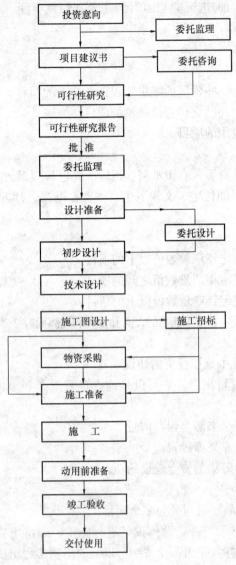

图 1-1　我国工程项目建设程序

二、工程项目建设程序

所有工程项目都具有单件性和一次性的特点，但它们依然有着共同的规律，即应遵循科学的建设程序来办事。所谓工程项目建设程序是指一项工程从设想提出到决策，经过设计、施工直至投产使用的整个过程中应当遵循的内在规律和组织制度。

（一）我国工程项目建设程序

目前我国工程项目建设程序见图 1-1。

按我国目前的建设程序，大中型项目的建设分为项目决策与项目实施两大阶段。

1. 项目决策阶段

建设项目决策阶段的工作主要是编制项目建议书，进行可行性研究和编制可行性研究报告。

（1）项目建议书。项目建议书是建设某一项目的建议性文件，是对拟建项目的轮廓设想。项目建议书的主要作用是为推荐拟建项目提出说明，论述建设它的必要性，以便供有关的部门选择并确定是否有必要进行可行性研究工作。项目建议书经批准后，方可进行可行性研究。

（2）可行性研究。可行性研究是在项目建议书批准后开启的一项重要的决策工作。其任务是根据国家长期规划、地区规划和行业规划的要求，对建设项目在技术、工程与经济上是否合理和可行，进行全面分析、论证，多方案比较，作出评价，为投资决策提供可靠的依据。

（3）编制可行性研究报告。可行性研究报告是确定建设项目、编制设计文件的基本依据。可行性研究报告要选择最优建设方案进行编制。批准的可行性报告是项目最终的决策文件和设计依据。可行性报告经有资格的工程咨询等单位评估后，报有关部门审批。经批准的可行性研究报告不得随意修改和变更。

可行性研究报告经批准后，组建项目管理班子，并着手项目实施阶段的工作。

2. 项目实施阶段

立项后，建设项目进入实施阶段。项目实施阶段的主要工作包括项目设计、建设准备、工程施工、动用前准备、竣工验收等阶段性工作。

（1）项目设计。设计工作开始前，项目业主按建设监理制的要求委托工程建设监理。在监理单位的协助下，根据可行性研究报告，做好勘察和调查研究工作，落实外部建设条件，组织开展设计方案竞赛或设计招标，确定设计方案和设计单位。

对一般项目，设计按初步设计和施工图设计两个阶段进行。有特殊要求的项目可在初步设计之后增加技术设计阶段。

初步设计是根据批准的可行性研究报告和设计基础资料，对项目进行系统研究、概略计算和估算，做出总体安排。它的目的是在指定的时间、空间条件下，在投资控制额度内和质量要求下，做出技术上可行、经济上合理的设计和规定，并编制项目总概算。

技术设计是针对技术复杂而又缺乏经验的项目所增加的一个设计阶段，对一般常用技术和有经验的项目不必进行技术设计。

施工图设计是根据批准的初步设计和技术设计（如有时），绘制正确、完整、详尽的建筑、安装施工图纸，使各有关方面能据此安排设备和材料的订货，制作非标准设备以及安排施工并编制施工图预算。

（2）建设准备。项目施工前必须做好建设准备工作。其中包括征地、拆迁、平整场地、通水、通电、通路以及组织设备、材料订货，组织施工招标，选择施工单位，报批开工报告等项工作。

施工前各项施工准备由施工单位根据施工项目管理的要求做好。属于业主方的施工准备，如提供合格施工现场、设备和材料等也应根据施工要求做好。

（3）工程施工。施工是工程建设项目由设计产品变为物质产品的阶段，是形成建筑产品的主要阶段。施工的依据是有关施工文件和技术规范以及施工图纸，因此，它又是将设计付诸实施，变成现实的过程。

（4）动用前准备。动用前准备是指业主应做好的项目建成动用的一系列准备工作。例如人员培训、组织准备、技术准备、物资准备等。其目的是保证交工项目早日投产。

（5）竣工验收、交付使用。竣工验收是项目建设的最后阶段。它是全面考核项目建设成果，检验设计和施工质量，实施建设过程事后控制的主要步骤。同时，也是确认建设项目能否动用的关键步骤。项目验收合格即交付使用，同时按规定实施保修。

目前我国建设程序与计划经济体制下的建设程序相比，发生了不少变化。其中最大和最重要的变化有如下三点：

第一，在项目决策阶段实施了项目咨询评估制。也就是增加了项目建议书、可行性研究和评估等系列性工作。这是一项重要的改革，它使决策科学化有了可能。

随着市场经济体制的发育和完善，工程项目业主自行管理工程建设的淡化，在工程建设的前期阶段就委托监理的做法会普遍推行开来。就是说，当业主有了投资工程项目建设的意向后，就委托监理单位替它寻求合适的咨询机构，并替业主管理咨询合同的实施，评估咨询结果。

第二，实行了建设监理制。出现了"第三方"，使得工程项目建设呈现三足鼎立的格局。

第三，有了工程招标投标制。工程招标投标制的出现，把市场竞争机制引入工程建设之中，为项目建设增添了活力。

以上建设程序的三大变化，是我国工程建设进一步顺应市场经济的要求，并且与国际惯例基本趋于一致。

（二）国外工程项目建设程序简介

国外一般常见的建设程序见图1-2。在国外，尤其是经济比较发达的国家，在他们的建设程序中把建设项目的几条根本原则极其明显地突出出来。这些原则就是优化决策、竞争择

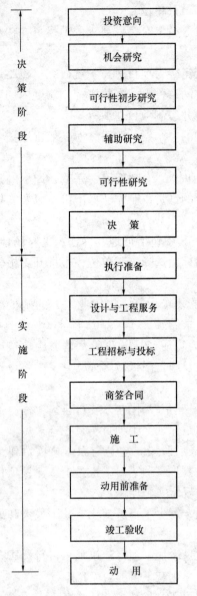

优、建设监理，特别强调了建设监理。所以，在它的每一个步骤中都反映出"三方当事人"的身影。

他们建设程序的目的十分明确，即在最有利于实现投资目的的前提下建成项目。因此，为了能够在经济实效上达到投资者的需求，第一步，要进行项目可行性的调查研究，经过经济效益的比较确定建设方案和费用估算；第二步，开展设计，使方案得以细化和完善，为施工招标提供条件，然后进行招标；第三步，施工直至竣工验收、交付使用。

三、建设工程承包方式

建设工程承包方式是指工程承发包双方之间经济关系的形式。受承包内容和具体环境的影响，承包方式有多种多样。其主要分类见图1-3。

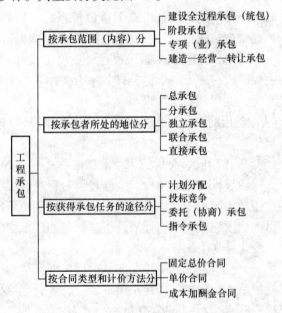

图1-2　国外工程项目建设程序　　　　图1-3　工程承包方式的分类

（一）按承包范围划分承包方式

按工程承包范围即承包内容划分的承包方式，有建设全过程承包、阶段承包、专项承包和建造—经营—转让承包四种。

1. 建设全过程承包

建设全过程承包也叫"统包"，或"一揽子承包"，即通常所说的"交钥匙"。采用这种承包方式，建设单位一般只要提出使用要求和竣工期限，承包单位即可对项目建议书、可行性研究、勘察设计、设备询价与选购、材料订货、工程施工、生产职工培训、直至竣工投产，实行全面的总承包，并负责对各项分包任务进行综合管理协调和监督工作。为了有利于建设和生产的衔接，必要时也可以吸收建设单位的部分力量，在承包公司的统一组织下，参加工程建设的有关工作。这种承包方式要求承发包双方密切配合，涉及决策性质的重大问题仍应由建设单位或其上级主管部门作最后的决定。这种承包方式主要适用于各种大中型建设项目。它的好处是可以积累建设经验和充分利用已有的经验，节约投资，缩短建设周期并保证建设的质量，提高经济效益。当然，也要求承包单位必须具有雄厚的技术经济实力和丰富的组织管理经验。适应这种要求，国外某些大承包商往往和勘察设计单位组成一体化的承包公司，或者更进一步扩大到若干专业承包商和器材生产供应厂商，形成横向的经济联合体。这是近几十年来建筑业一种新的发展趋势。改革开放以来，我国各部门和地方建立的建设工程承包公司即属于这种承包单位。

2. 阶段承包

阶段承包的内容是建设过程中某一阶段或某些阶段的工作。例如可行性研究、勘察设计、建筑安装施工等。在施工阶段，还可依承包内容的不同，细分为以下三种方式：

（1）包工包料，即承包工程施工所用的全部人工和材料。这是国际上采用较为普遍的施工承包方式。

（2）包工部分包料，即承包者只负责提供施工的全部人工和一部分材料，其余部分则由建设单位或总包单位负责供应。我国改革开放前曾实行多年的施工单位承包全部用工和地方材料，建设单位供应统配和部管材料以及某些特殊材料，就属于这种承包方式。改革开放后已逐步过渡到包工包料方式。

（3）包工不包料，即承包人仅提供劳务而不承担供应任何材料的义务。在国内外的建筑工程中都存在这种承包方式。

3. 专项承包

专项承包的内容是某一建设阶段中的某一专门项目，由于专业性较强，多由有关的专业承包单位承包，故称专业承包。例如可行性研究中的辅助研究项目，勘察设计阶段的工程地质勘察、供水水源勘察，基础或结构工程设计、工艺设计，供电系统、空调系统及防灾系统的设计，建设准备过程中的设备选购和生产技术人员培训，以及施工阶段的深基础施工、金属结构制作和安装、通风设备安装和电梯安装等。

4. 建造—经营—转让承包

国际上通称 BOT 方式，即建造—经营—转让英文（Build—Operate—Transfer）的缩写。这是 20 世纪 80 年代中后期新兴的一种带资承包方式。其程序一般是由某一个或几个大承包商或开发商牵头，联合金融界组成财团，就某一工程项目向政府提出建议和申请，取得建设和经营该项目的许可。这些一般都是大型公共工程和基础设施，如隧道、港口、高速公路、电厂等。政府若同意建议和申请，则将建设和经营该项目的特许权授予财团。财团即负责资金筹集、工程设计和施工的全部工作；竣工后，在特许期内经营该项目，通过向用户收取费用，回收投资，偿还贷款并获取利润；特许期满即将该项目无偿地移交给政府经营管理。对项目所在国来说，采取这种方式可解决政府建设资金短缺的问题，且不形成债务，又可解决本地缺少建设、经营管理能力等困难，而且不用承担建设、经营中的风险。所以，在许多发展中国家得到欢迎和推广。对承包商来说，则跳出了设计、施工的小圈子，实现工程项目前期和后期全过程总承包，竣工后并参与经营管理，利润来源也就不限于施工阶段，而是向前后延伸到可行性研究、规划设计、器材供应及项目建成后的经营管理，从坐等招标的经营方式转向主动为政府、业主和财团提供超前服务，从而扩大了经营范围。当然，这也不免会增加风险，所以要求承包商有高超的融资能力和技术经济管理水平，包括风险防范能力。

（二）按承包者所处地位划分承包方式

在工程承包中，一个建设项目上往往有不止一个承包单位。不同承包单位之间，承包单位与建设单位之间的关系不同，地位不同，也就形成不同的承包方式。

1. 总承包

一个建设项目建设全过程或其中某个阶段的全部工作，由一个承包单位负责组织实施。这个承包单位可以将若干个专业性工作交给不同的专业承包单位去完成，并统一协调和监督他们的工作。在一般情况下，业主仅同这个承包单位发生直接关系，而不同各专业承包单位发生直接关系，这样的承包方式叫做总承包。承担这种任务的单位叫做总承包单位，或简称总包，通常有咨询公司、勘察设计机构、一般土建公司以及设计施工一体化的大建筑公司等。我国新兴的工程承包公司也是总包单位的一种组织形式。

2. 分承包

分承包简称分包，是相对总承包而言的，即承包者不与建设单位发生直接关系，而是从总承包单位分包某一分项工程（例如土方、模板、钢筋等）或某种专业工程（例如钢结构制作和安装、卫生设备安装、电梯安装等），在现场由总包统筹安排其活动，并对总包负责。分包单位通常为专业工程公司，例如工业炉窑公司、设备安装公司、装饰工程公司等。国际上现行的分包方式主要有两种：一种是由建设单位指定分包单位，与总包单位签订分包合同；一种是总包单位自行选择分包单位签订分包合同。

3. 独立承包

独立承包是指承包单位依靠自身的力量完成承包的任务，而不实行分包的承包方式。通常仅适用于规模较小、技术要求比较简单的工程以及修缮工程。

4. 联合承包

联合承包是相对于独立承包而言的承包方式，即由两个以上承包单位联合起来承包一项工程任务，由参加联合的各单位推定代表统一与建设单位签订合同，共同对建设单位负责，并协调他们之间的关系。但参加联合的各单位仍是各自独立经营的企业，只是在共同承包的工程项目上，根据预先达成的协议，承担各自的义务和分享共同的收益，包括投入资金数额、工人和管理人员的派遣、机械设备和临时设施的费用分摊、利润的分享以及风险的分担等。

这种承包方式由于多家联合，资金雄厚，技术和管理上可以取长补短，发挥各自的优势，有能力承包大规模的工程任务。同时由于多家共同作价，在报价及投标策略上互相交流经验，也有助于提高竞争力，较易得标。在国际工程承包中，外国承包企业与工程所在国承包企业联合经营，也有利于对当地国情民俗、法规条例的了解和适应，便于工作的开展。

5. 直接承包

直接承包就是在同一工程项目上，不同承包单位分别与建设单位签订承包合同，各自直接对建设单位负责。各承包商之间不存在总分包关系，现场上的协调工作可由建设单位自己去做，或委托一个承包商牵头去做，也可聘请专门的项目经理来管理。

（三）按获得承包任务的途径划分承包方式

1. 计划分配

在计划经济体制下，由中央和地方政府的计划部门分配建设工程任务，由设计、施工单位与建设单位签订承包合同。在我国，曾是多年来采用的主要方式，改革开放后已为数不多。

2. 投标竞争

通过投标竞争，优胜者获得工程任务，与业主签订承包合同。这是国际上通用的获得承包任务的主要方式。我国建筑业和基本建设管理体制改革的主要内容之一，就是从以计划分配工程任务为主逐步过渡到以在政府宏观调控下实行投标竞争为主的承包方式。

3. 委托承包

委托承包也称协商承包、议标承包，即无需经过投标竞争，而由业主与承包商协商，签订委托其承包某项工程任务的合同。

4. 指令承包

指令承包就是由政府主管部门依法指定工程承包单位。这是一种具有强制性的行政措施，仅适用于某些特殊情况。我国《建设工程招标投标暂行规定》中有"少数特殊工程或偏僻地区的工程，投标企业不愿投标者，可由项目主管部门或当地政府指定投标单位"的条文，实际上就是带有指令性承包的性质。

（四）按合同类型和计价方法划分承包方式

工程项目的条件和承包内容的不同，往往要求不同类型的合同和计价方法。因此，在实践中，合同类型和计价方法就成为划分承包方式的主要依据，据此承包方式分为：固定总价合同、单价合同和成本加酬金合同。

💡 思考与练习

1. 什么是工程建设项目？
2. 工程建设项目如何分类？
3. 我国建设工程项目应遵循哪些程序？
4. 工程建设项目的发承包方式有哪些类型？
5. 什么是 BOT 承包方式？

🎲 讨论分析

针对教师给定的工程和企业资质资料，确定应采取什么样的承包方式承包工程？

任务二 建筑市场的政府管理

👆 任务引入

建筑产品的交易场所是建筑市场，建筑产品是建筑市场的客体，那么建筑市场的主体包括哪些？如何进行管理？

👩 任务分析

我国建筑市场主体主要包括业主、承包商和中介服务机构。市场行为管理的作用在于为建筑市场参加者制定在交易过程中应共同或各自遵守的行为规范，并监督检查其执行，防止违规行为，以保证市场有秩序地正常运转。

📚 知识链接

一、建筑市场的主体

在社会主义市场体系中，建筑市场是固定资产投资转化为建筑产品的交易场所。随着市场经济的发展，企业将全面进入市场成为竞争的主体。我国建筑市场主体主要包括业主、承包商和中介服务机构。

（一）业主

业主是指既有进行某项工程建设的需求，又具有该项工程建设相应的建设资金和各种准建手续，在建筑市场中发包工程建设的咨询、设计、施工、监理任务，并最终得到建筑产品的所有权的政府部门、企事业单位和个人。他们可以是各级政府、专业部门、政府委托的资产管理部门，可以是学校、医院、工厂、房地产开发公司等企事业单位，也可以是个人和个人合伙。在我国工程建设中，过去一般称之为建设单位或甲方。他们在发包工程和组织工程建设时进入建筑市场，成为建筑市场的主体，在建筑市场中处于招标买方的地位。

（二）承包商

承包商是指具有一定生产能力、机械设备、流动资金，又具有承包工程建设任务的营业资格，在建筑市场中能够按照发包人的要求，提供不同形态的建筑产品，并最终得到相应的工程价款的建筑业企业。按照生产的主要形式，它们主要分为勘察、设计单位，建筑安装企业，混凝土构配件及非标准预制件等生产厂家，商品混凝土供应站，建筑机械租赁单位，以及专门提供建筑劳务的企业等。他们的生产经营活动，是在建筑市场中进行的，他们是建筑市场主体中的主要成分，在建筑市场中处于投标卖方的地位。

（三）中介服务组织

中介服务组织是指具有相应的专业服务能力，在建筑市场中受承包方、发包方或政府管理机构的委托，对工程建设进行估算测量、咨询代理、建设监理等高智能服务，并取得服务费用的咨询服务机构和其他建设专业中介服务组织。在市场经济运行中，中介组织作为政府、市场、企业之间联系的纽带，具有政府行政管理不可替代的作用。

从市场中介组织工作内容和作用来看，建筑市场的中介组织主要可以分为以下五种类型：

1. 协调和约束市场主体行为的自律性组织。如建筑业协会及其下属的设备安装、机械施工、装饰、产品厂商等专业分会，建设监理协会等。他们在政府和企业之间发挥桥梁纽带作用，协助政府进行行业管理。

2. 为保证公平交易、公平竞争的公证机构。如为工程建设服务的专业会计师事务所、审计师事务所、律师事务所、资产和资信评估机构、公证机构、合同纠纷的调解仲裁机构等。

3. 为促进市场发育、降低交易成本和提高效益服务的各种咨询、代理机构。如工程技术咨询公司，招标投标、编制标底和预算、审查工程造价的代理机构，监理公司，信息服务机构等。

4. 为监督市场活动、维护市场正常秩序的检查认证机构。如质量检查、监督、认证机构，计量检查、检测机构及其他建筑产品检测鉴定机构。

5. 为保证社会公平、建立公正的市场竞争秩序的各种公益机构。如各种以社会福利为目的的基金会、各种保险机构、行业劳保统筹等管理机构。

二、建筑市场的相互关系

在建筑市场中，充分调动市场主体的积极性，建立相互依存、相互约束的机制是培育和发展建筑市场的中心环节。

我国从 1988 年开始推行的工程项目建设监理制就是采用国际上通用的一种工程建设项目实施阶段的管理体制。同时，它的实施也意味着一个新型的工程（项目）建设管理体制在我国出现。这个新型工程建设管理体制就是在政府有关部门的监督管理之下，由项目业主、承包商、监理单位直接参加的"三方"管理体制。这种管理体制的建立，使我国的工程项目建设管理体制与国际惯例实现了接轨。我国工程项目建设管理的组织格局见图1-4。政府有关部门是指建设行政主管部门、工商行政管理机关和招标投标管理机构。

新型工程项目建设管理体制通过三种关系将参与建设的三方紧密地联系起来，形成完整的项目组织系统。

业主是指出资建设的单位，在我国一般指各级政府有关部门、国有或集体企业、中外合资企业、国外独资或私人企业等，在国外也有政府部门和国营企业，或者是私营公司以至个人。

承包商是按与业主签署合同的规定，执行和完成合同中规定的各项任务的单位。在我国承包商一般包括国有企业、股份制企业和私人企业。

工程师（在 FIDIC 条款中把监理工程师称为工程师）是接受业主的授权和委托，对工程项目实行管理性服务，执行他与业主签订的合同中规定的任务。

工程项目建设实施阶段各方关系见图 1-5。

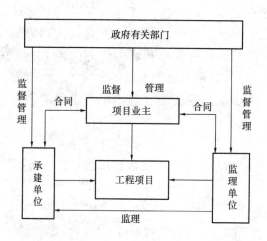

图 1-4　新型项目工程建设管理组织格局

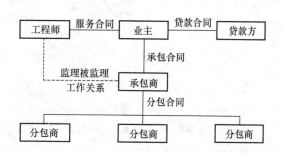

图 1-5　工程项目实施阶段各方关系图

业主择优选择承包商，并通过签订工程施工合同在承包商与项目业主之间建立承发包关系；同时通过建设工程委托监理合同，在项目业主与监理工程师之间建立了委托服务关系；利用协调约束机制，根据建设监理制的规定以及施工合同和监理合同，在工程师与承包商之间建立监理与被监理关系，工程师在业主与承包商之间是相对独立的第三方。由此可见，业主、承包商和工程师之间都不是领导与被领导的关系，这是招标投标承包制、建设监理制与计划经济体制下的政府自营制之间的本质区别。

三、建筑市场行为管理

市场行为管理的作用在于为建筑市场参加者制定在交易过程中应共同或各自遵守的行为规范，并监督检查其执行，防止违规行为，以保证市场有秩序地正常运转。

1. 工程发包单位的行为规范

符合规定条件的工程发包单位，就是建筑市场上合格的买主，可以通过招标或其他合法方式自主发包工程。不论勘察设计或施工任务，都不得发包给不符合规定的资质等级和营业范围的单位承担，更不得利用发包权索贿受贿或收取"回扣"，有此行为者将被没收非法所得，并处以罚款。

2. 工程承包单位的行为规范

工程承包企业，在建筑市场上只能按资质等级规定的承包范围承包工程，不得无证、无照或越级承揽任务，不得非法转包，出卖、出租、转让、涂改、伪造资质证书、营业执照、银行账号等，不得利用行贿、"回扣"等手段承揽工程任务，或以介绍工程任务为手段收取费用。有此等行为之一者，将依情节轻重，给以警告、通报批评、没收非法所得、停业整顿、降低资质等级、吊销营业执照等处罚，并处以罚款。在工程中使用没有出厂合格证或质量不合格的建筑材料、构配件及设备，或因设计、施工不遵守有关标准、规范，造成工程质量事故或人身伤亡事故的，应按有关的法规处理。

3. 中介机构和人员的行为规范

中介机构和人员是在建筑市场上为工程承发包双方提供专业知识服务的，主要是指建设监理和招标投标咨询服务。工程建设监理单位和人员的行为规范，在我国《建设工程监理规范》（GB 50319—2013）中已有明文规定。按国际惯例，咨询机构和人员必须正直、公平、尽心竭力为客户和雇主服务；不得领取客户和雇主以外的他人支付的酬金；不得泄露和盗用由于业务关系得知的客户的秘密（如招标工程的标底），不得利用施加不正当压力、行贿受贿或自吹自擂、抬高自己贬低他人等不正当手段在同行中进行承揽业务的竞争。

4. 建筑市场管理人员的行为规范

市场管理人员要恪尽职守，依法秉公办事，维护市场秩序，不得以权谋私、敲诈勒索、徇私舞弊。有此等行为者由其所在单位或上级主管部门给予行政处分。

5. 建筑市场参加者违规行为的处罚

建筑市场参加者的违规行为，由建设行政主管部门和工商行政管理机关按照各自的职责进行查处。有构成犯罪行为的，由司法机关依法追究刑事责任。

💡 思考与练习

1. 何谓业主、承包商、中介服务组织？
2. 建筑市场的中介组织主要可以分为哪几种类型？
3. 工程发包单位的行为规范有哪些？
4. 工程承包单位的行为规范指的是什么？
5. 建筑市场管理人员的行为规范是什么？

🐭 讨论分析

在建筑市场中，工程项目建设实施阶段各方关系如何？

任务三　承包商的资质确认

👆 任务引入

承包商从事建设工程承包应具备哪些基本条件？承包商是如何分类的？不同资质等级的承包商应承包哪些工程？

👩 任务分析

承包商资质的高低直接影响建筑工程质量和建筑安全生产，直接决定了承包工程的范围。我们要熟悉掌握承包商资质等级的划分标准和承包业务范围。

📚 知识链接

一、承包商应具备的基本条件

从事建设工程承包经营的企业，国际上通称为承包商，中国称为建筑业企业。建筑活动不同于一般的经济活动，承包商条件的高低直接影响建筑工程质量和建筑安全生产，因此《中华人民共和国建筑法》（以下简称《建筑法》）第 12 条规定，从事建筑活动的建筑施工企业、勘察单位、设计单位和工程监理单位应当具备以下四个方面的条件。

1. 有符合国家规定的注册资本

注册资本反映的是企业法人的财产权，也是判断企业经济力量的依据之一。从事经营活动的企业组织，都必须具备基本的责任能力，能够承担与其经营活动相适应的财产义务，这既是法律权利与义务相一致、利益与风险相一致原则的反映，也是保护债权人利益的需要。因此承包商的注册资本必须适应从事建筑活动的需要，不得低于最低限额。建设部制定的《建筑业企业资质等级标准》（建建〔2001〕82 号）和《施工总承包企业特级资质标准》（建市〔2007〕72 号）对建筑业企业的注册资本的最低限额作出了明确规定。

2. 有与从事的建筑活动相适应的具有法定执业资格的专业技术人员

建筑活动具有技术密集的特点，因此从事建筑活动的建筑施工企业必须有足够的专门技术人员，包括工程技术人员、经济、会计、统计等管理人员。从事建筑活动的专业技术人员有的还必须有法定执业资格，这种法定执业资格必须依法通过考试和注册才能得到。

3. 有从事相关建筑活动所应有的技术装备

建筑活动具有专业性、技术性强的特点，没有相应的技术装备无法进行。从事建筑施工活动，必须有相应的施工机械设备与质量检验测试手段。

4. 法律、行政法规规定的其他条件

《民法通则》第37条规定，法人应当有自己的名称、组织机构和场所。《公司法》规定，设立从事建筑活动的有限责任公司和股份有限公司，股东或发起人必须符合法定人数；股东或发起人共同制定公司章程；有公司名称，建立符合要求的组织机构；有固定的生产经营场所和必要的生产经营条件。

二、承包商分类

施工承包企业按照其承包工程能力，划分为施工总承包、专业承包和劳务分包三个序列。

1. 施工总承包企业

获得施工总承包资质的企业，可以对工程实行施工总承包或者对主体工程实行施工承包，施工总承包企业可以将承包的工程全部自行施工，也可以将非主体工程或者劳务作业分包给具有相应专业承包资质或者劳务分包资质的其他建筑业企业。

2. 专业承包企业

获得专业承包资质的企业，可以承接施工总承包企业分包的专业工程或者建设单位按照规定发包的专业工程。专业承包企业可以对所承接的工程全部自行施工，也可以将劳务作业分包给具有相应劳务分包资质的劳务分包企业。

3. 劳务分包企业

获得劳务分包资质的企业，可以承接施工总承包企业或者专业承包企业分包的劳务作业。

三、建筑业企业资质

建筑业企业资质就是承包商的资格和素质，是作为工程承包经营者必须具备的基本条件。

《建筑业企业资质等级标准》按照工程性质和技术特点，将建筑业企业分别划分为若干资质类别，各资质类别又按照规定的条件划分为若干等级，并规定了相应的承包工程范围。

施工总承包企业的资质按专业类别共分为12个资质类别，每一个资质类别又分为特级、一级、二级、三级。房屋建筑工程施工总承包企业资质等级标准见表1-1。

专业承包企业资质按专业类别共分为60个资质类别，每一个资质类别又分为一级、二级、三级。

劳务承包企业有13个资质类别，如木工作业、砌筑作业、钢筋专业等。有的资质类别分成若干级，有的则不分级，如木工、砌筑、钢筋作业劳务分包企业分为一级、二级；油漆、架线等作业劳务分包企业则不分级。

表 1-1 房屋建筑工程施工总承包企业资质等级标准

企业等级	建设业绩	人员素质	注册资本金	企业净资产	近三年最高年工程结算收入	承包工程范围
特级企业	近 5 年承担过下列 5 项工程总承包或施工总承包项目中的 3 项，工程质量合格。 （1）高度 100m 以上的建筑物； （2）28 层以上的房屋建筑工程； （3）单体建筑面积 5 万 m² 以上房屋建筑工程； （4）钢筋混凝土结构单跨 30m 以上的建筑工程或钢结构单跨 36m 以上房屋建筑工程； （5）单项建安合同额 2 亿元以上的房屋建筑工程	（1）企业经理具有 10 年以上从事工程管理工作经历； （2）技术负责人具有 15 年以上从事工程技术管理工作经历，且具有工程序列高级职称及一级注册建造师或注册工程师执业资格；主持完成过两项及以上施工总承包一级资质要求的代表工程的技术工作或甲级设计资质要求的代表工程或合同额 2 亿元以上的工程总承包项目； （3）财务负责人具有高级会计师职称及注册会计师资格； （4）企业具有注册一级建造师（一级项目经理）50 人以上； （5）企业具有本类别相关的行业工程设计甲级资质标准要求的专业技术人员	3 亿元以上	3.6 亿元以上	（1）年平均 15 亿元以上。 （2）上缴建筑业营业税均在 5000 万元以上； （3）企业银行授信额度均在 5 亿元以上。	可承担本类别各等级工程施工总承包、设计及开展工程总承包和项目管理业务
一级企业	企业近 5 年承担过下列 6 项中的 4 项以上工程的施工总承包或主体工程承包，工程质量合格。 （1）25 层以上的房屋建筑工程； （2）高度 100m 以上的构筑物或建筑物； （3）单体建筑面积 3 万 m² 以上的房屋建筑工程； （4）单跨跨度 30m 以上的房屋建筑工程； （5）建筑面积 10 万 m² 以上的住宅小区或建筑群体； （6）单项建安合同额 1 亿元以上的房屋建筑工程	（1）企业经理具有 10 年以上从事工程管理工作经历或具有高级职称； （2）总工程师具有 10 年以上从事建筑施工技术管理工作经历并具有本专业高级职称； （3）总会计师具有高级会计师职称； （4）总经济师具有高级职称； （5）有职称的工程技术和经济管理人员不少于 300 人，其中工程技术人员不少于 200 人； （6）工程技术人员中，具有高级职称的人员不少于 10 人，具有中级职称的人员不少于 60 人； （7）企业具有的一级资质项目经理不少于 12 人	5000 万元以上	6000 万元以上	2 亿元以上	可承担单项建安合同额不超过企业注册资本金 5 倍的下列房屋建筑工程的施工。 （1）40 层及以下、各类跨度的房屋建筑工程； （2）高度 240m 及以下的构筑物； （3）建筑面积 20 万 m² 及以下的住宅小区或建筑群体

续表

企业等级	建设业绩	人员素质	注册资本金	企业净资产	近三年最高年工程结算收入	承包工程范围
二级企业	企业近5年承担过下列6项中的4项以上工程的施工总承包或主体工程承包，工程质量合格。 （1）12层以上的房屋建筑工程； （2）高度50m以上的构筑物或建筑物； （3）单体建筑面积1万m²以上的房屋建筑工程； （4）单跨跨度21m以上的房屋建筑工程； （5）建筑面积5万m²以上的住宅小区或建筑群体； （6）单项建安合同额3000万元以上的房屋建筑工程	（1）企业经理具有8年以上从事工程管理工作经历或具有中级以上职称； （2）技术负责人具有8年以上从事建筑施工技术管理工作经历并具有本专业高级职称； （3）财务负责人具有中级以上会计职称； （4）企业有职称的工程技术和经济管理人员不少于150人，其中工程技术人员不少于100人； （5）工程技术人员中，具有高级职称的人员不少于2人，具有中级职称的人员不少于20人； （6）企业具有的二级资质项目经理不少于12人	2000万元以上	2500万元以上	8000万元以上	可承担单项建安合同额不超过企业注册资本金5倍的下列房屋建筑工程的施工： （1）28层及以下、单跨跨度36m及以下的房屋建筑工程； （2）高度120m及以下的构筑物； （3）建筑面积12万m²及以下的住宅小区或建筑群体
三级企业	企业近5年承担过下列5项中的3项以上工程的施工总承包或主体工程承包，工程质量合格。 （1）6层以上的房屋建筑工程； （2）高度25m以上的构筑物或建筑物； （3）单体建筑面积5000m²以上的房屋建筑工程； （4）单跨跨度15m以上的房屋建筑工程； （5）单项建安合同额500万元以上的房屋建筑工程	（1）企业经理具有5年以上从事工程管理工作经历； （2）技术负责人具有5年以上从事建筑施工技术管理工作经历并具有本专业中级以上职称； （3）财务负责人具有初级以上会计职称； （4）有职称的工程技术和经济管理人员不少于50人，其中工程技术人员不少于30人； （5）工程技术人员中，具有中级以上职称的人员不少于10人； （6）企业具有三级资质项目经理不少于10人	600万元以上	700万元以上	2400万元以上	可承担单项建安合同额不超过企业注册资本金5倍的下列房屋建筑工程的施工： （1）14层及以下、单跨跨度24m及以下的房屋建筑工程； （2）高度70m及以下的构筑物； （3）建筑面积6万m²及以下的住宅小区或建筑群体

💡 思考与练习

1. 承包商应具备哪些基本条件？

2. 承包商分为哪几类？

3. 何谓施工总承包企业？

4. 施工总承包企业的资质按专业类别共分为多少个资质类别？

5. 劳务承包企业有多少个资质类别？

讨论分析

收集施工总承包企业基础资料，按房屋建筑工程施工总承包企业资质等级标准确定企业资质等级。

学习情境二　建设工程项目施工招标

学习目标

掌握招标的程序，明确招标人应具备的基本条件和素质，熟悉招标公告和资格预审文件的编制方法与内容；掌握中华人民共和国标准施工招标文件、施工招标资格预审文件的组成内容及标准。

技能目标

具有建设项目招标全过程的组织活动能力；具有根据不同招标项目的要求，依据招标投标法规定的必要条款编制招标文件的能力；具有招标资格预审文件编制与审查的一般能力。具有独立完成项目招投标全过程操作能力。

任务一　建设工程项目招标认知

任务引入

一个投资商准备开发建设某工程项目，那么应具备哪些条件才能发包工程？采用什么样的工程承发包方式选择承包商？

任务分析

工程建设项目招标投标是国际上通用的工程承发包方式。我们要清楚建设工程项目招标应具备的条件、招标范围、招标方式以及招标程序。

知识链接

一、工程招标投标的基本概念

工程建设项目招标投标是国际上通用的，是比较成熟而且科学合理的工程承发包方式。在我国社会主义市场经济条件下推行工程项目招标投标制，其目的是控制工期，确保工程质量，降低工程造价，提高经济效益，健全市场竞争机制。

为了加强对工程招标投标的管理，1992年12月30日建设部以第23号部令发布了《工程建设施工招标投标管理办法》，自发布之日起实施，现已废止。1999年8月30日九届人大十一次会议通过了《中华人民共和国招标投标法》（以下简称《招标投标法》，自2000年1月1日起施行。2011年11月30日国务院第183次常务会议通过了《中华人民共和国招标投标法实施条例》（以下简称《条例》），自2012年2月1日起施行。

2000 年 5 月 1 日国家发展计划委员会以第 3 号部令发布并实施《工程建设项目招标范围和规模标准规定》。2000 年 7 月 1 日分别以第 4 号、第 5 号部令发布并实施《招标公告发布暂行办法》和《工程建设项目自行招标试行办法》。2003 年 3 月 8 日国家发展计划委员会等七部委以七部委 30 号令发布了《工程建设项目施工招标投标办法》，自 2003 年 5 月 1 日起施行。

（一）工程项目施工招标投标

《招标投标法》规定，在中华人民共和国境内进行工程建设项目招标，包括项目的勘察、设计、施工、监理以及与工程建设有关的重要设备、材料等的采购。工程项目施工招标投标是工程项目招标投标的重要环节。施工招标投标是双方当事人依法进行的经济活动，受国家法律保护和约束。招标投标是在双方当事人同意基础上的一种交易行为，也是市场经济的产物。

1. 工程项目施工招标投标的作用

我国工程项目施工招标投标，是按《招标投标法》规定的方法进行的。具有以下具体作用：

（1）工程招投标有利于发包人选择较好的承包人。通过工程招投标，可以吸引众多投标人参加投标竞争，使发包人在众多投标人中择优选出社会信誉好、技术和管理水平高的企业承揽工程建设任务。

（2）工程招标可以保证发包人对工程建设目标的实现。发包人在招标文件中明确了竣工期限、质量标准、投资限额等目标，投标人必须响应招标文件的要求参与投标，这对投标人在中标后的履约行为起到了约束性的作用，从而保证了发包人对工程建设目标的实现。

（3）有利于发包人确保工程质量，降低工程建设成本，提高投资效益。发包人为了降低工程成本，避免投标人以不正当的各种行为（如相关人泄露标底、投标人互相串通、围标等）抬高报价，在工程招标文件中采用控制价的形式限制投标人投报高价。评标时，在技术标满足施工期限和质量标准等指标的前提下，选择经济合理的投标报价确定中标人，从而达到发包人确保工程质量，降低工程建设成本，提高投资效益的目的。

（4）工程招投标体现了公平竞争的原则。通过工程招投标确定承包人，这种公平原则，不仅体现在招投标人之间的地位上，更体现在投标人之间的地位上，不存在各方之间的行政级别高低，企业规模大小，而是在招投标这个市场经济的平台上平等竞争。

（5）工程招投标能最大限度地避免人为因素的干扰。公开进行招标投标是投标者的实力与利益的竞争，发包人不能以"内定"的方式确定中标人，从而避免了各种不正当的人为因素对工程承包的干扰。

（6）工程招标投标有利于推进企业管理步伐，不断提高企业素质和社会信誉，增强企业的竞争力。承揽工程建设任务是建筑企业生存的基础，只有企业的技术和管理水平的不断提高，社会信誉好，才有可能在投标竞争中获取工程承包的建设任务。

2. 工程招标投标的特点

招标投标是一种商品经营方式，体现了购销双方的买卖关系，只要是存在商品的生产，就必然有竞争，竞争是商品经济的产物。在不同的社会制度下，竞争的目的、性质、范围和手段也不同。在社会主义制度下，建筑工程招标投标的竞争有如下特点：

（1）社会主义的招标投标是在国家宏观指导下，在政府监督下的竞争。招标投标活动及其当事人应当接受依法实施的监督。建筑工程的投资受国家宏观计划的指导，建设投资必须列入国家固定资产投资计划。工程的造价在国家允许的范围内浮动。

（2）投标是在平等互利的基础上的竞争。在国家招标投标法的约束下，各建筑企业以平等的法人身份展开竞争，这种竞争是社会主义商品生产者之间的竞争，不存在根本利益上的冲突。为了防止竞争中可能出现不法行为，我国政府颁布了《招标投标法》、《招标投标实施条例》，详细规定了具体做法及行为原则。

（3）竞争的目的是相互促进，共同提高。建筑业企业之间的投标竞争，可使建筑业企业改善经营管理，加强经营管理，增强管理储备和企业弹性，使企业择优发展。

3. 工程招标投标的原则

《招标投标法》第5条规定"招标投标活动应当遵循公开、公平、公正和诚实信用的原则"。

（1）公开原则。要求招标投标的法律、法规、政策公开，招标投标程序公开，招标投标的具体过程公开。

（2）公平原则。要求给予所有投标人平等的机会，使其享有同等的权利，履行同等的义务，不得以任何理由排斥或歧视任何一方。

（3）公正原则。要求在招标投标过程中，评标结果要公正，评标时对所有的投标人应一视同仁，严守法定的评标规则和统一的衡量标准，保证各投标人在平等的基础上充分竞争，保护招标投标当事人的合法权益。保证实现招标活动的目的，提高投资效益，保证项目质量。

（4）诚实信用原则。要求在招标投标活动中，招标人、招标代理机构、投标人等均应以诚实的态度参与招标投标活动，坚持良好的信用。不得以欺诈手段虚假进行招标或投标，牟取不正当利益，并且恪守诺言，严格履行有关义务。

（二）建筑工程招标

建筑工程招标，是指招标人将其拟发包工程的内容、要求等对外公布，招引和邀请多家承包单位参与承包工程建设任务的竞争，以便择优选择承包单位的活动。

（三）建筑工程投标

建筑工程投标，是指投标人愿意按照招标人规定的条件承包工程，编制投标文件向招标人投函，请求承包工程建设任务的活动。

二、建设工程招标应具备的条件

工程施工招标必须符合主管部门规定的条件。这些条件分为招标人，即建筑单位应具备的和招标的建设项目应具备的两个方面。

（一）建设单位自行招标应具备的条件

1. 具有项目法人资格（或法人资格）；

2. 具有与招标项目规模和复杂程序相适应的工程技术、概预算、财务和工程管理等方面专业技术人员；

3. 有从事同类工程建设项目招标的经验；

4. 设有专门的招标机构或者拥有3名以上专职招标业务人员；

5. 熟悉和掌握《招标投标法》及有关法律规章。

不具备上述条件的，招标人应当委托具有相应资质的工程招标代理机构代理施工招标。

（二）建设项目招标应具备的条件

1. 招标人已经依法成立；

2. 初步设计及概算应当履行审批手续的，已经批准；

3. 招标范围、招标方式和招标组织形式等应当履行核准手续的，已经批准；

4. 有相当资金或资金来源已经落实；

5. 有招标所需的设计图纸及技术资料。

三、建设工程招标范围

（一）《招标投标法》规定必须招标的范围

根据《招标投标法》的规定，在中华人民共和国境内进行的下列工程建设项目必须进行招标。

1. 根据工程的性质划分

（1）大型基础设施、共用事业等关系社会公共利益、公众安全的项目；

（2）全部或者部分使用国有资金或者国家融资的项目；

（3）使用国际组织或者外国政府贷款、援助资金的项目。

2. 根据工作内容划分

（1）建设工程，包括建筑物和构筑物的新建、改建、扩建及其相关的装修、拆除、修缮等；

（2）与工程建设有关的货物，是指构成工程不可分割的组成部分，且为实现工程基本功能所必需的设备、材料等采购；

（3）与工程建设有关的服务，是指为完成工程所需的勘察、设计、监理等服务。

（二）必须进行招标的项目的具体要求

国家计委于 2000 年 5 月 1 日依据《招标投标法》的规定颁布了《工程建设项目招标范围和规模标准规定》，对必须招标委托工程建设任务的范围作出了进一步细化的规定。

1. 按工程性质划分

（1）关系社会公共利益、公众安全的基础设施项目的范围包括：

①煤炭、石油、天然气、电力、新能源等能源项目；

②铁路、石油、管道、水运、航空以及其他交通运输业等交通运输项目；

③邮政、电信枢纽、通信、信息网络等邮电通讯项目；

④防洪、灌溉、排涝、引（供）水、滩涂治理、水土保持、水利枢纽等水利项目；

⑤道路、桥梁、地铁和轻轨交通、污水排放及处理、垃圾处理、地下管道、公共停车场等城市设施项目；

⑥生态环境保护项目；

⑦其他基础设施项目。

（2）关系社会公共利益、公众安全的公用事业项目的范围包括：

①供水、供电、供气、供热等市政工程项目；

②科技、教育、文化等项目；

③体育、旅游等项目；

④卫生、社会福利等项目；

⑤商品住宅，包括经济适用住房；

⑥其他公用事业项目。

（3）使用国有资金投资项目的范围包括：

①使用各级财政预算资金的项目；

②使用纳入财政管理的各种政府性专项建设基金的项目；

③使用国有企业事业单位自有资金，并且国有资产投资者实际拥有控制权的项目。

（4）国有融资项目的范围包括：

①使用国家发行债券所筹资金的项目；

②使用国家对外借款或者担保所筹资金的项目；

③使用国家政策性贷款的项目；

④国家授权投资主体融资的项目；

⑤国家特许的融资项目。

（5）使用国际组织或者外国政府资金的项目范围包括：

①使用世界银行贷款、亚洲开发银行等国际组织贷款资金的项目；

②使用外国政府及其机构贷款资金的项目；

③使用国际组织或者外国政府援助资金的项目。

2. 按委托任务的规模划分

各类工程建设项目，包括项目的勘察、设计、施工、监理以及与工程建设有关的重要设备、材料等的采购，达到下列标准之一者，必须进行招标：

（1）施工单项合同估算价在 200 万元人民币以上的；

（2）重要设备、材料等货物的采购，单项合同估算价在 100 万元人民币以上的；

（3）勘察、设计、监理等服务的采购，单项合同估算价在 50 万元人民币以上的；

（4）单项合同估算价低于第（1）、（2）、（3）项规定的标准，但项目总投资在 3000 万元人民币以上的。

省、自治区、直辖市人民政府根据实际情况，可以规定本地区必须进行招标的具体范围和规模标准，但不得缩小本规定确定的必须进行招标的范围。

依法必须进行招标的工程建设项目的具体范围和规模标准，由国务院发展改革部门会同国务院有关部门制订，报国务院批准后公布施行。

（三）依法必须公开招标的项目范围

1. 国务院发展计划部门确定的国家重点建设项目；

2. 各省、自治区、直辖市人民政府确定的地方重点建设项目；

3. 全部使用国有资金投资的工程建设项目；

4. 国有资金投资控股或者占主导地位的工程建设项目。

（四）建设项目邀请招标的条件

国有资金控股或者占主导地位的依法必须进行招标的项目，应当公开招标；但有下列情形之一的，可以邀请招标：

1. 技术复杂、有特殊要求或者受自然环境限制，只有少量潜在投标人可供选择；

2. 采用公开招标方式的费用占项目合同金额的比例过大。

第 2 项所列情形，按照国家有关规定需要履行项目审批、核准手续的依法必须进行招标的项目，由项目审批、核准部门在审批、核准项目时作出认定；其他项目由招标人申请有关行政监督部门作出认定。

（五）建设项目可以不进行招标发包的条件

需要审批的工程建设项目，有下列情形之一的，由有关审批部门批准，可以不进行施工招标，采用直接委托的方式承担建设任务：

1. 涉及国家安全、国家机密或者抢险救灾，而不适宜招标的；
2. 属于利用扶贫资金实行以工代赈需要使用农民工的；
3. 需要采用不可替代的专利或者专有技术；
4. 采购人依法能够自行建设、生产或者提供；
5. 已通过招标方式选定的特许经营项目投资人依法能够自行建设、生产或者提供；
6. 需要向原中标人采购工程、货物或者服务，否则将影响施工或者功能配套要求；
7. 国家规定的其他特殊情形。

招标人为适用上述规定弄虚作假的，属于《招标投标法》第4条规定的规避招标。

不需要审批但依法必须招标的工程建设项目，有上列情形之一的，可以不进行施工招标。

四、建设工程招标分类

（一）按工程项目建设程序分类

根据工程项目建设程序，招标可分为三类，即工程项目开发招标、勘察设计招标和施工招标。这是由建筑产品交易生产过程中的阶段性决定的。

1. 项目开发招标

项目开发招标是建设单位（业主）邀请工程咨询单位对建设项目进行可行性研究。其标底是可行性研究报告。中标的工程咨询单位必须对自己提供的研究成果认真负责，其可行性研究报告需得到建设单位的认可、同意、承诺。

2. 勘察设计招标

勘察设计招标是通过可行性研究报告所提出的项目设计任务书，择优选择勘察设计单位。其标底是勘察和设计的成果。勘察和设计是两件不同性质的具体工作，不少工程项目是由勘察单位、设计单位分别进行的。

3. 工程施工招标

工程施工招标是在工程项目的初步设计或施工图设计完成以后，用招标的方式进行选择施工单位。其标底是向建设单位（招标人）交付按设计规定的完整的建筑产品。

（二）按工程承包的范围分类

1. 项目的总承包招标

这种招标可分为两种类型：一种是工程项目实施阶段的全过程进行招标；一种是工程项目全过程招标。前者是在设计任务书已审定，从项目勘察、设计到交付使用进行一次性招标。后者是从项目的可行性研究到交付使用进行一次性招标，招标人提供项目投资和使用需求及竣工、交付使用期限，其余工作都由一个总承包商负责承包，即所谓的大包"交钥匙工程"。

2. 专项工程承包招标

专项工程承包招标是指在工程承包招标中，对其中某项比较复杂或专业性强的施工和制作要求特殊的单项工程，可以单独进行招标，称为专项工程承包招标。如室内外装饰、设备安装、电梯、空调等工程。

（三）按行业类别分类

按行业类别分类，招标可分为：

1. 土木工程招标，包括道路、桥梁、厂房、写字楼、商店、学校、住宅等。

2. 勘察设计招标。

3. 货物采购招标，包括建筑材料和大型成套设备等的招标。如装饰材料、电梯、扶梯、空调机、锅炉、电视监控、楼宇控制、消防设备等的采购。

4. 咨询服务招标，包括项目开发性研究、可行性研究、工程监理等。

5. 生产工艺技术转让招标。

6. 机电设备安装工程招标，包括大型电机、电梯、锅炉、楼宇控制等的安装。

五、建设工程招标方式

国内工程施工招标可采用项目全部工程招标、单位工程招标、特殊专业工程招标等方法，但不得对单位工程的分部分项工程进行招标。工程施工招标主要有公开招标、邀请招标两种方式。

（一）公开招标

公开招标是一种无限竞争性招标方式，是指招标人以招标公告的方式邀请不特定的法人或其他组织投标。采用这种方式时，招标单位通过在报纸或专业性刊物上发布招标通告，或利用其他媒介，说明招标工程的名称、性质、规模、建造地点、建设要求等事项，公开招请承包商参加投标竞争。凡是对该工程感兴趣的、符合规定条件的承包商都允许参加投标，因而相对于其他招标方式，其竞争最为激烈。公开招标方式可以给一些符合资格审查要求的承包商以平等竞争的机会，可以极为广泛地吸引投标者，从而使招标单位有较大的选择范围，可以在众多的投标单位之间选择报价合理、工期较短、信誉良好的承包商。但也存在着一些缺点，如招标的成本大、时间长。

招标人采用公开招标方式的，应当发布招标公告。依法必须进行招标的项目的招标公告，应当通过国家指定的报刊、信息网络或者其他媒介发布。招标公告应当载明招标人的名称和地址、招标项目的性质、数量、实施地点和时间，以及获取招标文件的办法等事项。

（二）邀请招标

在国际上，邀请招标被称为选择性招标，是一种有限竞争性招标方式，是指招标人以投标邀请书的方式邀请特定的法人或其他组织投标。招标单位一般不是通过公开的方式（如在报刊上刊登广告），而是根据自己了解和掌握的信息、过去与承包商合作的经验或由咨询机构提供的情况等有选择地邀请数目有限的承包商参加投标。其优点在于：经过选择的投标单位在施工经验、技术力量、经济和信誉上都比较可靠，因而一般都能保证进度和质量要求。此外，参加投标的承包商数量少，因而招标时间相对缩短，招标费用也较少。由于邀请招标在价格、竞争的公平方面仍存在一些不足之处，因此《招标投标法》规定，国家重点项目和省、自治区、直辖市的地方重点项目不宜进行公开招标的，经过批准后可以进行邀请招标。

招标人采取邀请招标方式的，应当向 3 个以上具备承担招标项目的能力、信誉良好的法人或者其他组织发出投标邀请书。

（三）公开招标与邀请招标在招标程序上的主要区别

1. 招标信息的发布方式不同

公开招标是利用招标公告发布招标信息，而邀请招标则是采用向 3 家以上具备实施能力的投标人发出投标邀请书，请他们参与投标竞争。

2. 对投标人的资格审查时间不同

进行公开招标时，由于投标响应者较多，为了保证投标人具备相应的实施能力，以及缩短评标时间，突出投标的竞争性，通常设置资格预审程序。而邀请招标由于竞争范围较小，且招标人对邀请对象的能力有所了解，不需要再进行资格预审，但评标阶段还要对各投标人的资格和能力进行审查和比较，通常称为"资格后审"。

3. 适用条件

（1）公开招标方式广泛适用。

（2）邀请招标方式仅局限于国家规定的特殊情形。

除以上两种招标方式外，还有一种议标招标方式，即由招标人直接邀请某一承包商进行协商，达成协议后将工程任务委托给承包商去完成。议标工程通常为涉及国家安全、国家机密、抢险救灾等工程项目。

六、工程施工招标程序

（一）工程施工招标一般程序

工程施工招标一般程序可分为 3 个阶段：一是招标准备阶段，二是招标投标阶段，三是决标成交阶段。其每个阶段具体步骤见图 2-1。

一般情况下，施工招标应按下列程序进行：

1. 由建设单位组织一个招标班子；
2. 向招标投标办事机构提出招标申请书；
3. 编制招标文件和标底，并报招标投标办事机构审定；
4. 发布招标公告或发出招标邀请书；
5. 投标单位申请投标；
6. 对投标单位进行资质审查，并将审查结果通知各申请投标者；
7. 向合格的投标单位分发招标文件及设计图纸、技术资料等；
8. 组织投标单位踏勘现场，并对招标文件答疑；
9. 建立评标组织，制定评标、定标办法；
10. 召开开标会议，审查投标标书；
11. 组织评标，决定中标单位；
12. 发出中标通知书；
13. 建设单位与中标单位签订承发包合同。

（二）公开招标程序

建设工程施工公开招标程序也同工程施工招标一般程序一样分 3 个阶段，其具体步骤见图 2-2。

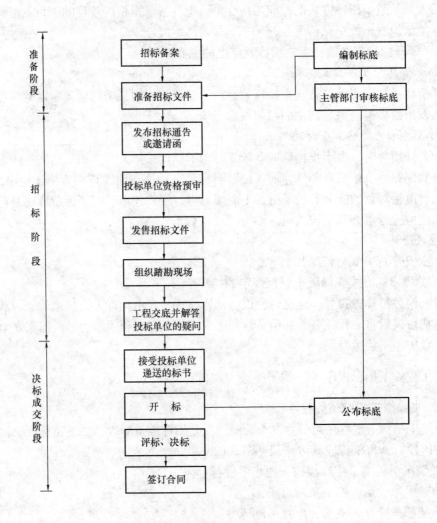

图 2-1　工程施工招标一般程序

七、招标工作机构

（一）招标工作机构的组织

1. 我国招标工作机构的形式

我国招标工作机构主要有 3 种形式：

（1）自行招标，由招标人的基本建设主管部门（处、科、室、组）或实行建设项目业主责任制的业主单位负责有关招标的全部工作。这些机构的工作人员一般是从各有关部门临时抽调的，项目建设成后往往转入生产或其他部门工作。

（2）由政府主管部门设立"招标领导小组"或"招标办公室"之类的机构，统一处理招标工作。这种机构常常因政府主管部门过多干预而使其具有较强行政色彩。

（3）招标代理机构，受招标人委托，组织招标活动。这种做法对保证招标质量，提高招标效益起到有益作用。招标代理机构与行政机关和其他国家机关不得存在隶属关系或者其他利益关系。

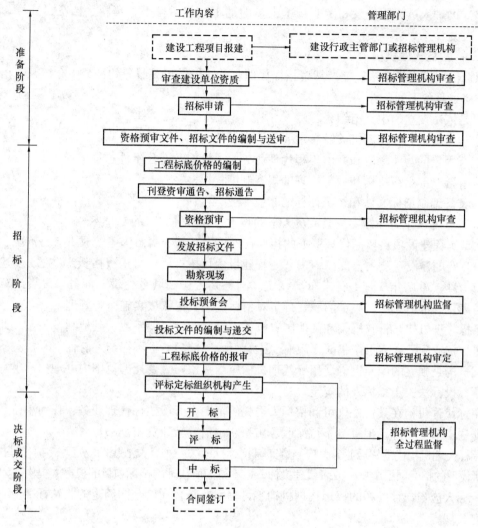

图 2-2 建设工程公开招标程序

2. 招标工作小组需具备的条件

招标工作小组由建设单位或建设单位委托的具有法人资格的建设工程招标代理机构负责组建。招标工作小组必须具备以下条件：

（1）有建设单位法人代表或其委托的代理人参加；

（2）有与工程规模相适应的技术、经济人员；

（3）有对投标企业进行评审的能力。

招标工作小组成员组成要与建设工程规模和技术复杂程度相适应，一般以 5~7 人为宜，招标工作小组组长应由建设单位法人代表或其委托的代理人担任。

3. 招标工作机构人员构成

招标工作机构人员通常由 3 类人员构成：

（1）决策人，即主管部门任命的招标人或授权代表。

（2）专业技术人员，包括建筑师，结构、设备、工艺等专业工程师和估算师等，他们的职能是向决策人提供咨询意见和进行招标的具体事务工作。

（3）助理人员，即决策和专业技术人员的助手，包括秘书、资料、档案、计算、绘图等工作人员。

（二）招标代理机构

招标代理机构是依法设立，从事招标代理业务并提供相关服务的社会中介组织。招标代理机构应当具备下列条件：

1. 是依法设立的中介组织；

2. 与行政机关和国家机关没有隶属关系或者其他利益关系；

3. 有固定的营业场所和开展工程代理业务所需设施及办公条件；

4. 有健全的组织机构和内部管理的规章制度；

5. 具备编制招标文件和组织评标的相应专业力量；

6. 具有可以作为评标委员会成员人选的技术、经济等方面的专家库。

从事工程建设项目招标代理业务的招标代理机构，其资格由国务院或省、自治区、直辖市人民政府的建设行政主管部门，按《工程建设项目招标代理机构资格认定办法》（建设部令第154号，2007年3月1日发布）认定。国务院住房和城乡建设、商务、发展改革、工业和信息化等部门，按照规定的职责分工对招标代理机构依法实施监督管理。

招标代理机构与行政机关和其他国家机关不得存在隶属关系或者其他利益关系。即招标代理机构依法独立成立不得隶属于政府、主管行政等部门，也不得与之有任何利益关系。招标代理机构是独立的中介机构。招标代理机构应当在招标人委托的范围内办理招标事宜，并遵守招标投标法关于招标人的规定。

招标代理机构在其资格许可和招标人委托的范围内开展招标代理业务，任何单位和个人不得非法干涉。招标代理机构不得涂改、出租、出借、转让资格证书。

招标代理机构代理招标业务，应当遵守《招标投标法》和有关法规的规定。招标代理机构不得在所代理的招标项目中投标或者代理投标，也不得为所代理的招标项目的投标人提供咨询。

招标人应当与被委托的招标代理机构签订书面委托合同，合同约定的收费标准应当符合国家有关规定。

（三）招标工作机构的职能

招标工作机构的职能包括决策和处理日常事务。

1. 决策

决策性工作包括以下事项：

（1）确定工程项目的发包范围，即决定是全过程统包还是分阶段发包或者单项工程发包、专业工程发包等。

（2）确定承包形式和承包内容，即决定采用总价合同、单价合同还是成本加酬金合同。

（3）确定承包方式，即决定是全部包工包料还是部分包工包料或包工不包料等。

（4）确定发包手段，即决定采用公开招标，还是邀请招标。

（5）确定标底。

（6）决标并签订合同或协议。

2. 日常事务

招标的日常事务包括：

（1）发布招标及资格预审通告或投标邀请函；

（2）编制和发送或发售招标文件；

（3）组织现场踏勘和投标答疑；

（4）审查投标者资格；

（5）组织编制或委托代理机构编制标底；

（6）接受并保管投标文件和函件；

（7）开标、审标并组织评标；

（8）谈判签约；

（9）缴纳招标管理费；

（10）决定和发放标书编制补偿费；

（11）填写招标工作综合报告和报表。

思考与练习

1. 何谓工程招标投标？

2. 工程项目施工招标投标的作用是什么？

3. 工程招标投标的原则有哪些？

4. 建设工程招标应具备哪些条件？

5. 建设工程招标分为哪几类？

6. 哪些建设工程项目属于强制性招标范畴？

7. 我国对工程建设项目的招标规模标准有何规定？

8. 哪些工程建设项目可以不进行招标？

9. 何谓公开招标？哪些工程必须进行公开招标？

10. 何谓邀请招标？哪些工程可以进行邀请招标？

讨论分析

公开招标与邀请招标的主要区别有哪些？

任务二　建设工程项目施工招标准备

任务引入

工程建设项目报建手续办理完毕之后，建设工程项目按《招标投标法》的规定，要通过招标方式发包工程，那么招标前要做哪些准备工作？要编制哪些文件？

任务分析

招标人为了使投标人充分了解招标工程情况，使招标工作圆满完成，招标人在建设工程项目施工招标前期就要做好一系列准备工作，要清楚招标备案、招标公告、资格预审公告、招标文件的内容及编制要求。

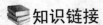**知识链接**

一、招标备案

工程建设项目由建设单位或其代理机构在工程项目可行性研究报告或其他立项文件批准后30日内，向相应级别的建设行政主管部门或其授权机构领取工程建设项目报建表进行报建。建设单位在工程建设项目报建时，其基建管理机构如不具备相应资质条件，应委托建设行政主管部门批准的具有相应资质条件的社会建设监理单位代理。

工程建设项目报建手续办理完毕之后，由建设单位或建设单位委托的具有法人资格的建设工程招标代理机构，负责组建一个与工程建设规模相符的招标工作班子。招标工作班子首先要进行招标备案。

1. 备案程序

招标人自行办理施工招标事宜的，应当在发布招标公告或者发出投标邀请书的5日前，向工程所在地的县级以上地方人民政府建设行政主管部门或者受其委托的工程招标投标监督管理机构备案，并报送相应资料。

工程所在地的县级以上地方人民政府建设行政主管部门或者工程招标投标监督管理机构自收到备案材料之日起5日内没有异议的，招标人可以自行办理施工招标事宜；不具备规定条件的，不得自行办理招标。

2. 需要提交的资料

办理招标备案应提交以下资料：

（1）建设项目的年度投资计划和工程项目报建备案登记表；

（2）建设工程施工招标备案登记表；

（3）项目法人单位的法人资格证明书和授权委托书；

（4）招标公告或投标邀请书；

（5）招标机构有关工程技术、概预算、财务以及工程管理等方面专业技术人员名单、职称证书或执业资格证书及其工作经历的证明材料。

二、招标公告的编制

招标人采用公开招标方式的，应当发布招标公告。依法必须进行招标的项目的招标公告，可通过国家指定的报刊、信息网络或者其他媒介公开发布。

招标广告亦称为招标通告，其主要内容是：

1. 招标人的名称和地址；

2. 招标项目的内容、规模、资金来源；

3. 招标项目的实施地点和工期；

4. 获取招标文件或者资格预审文件的地点和时间；

5. 对招标文件或者资格预审文件收取的费用；

6. 对投标人的资质等级的要求；

7. 其他要说明的问题。

施工招标公告一般格式见附式1。

附式1

　　_____（项目名称）_____标段施工招标公告

　　1. 招标条件

　　本招标项目_____（项目名称）已由_____（项目审批、核准或备案机关名称）以_____（批文名称及编号）批准建设，招标人（项目业主）为_____，建设资金来自_____（资金来源），项目出资比例为_____。项目已具备招标条件，现对该项目的施工进行公开招标。

　　2. 项目概况与招标范围

　　_____（说明本招标项目的建设地点、规模、合同估算价、计划工期、招标范围、标段划分（如果有）等）。

　　3. 投标人资格要求

　　3.1　本次招标要求投标人须具备_____资质，_____（类似项目描述）业绩，并在人员、设备、资金等方面具有相应的施工能力，其中，投标人拟派项目经理须具备_____专业_____级注册建造师执业资格，具备有效的安全生产考核合格证书，且未担任其他在施建设工程项目的项目经理。

　　3.2　本次招标_____（接受或不接受）联合体投标。联合体投标的，应满足下列要求：_____。

　　3.3　各投标人均可就本招标项目上述标段中的_____（具体数量）个标段投标，但最多允许中标_____（具体数量）个标段（适用于分标段的招标项目）。

　　4. 投标报名

　　凡有意参加投标者，请于____年____月____日至____年____月____日（法定公休日、法定节假日除外），每日上午____时至____时，下午____时至____时（北京时间，下同），在____（有形建筑市场/交易中心名称及地址）报名。

　　5. 招标文件的获取

　　5.1　凡通过上述报名者，请于____年____月____日至____年____月____日（法定公休日、法定节假日除外），每日上午____时至____时，下午____时至____时，在_____（详细地址）持单位介绍信购买招标文件。

　　5.2　招标文件每套售价_____元，售后不退。图纸押金____元，在退还图纸时退还（不计利息）。

　　5.3　邮购招标文件的，需另加手续费（含邮费）_____元。招标人在收到单位介绍信和邮购款（含手续费）后_____日内寄送。

　　6. 投标文件的递交

　　6.1　投标文件递交的截止时间（投标截止时间，下同）为____年____月____日____时____分，地点为_____（有形建筑市场交易中心名称及地址）。

　　6.2　逾期送达的或者未送达指定地点的投标文件，招标人不予受理。

　　7. 发布公告的媒介

　　本次招标公告同时在_____（发布公告的媒介名称）上发布。

8. 联系方式

招　　标　　人：＿＿＿＿＿＿	招标代理机构：＿＿＿＿＿＿	
地　　　　　址：＿＿＿＿＿＿	地　　　　址：＿＿＿＿＿＿	
邮　　　　　编：＿＿＿＿＿＿	邮　　　　编：＿＿＿＿＿＿	
联　　系　　人：＿＿＿＿＿＿	联　　系　　人：＿＿＿＿＿＿	
电　　　　　话：＿＿＿＿＿＿	电　　　　话：＿＿＿＿＿＿	
传　　　　　真：＿＿＿＿＿＿	传　　　　真：＿＿＿＿＿＿	
电　子　邮　件：＿＿＿＿＿＿	电　子　邮　件：＿＿＿＿＿＿	
网　　　　　址：＿＿＿＿＿＿	网　　　　址：＿＿＿＿＿＿	
开　户　银　行：＿＿＿＿＿＿	开　户　银　行：＿＿＿＿＿＿	
账　　　　　号：＿＿＿＿＿＿	账　　　　号：＿＿＿＿＿＿	

＿＿＿＿年＿＿月＿＿日

依法必须进行招标的项目的资格预审公告和招标公告，应当在国务院发展改革部门依法指定的媒介发布。在不同媒介发布的同一招标项目的资格预审公告或者招标公告的内容应当一致。指定媒介发布依法必须进行招标的项目的境内资格预审公告、招标公告，不得收取费用。

三、资格预审文件的编制

招标人采用资格预审办法对潜在投标人进行资格审查的，应当发布资格预审公告、编制资格预审文件。编制依法必须进行招标的项目的资格预审文件和招标文件，应当使用国务院发展改革部门会同有关行政监督部门制定的标准文本。资格预审文件的内容包括资格预审通告、资格预审须知及有关附件和资格预审申请的有关表格。

（一）资格预审通告

通告的主要内容应包括以下方面：

1. 资金的来源。

2. 对申请预审人的要求。主要写明投标人应具备以往类似的经验和在设备、人员及资金方面完成本工作能力的要求，还对投标人员的政治地位提出要求。如在中东阿、以冲突期间阿拉伯国家不许与以色列有经济和外交往来的国家投标。我国对外招标，要求对方必须承认一个中国，遵守我国的基本法。

3. 招标人的名称和邀请投标人对工程项目完成的工作，包括工程概述和所需劳务、材料、设备和主要工程量清单。

4. 获取进一步信息和资料预审文件的办公室名称和地址、负责人姓名、购买资格预审文件的时间和价格。

5. 资格预审申请递交的截止日期。

6. 向所有参加资格预审的投标人公布入选名单的时间。

（二）资格预审须知

资格预审须知应包括以下内容：

1. 总则。分别列出工程建设项目或其各种资金来源、工程概述、工程量清单，对申请人的基本要求。

2. 申请人须提交的资料及有关证明。一般有：申请人的身份和组织机构；申请人过去的详细履历（包括联营体各成员）；可用于本招标工程的主要施工设备的详细情况；工程的主要人员的资历和经验。

3. 资格预审通过的强制性标准。强制性标准以附件的形式列入，它是指通过资格预审时对列入工程项目一览表中主要项目提出的强制性要求，包括强制性经验标准，强制性财务、人员、设备、分包、诉讼及履约标准等。

4. 对联营体提交资格预审申请要求。两个以上法人或者其他组织组成一个联合体，以一个投标人的身份共同投标，则联合体各方面应当具备规定的相应资格条件。由同一专业的单位组成的联合体，按照资质等级较低的单位确定资质等级。

5. 对通过资格预审单位所建议的分包人的要求。由于对资格预审申请者所建议的分包人也要进行资格预审，对通过资格预审后如果对所建议的分包人有变更时，必须征得招标人的同意，否则，对其资格预审被视为无效。

6. 对申请参加资格预审的国有企业的要求。凡参加资格预审的企业应满足如下要求方可投标。该企业必须是从事商业活动的法律实体，不是政府机关，有独立的经营权、决策权的企业，可自行承担合同义务，具有对员工的解聘权。

7. 其他规定。包括递交资格预审文件的份数、递交地址、邮编、联系电话、截止日期等，资格预审的结果和已通过资格预审的申请者的名单将以书面形式通知每一位申请人。

（三）资格预审须知的有关附件

1. 工程概述。工程概述内容一般包括项目的环境，如地点、地形与地貌、地质条件、气象水文、交通能源及服务设施等。工程概况，主要说明所包含的主要工程项目的概况，如结构工程、土方工程、合同标段的划分、计划工期等。

2. 主要工程一览表。用表格的形式将工程项目中各项工程的名称、数量、尺寸和规格用表格列出，如果一个项目分几个合同招标的话，应按招标合同分别列出，使人看起来一目了然。

3. 强制性标准一览表。对于各工程项目通过资格预审的强制性要求，要求用表格的形式列出，并要求申请人填写详细情况，该表分为三栏：提出强制性要求的项目名称；强制性业绩要求；申请人满足或超过业绩要求的评述（由申请人填写）。

4. 资格预审时间表。表中列出发布资格预审通告的时间，出售资格预审文件的时间，交资格预审申请书的最后日期和通知资格预审合格的投标人名单的日期等。

（四）资格预审申请书的表格

为了让资格预审申请者按统一的格式递交申请书，在资格预审文件中按通过资格预审的条件编制成统一的表格，让申请者填报，以便进行评审是非常重要的。申请书的表格通常包括如下表格：

1. 申请人表。它主要包括申请者的名称、地址、电话、电传、传真、成立日期等。如联营体，应首先列明牵头的申请者，然后是所有合伙人的名称、地址等，并附上每个公司的章程、合伙关系的文件等。

2. 申请合同表。如果一个工程项目分几个合同招标，应在表中分别列出各合同的编号和名称，以便让申请人选择申请资格预审的合同。

3. 组织机构表。它包括公司简况、领导层名单、股东名单、直属公司名单、驻当地办事处或联络机构名单等。

4. 组织机构框图。主要叙述并用框图表示申请者的组织机构，与母公司或子公司的关系，总负责人和主要人员。如果是联营体应说明合作伙伴关系及在合同中的责任划分。

5. 财务状况表。它包括的基本数据为：注册资金、实有资金、总资产、流动资产、总负债、流动负债、未完成工程的年投资额、未完成工程的总投资额、年均完成投资额（近三年）、最大施工能力等。近三年年度营业额和为本项目合同工程提供的营运资金，现在正进行的工程估价，今后两年的财务预算、银行信贷证明，并随附由审计部门或由省市公证部门公证的财务报表，包括损益表、资产负债表及其他财务资料。

6. 公司人员表。公司人员表包括管理人员、技术人员、工人及其他人员的数量，拟为本合同提供的各类专业技术人员数及其从事本专业工作的年限。公司主要人员表，其中包括一般情况和主要工作经历。

7. 施工机械设备表。它包括拟用于本合同自有设备，拟新购置设备和租用设备的名称、数量、型号、商标、出厂日期、现值等。

8. 分包商表。它包括拟分包工程项目的名称，占总工程价的百分数，分包商的名称、经验、财务状况、主要人员、主要设备等。

9. 业绩——已完成的同类工程项目表。它包括项目名称、地点、结构类型、合同价格、竣工日期、工期、业主或监理工程师的地址、电话、电传等。

10. 在建项目表。它包括正在施工和已签订合同但未开工的项目名称、地点、工程概况、完成日期、合同总价等。

11. 介入诉讼条件表。详细说明申请者或联营体内合伙人介入诉讼或仲裁的案件。

对于以上表格可根据要求的内容和需要自行设计，力求简单明了，并注明填表的要求，特别应该注意的是对于每一张表格都应有授权人的签字和日期，对于要求提供证明附件的应附在表后。

四、招标文件的编制

（一）招标文件编制原则

招标文件的编制必须做到系统、完整、准确、明了，即提出要求的目标明确，使投标人一目了然。编制招标文件的依据和原则是：

1. 首先要确定建设单位和建设项目是否具备招标条件。不具备条件的须委托具有相应资质的咨询、监理单位代理招标。

2. 必须遵守《招标投标法》及有关贷款组织的要求。因为招标文件是中标者签订合同的基础。按《合同法》规定，凡违反法律、法规和国家有关规定的合同属于无效合同。招标文件必须符合国家《招标投标法》《合同法》等多项有关法规、法令等。

3. 应公正、合理地处理招标人和投标人的关系，保护双方的利益。如果招标人在招标文件中不恰当地过多将风险转移给投标人一方，势必迫使投标人加大风险费用，提高投标报价，而最终还是招标人一方增加支出。

4. 招标文件应正确、详尽地反映项目的客观真实情况，这样才能使投标者建立在客观可靠的基础上投标，减少签约、履约的争议。

5. 招标文件各部分的内容必须统一。这一原则是为了避免各份文件之间的矛盾。招标文件涉及投标者须知、合同条件、规范、工程量表等多项内容。如果文件各部分之间矛盾多，就会给投标工作和履行合同的过程中带来许多争端，甚至影响工程的施工。

（二）招标文件的内容

招标文件是招标单位编制的工程招标的纲领性、实施性文件，是投标单位进行投标的主要客观依据。

招标人根据施工招标项目的特点和需要编制招标文件。招标文件一般包括下列内容：投标邀请书、投标人须知、合同主要条款、投标文件格式，采用工程量清单招标的，应当提供工程量清单、技术条款、设计图纸、评标标准和方法、投标辅助材料。

招标人应当在招标文件中规定实质性要求和条件，并用醒目的方式标明。

1. 投标邀请书。投标邀请书是发给通过资格预审投标人的投标邀请信函，并请其确认是否参与投标。

2. 投标人须知。投标人须知是对投标人投标时的注意事项的书面阐述和告知。投标人须知包括两部分：第一部分是投标须知前附表，第二部分是投标须知正文，主要内容包括对总则、招标文件、投标文件、开标、评标、授予合同等方面的说明和要求。投标须知前附表是投标人须知正文部分的概括和提示，放在投标人须知正文前面，有利于引起投标人注意和便于查阅检索。其常用格式见表 2-1。

表 2-1 投标人须知前附表

条款号	条款名称	编列内容
1.1.2	招标人	名称： 地址： 联系人： 电话： 电子邮件：
1.1.3	招标代理机构	名称： 地址： 联系人： 电话： 电子邮件：
1.1.4	项目名称	
1.1.5	建设地点	
1.2.1	资金来源	
1.2.2	出资比例	
1.2.3	资金落实情况	
1.3.1	招标范围	———————— ————————， 关于招标范围的详细说明见第七章"技术标准和要求"。

条款号	条款名称	编列内容
1.3.2	计划工期	计划工期：_____日历天 计划开工日期：____年____月____日 计划竣工日期：____年____月____日 除上述总工期外，发包人还要求以下区段工期： 有关工期的详细要求见第七章"技术标准和要求"。
1.3.3	质量要求	质量标准： 关于质量要求的详细说明见第七章"技术标准和要求"。
1.4.1	投标人资质条件、能力和信誉	资质条件： 财务要求： 业绩要求： 信誉要求： 项目经理资格：____专业____级（含以上级）注册建造师执业资格，具备有效的安全生产考核合格证书，且不得担任其他在施建设工程项目的项目经理。 其他要求：
1.4.2	是否接受联合体投标	□不接受 □接受，应满足下列要求： 联合体资质按照联合体协议约定的分工认定。
1.9.1	踏勘现场	□不组织 □组织，踏勘时间： 　　　　　踏勘集中地点：
1.10.1	投标预备会	□不召开 □召开，召开时间： 　　　　　召开地点：
1.10.2	投标人提出问题的截止时间	
1.10.3	招标人书面澄清的时间	
1.11	分包	□不允许 □允许，分包内容要求： 　　　　　分包金额要求： 　　　　　接受分包的第三人资质要求：
1.12	偏离	□不允许 □允许，可偏离的项目和范围见第七章"技术标准和要求"： 　　　　　允许偏离最高项数： 　　　　　偏差调整方法：
2.1	构成招标文件的其他材料	
2.2.1	投标人要求澄清招标文件的截止时间	

续表

条款号	条款名称	编列内容
2.2.2	投标截止时间	___年___月___日___时___分
2.2.3	投标人确认收到招标文件澄清的时间	在收到相应澄清文件后_____小时内
2.3.2	投标人确认收到招标文件修改的时间	在收到相应修改文件后_____小时内
3.1.1	构成投标文件的其他材料	
3.3.1	投标有效期	_____天
3.4.1	投标保证金	投标保证金的形式： 投标保证金的金额： 递交方式：
3.5.2	近年财务状况的年份要求	___年，指___年___月___日起至___年___月___日止。
3.5.3	近年完成的类似项目的年份要求	___年，指___年___月___日起至___年___月___日止。
3.5.5	近年发生的诉讼及仲裁情况的年份要求	___年，指___年___月___日起至___年___月___日止。
3.6	是否允许递交备选投标方案	□不允许 □允许，备选投标方案的编制要求见附表七"备选投标方案编制要求"，评审和比较方法见第三章"评标办法"。
3.7.3	签字和（或）盖章要求	
3.7.4	投标文件副本份数	_____份
3.7.5	装订要求	按照投标人须知第3.1.1项规定的投标文件组成内容，投标文件应按以下要求装订： □不分册装订 □分册装订，共分___册，分别为： 　投标函，包括___至___的内容 　商务标，包括___至___的内容 　技术标，包括___至___的内容 　___标，包括___至___的内容 每册采用_____方式装订，装订应牢固、不易拆散和换页，不得采用活页装订
4.1.2	封套上写明	招标人地址： 招标人名称： _____（项目名称）_____标段投标文件在___年___月___日___时___分前不得开启

条款号	条款名称	编列内容
4.2.2	递交投标文件地点	_____ （有形建筑市场/交易中心名称及地址）
4.2.3	是否退还投标文件	□否 □是，退还安排：
5.1	开标时间和地点	开标时间：同投标截止时间 开标地点：
5.2	开标程序	（4）密封情况检查： （5）开标顺序：
6.1.1	评标委员会的组建	评标委员会构成：_____ 人，其中招标人代表_____ 人（限招标人在职人员，且应当具备评标专家相应的或者类似的条件），专家 _____ 人； 评标专家确定方式：_____。
7.1	是否授权评标委员会确定中标人	□是 □否，推荐的中标候选人数：_____
7.3.1	履约担保	履约担保的形式： 履约担保的金额：

10. 需要补充的其他内容

10.1　词语定义

10.1.1	类似项目	类似项目是指：
10.1.2	不良行为记录	不良行为记录是指：
…	…	

10.2　招标控制价

	招标控制价	□不设招标控制价 □设招标控制价，招标控制价为：_____ 元 详见本招标文件附件：_____。

10.3　"暗标"评审

	施工组织设计是否采用"暗标"评审方式	□不采用 □采用，投标人应严格按照第八章"投标文件格式"中"施工组织设计（技术暗标）编制及装订要求"编制和装订施工组织设计

10.4　投标文件电子版

	是否要求投标人在递交投标文件时，同时递交投标文件电子版	□不要求 □要求，投标文件电子版内容：_____ 投标文件电子版份数：_____ 投标文件电子版形式：_____ 投标文件电子版密封方式：单独放入一个密封袋中，加贴封条，并在封套封口处加盖投标人单位章，在封套上标记"投标文件电子版"字样。

续表

条款号	条款名称	编列内容
10.5	计算机辅助评标	
	是否实行计算机辅助评标	□否 □是，投标人需递交纸质投标文件一份，同时按本须知附表八"电子投标文件编制及报送要求"编制及报送电子投标文件。计算机辅助评标方法见第三章"评标办法"。
10.6	投标人代表出席开标会	
	按照本须知第5.1款的规定，招标人邀请所有投标人的法定代表人或其委托代理人参加开标会。投标人的法定代表人或其委托代理人应当按时参加开标会，并在招标人按开标程序进行点名时，向招标人提交法定代表人身份证明文件或法定代表人授权委托书，出示本人身份证，以证明其出席，否则，其投标文件按废标处理。	
10.7	中标公示	
	在中标通知书发出前，招标人将中标候选人的情况在本招标项目招标公告发布的同一媒介和有形建筑市场/交易中心予以公示，公示期不少于3个工作日	
10.8	知识产权	
	构成本招标文件各个组成部分的文件，未经招标人书面同意，投标人不得擅自复印和用于非本招标项目所需的其他目的。招标人全部或者部分使用未中标人投标文件中的技术成果或技术方案时，需征得其书面同意，并不得擅自复印或提供给第三人	
10.9	重新招标的其他情形	
	除投标人须知正文第8条规定的情形外，除非已经产生中标候选人，在投标有效期内同意延长投标有效期的投标人少于三个的，招标人应当依法重新招标	
10.10	同义词语	
	构成招标文件组成部分的"通用合同条款""专用合同条款""技术标准和要求"和"工程量清单"等章节中出现的措辞"发包人"和"承包人"，在招标投标阶段应当分别按"招标人"和"投标人"进行理解	
10.11	监督	
	本项目的招标投标活动及其相关当事人应当接受有管辖权的建设工程招标投标行政监督部门依法实施的监督	
10.12	解释权	
	构成本招标文件的各个组成文件应互为解释，互为说明；如有不明确或不一致，构成合同文件组成内容的，以合同文件约定内容为准，且以专用合同条款约定的合同文件优先顺序解释；除招标文件中有特别规定外，仅适用于招标投标阶段的规定，按招标公告（投标邀请书）、投标人须知、评标办法、投标文件格式的先后顺序解释；同一组成文件中就同一事项的规定或约定不一致的，以编排顺序在后者为准；同一组成文件不同版本之间有不一致的，以形成时间在后者为准。按本款前述规定仍不能形成结论的，由招标人负责解释	
10.13	招标人补充的其他内容	
	...	

注：本表中所提到的章节、附表等均引自《房屋建筑和市政工程标准施工招标文件》（2010年版）。

3. 合同主要条款。合同条款是招标人与中标人签订合同的基础。在招标文件中发给投标人，一方面要求投标人充分了解合同义务和应该承担的风险责任，以便在编制投标文件时加以考虑；另一方面允许投标人在投标书中以及合同谈判时提出不同意见，如果招标人同意也可以对部分条款的内容予以修改。

4. 投标文件格式。投标书是由投标人授权的代表签署的一份投标文件，一般都是由招标人或咨询工程师拟定好的固定格式，由投标人填写。

5. 采用工程量清单招标的，应当提供工程量清单。《建设工程工程量清单计价规范》（GB 50500—2013）规定，工程量清单是表现拟建工程的分部分项工程项目、措施项目、其他项目、规费项目和税金项目名称和相应数量的明细清单。工程量清单是由封面、总说明、分部分项工程量清单、措施项目清单、其他项目清单、规费项目清单、税金项目清单表等七个部分组成。

6. 技术条款。这部分内容是投标人编制施工规划和计算施工成本的依据。一般有三个方面的内容：一是提供现场的自然条件；二是现场施工条件；三是本工程采用的技术规范。

7. 设计图纸。图纸是招标文件和合同的重要组成部分，是投标人在拟定施工方案、确定施工方法以及提出替代方案、计算投标报价必不可少的资料。图纸的详细程度取决于设计的深度与合同的类型。

8. 评标标准和方法。评标标准和方法应根据工程规模和招标范围详细地确定出来。

9. 投标辅助材料。投标辅助材料主要包括项目经理简历表、主要施工管理人员表、主要施工机械设备表、项目拟分包情况表、劳动力计划表、现金流量表、施工方案或施工组织设计、施工进度计划表、临时设施布置及临时用地表等。

招标文件编制完毕后需报上级主管部门审批。因此，招标工作小组必须填写"建设工程施工招标文件报批表"，见表 2-2。

表 2-2　建设工程施工招标文件报批表

招标文件			
招标工程名称		本表报批日期	年　月　日
招标文件编制单位		资质等级	
招标文件文号		招标文件	共　　页　附后
招标单位：（盖章）　　　　法人代表：（盖章） 　　　　　　　　　　　　　　　　　　　　　　　　　年　　月　　日			
核准意见			
核准单位：（盖章） 核准日期：　　年　　月　　日			

（本表申报二份，核准后退还一份）

五、编制、审核标底

招标人可以自行决定是否编制标底。一个招标项目只能有一个标底。招标人设有标底的，《招标投标法》第 22 条规定招标人不得向他人透露已获取招标文件的潜在投标人的名称、数量以及可能影响公平竞争的有关招标投标的其他情况。标底必须保密，标底编制应符合实际，力求准确、客观、公正，不超出工程投资总额。

接受委托编制标底的中介机构不得参加受托编制标底项目的投标，也不得为该项目的投标人编制投标文件或者提供咨询。

招标人设有最高投标限价的，应当在招标文件中明确最高投标限价或者最高投标限价的计算方法。招标人不得规定最低投标限价。

（一）标底的作用

标底既是核算预期投资的依据和衡量投标报价的准绳，又是评价的主要尺度和选择承包企业报价的经济界限。

（二）编制标底应遵循的原则和依据

1. 标底编制的原则

（1）根据设计图纸及有关资料、招标文件，参照国家规定的技术、经济标准定额及范例，确定工程量和编制标底。

（2）标底价格应有成本、利润、税金组成。一般应控制在批准的总概算及投资包干的限额内。标底的计算内容、计算依据应与招标文件一致。

（3）标底价格作为建设单位的期望计划价，应力求与市场的实际变化吻合，要有利于竞争和保证工程质量。

（4）标底应考虑人工、材料、机械台班等价格变动因素，还应包括施工不可预见费、包干费和措施费等。

（5）一个工程只能有一个标底。

2. 标底的编制依据

（1）已批准的初步设计、投资概算；

（2）国家颁发的有关计价办法；

（3）有关部委及省、自治区、直辖市颁发的相关定额；

（4）建筑市场供求竞争状况；

（5）根据招标工程的技术难度、实际发生而必须采取的有关技术措施等；

（6）工程投资、工期和质量等方面的因素。

（三）标底的审核

标底编制完后必须报经招标投标办事机构审核、确定批准。经核准后的标底文件及其标底总价，由招标投标管理单位负责向招标人进行交底，密封后，由招标人取回保管。核准后的标底总价为招标工程的最终标底价，未经招标投标管理单位的同意，任何人无权再改变标底总价。标底文件及其标底，一经审定应密封保存至开标时，所有接触到标底的人员均负有保密责任，自编制之日起至公布之日止应严格保守秘密。

六、编制招标文件注意事项

1. 评标原则和评标办法细则，尤其是计分方法在招标文件中要明确。

2. 投标价格中，一般结构不太复杂或工期在 12 个月以内的工程，可以采用固定价格，考虑一定的风险系数。结构较复杂的工程或大型工程，工期在 12 个月以上的，应采用调整价格。价格的调整方法及调整范围应在招标文件中明确。

3. 在招标文件中应明确投标价格计算依据，主要以下几个方面：工程计价类别；执行的概预算定额及费用定额；执行的人工、材料、机械设备政策性调整文件；材料、设备计价方法及采购、运输、保管的责任；工程量清单。

4. 质量标准必须达到国家施工验收规范合格标准，对于要求质量达到优良标准时，应计取补偿费用，补偿费用的计算方法应按国家或地方有关文件规定执行，并在招标文件中明确。

5. 招标文件中的建设工期应参照国家或地方颁发的工期定额来确定，如果要求的工期比工期定额缩短20%以上（含20%）的，应计算赶工措施费。赶工措施费如何计取应在招标文件中明确。由于施工单位原因造成不能按合同工期竣工时，计取赶工措施费的须扣除，同时还应赔偿由于误工给建设单位带来的损失。其损失费用的计算方法或规定应在招标文件中明确。

6. 如果建设单位要求按合同工期提前竣工交付使用，应考虑计取提前工期奖，提前工期奖的计算办法应在招标文件中明确。

7. 在招标文件中应明确投标保证金数额，一般投标保证金数额不超过投标总价的2%，投标保证金有效期应当与投标有效期一致。依法必须进行招标的项目的境内投标单位，以现金或者支票形式提交的投标保证金应当从其基本账户转出。招标人不得挪用投标保证金。

8. 中标单位应按规定要向招标单位提交履约担保，履约担保可采用银行保函或履约担保书。履约担保比率应在招标文件中明确。一般情况下，银行出具的银行保函为合同价格的5%；履约担保书为合同价格的10%。

9. 材料或设备采购、运输、保管的责任在招标文件中明确，如建设单位提供材料或设备，应列明材料或设备的名称、品种或型号、数量以及提供日期和交货地点等；还应在招标文件中明确招标单位提供的材料或设备计价和结算退款方式。

10. 关于工程量清单，招标单位按国家颁布的统一工程项目划分，统一计量单位和统一的工程量计算规则，根据施工图计算工程量，提供给投标单位作为投标报价的基础。结算拨付工程款时以实际工程量为依据。

11. 招标人可以依法对工程以及与工程建设有关的货物、服务全部或者部分实行总承包招标。以暂估价形式包括在总承包范围内的工程、货物、服务属于依法必须进行招标的项目范围且达到国家规定规模标准的，应当依法进行招标。

暂估价，是指总承包招标时不能确定价格而由招标人在招标文件中暂时估定的工程、货物、服务的金额。

12. 对技术复杂或者无法精确拟定技术规格的项目，招标人可以分两个阶段进行招标。

第一阶段，投标人按照招标公告或者投标邀请书的要求提交不带报价的技术建议，招标人根据投标人提交的技术建议确定技术标准和要求，编制招标文件。

第二阶段，招标人向在第一阶段提交技术建议的投标人提供招标文件，投标人按照招标文件的要求提交包括最终技术方案和投标报价的投标文件。

招标人要求投标人提交投标保证金的，应当在第二阶段提出。

💡 思考与练习

1. 办理招标备案应提交哪些资料？
2. 招标通告的主要内容有哪些？
3. 资格预审通告的主要内容应包括哪几个方面？
4. 编制招标文件的依据和原则是什么？
5. 编制招标文件注意事项有哪些？

技能训练

1. 根据教师给定的资料，编写一份招标公告。
2. 根据教师给定的资料，编写一份资格预审通告。

任务三　建设工程项目施工招标组织

任务引入

　　建设单位的招标申请经招标投标办事机构批准，并备妥招标文件之后，招标人就可以开始组织招标。那么如何组织招标，招标过程中要进行哪些工作呢？

任务分析

　　招标人组织建设工程项目施工招标，要按照招标程序进行。我们要明确招标过程中要做好一系列工作，即发出资格预审公告、招标公告或投标邀请书、组织投标资格预审、发售招标文件、组织踏勘现场、召开标前会议、对招标文件进行答疑和澄清。

知识链接

一、发布招标公告或投标邀请函

　　建设单位的招标申请经招标投标办事机构批准，并备妥招标文件之后，即可发出资格预审公告、招标公告或投标邀请书。招标公告一般在开标前 1~3 个月发出。

　　实行公开招标的工程，必须在有形建筑市场（即建设工程交易中心）或建设行政主管部门指定的报刊上发布招标公告，也可以同时在其他全国性或国外报刊上刊登招标公告，在信息网络或其他媒介发布。要积极创造条件，逐步实行工程信息的计算机联网。

　　实行邀请招标的工程，也应当在有形建筑市场发布招标信息，由招标单位向符合承包条件的单位发出"施工投标邀请书"。施工投标邀请书一般格式见附式 2。

附式 2

　　_____（项目名称）_____ 标段施工投标邀请书

_____（被邀请单位名称）：

　　1. 招标条件

　　本招标项目 _____（项目名称）已由 _____（项目审批、核准或备案机关名称）以 _____（批文名称及编号）批准建设，招标人（项目业主）为 _____，建设资金来自 _____（资金来源），出资比例为 _____。项目已具备招标条件，现邀请你单位参加 _____（项目名称）标段施工投标。

　　2. 项目概况与招标范围

　　_____（说明本招标项目的建设地点、规模、合同估算价、计划工期、招标范围、标段划分（如果有）等）。

---

3. 投标人资格要求

3.1 本次招标要求投标人具备 _____ 资质，_____（类似项目描述）业绩，并在人员、设备、资金等方面具有相应的施工能力。

3.2 你单位 _____（可以或不可以）组成联合体投标。联合体投标的，应满足下列要求：_____。

3.3 本次招标要求投标人拟派项目经理具备 _____ 专业 _____ 级注册建造师执业资格，具备有效的安全生产考核合格证书，且未担任其他在施建设工程项目的项目经理。

4. 招标文件的获取

4.1 请于 _____ 年 _____ 月 _____ 日至 _____ 年 _____ 月 _____ 日（法定公休日、法定节假日除外），每日上午 _____ 时至 _____ 时，下午 _____ 时至 _____ 时（北京时间，下同），在 _____（详细地址）持本投标邀请书购买招标文件。

4.2 招标文件每套售价 _____ 元，售后不退。图纸押金 _____ 元，在退还图纸时退还（不计利息）。

4.3 邮购招标文件的，需另加手续费（含邮费）_____ 元。招标人在收到邮购款（含手续费）后 _____ 日内寄送。

5. 投标文件的递交

5.1 投标文件递交的截止时间（投票截止时间，下同）为 _____ 年 _____ 月 _____ 日 _____ 时 _____ 分，地点为 _____（有形建筑市场/交易中心名称及地址）。

5.2 逾期送达的或者未送达指定地点的投标文件，招标人不予受理。

6. 确认

你单位收到本投标邀请书后，请于 _____（具体时间）前以传真或快递方式予以确认。

7. 联系方式

招标人：_____	招标代理机构：
地　　址：_____	地　　址：_____
邮　　编：_____	邮　　编：_____
联 系 人：_____	联 系 人：_____
电　　话：_____	电　　话：_____
传　　真：_____	传　　真：_____
电子邮件：_____	电子邮件：_____
网　　址：_____	网　　址：_____
开户银行：_____	开户银行：_____
账　　号：_____	账　　号：_____

_____ 年 _____ 月 _____ 日

在发出招标公告或投标邀请书后，招标人一般不得随便更改广告上的内容和条件，更不允许无故撤销广告。否则，就应承担由此给投标人造成的经济损失。除遇有不可抗力的原因外，不得终止招标。

二、对投标人进行资格预审

(一) 投标人资格审查的方式

资格审查分为资格预审和资格后审。

资格预审，是指在投标前对潜在投标人进行的资格审查。

资格后审，是指在开标后对投标人进行的资格审查。

进行资格预审的，一般不再进行资格后审，但招标文件另有规定的除外。

通常公开招标采用资格预审，只有资格预审合格的施工单位才允许参加投标；不采用资格预审的公开招标应进行资格后审，即在开标后进行资格审查。

(二) 投标人资格审查的目的和内容

1. 投标人资格预审的目的和内容

招标人采用公开招标时，面对不熟悉的众多的潜在投标人，要经过资格预审，从中选择合格的投标人参与正式投标。

(1) 投标人资格预审的目的

①提供投标信息，易于招标人决策。经资格预审可了解参加竞争性投标的投标人数目、公司性质、组成等，使招标人针对各投标人的实力进行招标决策。

②通过资格预审可以使招标人和工程师预先了解到应邀投标公司的能力，提前进行资信调查，了解潜在投标人的信誉、经历、财务状况以及人员和设备配备的情况等，以确定潜在投标人是否有能力承担拟招标的项目。

③防止皮包公司参加投标，避免给招标人的招标工作带来不良影响和风险。

④确保具有合理竞争性的投标。具有实力的和讲信誉的大公司，一般不愿参加不作资格预审招标的投标，因为这种无资格限制的招标并不总是有利于合理竞争。往往由于高水平的优秀的投标，因其投标报价较高而不被接受，相反资格差的和低水平的投标，可能由于投标报价低而被接受，这将给招标人造成较大的风险。

⑤对投标人而言，可使其预先了解工程项目条件和招标人要求，初估自己条件是否合格，以及初步估计可能获得的利益，以便决策是否正式投标。对于那些条件不具备、将来肯定被淘汰的投标人也是有好处的，可尽早终止参与投标活动，节省费用。同时，可减少评标人评标工作量。

(2) 投标人资格预审的内容

招标人对投标人的资格预审通常包括如下内容：

①投标人投标合法性审查。包括投标人是否正式注册的法人或其他组织；是否具有独立签约的能力；是否处于正常的经营状态，即是否处于被责令停业，有无财产被接管、冻结等情况；是否有相互串通投标等行为；是否正处于被暂停参加投标的处罚期限内等。经过审查，确认投标人有不合法情形的，应将其排除。

②审查投标人的经验与信誉。看其是否有圆满完成过与招标项目在类型、规模、结构、复杂程度和所采用的技术以及施工方法等方面相类似项目的经验，或者具有提供过同类优质

货物服务的经验，是否受到以前项目业主的好评，在招标前一个时期内的业绩如何，以往的履约情况如何等。

③审查投标人的财务能力。主要审查其是否具备完成项目所需的充足的流动资全以及有信誉的银行提供的担保文件，审查其资产负债情况。

④审查投标人的人员配备能力。主要是对投标人承担招标项目的主要人员的学历、管理经验进行审查，看其是否有足够的具有相应资质的人员具体从事项目的实施。

⑤审查拟完成项目的设备配备情况及技术能力。看其是否具有实施招标项目的相应设备和机械，并是否处于良好的工作状态，是否有技术支持能力等。

资格审查时，招标人不得以不合理的条件限制、排斥潜在投标人或者投标人，不得对潜在投标人或者投标人实行歧视待遇。任何单位和个人不得以行政手段或者其他不合理方式限制投标人的数量。

2. 投标人资格后审的目的和内容

一般情况下，无论是否经过资格预审，在评标阶段要对所有的投标人进行资格后审，目的是核查投标人是否符合招标文件规定的资格条件，不符合资格条件者，招标人有权取消其投标资格。防止皮包公司参与投标，防止不符合要求的投标人中标给发包人带来风险。

如果投标资格后审的评审内容与资格预审的内容相同，投标前已进行了资格预审，则资格后审主要评审参与本项目实施的主要管理人员是否有变化，变化后给合同实施可能带来的影响；评审财务状况是否有变化，特别是核查债务纠纷，是否被责令停业清理，是否处于破产状态；评审已承诺和在建项目是否有变化，如有增加时，应评估是否会影响本项目的实施等。

（三）资格预审程序

1. 编制资格预审文件

由招标人组织有关专业人员编制，或委托招标代理机构编制。资格预审文件的主要内容有：工程项目简介、对投标人的要求和各种附表等。资格预审文件应报请有关行政监督部门审查。

2. 刊登资格预审公告

资格预审公告应通过国家指定的报刊、信息网络或者其他媒介公开发布，邀请有意参加工程投标的承包人申请投标资格预审。资审预审公告的格式见附式3。

3. 出售资格预审文件

在指定的时间、地点开始出售资格预审文件。资格预审文件售价以收取工本费为宜。资格预审文件发售的持续时间为从开始发出至截止接受资格预审申请时间为止。

4. 对资格预审文件的答疑

在资格预审文件发售之后，购买资格预审文件的投标人可能对资格预审文件提出各种疑问，这种疑问可能是由于投标人对资格预审文件理解困难，也可能是资格预审文件中存在着疏漏或需进一步说明的问题。投标人应将这些疑问以书面形式（如信函、传真、电报等）提交招标人；招标人应以书面形式回答，并同时通知所有购买资格预审文件的投标人。

5. 报送资格预审文件

投标人应在规定的截止日期之前报送资格预审文件。在报送截止时间之后，招标人不接受任何迟到的资格预审文件。已报送的资格预审文件在规定的截止时间之后不得做任何修改。

附式3

_____（项目名称）_____标段施工招标

资格预审公告（代招标公告）

1. 招标条件

本招标项目_____（项目名称）已由_____（项目审批、核准或备案机关名称）以_____（批文名称及编号）批准建设，项目业主为_____，建设资金来自_____（资金来源），项目出资比例为_____，招标人为_____，招标代理机构为_____。项目已具备招标条件，现进行公开招标，特邀请有兴趣的潜在投标人（以下简称申请人）提出资格预审申请。

2. 项目概况与招标范围

_____（说明本次招标项目的建设地点、规模、计划工期、合同估算价、招标范围、标段划分（如果有）等）。

3. 申请人资格要求

3.1 本次资格预审要求申请人具备_____资质，_____（类似项目描述）业绩，并在人员、设备、资金等方面具备相应的施工能力，其中，申请人拟派项目经理须具备专业_____级注册建造师执业资格和有效的安全生产考核合格证书，且未担任其他在施建设工程项目的项目经理。

3.2 本次资格预审_____（接受或不接受）联合体资格预审申请。联合体申请资格预审的，应满足下列要求：_____。

3.3 各申请人可就本项目上述标段中的_____（具体数量）个标段提出资格预审申请，但最多允许中标_____（具体数量）个标段（适用于分标段的招标项目）。

4. 资格预审方法

本次资格预审采用_____（合格制/有限数量制）。采用有限数量制的，当通过详细审查的申请人多于_____家时，通过资格预审的申请人限定为_____家。

5. 申请报名

凡有意申请资格预审者，请于_____年_____月_____日至_____年_____月_____日（法定公休日，法定节假日除外），每日上午_____时至_____时，下午_____时至_____时（北京时间，下同），在_____（有形建筑市场/交易中心名称及地址）报名。

6. 资格预审文件的获取

6.1 凡通过上述报名者，请于_____年_____月_____日至_____年_____月_____日（法定公休日、法定节假日除外），每日上午_____时至_____时，下午_____时至_____时，在（详细地址）持单位介绍信购买资格预审文件。

6.2 资格预审文件每套售价_____元，售后不退。

6.3 邮购资格预审文件的，需另加手续费（含邮费）＿＿＿＿＿元。招标人在收到单位介绍信和邮购款（含手续费）后＿＿＿＿＿日内寄送。

7. 资格预审申请文件的递交

7.1 递交资格预审申请文件截止时间（申请截止时间，下同）为＿＿＿＿年＿＿＿＿月＿＿＿＿日＿＿＿＿时＿＿＿＿分，地点为＿＿＿＿＿＿＿＿＿＿＿＿＿＿＿＿＿（有形建筑市场/交易中心名称及地址）。

7.2 逾期送达或者未送达指定地点的资格预审申请文件，招件人不予受理。

8. 发布公告的媒介

本次资格预审公告同时在＿＿＿＿＿＿＿＿＿＿＿＿＿（发布公告的媒介名称）上发布。

9. 联系方式

招 标 人：＿＿＿＿＿＿＿＿＿	招标代理机构：
地　　址：＿＿＿＿＿＿＿＿＿	地　　址：＿＿＿＿＿＿＿＿＿
邮　　编：＿＿＿＿＿＿＿＿＿	邮　　编：＿＿＿＿＿＿＿＿＿
联 系 人：＿＿＿＿＿＿＿＿＿	联 系 人：＿＿＿＿＿＿＿＿＿
电　　话：＿＿＿＿＿＿＿＿＿	电　　话：＿＿＿＿＿＿＿＿＿
传　　真：＿＿＿＿＿＿＿＿＿	传　　真：＿＿＿＿＿＿＿＿＿
电子邮件：＿＿＿＿＿＿＿＿＿	电子邮件：＿＿＿＿＿＿＿＿＿
网　　址：＿＿＿＿＿＿＿＿＿	网　　址：＿＿＿＿＿＿＿＿＿
开户银行：＿＿＿＿＿＿＿＿＿	开户银行：＿＿＿＿＿＿＿＿＿
账　　号：＿＿＿＿＿＿＿＿＿	账　　号：＿＿＿＿＿＿＿＿＿

＿＿＿＿＿年＿＿＿＿＿月＿＿＿＿＿日

6. 澄清资格预审文件

招标人在接受投标人报送的资格预审文件后，可以找投标人澄清报送的资格预审文件中的各种疑点，投标人应按实回答，但不允许投标人修改报送的资格预审文件的内容。

7. 评审资格预审文件

组成资格预审评审委员会，对资格预审文件进行评审。资格审查包括准备工作、资格初步审查、资格详细审查。

（1）资格审查的准备工作。资格审查的准备工作主要包括审查委员会成员签到、审查委员会的分工、熟悉文件资料、对申请文件进行基础性数据分析与整理工作。

（2）资格初步审查。资格初步审查的具体程序为：

①审查委员会根据规定的审查因素和审查标准，对申请人的资格预审申请文件进行审查，并使用附表记录审查结果。

②提交和核验原件。

③澄清、说明或补正。

④申请人有任何一项初步审查因素不符合审查标准的，或者未按照审查委员会要求的时间和地点提交有关证明和证件的原件、原件与复印件不符或者原件存在伪造嫌疑且申请人不

能合理说明的，不能通过资格预审。

（3）资格详细审查。资格详细审查的具体程序为：

①只有通过了初步审查的申请人可进入详细审查。

②审查委员会根据规定的程序、标准和方法，对申请人的资格预审申请文件进行详细审查，并使用附表记录审查结果。

③联合体申请人的资质认定和可量化审查因素（如财务状况、类似项目业绩、信誉等）的指标考核。

④澄清、说明或补正。

⑤审查委员会应当逐项核查申请人是否存在规定的不能通过资格预审的任何一种情形。

⑥不能通过资格预审。申请人有任何一项详细审查因素不符合审查标准的，或者存在规定的任何一种情形的，均不能通过详细审查。

8. 向投标人通知评审结果

招标人以书面形式向所有参加资格预审者通知评审结果，在规定的日期、地点向通过资格预审的投标人出售招标文件。资格预审通过通知书是以施工投标邀请书的形式发出的，其格式见附式4。

附式4

_____（项目名称）_____标段施工投标邀请书

_____（被邀请单位名称）：

你单位已通过资格预审，现邀请你单位按招标文件规定的内容，参加_____（项目名称）_____标段施工投标。

请你单位于_____年_____月_____日至_____年_____月_____日（法定公休日、法定节假日除外），每日上午_____时至_____时，下午_____时至_____时（北京时间，下同），在_____（详细地址）持本投标邀请书购买招标文件。

招标文件每套售价为_____元，售后不退。图纸押金_____元，在退还图纸时退还（不计利息）。邮购招标文件的，需另加手续费（含邮费）_____元。招标人在收到邮购款（含手续费）后_____日内寄送。

递交投标文件的截止时间（投标截止时间，下同）为_____年_____月_____日_____时_____分，地点为_____（有形建筑市场/交易中心名称及地址）。

逾期送达的或者未送达指定地点的投标文件，招标人不予受理。

你单位收到本投标邀请书后，请于_____（具体时间）前以传真或快递方式予以确认。

招 标 人：＿＿＿＿＿＿＿	招标代理机构：＿＿＿＿＿
地　　址：＿＿＿＿＿＿＿	地　　址：＿＿＿＿＿＿
邮　　编：＿＿＿＿＿＿＿	邮　　编：＿＿＿＿＿＿
联 系 人：＿＿＿＿＿＿＿	联 系 人：＿＿＿＿＿＿
电　　话：＿＿＿＿＿＿＿	电　　话：＿＿＿＿＿＿
传　　真：＿＿＿＿＿＿＿	传　　真：＿＿＿＿＿＿
电子邮件：＿＿＿＿＿＿＿	电子邮件：＿＿＿＿＿＿
网　　址：＿＿＿＿＿＿＿	网　　址：＿＿＿＿＿＿
开户银行：＿＿＿＿＿＿＿	开户银行：＿＿＿＿＿＿
账　　号：＿＿＿＿＿＿＿	账　　号：＿＿＿＿＿＿
	＿＿＿年＿＿月＿＿日

国际工程资格预审程序框图见图 2-3。

（四）资格预审的评审方法

资格预审的评审标准必须考虑到评标的标准，一般凡属评标时考虑的因素，资格预审评审时可不必考虑。反过来，也不应该把资格预审中已包括的标准再列入评标的标准。

资格预审的评审方法一般采用评分法。将预审应该考虑的各种因素分类，确定它们在评审中应占的比分。例如：

机构及组织　　　　10 分

人　员　　　　　　15 分

设备、机械　　　　15 分

经验、信誉　　　　30 分

财务状况　　　　　30 分

总　分　　　　　　100 分

一般申请人所得总分在 70 分以下，或其中有一类得分不足最高分的 50% 者，视为不合格，各类因素的权数应根据招标项目性质以及在实施中的重要程度而言，如复杂的工程项目，人员素质应占比重大一些，工业设施项目设备应占比重大一些。

评审时，在每一因素下面还可以进一步分若干参数，常用参数如下。

1. 组织及计划

（1）总的项目实施方案。

（2）分包给分包商的计划。

（3）以往未能履约导致诉讼、损失赔偿及延长合同的情况。

（4）管理机构情况以及对现场实施指挥的情况。

2. 人员简介

（1）经理和主要人员胜任程度。

（2）专业人员胜任程度。

3. 主要施工设施及设备

（1）适用性（型号、工作能力、数量）。

（2）已使用年份及状况。

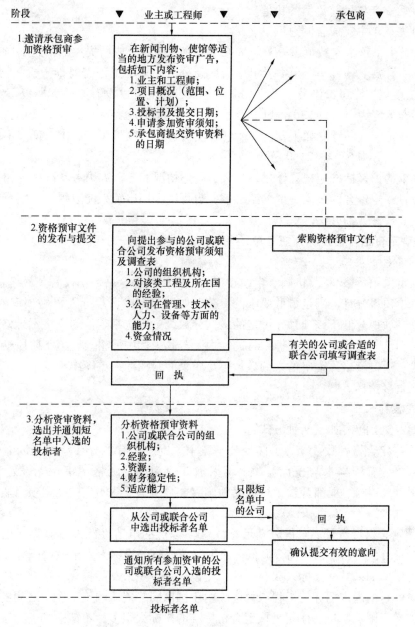

图 2-3 资格预审程序框图

（3）来源及获得该设施的可能性。

4. 经理（过去三年）

（1）技术方面的介绍。

（2）所完成相似工程的合同额。

（3）获全优、优良工程。

5. 财务状况

（1）银行介绍的函件。

（2）平均年营业额。

（3）流动资产与目前负债的比值。

（4）过去三年中完成合同总额。

在同一类中，每个参数可占一分。如果不能令人满意，或所提供的信息不当，可以不给分。能完成项目要求具有一定余力者可以给最高分。如某项工程需要推土机 20 台而申请人有 30 台可供使用，则可给满分（为 2 分），更多的推土机也没有必要，所以不给更高的分数，给分标准可定为 30 台或 30 台以上者给 2 分，20~30 台给 1 分，不足 20 台给 0 分。

有些参数是定性问题，如主要人员胜任程度。这种参数可用高、中、低、不能胜任四级表示，每级分别分为 6、4、2、0 分。

资格预审的评审标准应视具体招标工程、具体情况而定。如财务状况中，招标人要求投标申请人出具一定资金，垫支一部分工程款，也可以采用申请人能取得银行信贷额多少来垫支工程款或其他参数的办法。

（五）确定资格合格投标人短名单

1. 合格条件的要求

资格预审采用及格/不及格制。申请投标人的资格是否合格，不仅看其最终总分的多少，还要检查各单项得分是否满足最低要求的得分。如果一个申请投标人资格预审的总分不低，但其中的某一项得分低于该项预先设定的最低分数线，仍应判定他的资格不合格，因为通过资格预审后即认为他具备实施招标工程的能力，若其投标中标将会在施工阶段给发包人带来很大的风险。通过资格预审申请人的数量不足 3 个的，招标人重新组织资格预审或不再组织资格预审而直接招标。

2. 确定投标人短名单

目前确定短名单有如下两种方式：

（1）不限定合格者数量。为了体现公平竞争原则，所有总分在录取线以上的申请投标人均认为合格，有资格参与投标竞争。但录取线应为满足资格预审预先设定满分总分的 80%。使用世界银行、亚洲开发银行或其他国际金融组织贷款实施的工程项目通常都采用这种方式。

（2）限定合格者数量。对得分满足总分 60% 以上的申请投标人按照投标须知中说明的预先确定数量（5~7 家），从高分向低分录取。对合格的投标人发出邀请函并请其回函确认是否参加投标，如果某一投标人放弃投标，则以候补排序最高的投标人递补，以保证投标竞争者的数量。目前国内招标的工程项目中，由于国内同一资质的施工企业之间的能力差异不是很大，如果不限定数量往往超过预定合格标准的投标人很多，不能达到突出投标竞争、减少评标工作的目的，因此现在采用这种方式的较多。

资格预审后，招标人应当向所有投标申请人通告资格预审结果，并向资格预审合格的投标申请人发出资格预审合格通知书，告知获取招标文件的时间、地点和方法。经过资格预审合格的申请投标人，均可以参加投标。应当要求合格的投标人在规定时间内以书面形式确认是否参与投标，若有不参加投标者且本次资格预审采用预定数量确定的投标人短名单，则应补充通知记分排名下一位申请人购买招标文件，以保持投标具有竞争性。

（六）资格预审评审报告

资格预审完成后，评审委员会应向招标人提交资格预审报告，并报建设行政主管部门备案。评审报告的主要内容包括：

1. 工程项目概况；

2. 资格预审简介；

3. 资格预审评审标准；

4. 资格预审评审程序；

5. 资格预审评审结果；

6. 资格预审评审委员会名单及附件；

7. 资格预审评分汇总表；

8. 资格预审分项评分表；

9. 资格预审详细评审标准等。

（七）投标人资格审查应注意事项

1. 通过对建筑市场的调查确定主要实施经验方面的资格条件

实施经验是资格审查的重要条件，应依据拟建项目的特点和规模进行建筑市场调查。调查与本项目相类似已完成和准备建设项目的企业资质和施工水平的状况，调查可能参与本项目投标的投标人数目等。依此确定实施本项目企业的资质和资格条件，该资质和资格条件既不能过高，减少竞争，也不能过低，增加其评标工作量。还应补充说明的是，我国目前对资质条件过分重视，而轻视资格条件，这是一个误区。随着我国改革开放的不断深入，招标投标事业的发展和建筑市场的不断完善，资格比资质更重要会逐步被大家所接受。这也是WTO规则所要求的，因国际承包商没有我国施工企业的等级，要求他们满足我国的要求，就意味着对他们不是"国民待遇"，而是歧视。所以资质的问题要与国际接轨。从这里也同时看出，我国的施工企业也都必须从小到大、从低到高、从浅到深进入其他领域建设，才能成为与国际工程公司竞争的多功能的施工企业。

2. 资格审查文件的文字和条款要求严谨和明确

一旦发现条款中存在问题，特别是影响资格审查时，应及时修正和补遗。但必须在递交资格审查申请截止日前14天发出，否则投标人来不及做出响应，会影响评审的公正性。

3. 应公开资格审查的标准

将资格合格标准和评审内容明确地载明在资格审查文件中，即让所有投标人都知道资质和资格条件，以使他们有针对性地编制资格审查申请文件。评审时只能采用上述标准和评审内容，不得采用其他标准，或暗箱操作，或限制、排斥其他潜在投标人。

4. 审查投标人提供的资格审查资料的真实性

应审查投标人提供的资格审查资料的真实性，在评审的过程中如发现投标人提供评审资料有问题时，应及时去相关单位或地方调查，核实其真实性。如果投标人提供的资格审查资料是编造的或者不真实时，招标人有权取消其资格申请，而且可不作任何解释。另外还应特别防止假借其他有资格条件的公司名义提报资格审查申请。无论是在投标前的资格预审，还是投标后的资格后审，一经发现，既要取消其资格审查申请，也要向行政监督部门投诉，并可要求给予相应处罚。

5. 招标人不得限制、排斥潜在投标人或投标人

《条例》第32条规定，招标人不得以不合理的条件限制、排斥潜在投标人或者投标人。

招标人有下列行为之一的，属于以不合理条件限制、排斥潜在投标人或者投标人：

（1）就同一招标项目向潜在投标人或者投标人提供有差别的项目信息；

（2）设定的资格、技术、商务条件与招标项目的具体特点和实际需要不相适应或者与合同履行无关；

（3）依法必须进行招标的项目以特定行政区域或者特定行业的业绩、奖项作为加分条件或者中标条件；

（4）对潜在投标人或者投标人采取不同的资格审查或者评标标准；

（5）限定或者指定特定的专利、商标、品牌、原产地或者供应商；

（6）依法必须进行招标的项目非法限定潜在投标人或者投标人的所有制形式或者组织形式；

（7）以其他不合理条件限制、排斥潜在投标人或者投标人。

三、发售招标文件

发售招标文件是将招标文件、图纸和有关技术资料发售给通过资格预审获得投标资格的投标人。投标人收到招标文件、图纸和有关资料后，应认真核对，核对无误后，应以书面形式予以确认。

招标人应当按照资格预审公告、招标公告或者投标邀请书规定的时间、地点发售资格预审文件或者招标文件。自招标文件或资格预审文件开始出售之日起到停止出售之日止，不得少于 5 个工作日。

招标人发售资格预审文件、招标文件收取的费用应当限于补偿印刷、邮寄的成本支出，不得以盈利为目的。

招标人应当合理确定提交资格预审申请文件的时间。依法必须进行招标的项目提交资格预审申请文件的时间，自资格预审文件停止发售之日起不得少于 5 日。

发售招标文件时应做好发售记录，内容包括领取招标文件的公司详细名称、地址、联系电话、传真、邮政编码等，以便日后查对。需要时进行联系，如答疑、澄清、修改和补遗招标文件等。

四、组织现场踏勘和标前会议

（一）组织现场踏勘

1. 组织现场踏勘的时间

招标人在招标书里明确定出现场勘察日期及工程技术答疑时间。一般采用定时组织前往现场勘察。在投标人领取了招标文件并进行了初步研究一段时间后，招标人应组织投标人进行现场考察，以便让投标人取得有关编制投标文件所必需的一切资料与现场情况。现场考察的时间一般安排在投标预备会的前 1~2 天。

投标人在现场勘察中如有疑问，应在投标预备会前以书面形式向招标人提出，但应给招标人留有解答时间。

招标人不得组织单个或者部分潜在投标人踏勘项目现场。

2. 招标人向投标人介绍情况

招标人应向投标人介绍有关现场以下情况：

（1）施工现场是否达到招标文件规定的条件；

（2）施工现场的地理位置和地形、地貌；

（3）施工现场的地质、土质、地下水位、水文等情况；

（4）施工现场气候条件，如气温、湿度、风力、年雨雪量等；

（5）现场环境，如交通、饮水、污水排放、生活用电、通信等；

（6）工程在施工现场中的位置或布置；

（7）临时用地，临时设施搭建等。

3. 招标人解答疑问的方式

投标人在领取招标文件、图纸和有关技术资料及现场勘察时提出的疑问，招标人可通过以下方式进行解答，该解答的内容为招标文件的组成部分。

（1）收到投标人提出的疑问后，应以书面形式进行解答，并将解答同时发给所有获得招标文件的投标人。

（2）收到提出的问题后，通过投标预备会进行解答，并以会议纪要形式同时发给所有获得招标书的投标人。

（二）召开投标预备会

1. 投标预备会的目的在于澄清招标文件中的疑问，解答投标人对招标文件的现场勘察中所提出的疑问、问题。投标预备会可安排在发出招标文件 7 日后举行。

2. 投标预备会由招标人组织并主持召开，在预备会上对招标文件和现场情况做介绍或解释。并解答投标人提出的问题，包括书面提出的和口头提出的询问。

3. 在投标预备会上还应对图纸进行交底和解释。

4. 投标预备会结束后，由招标人整理会议记录和解答内容，报招标投标管理机构同意后，尽快以书面形式将问题及解答同时送给所有获得招标文件的投标人。

5. 所有参加投标预备会的投标人应签到登记，以证明出席会议。

6. 不论是招标人以书面形式向投标人发放的任何资料文件，还是投标人以书面形式提出的问题，均应采用书面形式并按照招标文件的规定向对方确认收到。

7. 投标预备会的程序：

①宣布投标预备会的开始；

②介绍参加会议的单位的主要人员；

③介绍问题解答人；

④解答投标人提出的问题（投标文件中的疑问问题；现场勘察中的疑问问题；对施工图纸进行交底）；

⑤投标人提出进一步问题；

⑥招标人做进一步解答；

⑦宣布会议结束。

五、招标文件的修订与澄清

招标人可以对已发出的资格预审文件或者招标文件进行必要的澄清或者修改。澄清或者修改的内容可能影响资格预审申请文件或者投标文件编制的，招标人应当在提交资格预审申请文件截止时间至少 3 日前，或者投标截止时间至少 15 日前，以书面形式通知所有获取资格预审文件或者招标文件的潜在投标人；不足 3 日或者 15 日的，招标人应当顺延提交资格预审申请文件或者投标文件的截止时间。

潜在投标人或者其他利害关系人对资格预审文件有异议的，应当在提交资格预审申请文件截止时间 2 日前提出；对招标文件有异议的，应当在投标截止时间 10 日前提出。招标人应当自收到异议之日起 3 日内作出答复；作出答复前，应当暂停招标投标活动。

招标人终止招标的，应当及时发布公告，或者以书面形式通知被邀请的或者已经获取资格预审文件、招标文件的潜在投标人。已经发售资格预审文件、招标文件或者已经收取投标保证金的，招标人应当及时退还所收取的资格预审文件、招标文件的费用，以及所收取的投标保证金及银行同期存款利息。

💡 思考与练习

1. 对投标人资格审查的方式有几种？
2. 投标人资格预审的内容有哪些？
3. 写出资格预审程序。
4. 资格评审报告的主要内容包括哪些？
5. 投标人资格审查应注意事项有哪些？
6. 资格预审文件或者招标文件的发售期间有何规定？
7. 提交资格预审申请文件的时间如何确定？

📓 项目实训

模拟工程项目施工招标文件的编制

1. 活动目的

招标文件是工程项目施工招标过程中最重要、最基本的技术文件，编制施工招标相关文件是学生学习本门课程需要掌握的基本技能之一。国家对施工招标文件的内容、格式均有特殊规定，通过本次实训活动，进一步提高学生对招标文件内容与格式的基本认识，提高学生编制招标文件的能力。学生通过实训，基本能具备为招标人正确编制招标公告、资格预审文件、招标文件的能力。

2. 实训准备

（1）实际在建工程或已完工程完整施工图及全套项目批准文件。

（2）工程量清单。

（3）有条件的可提供实训室和可利用的软件。

3. 实训内容

（1）招标公告（资格预审公告）编写训练。

（2）根据招标文件内容、格式和本工程招标要求编写招标文件。

4. 步骤

（1）学生分成若干招标组织机构，明确各自分工，团队协作完成实训任务。

（2）按照公开招标程序进行招标过程模拟。

（3）编制招标文件。

学习情境三　建设工程项目施工投标

学习目标

了解投标决策的内容，熟悉投标前的组织工作，掌握各个阶段的主要工作内容与工作步骤，掌握资格预审申请文件、施工规划文件与工程报价文件以及投标综合文件的内容，熟悉工程报价技巧等。

技能目标

具有建设项目投标全过程的组织活动能力，具有根据不同招标项目的要求，依据《招标投标法》规定的必要条款编制投标文件的能力；具有独立完成项目招标投标全过程操作能力。

任务一　建设工程项目投标认知

任务引入

某承包商准备承建一座商业城，那么应该采取什么方式获取工程项目的承建任务呢？又如何提高经济效益，保证项目质量呢？

任务分析

承包商要承建一个建设项目，就有通过公开和非公开的方式参加竞争，提出完成建设项目的方法、措施和报价，争取项目承包权。这个活动就是投标，我们要明确建设工程投标的程序。

知识链接

一、建设工程投标

建设工程投标，投标有时也称报价，是指投标人根据招标人规定的招标条件，提出完成发包工程的方法、措施和报价、施工方案等，向招标人投函，争取得到项目承包权的活动。

招标投标是一个有机整体，招标是建设单位在招标投标活动中的工作内容；投标则是承包商在招标投标活动中的工作内容。

建设工程项目投标是指勘察、设计、施工等项目发包单位与项目承包单位彼此选择对方的社会活动，承办方根据建设单位要求的建设项目内容、工期、质量及技术经济等条件，通过公开和非公开方式参加竞争，提出完成建设项目的方法、措施和报价，争取项目承包权。

投标最主要的功能是通过建设单位项目资格预审后，根据建设单位招标文件进行投标的活动，包括勘察、设计、施工、监理以及与工程建设有关的重要设备、材料等的采购等，目的是保护国家利益、社会公共利益和招标投标活动当事人的合法权益，提高经济效益，保证项目质量。

二、建设工程投标工作机构

进行工程投标，需要有专门的机构和人员对投标的全部活动过程加以组织和管理。实践证明，建立一个强有力的、内行的投标机构班子是投标获得成功的根本保证。

在工程承包招标投标竞争中，对招标人来说，招标就是择优。择优一般包含四个方面：较低的价值、优良的质量、先进的技术、较短的工期。

招标人通过招标，从众多的投标人中进行评选，既要从其突出的侧面进行衡量，又要综合考虑上述四方面的优劣，最后确定中标者。

对于投标人来说，参加投标就如同参加一场赛事竞争。因为，它关系到企业的兴衰存亡。随着社会的发展，科学技术的进步，建筑工程越来越多的是技术密集型项目，这样势必给承包人带来两方面的挑战。一方面是技术上的挑战，要求承包商具有先进的科学技术，能够完成高、新、尖、难工程。另一方面是管理上的挑战，要求承包商具有现代先进的组织管理水平，能以较低价中标，靠管理和索赔获利。因此，要想在众多投标者中战胜对手，就必须组建一个强有力的投标机构。

（一）投标工作机构人员组成

投标工作机构通常应由经营管理类人才、专业技术类人才、商务金融类人才组成，具体人员如下：

1. 决策人。通常由部门经理或副经理担任，也可由总经济师负责。

2. 技术负责人。可由总工程师或主任工程师担任，其主要责任是制定施工方案和各种技术措施，编制技术标。

3. 投标报价人员。由总经济师或合同预算部门主管负责投标报价和合同工作，编制商务标。

4. 有关部门的参谋人员。材料部门负责提供材料和设备市场信息；会计部门提供本企业的工资、管理费等有关成本资料；生产计划部门负责安排施工进度计划等。

（二）投标机构人才应具备的素质

1. 经营管理类人才的素质

决策人才即经营管理类人才，是指专门从事工程承包经营管理，制定和贯彻经营方针与规划，负责工作的全面筹划和安排的决策人才，这类人应具备的素质为：

（1）知识渊博、视野广阔、有识有胆、勇于开拓，在经营管理领域有造诣，对其他相关学科也应有相当知识水平，能全面、系统地观察和分析问题。

（2）具有一定的法律知识和实际工作经验，对开展投标业务所遵循的各项规章制度有充分的了解，有丰富的阅历和预测、决策能力。

（3）有较强的思维能力和社会活动能力，具有综合、概括分析判断和决策能力，有扩大信息交流，不断吸收投标业务工作所必需的新知识和情报。

（4）能掌握一套科学的研究方法和手段，具有大专以上的学历。

2. 专业技术类人才的素质

所谓专业技术类人才，指工程设计施工中的各类人才即总工程师、工程师，如土木工程师、电气工程师、机械工程师等各类专业技术人员，他们具备熟练的实际操作能力，能在投标时从本公司的实际技术水平出发，考虑各项专业实施方案。

3. 商务金融类人才的素质

所谓商务金融类人才，是指从事金融、贸易、税法、保险、预决算等专业知识方面的人才。财务人员需具备会计师资格。

以上是对投标班子组成人员个体素质的基本要求，一个投标班子仅仅个体素质良好还不够，还需要各方的共同参与、协同作战，充分发挥群体力量。

三、建设工程投标程序

施工投标的一般程序见图 3-1。

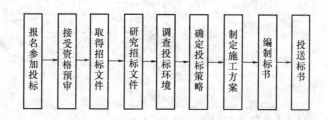

图 3-1 施工投标的一般程序

施工投标分为准备工作、组织工作和投标后期工作三个阶段。其具体内容如下：

1. 了解招标信息，选择投标对象。建筑企业根据招标广告或招标通告，分析招标工程的条件，再依据自己的能力，选择投标工程。

2. 申请投标。按招标广告、通告的规定向招标单位提出投标申请，提交有关的资料。

3. 接受招标单位的资格审查。

4. 通过资格预审的投标人购买招标文件及有关资料。

5. 研究招标文件。研究工程条件、工程施工范围、工程量、工期、质量要求及合同主要条款等，弄清承包责任和报价范围，模糊不清或把握不准之处，应做好记录，在答疑会上澄清。

6. 参加现场勘察，调查投标环境，并就招标中的问题向招标人提出质疑。

7. 确定投标策略，编制投标书。

8. 在规定的时间内，向招标人报送标书。

9. 参加开标会议。

10. 等待评标、决标。

11. 中标人与招标人签订承包合同。

工程招标投标是一项复杂而又细致的工作，招标和投标的程序、相互关系见图 3-2。

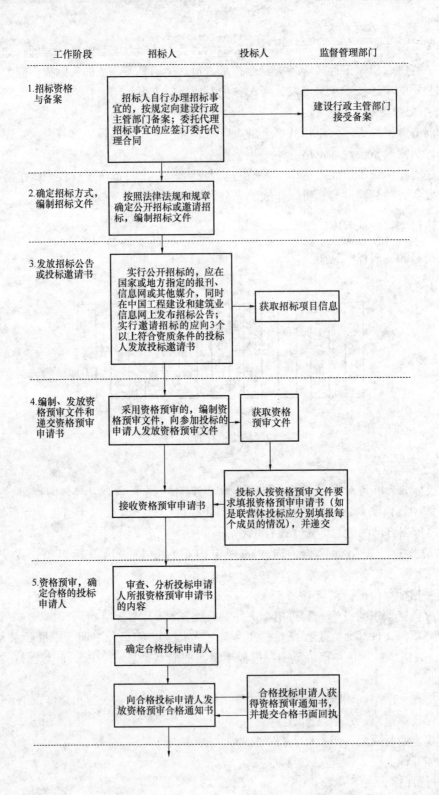

工作阶段	招标人	投标人	监督管理部门
1.招标资格与备案	招标人自行办理招标事宜的，按规定向建设行政主管部门备案；委托代理招标事宜的应签订委托代理合同		建设行政主管部门接受备案
2.确定招标方式，编制招标文件	按照法律法规和规章确定公开招标或邀请招标，编制招标文件		
3.发放招标公告或投标邀请书	实行公开招标的，应在国家或地方指定的报刊、信息网或其他媒介，同时在中国工程建设和建筑业信息网上发布招标公告；实行邀请招标的应向3个以上符合资质条件的投标人发放投标邀请书	获取招标项目信息	
4.编制、发放资格预审文件和递交资格预审申请书	采用资格预审的，编制资格预审文件，向参加投标的申请人发放资格预审文件	获取资格预审文件	
	接收资格预审申请书	投标人按资格预审文件要求填报资格预审申请书（如是联营体投标应分别填报每个成员的情况），并递交	
5.资格预审，确定合格的投标申请人	审查、分析投标申请人所报资格预审申请书的内容		
	确定合格投标申请人		
	向合格投标申请人发放资格预审合格通知书	合格投标申请人获得资格预审通知书，并提交合格书面回执	

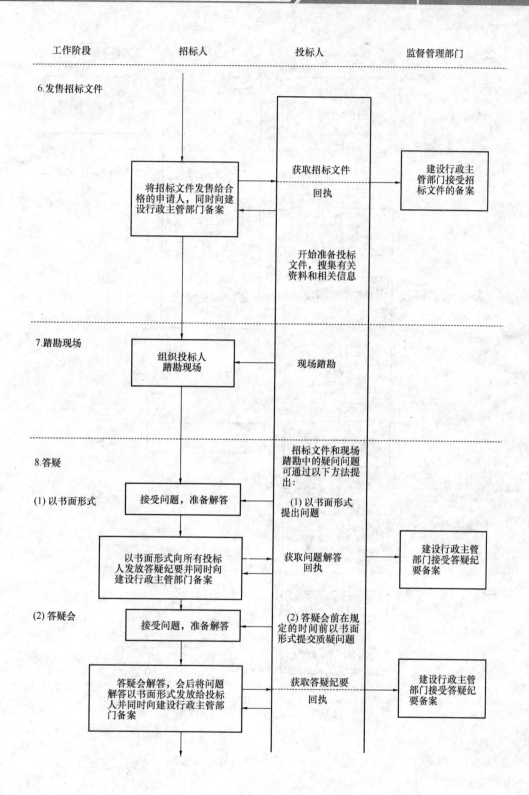

工作阶段	招标人	投标人	监督管理部门

6.发售招标文件

将招标文件发售给合格的申请人，同时向建设行政主管部门备案

获取招标文件
回执

建设行政主管部门接受招标文件的备案

开始准备投标文件，搜集有关资料和相关信息

7.踏勘现场

组织投标人踏勘现场

现场踏勘

8.答疑

招标文件和现场踏勘中的疑问问题可通过以下方法提出：

(1) 以书面形式

接受问题，准备解答

(1) 以书面形式提出问题

以书面形式向所有投标人发放答疑纪要并同时向建设行政主管部门备案

获取问题解答回执

建设行政主管部门接受答疑纪要备案

(2) 答疑会

接受问题，准备解答

(2) 答疑会前在规定的时间前以书面形式提交质疑问题

答疑会解答，会后将问题解答以书面形式发放给投标人并同时向建设行政主管部门备案

获取答疑纪要回执

建设行政主管部门接受答疑纪要备案

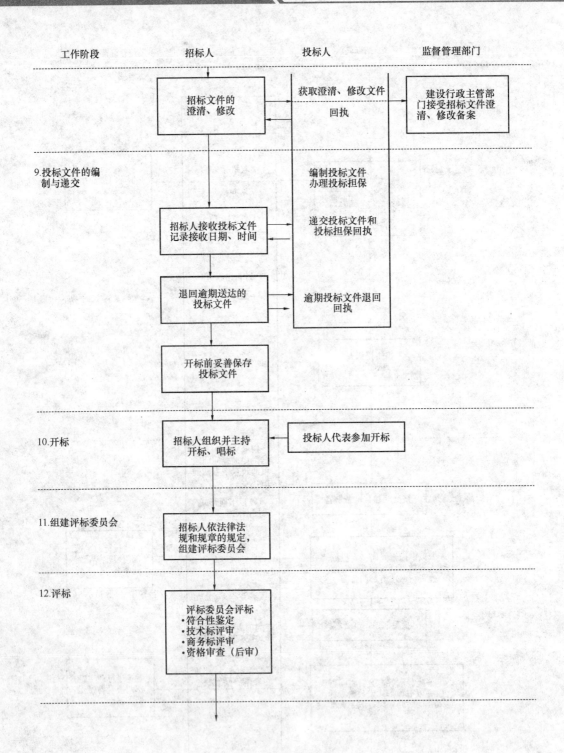

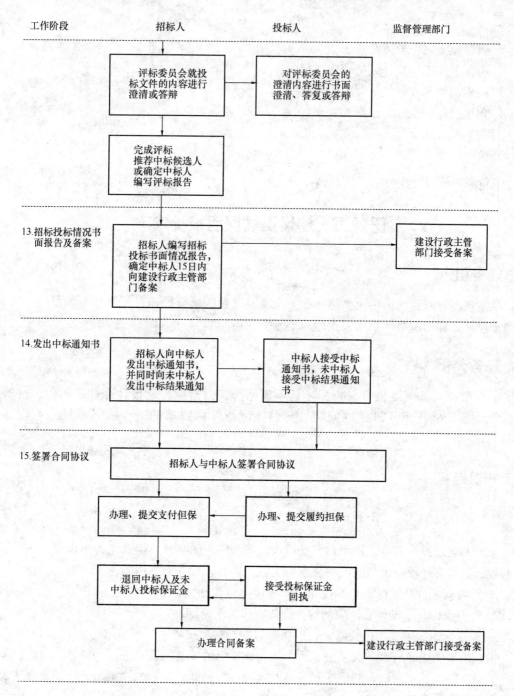

图 3-2　招标投标程序流程图

思考与练习

1. 何谓建设工程投标？
2. 投标工作机构具体人员组成有哪些？
3. 投标机构人才应具备怎样的素质？
4. 阐述建设工程施工投标的程序。

讨论分析

承包商如何进行建设工程项目施工投标？

任务二 建设工程项目投标决策

任务引入

某承包商针对建筑市场众多招标的工程项目，到底是投标还是不投标？如果确定投标，那么采取什么样的策略和技巧去投标，才能中标呢？

任务分析

承包商针对某建设项目，投标还是不投标，若去投标，是投什么性质的标，这就是投标策略与投标技巧要研究的问题。我们要清楚投标决策的工作内容、投标策略与投标技巧。

知识链接

一、投标决策

承包商通过投标获得工程项目，是市场经济条件下的必然。但是作为承包商，并不是每标必投，这里有个投标决策的问题，所谓决策，即有三个方面的内容：

1. 针对某项目是投标还是不投标，即选择投标对象。
2. 若去投标，是投什么性质的标，即投标报价策略问题。
3. 在投标中如何采用以长制短，以优胜劣的策略和技巧。

投标决策的正确与否，关系到能否中标和中标后的效益问题；关系到施工企业的信誉和发展前景，甚至关系到国家的信誉和经济发展问题。因此，企业的决策班子必须充分认识到投标决策的重要意义，把这一工作摆到企业的重要议事日程上来着重考虑。

二、投标决策的种类

（一）风险标和保险标的决策

这种分类是按投标性质分类的决策类型。

1. 风险标是指明知工程承包难度大，风险大且技术、设备资金上都有未解决的问题，但由于施工队伍无活、处于息工或因为工程盈利丰厚，或为了开拓新技术领域而决定参加投标，同时设法解决存在的问题，即风险标。投标后，如果问题解决得好，可取得较多的利润，也可锻炼出一支好的施工队伍，使企业更上一层楼，否则企业信誉、效益受损害，严重的将导致企业严重亏损甚至破产。因此投标风险必须审慎从事。

2. 保险标是指对可以预见的情况从技术、设备、资金等重大问题都有了解决的对策之后再投标，称之为保险标。企业经济实力较弱，经不起失误打击的，往往投保险标。当前我国施工企业多数愿意投保险标，保险标决策风险少。

（二）盈利标、保本标、亏损标的决策

这种分类是按投标效益分类的决策类型。

1. 盈利标。如果招标工程既是本企业的强项，又是竞争对手的弱项，或招标人意向明确；或本企业任务饱满、利润丰厚，这种情况下的投标，称盈利标。

2. 保本标。当企业无后继工程，或已出现部分息工，必须争取投标中标。但招标的工程项目对于本企业又无优势可言，竞争对手又是"强手如林"的局面。此时，宜投保本标，至多投薄利标。

3. 亏损标。亏损标是一种非常手段，一般是在下列情况下采用，即企业已大量息工，严重亏损，若中标后至少可以使部分人工、机械运转，减少亏损；或者为在对手林立的竞争中夺得头标，不惜血本压低标价；或是为了在本企业一统天下的地盘里，为击败企图插足的竞争对手；或为打入新市场，取得拓宽市场的立足点而压低标价。以上这些，虽然是不正常的，但在激烈的投标竞争中有时也可这样做。

三、投标决策阶段工作内容

投标决策阶段可分为两阶段进行，即投标决策的前期阶段和投标决策的后期阶段。

（一）投标决策的前期阶段

投标决策的前期阶段是指在购买投标人资格预审资料前后完成的决策研究阶段，此阶段必须对投标与否做出论证。

1. 决定是否投标的原则

（1）承包投标工程的可行性和可能性。如本企业是否有能力承揽此工程，竞争对手是否有明显的优势等，对此要进行全面分析。

（2）招标工程的可靠性。如建设工程的审批程序是否已经完成，资金是否已经落实等。

（3）招标工程的承包条件。如承包条件苛刻，自己无力完成施工，则应放弃投标。

对于是否参加投标，承包人应全面考虑，综合平衡。有时很小的一个条件未得到满足，都可能导致投标和承包的失败。

2. 明确投标人应具备的条件

《招标投标法》第26条规定："投标人应当具备承担招标项目的能力；国家有关规定对投标人资格条件有规定的，投标人应当具备规定的资格条件。"

投标人应当具备承担招标项目的能力。参加投标活动对参加人有一定的要求，不是所有感兴趣的法人或其他组织都可以参加投标。投标人必须按照招标文件的要求，具有承包建设能力或货物供应能力，这里所指的能力是指完成合同所应当具备的人力、物力、财力和经验业绩等。

投标人应当具备下列条件：

（1）与招标文件要求相适应的人力、物力和财力；

（2）招标文件要求的资质证书和相应的工作经验与业绩证明；

（3）法律、法规规定的其他条件。

国家有关规定对投标人资格条件或招标文件对投标人资格有规定的，投标人应当具备规定的资格条件。如国家计委于1997年8月18日发布的《国家基本建设大中型项目实行招标投标的暂行规定》第13条规定，参加建设项目主体工程的设计、建筑安装和监理以及主要设备、材料供应等投标的单位，必须具备下列条件：

（1）具有招标文件要求的资质证书，并为独立的法人实体；

（2）承担过类似建设项目的相关工作，并有良好的工作业绩和履约记录；

（3）财务状况良好，没有处于财产被接管、破产或其他关、停、并、转状态；

（4）最近三年内没有与骗取合同有关以及其他经济方面的严重违法行为；

（5）近几年有较好的安全记录，投标当年内没有发生重大质量和特大安全事故。

法律对投标人的资格条件作出规定，对保证招标项目的质量、维护招标人的利益乃至国家和社会公共利益，都是很有必要的。不具备相应的资格条件的承包商、供应商，不能参加有关的招标项目的投标；招标人也应当按照《招标投标法》和国家有关规定及招标文件的要求，对投标人进行必要的资格审查，不具备规定的资格条件的，不能中标。

3. 投标时应考虑的基本因素

对某一具体工程是否投标，首先要从本企业的主观条件来衡量，其次还要了解企业自身以外的客观因素。

投标决策的影响因素表现在以下几方面：

（1）工人和技术人员的技术操作水平；

（2）机械设备能力；

（3）设计能力；

（4）对工程的熟悉程度和管理经验；

（5）竞争的程度是否激烈；

（6）器材设备的交货条件；

（7）得标承包后对今后本企业的影响；

（8）以往对类似工程的经验。

4. 投标决策的定量分析方法

进行投标决策时，只有把定性分析和定量方法结合起来，才能定出正确决策。决策的定量分析方法有很多，如投标评价表法、概率分析法、线性规划法等。下面具体叙述投标评价表法的应用：

（1）根据具体情况，分别确定影响因素及其重要程度。

（2）逐项分析各因素预计实现的情况。可以划分为上、中、下三种情况。为了能进行定量分析，对以上三种情况赋予一个定量的数值。如"上"得10分，"中"得5分，"下"是0分。

（3）综合分析。根据经验统计确定可以投标的最低总分，再针对具体工程评定各项因素的加权综合总分，与"最低总分"比较，即可做出是否可以投标的决策。举例见表3-1。

表 3-1 投标评价表

八 项 标 准	权数	判断等级			得分
		上（10 分）	中（5 分）	下（0 分）	
1. 工人和技术人员的操作技术水平	20	10	—	—	200
2. 机械设备能力	20	—	5	—	100
3. 设计能力	5	10	—	—	50
4. 对工程的熟悉程度和管理经验	15	10	—	—	150
5. 竞争的程度是否激烈	10	—	5	—	50
6. 器材设备的交货条件	10	—	—	0	0
7. 对今后机会的影响	10	10	—	—	100
8. 以往对类似工程的经验	10	10	—	—	100
合 计	100				700
可接受的最低分值					650

该工程投标机会评价值为 700 分，而该承包商规定可以投标最低总分为 650 分。故可以考虑参加投标。

5. 放弃投标的项目

通常情况下，下列招标项目应放弃投标：

（1）定量分析法中投标综合总分值低于规定最低总分的项目；

（2）本施工企业主营和兼营能力之外的项目；

（3）工程规模、技术要求超过本施工企业技术等级的项目；

（4）本施工企业生产任务饱满，而招标工程的盈利水平较低或风险较大的项目；

（5）本施工企业技术等级、信誉、施工水平明显不如竞争对手的项目。

（二）投标决策的后期阶段

如果决定投标，即进入投标决策的后期阶段，它是指从申报资格预审至投标报价前完成的决策研究阶段。主要研究倘若去投标，投什么性质的标，以及在投标中采取的策略问题。

四、投标策略

正确的投标策略，来自实践经验的积累和对客观规律的认识以及对具体情况的了解；同时，决策者的能力和魄力也是不可缺少的。常见的投标策略有以下几种。

（一）全面分析招标文件

招标文件所确定的内容，是承包人制订投标文件的依据。

1. 对于招标文件已确定的不可变的内容，应侧重分析有无实现的可能，以及实现的途径、成本等。

2. 对于有些要求，如银行开具保函，应由承包人与其他单位协作完成，则应分析其他承包人有无配合的可能。

3. 特别注意招标文件存在的问题。如文件内容是否有不确定、不详细、不清楚的地方；是否还缺少其他文件、资料或条件；对合同签定和履行中可能遇到的风险作出分析。

（二）确定科学合理的项目实施方案

确定合理的实施方案是发包人选择承包人的重要因素。因此，承包人确定的实施方案应务求合理、规范、可行。

（三）投标报价要合理

投标报价是承包人核算的全面完成建设工程施工所需的费用，特别要注意工程量计算、综合单价的计算，费用的计取、计算正确与否。

（四）靠经营管理水平高取胜

建筑企业平时应注重提高经营管理水平。投标时，靠做好施工组织设计，采取合理的施工技术和施工机械，精心采购材料与设备，选择可靠的分包单位，安排紧凑的施工进度等，有效降低工程成本，从而获得较大的利润。

（五）靠改进设计取胜

承包企业组织人力仔细研究原设计图纸，发现不够合理之处，提出能降低造价的修改设计建议，以提高对业主的吸引力，从而在竞争中获胜。

（六）靠缩短工期取胜

在招标文件要求的工期基础上，采取有效措施，使工期提前若干个月或若干天完工，从而使工程早投产，早收益。这也是能吸引业主的一种策略。

（七）低利政策

承包商任务不足时，与其坐吃山空，不如以低利承包到一些工程，还是有利的。此外，承包商初到一个新的地区，为了打入这个地区的建筑市场，建立信誉，也往往采用这种策略。

（八）着眼于施工索赔

利用图纸、技术说明书与合同条款中不明确之处寻找索赔机会，虽报低价，也可得到高额利润。一般索赔金额可达标价的 10%～20%。不过这种策略并不是到处可用的。

（九）着眼于发展，争取将来的优势

承包商为了掌握某种有发展前途的工程施工技术，宁愿目前少赚钱，就可能采用这种策略。这是一种较有远见的策略。

以上这些策略不是互相排斥的，须根据具体情况，综合、灵活运用。

五、投标技巧

投标技巧研究，其实质是在保证工程质量与工期的条件下，寻找一个好的报价的技巧问题。承包商为了中标并获得期望的效益，投标全过程都要研究投标报价技巧问题。

如果以投标程序中的"开标"为界，可将投标的技巧研究分为两阶段，即开标前的技巧研究和开标至订立合同前一阶段的技巧研究。

（一）开标前的投标技术研究

1. 不平衡报价

不平衡报价，指在总价基本确定的前提下，如何调整项目和各个子项的报价，以期既不影响总报价，又在中标后可以获取较好的经济效益。通常采用的不平衡报价有下列几种情况：

（1）对能早期结账收回工程款的项目（如土方、基础等）的单价可报以较高价，以利于资金周转；对后期项目（装饰、电气安装等）单价可适当降低。

（2）估计今后工程量可能增加的项目，其单价可提高；而工程量可能减少的项目，其单价可降低。

上述两点要统筹考虑，对于工程量计算有错误的早期工程，如不可能完成工程量表中的数量，则不能盲目抬高单价，需要具体分析后再确定。

（3）图纸内容不明确或有错误，估计修改后工程量要增加的，其单价可提高；而工程内容不明确的，其单价可降低。

（4）没有工程量而只需填报单价的项目（如疏浚工程中的开挖淤泥工作等），其单价可抬高。这样，既不影响总的投标价，又可多获利。

（5）对于暂定项目，其实施的可能性大的项目，价格可定高价；估计该工程不一定实施的项目则可定低价。

2. 计日工

计日工一般可稍高于工程单价表中的工资单价。原因是计日工不属于承包总价的范围，发生时可实报实销，可多获利。

3. 多方案报价法

若业主拟定的合同条件要求过于苛刻，为使业主修改合同要求，可准备"两个报价"，并阐明按原合同要求规定，投标报价为某一数值；倘若合同要求作某些修改，则投标报价为另一数值，即比原始报价低一定的百分点，以此吸引对方修改合同条件。另一种情况是自己的技术和设备满足不了原设计的要求，但在修改设计以适应自己的施工能力的前提下仍希望中标，于是可以报一个原设计施工的投标报价（高报价）；另一个则按修改设计施工的方案，比原设计施工的标价低得多的投标报价，诱导业主采用合理的报价或修改设计。但是，这种修改设计，必须符合设计的基本要求。

4. 突然袭击法

由于投标竞争激烈，为迷惑对方，有意泄露一点假情报，如不打算参加投标；或准备投高价标，表现出无利可图不想干的假象。然而，到投标截止之前几个小时，突然前往投标，并压低标价，从而使对手措手不及而败北。

5. 低投标价夺标法

这是一种非常手段。如企业大量窝工，为减少亏损；或为打入某一建筑市场；或为击败竞争对手保住自己的地盘，于是制定严重亏损标，力争夺标。若企业无经济实力，信誉又不佳，此法不一定奏效。

（二）开标后的投标技巧研究

投标人通过公开开标这一程序可以得知众多投标人的报价，但低报价并不一定中标，需要综合各方面的因素，反复考虑，有的项目还要经过议标谈判，方能确定中标者。所以，评标只是选定中标候选人，而非已确定了中标者。投标人可以利用议标谈判施展竞争手段，从而改变自己原投标书中的不利因素而成为有利因素，以增加中标的机会。

议标谈判又称评标答辩。谈判的内容主要是：其一，技术谈判，业主从中了解投标人关于组织施工、控制质量、工期的保证措施，以及特殊情况下采用何种紧急措施等；其二，业主要求投标人在价格及其他一些问题上，如自由外汇的比例、付款期限、贷款利润等方面做出让步。可见，这种议标谈判，业主处于主动地位。正因为如此，有的业主将中标后的合同谈判也一并在此进行。因为如果分别进行的话，那么，中标人的被动地位将有所改变，中标人恰好利用这一有利条件。

议标谈判的方式通常是选 2~3 家条件较优者进行磋商，并由招标人分别向他们发出议标谈判的书面通知。各中标候选人分别与招标人进行磋商。

从招标的原则来看，投标人在投标有效期内，是不能修改其报价的，但是，某些议标谈判对报价的修改例外。

议标谈判中的投标技巧主要有降低投标报价和补充投标优惠条件两种。

1. 降低投标报价

投标价格不是中标的唯一因素，但却是中标的关键因素。在议标中，投标人适时提出降价要求是议标的主要手段。需要注意的是：其一，要摸清招标人的意图，在得到招标人希望降低的暗示后，再提出降价的要求。因为，有些国家的政府关于招标的法规中规定，已投出的投标书不得作出任何改动；若有改动，投标即为无效；其二，降低投标价要适当，不得损害投标人自己的利益。

降低投标报价可从以下三方面入手，即降低投标利润、降低经营管理费和设定降价系数。

（1）投标利润的确定，既要围绕争取最大未来收益这个目标而定立，又要考虑中标率和竞争人数因素的影响。通常，投标人准备两个价格，即准备了应付一般情况的适中价格，又同时准备了应付竞争特殊环境需要的替代价格，它是通过调整报价利润所得出的总报价。两个价格中，后者可以低于前者，也可以高出前者。

（2）经营管理费，应作为间接成本进行计算。为了竞争的需要，也可适当降低这部分费用。

（3）降低系数，是指投标人在投标作价时，预先考虑一个未来可能降价的系数。如果开标后需要降价竞争，就可以参照这个系数进行降价；如果竞争局面对投标人有利，则不必降价。

2. 补充投标优惠条件

除中标的关键性因素——价格外，在议标谈判中，还可以考虑其他许多重要因素，如缩短工期、提高工程质量、降低支付条件要求、提出新技术和新设计方案（局部）以及提供补充物资和设备等，以此优惠条件争取得到招标人的赞许，争取中标。

思考与练习

1. 投标决策的种类有哪些？
2. 投标决策阶段可分为几个阶段进行，分别是什么？
3. 决定是否投标的原则有哪些？
4. 投标人应具备哪些的条件？
5. 投标时应考虑的基本因素有哪些？
6. 常见的投标策略有几种？
7. 投标技巧有哪些？
8. 采取不平衡报价有哪些要求？

讨论分析

投标决策的前期阶段要做好哪些工作？

任务三　建设工程项目施工投标文件编制

任务引入

某承包商针对建筑市场众多招标的工程项目，经过论证决策确定投标，那么要编制哪些投标文件呢？这些投标文件如何编制呢？

任务分析

建设工程项目施工投标文件包括投标资格预审申请文件、技术标、商务标等内容。我们要明确投标文件格式及编制要求。

知识链接

一、编制投标资格预审申请文件

（一）熟悉投标资格预审文件

投标人要结合招标项目的概况熟悉以下内容：

1. 清楚招标项目的资金来源、额度和采购范围。
2. 招标项目的规模、数量性质和特点。
3. 项目分标及各标段的关系。
4. 合同概况。采用何种合同范本、款项支付、工期约定、质量标准、风险及争议处理。
5. 资质和资格的具体要求。
6. 注意资格预审文件中标明的评审合格的内容。
7. 所填报表格内容。

（二）投标资格预审申请文件的内容与格式

1. 投标资格预审申请文件的内容

根据住房和城乡建设部建市〔2010〕88号文颁布的《房屋建筑和市政工程标准施工招标资格预审文件》（2010年版）规定，投标资格预审申请文件包括以下内容：

（1）资格预审申请函
（2）法定代表人身份证明和授权委托书
（3）联合体协议书
（4）申请人基本情况表
（5）近年财务状况表
（6）近年完成的类似项目情况表
（7）正在施工的和新承接的项目情况表
（8）近年发生的诉讼和仲裁情况
（9）其他材料
①其他企业信誉情况表（年份同诉松及仲裁情况年份要求）
②拟投入主要施工机械设备情况表

③拟投入项目管理人员情况表

④其他

2. 投标资格预审申请文件的格式

（1）封面、目录、资格预审申请函、法定代表人身份证明和授权委托书、联合体协议书格式见附式5~附式10。

附式5

_____（项目名称）_____ 标段施工招标

资格预审申请文件

申请人：_____（盖单位章）

法定代表人或其委托代理人：（签字）

_____ 年 _____ 月 _____ 日

附式6

目　录

一、资格预审申请函

二、法定代表人身份证明

三、授权委托书

四、联合体协议书

五、申请人基本情况表

六、近年财务状况表

七、近年完成的类似项目情况表

八、正在施工的和新承接的项目情况表

九、近年发生的诉讼和仲裁情况

十、其他材料

（一）其他企业信誉情况表

（二）拟投入主要施工机械设备情况表

（三）拟投入项目管理人员情况表

（四）其他

附式7

资格预审申请函

_____（招标人名称）：

1. 按照资格预审文件的要求，我方（申请人）递交的资格预审申请文件及有关资料，用于你方（招标人）审查我方参加_____（项目名称）_____标段施工招标的投标资格。

2. 我方的资格预审申请文件包含第二章"申请人须知"第3.1.1项规定的全部内容。

3. 我方接受你方的授权代表进行调查，以审核我方提交的文件和资料，并通过我方的客户，澄清资格预审申请文件中有关财务和技术方面的情况。

4. 你方授权代表可通过_____（联系人及联系方式）得到进一步的资料。

5. 我方在此声明，所递交的资格预审申请文件及有关资料内容完整、真实和准确，且不存在第二章"申请人须知"第1.4.3项规定的任何一种情形。

申　请　人：_____（盖单位章）

法定代表人或其委托代理人：_____（签字）

电　　话：_____

传　　真：_____

申请人地址：_____

邮政编码：_____

_____年_____月_____日

注：本附式中提及章节来自《房屋建筑和市政工程标准施工招标资格预审文件》。

附式8

法定代表人身份证明

申　请　人：_____

单位性质：_____

地　　址：_____

成立时间：_____年_____月_____日

经营期限：_____

姓　名：_____　　性　别：_____

年　龄：_____　　职　务：_____

系_____（申请人名称）的法定代表人。

特此证明。

申　请　人：_____（盖单位章）

_____年_____月_____日

附式9

授权委托书

本人 _____ （姓名）系 _____ （申请人名称）的法定代表人，现委托 _____ （姓名）为我方代理人。代理人根据授权，以我方名义签署、澄清、说明、补正、递交、撤回、修改 _____ （项目名称） _____ 标段施工招标资格预审文件，其法律后果由我方承担。

委托期限：_____

_____ 。

代理人无转委托权。

附：法定代表人身份证明

申　请　人：_____ （盖单位章）
法定代表人：_____ （签字）
身份证号码：_____
委托代理人：_____ （签字）
身份证号码：_____
_____ 年 _____ 月 _____ 日

附式10

联合体协议书

牵头人名称：_____
法定代表人：_____
法定住所：_____

成员二名称：_____
法定代表人：_____
法定住所：_____
……

鉴于上述各成员单位经过友好协商，自愿组成 _____ （联合体名称）联合体，共同参加 _____ （招标人名称）（以下简称招标人） _____ （项目名称） _____ 标段（以下简称合同）。现就联合体投标事宜订立如下协议：

1. ＿＿＿＿＿＿（某成员单位名称）为＿＿＿＿＿＿（联合体名称）牵头人。

2. 在本工程投标阶段，联合体牵头人合法代表联合体各成员负责本工程资格预审申请文件和投标文件编制活动，代表联合体提交和接收相关的资料、信息及指示，并处理与资格预审、投标和中标有关的一切事务；联合体中标后，联合体牵头人负责合同订立和合同实施阶段的主办、组织和协调工作。

3. 联合体将严格按照资格预审文件和招标文件的各项要求，递交资格预审申请文件和投标文件，履行投标义务和中标后的合同，共同承担合同规定的一切义务和责任，联合体各成员单位按照内部职责的划分，承担各自所负的责任和风险，并向招标人承担连带责任。

4. 联合体各成员单位内部的职责分工如下：＿＿＿＿＿＿＿＿＿＿＿＿＿＿＿＿＿＿＿＿＿

＿＿。

按照本条上述分工，联合体成员单位各自所承担的合同工作量比例如下：＿＿＿＿＿＿

＿＿。

5. 资格预审和投标工作以及联合体在中标后工程实施过程中的有关费用按各自承担的工作量分摊。

6. 联合体中标后，本联合体协议是合同的附件，对联合体各成员单位有合同约束力。

7. 本协议书自签署之日起生效，联合体未通过资格预审、未中标或者中标时合同履行完毕后自动失效。

8. 本协议书一式＿＿＿＿＿＿份，联合体成员和招标人各执一份。

牵头人名称：＿＿＿＿＿＿＿＿＿＿＿＿＿＿＿＿＿＿＿（盖单位章）
法定代表人或其委托代理人：＿＿＿＿＿＿＿＿＿＿＿（签字）

成员二名称：＿＿＿＿＿＿＿＿＿＿＿＿＿＿＿＿＿＿＿（盖单位章）
法定代表人或其委托代理人：＿＿＿＿＿＿＿＿＿＿＿（签字）
……

＿＿＿＿＿＿年＿＿＿＿＿＿月＿＿＿＿＿＿日

注：本协议书由委托代理人签字的，应附法定代表人签字的授权委托书。

（2）申请人基本情况表见表3-2。

表 3-2　申请人基本情况表

申请人名称						
注册地址				邮政编码		
联系方式	联系人			电话		
	传真			网址		
组织结构						
法定代表人	姓名		技术职称		电话	
技术负责人	姓名		技术职称		电话	
成立时间			员工总人数			
企业资质等级		其中	项目经理			
营业执照号			高级职称人员			
注册资本金			中级职称人员			
开户银行			初级职称人员			
账号			技工			
经营范围						
体系认证情况	说明：通过的认证体系、通过时间及运行状况					
备注						

（3）近年财务状况表。近年财务状况表指经过会计师事务所或者审计机构的审计的财务会计报表，以下各类报表中反映的财务状况数据应当一致，如果有不一致之处，以不利于申请人的数据为准。

①近年资产负债表

②近年损益表

③近年利润表

④近年现金流量表

⑤财务状况说明书

除财务状况总体说明外，近年财务状况表应特别说明企业净资产，招标人也可根据招标项目具体情况要求说明是否拥有有效期内的银行 AAA 资信证明、本年度银行授信总额度、本年度可使用的银行授信余额等。

（4）近年完成的类似项目情况表、正在施工的和新承接的项目情况表、近年发生的诉讼和仲裁情况见表 3-3～表 3-5。

表 3-3 近年完成的类似项目情况表

项目名称	
项目所在地	
发包人名称	
发包人地址	
发包人电话	
合同价格	
开工日期	
竣工日期	
承包范围	
工程质量	
项目经理	
技术负责人	
总监理工程师及电话	
项目描述	
备 注	

注：类似项目业绩须附合同协议书和竣工验收备案登记表复印件。

表 3-4 正在施工的和新承接的项目情况表

项目名称	
项目所在地	
发包人名称	
发包人地址	
发包人电话	
签约合同价	
开工日期	
计划竣工日期	
承包范围	
工程质量	
项目经理	
技术负责人	
总监理工程师及电话	
项目描述	
备 注	

注：正在施工和新承接项目须附合同协议书或者中标通知书复印件。

表 3-5 近年发生的诉讼和仲裁情况

类别	序号	发生时间	情况简介	证明材料索引
诉讼情况				
仲裁情况				

注：近年发生的诉讼和仲裁情况仅限于申请人败诉的，且与履行施工承包合同有关的案件，不包括调解结案以及未裁决的仲裁或未终审判决的诉讼。

（5）其他材料包括其他企业信誉情况表、拟投入主要施工机械设备情况表、拟投入项目管理人员情况表、其他等内容。

①其他企业信誉情况表（年份同诉讼及仲裁情况年份要求）包括近年不良行为记录情况、在施工程以及近年已竣工工程合同履行情况和其他，其格式见表3-6、表3-7。

表3-6　近年不良行为记录情况

序　号	发生时间	简要情况说明	证明材料索引

表3-7　在施工程以及近年已竣工工程合同履行情况

序　号	工程名称	履约情况说明	证明材料索引

企业不良行为记录情况主要是近年申请人在工程建设过程中因违反有关工程建设的法律、法规、规章或强制性标准和执业行为规范，经县级以上建设行政主管部门或其委托的执法监督机构查实和行政处罚，形成的不良行为记录。应当结合《房屋建筑和市政工程标准施工招标资格预审文件》（2010年版）第二章"申请人须知"前附表第9.1.2项定义的范围填写。

合同履行情况主要是申请人在施工程和近年已竣工工程是否按合同约定的工期、质量、安全等履行合同义务，对未竣工工程合同履行情况还应重点说明非不可抗力原因解除合同（如果有）的原因等具体情况等。

②拟投入主要施工机械设备情况表见表3-8。

表3-8　拟投入主要施工机械设备情况表

机械设备名称	型号规格	数　量	目前状况	来　源	现停放地点	备　注

注："目前状况"应说明已使用年限、是否完好以及目前是否正在使用，"来源"分为"自有"和"市场租赁"两种情况，正在使用中的设备应在"备注"中注明何时能够投入本项目，并提供相关证明材料。

③拟投入项目管理人员情况表及其附表项目经理简历表、主要项目管理人员简历表、承诺书格式分别见表3-9～表3-11和附式11。

表 3-9 拟投入项目管理人员情况表

姓名	性别	年龄	职称	专业	资格证书编号	拟在本项目中 担任的工作或岗位

表 3-10 项目经理简历表

姓　名		年　龄		学　历	
职　称		职　务		拟在本工程任职	项目经理
注册建造师资格等级		级	建造师专业		
安全生产考核合格证书					
毕业学校		年毕业于	学校	专业	
主要工作经历					

时　间	参加过的类似项目名称	工程概况说明	发包人及联系电话

注：项目经理应附建造师执业资格证书、注册证书、安全生产考核合格证书、身份证、职称证、学历证、养老保险
复印件以及未担任其他在施建设工程项目项目经理的承诺，管理过的项目业绩须附合同协议书和竣工验收备案
登记表复印件。类似项目限于以项目经理身份参与的项目。

表 3-11　主要项目管理人员简历表

岗位名称			
姓　名		年　龄	
性　别		毕业学校	
学历和专业		毕业时间	
拥有的执业资格		专业职称	
执业资格证书编号		工作年限	
主要工作业绩及担任的 主要工作			

注：主要项目管理人员指项目副经理、技术负责人、合同商务负责人、专职安全生产管理人员等岗位人员。应附注
　　册资格证书、身份证、职称证、学历证、养老保险复印件，专职安全生产管理人员应附有效的安全生产考核合
　　格证书，主要业绩须附合同协议书。

附式 11

承　诺　书

_____（招标人名称）：

我方在此声明，我方拟派往_____（项目名称）_____标段（以下简称"本工程"）的项目经理_____（项目经理姓名）现阶段没有担任任何在施建设工程项目的项目经理。

我方保证上述信息的真实和准确，并愿意承担因我方就此弄虚作假所引起的一切法律后果。

特此承诺

申请人：_____（盖单位章）

法定代表人或其委托代理人：_____（签字）

____年____月____日

（三）投标资格预审申请文件的编制要求

投标资格预审申请文件的格式，可根据国家发展改革委、财政部、建设部等九部委令第56号文件颁布的《标准施工招标资格预审文件》（2007 版，自 2008 年 5 月 1 日起施行）和住房和城乡建设部建市〔2010〕88 号文颁布《房屋建筑和市政工程标准施工招标资格预审文件》进行编制。

1. 投标资格预审申请文件，应按规定格式进行编写。如有必要，可以增加内容，并作为资格预审申请文件的组成部分，对于符合规定接受联合体资格预审申请的，规定的表格和资料应包括联合体各方相关情况。

2. "法定代表人授权委托书"必须由法定代表人签署。

3. "申请人基本情况表"应附申请人营业执照副本及其年检合格的证明材料、资质证书副本和安全生产许可证等材料的复印件。

4. "近年财务状况表"应附经会计师事务所或审计机构审计的财务会计报表,包括资产负债表、现金流量表、利润表和财务情况说明书的复印件。

5. "近年完成的类似项目情况表"应附中标通知书和合同协议书、工程接收证书(工程竣工验收证书)的复印件,每张表格只填写一个项目,并标明序号。

类似项目(也称同类工程)是指与招标项目在结构形式、使用功能、建设规模相同或相近的项目;如无类似项目,则指能证明申请人具备完成招标项目能力的项目。对类似项目的定义和具体要求,由招标人载明。

6.《正在施工和新承接的项目情况表》应附中标通知书和(或)同协议书复印件。每张表格只填写一个项目,并标明序号。

7. 对于近年发生的诉讼及仲裁情况应说明相关情况,并附法院或仲裁机构作出的判决、裁决等有关法律文书复印件。

投标资格预审申请文件,允许招标人依据行业情况及项目特点进行补充或删改,由招标人根据项目具体特点和实际需要编制和填写。

(四) 填报资格预审申请

按照《房屋建筑和市政工程标准施工招标资格预审文件》所列格式,企业应依据自身的实力和能力如实填报申请书,填报的主要内容有:

1. 按资格预审对申请人(包括联合体各方)的基本要求,提供的资料和有关证明,包括:基本情况(名称、地址、电话、电传、成立日期等)和申请人的身份(隶属单位、营业执照、企业等级和营业范围),企业的组织机构(公司简况、股东名单、领导层名单、直属公司或办事机构或联络机构名称、各单位主要负责人名单),申请人的项目实施经历,拟从事本项目的主要管理人员的情况(资历、任职和经验)。

2. 详细填报资格条件。根锯招标人资格预审文件规定的强制性标准,结合自身的业绩,如实填报完成与本招标项目相类似的项目情况,已完成的同类项目表,包括:项目名称、地点、开发目标、结构类型和项目规模、合同价、工期、实施概况和发包人的评价、地址、电话等。

3. 详细填报本企业的财务状况。按招标人的要求填报本企业近三年的财务状况,包括注册资金、使用资金、总资金、流动资金、总负债、流动负债、年平均完成的投资额、在建项目的总投资额、未完项目的年投资额、本企业最大的施工能力、年度营业额、为本项目提供营运资金等,以及相应报表和证明材料,包括近期财务预算表、损益表、资产负债表和其他财务资料表、银行信贷证明(信用证)、审计部门的审计报告、公证部门的公证材料等。

4. 正在施工的和新承接的项目情况。包括项目名称、地点、项目概况、开工或拟开工日期和项目描述等。

5. 如果投标人是联合体时,应报联合体共同投标协议,合同中的各自责任划分和连带责任、责任方名称,另外联合体各方都应单独提出上述各自资格资料。

二、投标文件的编制

(一) 投标文件的内容

投标人对招标工程作出报价决策之后,即应编制投标文件,也就是投标人应当按照招标文件的要求必须提交的全部投标文件。投标文件应当对招标文件提出的实质性要求和条件作出响应。

我国目前由国务院发展改革部门会同有关行政监督部门和住房和城乡建设部制定的标准文本主要有：《中华人民共和国标准施工招标文件》（2007 年版）（以下简称《标准施工招标文件》），《中华人民共和国简明标准施工招标文件》（2012 年版）（以下简称《简明标准施工招标文件》），《中华人民共和国标准设计施工总承包招标文件》（2012 年版）（以下简称《标准设计施工总承包施工招标文件》）。

《标准施工招标文件》（2007 版）适用于依法必须进行招标的工程建设项目，一定规模以上，且设计和施工不是由同一承包商承担的工程施工招标。投标文件包括下列内容：

1. 投标函及投标函附录
2. 法定代表人身份证明及授权委托书
3. 联合体协议书
4. 投标保证金
5. 已标价工程量清单
6. 施工组织设计

附表一：拟投入本标段的主要施工设备表

附表二：拟配备本标段的试验和检测仪器设备表

附表三：劳动力计划表

附表四：计划开、竣工日期和施工进度网络图

附表五：施工总平面图

附表六：临时用地表

7. 项目管理机构
（1）项目管理机构组成表
（2）主要人员简历表
8. 拟分包项目情况表
9. 资格审查资料
（1）投标人基本情况表
（2）近年财务状况表
（3）近年完成的类似项目情况表
（4）正在施工的和新承接的项目情况表
（5）近年发生的诉讼及仲裁情况
10. 其他材料

《房屋建筑和市政工程标准施工招标文件》（2010 年版），是《标准施工招标文件》（2007 年版）的配套文件，适用于一定规模以上，且设计和施工不是由同一承包人承担的房屋建筑和市政工程的施工招标。投标文件包括下列内容：

（1）投标函及投标函附录
（2）法定代表人身份证明或授权委托书
（3）联合体协议书
（4）投标保证金

（5）已标价工程量清单

（6）施工组织设计

附表一：拟投入本工程的主要施工设备表；

附表二：拟配备本工程的试验和检测仪器设备表；

附表三：劳动力计划表；

附表四：计划开、竣工日期和施工进度网络图；

附表五：施工总平面图；

附表六：临时用地表；

附表七：施工组织设计（技术暗标部分）编制及装订要求。

（7）项目管理机构

① 项目管理机构组成表；

② 主要人员简历表。

（8）拟分包计划表

（9）资格审查资料

① 投标人基本情况表；

② 近年财务状况表；

③ 近年完成的类似项目情况表；

④ 正在施工的和新承接的项目情况表；

⑤ 近年发生的诉讼和仲裁情况；

⑥ 企业其他信誉情况表（年份要求同诉讼及仲裁情况年份要求）；

⑦ 主要项目管理人员简历表。

（10）其他材料

《标准设计施工总承包招标文件》（2012 年版）适用于设计施工一体化的总承包招标，投标文件包括下列内容：

① 投标函及投标函附录；

② 法定代表人身份证明或授权委托书；

③ 联合体协议书；

④ 投标保证金；

⑤ 价格清单；

⑥ 承包人建议书；

⑦ 承包人实施方案；

⑧ 资格审查资料；

⑨ 其他资料。

《简明标准施工招标文件》（2012 年版）适用于工期不超过 12 个月、技术相对简单、且设计和施工不是由同一承包人承担的小型项目施工招标，投标文件包括下列内容：

① 投标函及投标函附录；

② 法定代表人身份证明；

③ 授权委托书；

④ 投标保证金；

⑤ 已标价工程量清单；

⑥ 施工组织设计；

⑦ 项目管理机构；

⑧ 资格审查资料。

（二）投标人编制投标文件的步骤

1. 熟悉招标文件、图纸及相关资料；

2. 提出书面澄清文件；

3. 参加施工现场踏勘和答疑会；

4. 了解交通运输条件和有关事项；

5. 选择工程分包商、材料设备供应商，并进行价格等方面的洽商；

6. 编制施工组织设计；

7. 复核或计算图纸工程量（工程量清单报价的，仅为复核工程量）；

8. 编制和计算工程投标造价；

9. 审核调整投标报价；

10. 根据投标策略确定最终投标报价；

11. 按照招标文件的要求填写需要的文件并按规定密封。

（三）投标文件的格式

国内投标书的基本格式可参照《标准施工招标文件》（2007 版）《简明标准施工招标文件》（2012 年版）、《标准设计施工总承包招标文件》（2012 年版）和《房屋建筑和市政工程标准施工招标文件》（2010 年版），国际投标书的基本格式可参考《世界银行贷款项目招标文件范本》中的《土建工程国际竞争性招标文件范本》。

1. 封面、投标函等内容的格式

封面、投标函及投标函附录、价格指数权重表、法定代表人身份证明、授权委托书、联合体协议书（附式 10）、投标保证金格式见附式 12 ~ 附式 16 和表 3-12、表 3-13。

附式 12

_____（项目名称）

投 标 文 件

投标人：_____（盖单位章）

法定代表人或其委托代理人：_____（签字）

____年____月____日

附式 13

投 标 函

致：_____（招标人名称）

在考察现场并充分研究_____（项目名称）_____标段（以下简称"本工程"）施工招标文件的全部内容后，我方兹以：

人民币（大写）：_____元

RMB￥：_____元

的投标价格和按合同约定有权得到的其他金额，并严格按照合同约定，施工、竣工和交付本工程并维修其中的任何缺陷。

在我方的上述投标报价中，包括：

安全文明施工费 RMB￥：_____元

暂列金额（不包括计日工部分）RMB￥：_____元

专业工程暂估价 RMB￥：_____元

如果我方中标，我方保证在____年____月____日或按照合同约定的开工日期开始本工程的施工，____天（日历日）内竣工，并确保工程质量达到_____标准。我方同意本投标函在招标文件规定的提交投标文件截止时间后，在招标文件规定的投标有效期期满前对我方具有约束力，且随时准备接受你方发出的中标通知书。

随本投标函递交的投标函附录是本投标函的组成部分，对我方构成约束力。

随同本投标函递交投标保证金一份，金额为人民币（大写）：____元（￥：元）。

在签署协议书之前，你方的中标通知书连同本投标函，包括投标函附录，对双方具有约束力。

投标人（盖章）：

法人代表或委托代理人（签字或盖章）：

日期：____年____月____日

注：采用综合评估法评标，且采用分项报价方法对投标报价进行评分的，应当在投标函中增加分项报价的填报。

表 3-12 投标函附录

工程名称：_____（项目名称）_____标段

序号	条款内容	合同条款号	约定内容	备 注
1	项目经理	1.1.2.4	姓名：	
2	工期	1.1.4.3	____日历天	
3	缺陷责任期	1.1.4.5		
4	承包人履约担保金额	4.2		
5	分包	4.3.4	见分包项目情况表	
6	逾期竣工违约金	11.5	____元/天	
7	逾期竣工违约金最高限额	11.5	—	
8	质量标准	13.1		

序号	条款内容	合同条款号	约定内容	备　注
9	价格调整的差额计算	16.1.1	见价格指数权重表	
10	预付款额度	17.2.1		
11	预付款保函金额	17.2.2		
12	质量保证金扣留百分比	17.4.1		
13	质量保证金额度	17.4.1		
……	……			

注：投标人在响应招标文件中规定的实质性要求和条件的基础上，可做出其他有利于招标人的承诺。此类承诺可在本表中予以补充填写。

投标人（盖章）：

法人代表或委托代理人（签字或盖章）：

日期：＿＿＿年＿＿＿月＿＿＿日

表 3-13　价格指数权重表

名　称		基本价格指数		权　重		价格指数来源
		代号	指数值	代号	允许范围	投标人建议值
	定值部分			A		
变值部分	人工费	F_{01}		B_1	至	
	钢材	F_{02}		B_2	至	
	水泥	F_{03}		B_3	至	
	……	……		……	……	
合　计				1.00		

注：在专用合同条款 16.1 款约定采用价格指数法进行价格调整时适用本表。表中除"投标人建议值"由投标人结合其投标报价情况选择填写外，其余均由招标人在招标文件发出前填写。

附式 14

法定代表人身份证明

投标人名称：＿＿＿＿＿＿＿＿＿＿

单位性质：＿＿＿＿＿＿＿＿＿＿

地址：＿＿＿＿＿＿＿＿＿＿

成立时间：＿＿＿年＿＿＿月＿＿＿日

经营期限：＿＿＿＿＿＿＿＿

姓名：＿＿＿性别：＿＿＿年龄：＿＿＿职务：＿＿＿

系＿＿＿＿＿＿＿＿＿（投标人名称）的法定代表人。

特此证明

附：法定代表人身份证复印件。

投标人：＿＿＿＿＿＿＿（盖单位章）

＿＿＿年＿＿＿月＿＿＿日

附式 15

授权委托书

本人____（姓名）系____（投标人名称）的法定代表人，现委托____（姓名）为我方代理人。代理人根据授权，以我方名义签署、澄清、说明、补正、递交、撤回、修改（项目名称）设计施工总承包投标文件、签订合同和处理有关事宜，其法律后果由我方承担。

委托期限：_____。

代理人无转委托权。

附：法定代表人身份证明

投标人：_____（盖单位章）

法定代表人：_____（签字）

身份证号码：_____

委托代理人：_____（签字）

身份证号码：_____

____年____月____日

附式 16

投标保证金

_____（招标人名称）：

鉴于_____（投标人名称）（以下称"投标人"）于____年____月____日参加（项目名称）的投标，_____（担保人名称，以下简称"我方"）保证：投标人在规定的投标有效期内撤销或修改其投标文件的，或者投标人在收到中标通知书后无正当理由拒签合同或拒交规定履约担保的，我方承担保证责任。收到你方书面通知后，在 7 日内向你方支付人民币（大写）_____。

本保函在投标有效期内保持有效。要求我方承担保证责任的通知应在投标有效期内送达我方。

担保人名称：_____（盖单位章）

法定代表人或授权人：_____（签字）

地　　址：_____

邮政编码：_____

电　　话：_____

____年____月____日

2. 已标价工程量清单

已标价工程量清单按《建设工程工程量清单计价规范》（GB 50500—2013）规定的"工程量清单计价表"填写。

3. 施工组织设计

投标人编制施工组织设计的要求：编制时应简明扼要地说明施工方法、工程质量、安全生产、文明施工、环境保护、冬雨季施工、工程进度、技术组织等主要措施。

用图表形式阐明本项目的施工总平面、进度计划以及拟投入主要施工设备、劳动力等。图表格式附表一拟投入本项目的主要施工设备表见表3-14，附表二拟配备本工程的试验和检测仪器设备表见表3-15，附表三劳动力计划表见表3-16。附表四计划开、竣工日期和施工进度网络图，投标人应递交施工进度网络图或施工进度表，说明按招标文件要求的计划工期进行施工的各个关键日期。施工进度表可采用网络图或横道图表示。附表五施工总平面图，投标人应递交一份施工总平面图，绘出现场临时设施布置图表，并注明临时设施、加工车间、现场办公、设备及仓储、供电、供水、卫生、生活、道路、消防等设施的情况和布置。附表六临时用地表见表3-17。

表3-14　拟投入本项目的主要施工设备表

序号	设备名称	型号规格	数量	国别产地	制造年份	额定功率（kW）	生产能力	用于施工部位	备注

表3-15　拟配备本工程的试验和检测仪器设备表

序号	仪器设备名称	型号规格	数量	国别产地	制造年份	已使用台时数	用途	备注

表 3-16　劳动力计划表

单位：人

工种	按工程施工阶段投入劳动力情况								

表 3-17　临时用地表

用　途	面积（平方米）	位　置	需用时间

4. 项目管理机构

项目管理机构包括项目管理机构组成表、项目经理简历表和主要项目管理人员简历表，见表 3-18 ~ 表 3-20 及表 3-10、表 3-11。

表 3-18　项目管理机构组成表

职务	姓名	职称	执业或职业资格证明					备注
			证书名称	级别	证号	专业	养老保险	

5. 资格审查资料

资格审查资料包括投标人基本情况表（表 3-19）、近年财务状况表、近年完成的类似项目情况表（表 3-20）、正在实施的和新承接的项目情况表（表 3-21）、其他资格审查资料等内容。其他资格审查资料内容见学习情境二任务二中的资格预审文件的编制。

表 3-19　投标人基本情况表

投标人名称						
注册地址				邮政编码		
联系方式	联系人			电话		
	传真			网址		
组织结构						
法定代表人	姓名		技术职称		电话	
技术负责人	姓名		技术职称		电话	
成立时间			员工总人数			
企业资质等级		其中	项目经理			
营业执照号			高级职称人员			
注册资金			中级职称人员			
开户银行			初级职称人员			
账号			技工			
经营范围						
备注						

表 3-20　近年完成的类似项目情况表

项目名称	
项目所在地	
发包人名称	
发包人地址	
发包人电话	
合同价格	
开工日期	
竣工日期	
承担的工作	
工程质量	
项目经理	
技术负责人	
项目描述	
备注	

表3-21 正在实施的和新承接的项目情况表

项目名称	
项目所在地	
发包人名称	
发包人地址	
发包人电话	
签约合同价	
开工日期	
计划竣工日期	
承担的工作	
工程质量	
项目经理	
技术负责人	
项目描述	
备注	

（四）准备备忘录提要

招标文件中一般都明确规定，不允许投标者对招标文件的各项要求进行随意取舍、修改或提出保留。但是在投标过程中，投标者对招标文件反复深入地进行研究后，往往会发现很多问题，这些问题大体可分为三类：

1. 对投标者有利的，可以在投标时加以利用或在以后提出索赔要求的，这类问题投标者一般在招标时是不提的。

2. 发现的错误明显对投标者不利的，如总价包干合同工程项目漏项或是工程量偏低，这类问题投标者应及时向业主提出质询，要求业主更正。

3. 投标者企图通过修改某些招标文件的条款或是希望补充某些规定，以使自己在合同实施时能处于主动地位的问题。

这些问题在准备投标文件时应单独写成一份备忘录提要。但这份备忘录提要不能附在投标文件中提交，只能自己保存。第三类问题留待合同谈判时使用，也就是说，当该投标使业主感兴趣，业主邀请投标者谈判时，再把这些问题根据当时情况，一个一个地拿出来谈判，并将谈判结果写入合同协议书的备忘录中。

总之，在投标阶段除第二类问题外，一般少提问题，以免影响中标。

三、技术标的编制

投标文件中技术标的主要内容是施工组织设计。按照现行《建设工程项目管理规范》（GB/T 50326—2006）规定，采用项目管理理论和方法对施工项目组织施工时，施工项目管理的一项首要任务是编制施工项目管理实施规划。项目管理实施规划，是在建筑业企业参加工程投标中标取得施工任务后且在工程开工前，由施工项目经理主持并组织施工项目经理部有关人员编制的，旨在指导施工项目实施阶段管理的文件，是项目管理规划大纲的具体化和深化。

施工组织设计是指导拟建工程施工全过程中各项活动的技术、经济和组织的综合性文件。它是根据国家的有关技术政策和规定、业主的要求、设计图纸和组织施工的基本原则，从拟建工程施工全局出发，结合工程的具体条件，合理地组织安排，在人力与物力、主体与辅助、供应与消耗、生产与储备、专业与协作、使用与维修和空间布置与时间排列等方面进行科学地、合理地部署，为建筑产品生产的节奏性、均衡性和连续性提供最优方案，从而以最少的资源消耗取得最大的经济效益，使最终建筑产品的生产在时间上达到速度快和工期短；在质量上达到精度高和功能好；在经济上达到消耗少、成本低和利润高的目的。

施工组织设计是我国长期工程建设实践中形成的一项管理制度，目前仍继续贯彻执行，建筑业企业进行施工项目管理时仍将采用。施工组织设计仅是对施工项目管理的施工组织和规划而并非是施工项目管理规划，当建筑业企业以编制施工组织设计代替施工项目管理规划时，还必须根据施工项目管理的需要，增加相关内容，使之成为施工项目管理的指导文件，以满足施工项目管理规划的要求。

在投标过程中编制的施工组织设计，由于投标时间短、任务急，其设计考虑的深度和范围都比不上中标后由项目部编制的施工组织设计。因此，它是工程的初步施工组织设计。如果中标，承包商还要编制详细而全面的施工组织设计。

（一）施工组织设计的编制原则和编制依据

1. 施工组织设计的编制原则

（1）认真贯彻国家对工程建设的各项方针、政策，严格执行工程项目的建设程序，是保证建设工程顺利进行的重要条件。

（2）施工方案的选择，必须结合工程设计图纸、工程特点和现场实际条件，合理安排施工程序和施工顺序，选择先进适用的施工技术和施工方法，使技术的先进性和经济的合理性有效地结合。

（3）充分利用企业现有的施工机械设备，扩大机械化施工范围，提高机械化水平和机械设备的利用率。在选择施工机械设备时，要进行技术经济比较，合理调配大型机械和中小型机械的使用程度。

（4）根据招标文件中要求的工程竣工和交付使用期限，科学合理地编制施工进度计划（尽量编制网络施工进度计划）。

（5）根据施工方案和施工进度计划的要求，在满足工程顺利施工的前提下，编制经济合理的劳动力、材料和机械设备需要量计划。

（6）为达到合理进行施工现场规划布置，节约施工用地，不占或少占农田的目的。根据施工现场的实际情况，要尽量减少临时设施，有效地利用当地资源，合理安排运输、装卸与物资堆放，避免材料的二次搬运。

（7）根据施工的季节性要求，要编制科学适用的各种季节性施工技术组织措施（冬期、雨期施工措施），保证全年施工生产的连续性和均衡性。

（8）要认真贯彻执行"安全生产，预防为主"和"百年大计，质量第一"的方针，必须制定施工生产安全保证措施、施工质量保证措施、现场文明施工措施、施工现场保护措施、降低施工成本措施等。

2. 施工组织设计的编制依据

（1）建设工程施工招标文件，复核后的工程量清单，工程开、竣工日期要求。

（2）施工组织总设计对所投标工程的有关规定和安排。

（3）施工图纸和设计单位对施工的要求。

（4）各种资源配备情况和当地的技术经济条件等资料。如人力、物力、机械设备来源及价格等。

（5）施工现场和勘察资料。如施工现场的地形、地貌、地上与地下的障碍物、工程地质和水文地质、气象资料、交通运输道路及占地面积。

（6）建设单位可能提供的水、电、通信等。

（7）国家现行的有关规范、规程、定额和技术标准等资料。

（二）施工组织设计的内容

施工组织设计的内容根据编制目的、对象、施工项目管理的方式、现有的施工条件及当地的施工水平的不同而在深度、广度上有所不同，但其基本内容应给予保证。一般施工组织设计包括以下相应的基本内容。

1. 工程概况及施工特点

工程概况，是指对施工项目的工程建设概况、工程建设地点特征、建筑设计概况、结构设计概况、施工条件等内容所作的一个简要的、突出重点的文字介绍。施工特点应指出工程施工的主要特点和施工中的关键问题。为了弥补文字叙述的不足，可辅以施工项目的主要平面、立面、剖面简图，图中只要注明轴线尺寸、总长、总宽、层高及总高等主要建筑尺寸，细部构造尺寸可以不注出，以力求简洁明了。当施工项目规模比较小、建筑结构比较简单、技术要求比较低时，可以采用表格的形式来介绍说明，见表3-22。

表3-22 工程概况表

建设单位		建筑结构		装修要求		
设计单位		层数		内粉		
勘查单位		基础		外粉		
施工单位		墙体		门窗		
监理单位		柱		楼面		
建筑面积（m²）		梁		地面		
工程造价（万元）		楼板		天棚		
计划	开工日期	屋架				
	竣工日期	吊车架				
编制说明	上级文件和要求			地质情况		
	施工图纸情况			地下水位	最高	
	合同签订情况				最低	
					常年	
	土地征购情况			雨量	日最大量	
	三通一平情况				一次最大	
					全年	
	主要材料落实程度			气温	最高	
	临时设施解决办法				最低	
					平均	
	其他			其他		

2. 施工方案或施工部署

施工方案的选择是施工组织设计的重要环节，是决定整个工程施工全局的关键。施工方案选择的科学与否，不仅影响到施工进度的安排和施工平面图的布置，而且将直接影响到工程的施工效率、施工质量、施工安全、工期和技术经济效果，因此必须引起足够的重视。为此必须在若干个初步方案的基础上进行认真分析比较，力求选择出施工上可行、技术上先进、经济上合理、安全上可靠的施工方案。

在选择施工方案时应着重研究以下四个方面的内容：确定施工起点流向，确定各分部分项工程施工顺序，选择主要分部分项工程的施工方法和适用的施工机械，确定流水施工组织。

3. 施工进度计划

施工进度计划是在既定施工方案的基础上，根据工程工期和各种资源供应条件，按照各施工过程的合理施工顺序及组织施工的原则，对整个工程从施工开始到工程全部竣工，确定其全部施工过程在时间上与空间上的安排和相互间配合关系，并用横道图或网络图的形式表现出来。

编制施工进度计划的步骤主要包括：确定单位工程或分部分项工程名称（施工过程），核对或计算工程量，计算劳动量和机械台班量，确定施工班组人数和机械台数，计算工作延续时间，安排、调整和确定施工进度计划。

4. 资源需要量计划

在施工项目的施工方案已选定、施工进度计划编制完成后，就可编制劳动力、主要材料、构件与半成品、施工机具等各项资源用量计划。各项资源需要量计划不仅是为了明确各项资源的需要量，也是为施工过程中各项资源的供应、平衡、调整、落实提供了可靠的依据，是施工项目经理部编制施工作业计划的主要依据。

资源需要量计划主要包括劳动力、主要材料和施工机械设备需要量计划，它是根据工程施工方案和施工进度计划进行编制的。

5. 施工平面图

施工平面图是对拟建工程施工现场所作的平面和空间的规划。它是根据拟建工程的规模、施工方案、施工进度计划及施工现场的条件等，按照一定的设计原则，将施工现场的起重垂直机械、材料仓库或堆场、附属企业或加工厂、道路交通、临时房屋、临时水、电、动力管线等的合理布置，以图纸形式表现出来，从而正确处理施工期间所需的各种暂设工程同永久性工程和拟建工程之间的合理位置关系，以指导现场进行有组织有计划的文明施工。

施工平面图是施工组织设计的主要组成部分。有的建筑工地秩序井然，有的则杂乱无章，这与施工平面图设计的合理与否有直接的关系。合理的施工平面布置对于顺利执行施工进度计划，实现文明施工是非常重要的。反之，如果施工平面图设计不周或管理不当，都将导致施工现场的混乱，直接影响施工进度、施工安全、劳动生产率和施工成本。因此在施工组织设计中对施工平面图的设计应予以重视。

施工平面图的主要内容有：施工期间所需的各种暂设工程（生产设施和办公、生活设施）与拟建工程及永久性工程之间的合理位置，施工现场主要施工机械的位置、运输道路、材料堆放、供水和供电线路布置、安全及防火设施位置等。

6. 施工准备工作计划

为了保证工程正常施工的连续性和均衡性，根据工程施工方案、施工进度计划、资源需要量计划、施工现场平面图及当地的技术经济条件等要求，编制工程施工准备工作计划，其主要内容包括：工程的技术准备、物资准备、劳动组织准备、施工现场准备和施工的场外准备，见表3-23。

表 3-23　施工准备工作计划

序号	施工准备项目	简要内容	负责单位	负责人	起止时间		备注
					月　日	月　日	

7. 各种技术组织措施

任何一个施工项目的施工，都必须严格执行现行的《建筑法》《中华人民共和国安全生产法》《建设工程质量管理条例》《建设工程安全生产管理条例》《建筑安装工程施工及验收规范》《建筑安装工程质量检验评定标准》《建筑安装工程技术操作规程》《工程建设标准强制性条文》《建设工程施工现场管理规定》等法律、法规和部门规章，并根据施工项目的工程特点、施工中的难点、重点和施工现场的实际情况，制定相应的切实可行的技术组织措施，以达到保证和提高施工质量、确保施工安全、降低施工成本、加快施工进度、加强环境保护和实现文明施工的目的。

技术组织措施的主要内容包括：保证工程质量措施、确保施工安全生产措施、降低工程成本措施、现场文明施工措施、季节性施工措施、各工序的协调措施、施工现场保护措施、减少噪声措施、降低环境污染措施、地下管线和地上设施及周围建筑物保护加固措施等。

8. 主要技术经济指标

主要技术经济指标是衡量施工组织设计的编制是否具有技术先进性、经济合理性和组织科学性的重要指标。其指标主要有平方米造价指标(元/m^2)、工期指标、劳动力消耗指标(工日/m^2)、主要材料消耗指标(t、kg、m^3、千块……/m^2)、机械台班需要量指标(台班/m^2)。

对于施工项目规模比较小、建筑结构比较简单、技术要求比较低，且采用传统施工方法组织施工的一般施工项目，其施工组织设计可以编制得简单一些。其内容一般只包括施工方案、施工进度计划、施工平面图，辅以扼要的文字说明及表格，简称为"一案一表一图"。

（三）编制施工组织设计的程序

施工组织设计应由施工企业的总工程师（对于大中型工程）或项目部的技术负责人组织有关技术人员进行编制，在编制前必须做好各项准备工作（如熟悉招标文件和设计图纸、了解施工现场实际情况、调查研究当地的技术经济条件、分析竞争对手情况等）。施工组织设计的编制程序，见图3-3。

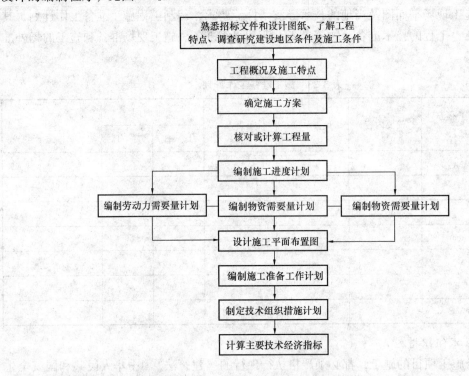

图 3-3　施工组织设计的编制程序

四、商务标的编制

投标文件中经济标（商务标）的主要内容是建设工程投标报价，它是投标人计算和确定承包该项工程的投标总价格。投标报价应根据工程的性质、规模、结构特点、技术复杂难易程度、施工现场实际情况、当地市场技术经济条件及竞争对手情况等，确定经济合理的报价。在国际招标投标中，一般都采用最低标价优先中标的原则；在我国最低标价不意味着必然中标，但价格指标在评标中占有较大权重。所以，投标报价是整个投标活动的核心环节，是投标人投标成败的关键性因素。

（一）投标报价的编制依据和程序

1. 投标报价的编制依据

（1）招标文件、答疑补充文件及设计图纸；

（2）工程量清单（清单计价时）；

（3）国家、地方造价主管部门有关工程造价计算的规定；

（4）现行国家计价规范、当地定额或企业定额及取费定额；

（5）施工组织设计或施工方案及风险管理规划；

（6）市场劳动力、材料及机械台班价格信息；

（7）分包工程询价；

（8）投标策略、投标技巧和盈利期望。

2. 投标报价的程序

当潜在投标人通过投标资格预审后，可领取建设工程招标文件，并按以下程序（图3-4）编制和确定投标报价。

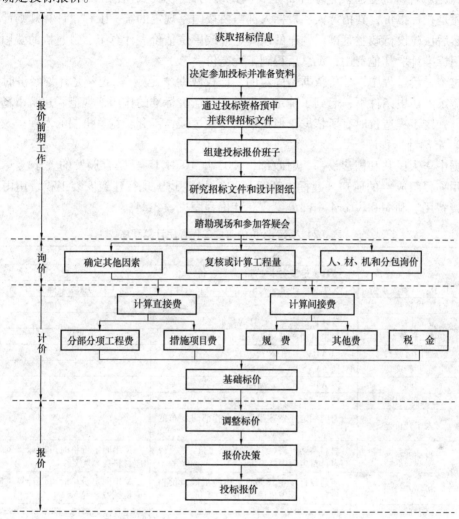

图 3-4 投标报价程序

（二）投标报价的计价方式及计价程序

我国现行工程造价计价的方式分为工程量清单计价和定额计价两种。

定额计价是我国长期使用的一种基本方法，它是根据统一的工程量计算规则，依据施工组织设计和施工图纸计算工程量、套取定额，确定直接工程费，再根据建筑工程费用定额规定计算工程造价的方法。

工程量清单计价是国际上通用的方法，也是我国目前推行的计价方式，是指由招标人按照《建设工程工程量清单计价规范》（GB 50500—2013）和《房屋建筑与装饰工程计量规范》（GB 500854—2013）等规定的工程量计算规则计算出工程数量，由投标人依据企业自身的实力，根据招标人提供的工程数量自主报价的一种方式。这种计价方式与工程招投标活动有着很好的适应性，有利于促进工程招投标公平、公正和高效地进行。

不论是哪种计价方式，在确定工程造价时，都是先计算工程量，再计算工程价格。

1. 定额计价

（1）定额计价的概念。定额计价是我国传统的计价方式，在招投标时，不论是作为招标标底还是投标报价，其招标人和投标人都需要按国家规定的统一工程量计算规则计算工程数量，然后按建设行政主管部门颁布的预算定额或单位估价表计算工、料、机的费用，再按有关费用标准计取其他费用，汇总后得到工程造价。

在整个计价过程中，计价依据是固定的，即权威性"定额"。定额是计划经济时代的产物，在特定的历史条件下，起到了确定和衡量工程造价标准的作用，规范了建筑市场，使专业人士在确定工程造价时有所依据，但定额指令性过强，不利于竞争机制的发挥。

（2）定额计价程序

根据中华人民共和国建设部、财政部，2003年10月15日联合颁发的关于《建筑安装工程费用项目组成》的通知（建标〔2003〕206号），我国现行建筑安装工程费用由直接费用、间接费用、利润和税金4个部分组成。计价程序见表3-24。

表3-24 定额计价的单位工程费用计算程序

序号	费用名称	计 算 式	备 注
（一）	分部分项工程费	按计价定额实体项目计算的基价之和	
（A）	其中：计费人工费	∑工日消耗量×人工单价（ 元/工日）	元/工日为计费基础
（二）	措施费	(1)＋(2)	
（1）	定额措施费	按计价措施项目计算的基价之和	
（B）	其中：计费人工费	∑工日消耗量×人工单价（ 元/工日）	元/工日为计费基础
（2）	通用措施费	[（A）＋（B）]×费率	
（三）	企业管理费	[（A）＋（B）]×费率	
（四）	利润	[（A）＋（B）]×费率	
（五）	其他费用	(3)＋(4)＋(5)＋(6)＋(7)＋(8)＋(9)	
（3）	人工费价差	合同约定或省建设行政主管部门发布的人工单价－人工单价	
（4）	材料费价差	材料实际价格（或信息价格、价差系数）与省计价定额中材料价格的（±）差价	采用固定价格时可以计算风险费（相应材料费×费率）
（5）	机械费价差	省建设行政主管部门发布的机械费价格与省计价定额中机械费的（±）差价	采用固定价格时可以计算风险费（相应机械费×费率）
（6）	暂列金额	（一）×费率	工程结算时按实际调整
（7）	专业工程暂估价	根据工程情况确定	工程结算时按实际调整
（8）	计日工	根据工程情况确定	工程结算时按实际调整
（9）	总承包服务费	供应材料费用、设备安装费用或单独分包专业工程的(分部分项工程费＋措施费＋企业管理费＋利润)×费率	
（六）	安全文明施工费	(10)＋(11)	工程结算时按评价、核定的标准计算
（10）	环境保护等五项费用	[（一）＋（二）＋（三）＋（四）＋（五）]×费率	
（11）	脚手架费	按计价定额项目计算	
（七）	规费	[（一）＋（二）＋（三）＋（四）＋（五）]×费率	工程结算时按核定的标准计算
（八）	税金	[（一）＋（二）＋（三）＋（四）＋（五）＋(六)＋(七)]×3.41%	3.35%、3.22%
（九）	单位工程费用	（一）＋（二）＋（三）＋（四）＋（五）＋(六)＋(七)＋(八)	

2. 工程量清单计价

（1）工程量清单计价的概念。工程量清单计价，是在建设工程招投标中，招标人或委托具有资质的中介机构编制工程量清单，并作为招标文件中的一部分提供给投标人，由投标人依据工程量清单进行自主报价，经评审合理低价中标的一种计价方式。在工程招投标中采用工程量清单计价是国际上较为通行的做法。

（2）工程量清单计价的方法。

①工程量清单。工程量清单是建设工程的分部分项工程项目、措施项目、其他项目、规费项目和税金项目的名称和相应数量等的明细清单。由招标人按照《房屋建筑与装饰工程计量规范》（GB 500854—2013）等规范规定的项目编码、项目名称、项目特征、计量单位和工程量计算规则编制明细清单，它包括分部分项工程量清单、措施项目清单、其他项目清单、规费项目清单、税金项目清单。

②工程量清单计价。工程量清单计价是指投标人完成招标人提供的工程量清单所需的全部费用。根据《建设工程工程量清单计价规范》（GB 50500—2013）的规定，工程量清单计价费用由分部分项工程费、措施项目费、其他项目费、规费和税金组成。

工程量清单计价应采用综合单价计价，即分部分项工程费、有关措施项目费及其他项目费的单价应为综合单价。

综合单价是指完成工程量清单中规定计量单位项目所需的人工费、材料费、机械使用费、管理费和利润，并考虑风险因素。综合单价不但适用于分部分项工程量清单，也适用于有关措施项目清单及其他项目清单。

分部分项工程、（定额措施项目）综合单价计算程序和工程量清单计价程序见表3-25、表3-26。

表 3-25　分部分项工程、（定额措施项目）综合单价计算程序

序号	费用名称	计 算 式	备 注
（1）	计费人工费	Σ工日消耗量×人工单价（　元/工日）	
（2）	人工费价差	Σ工日消耗量×（合同约定或省建设行政主管部门发布的人工单价 – 人工单价）	
（3）	材料费	Σ（材料消耗量×材料单价）	
（4）	材料风险费	Σ（材料消耗量×相应材料单价×费率）	
（5）	机械费	Σ（机械消耗量×台班单价）	
（6）	机械风险费	Σ（机械消耗量×相应台班单价×费率）	
（7）	企业管理费	（1）×费率	
（8）	利润	（1）×费率	
（9）	综合单价	（1）+（2）+（3）+（4）+（5）+（6）+（7）+（8）	

表 3-26　单位工程费用计算程序（工程量清单计价）

序号	费用名称	计 算 式	备 注
（一）	分部分项工程费	Σ（分部分项工程量×相应综合单价）	
（A）	其中：计费人工费	Σ工日消耗量×人工单价（　元/工日）	元/工日为计费基础

续表

序号	费用名称	计 算 式	备 注
(二)	措施费	(1)+(2)	
(1)	定额措施费	∑(定额措施项目工程量×相应综合单价)	
(B)	其中：计费人工费	∑工日消耗量×人工单价(元/工日)	元/工日为计费基础
(2)	通用措施费	[(A)+(B)]×费率	
(三)	其他费用	(3)+(4)+(5)+(6)	
(3)	暂列金额	(一)×费率	工程结算时按实际调整
(4)	专业工程暂估价	根据工程情况确定	工程结算时按实际调整
(5)	计日工	根据工程情况确定	工程结算时按实际调整
(6)	总承包服务费	供应材料费用、设备安装费用或单独分包专业工程的(分部分项工程费+措施费)×费率	
(四)	安全文明施工费	(7)+(8)	
(7)	环境保护等五项费用	[(一)+(二)+(三)]×费率	工程结算时，按评价核定的标准计算
(8)	脚手架费	按计价定额项目计算	
(五)	规费	[(一)+(二)+(三)]×费率	工程结算时，按核定的标准计算
(六)	税金	[(一)+(二)+(三)+(四)+(五)]×3.41%	3.35%、3.22%
(七)	单位工程费用	(一)+(二)+(三)+(四)+(五)+(六)	

(三) 报价方案分析和报价决策

1. 报价方案分析

报价方案分析主要是根据工程风险、竞争对手等因素确定采用低标价还是高标价做出结论。其一般规律是：

(1) 本企业施工任务不足或对该招标工程有兴趣时，报价宜较低；反之，报价可高。

(2) 对一般建筑工程报价宜较低，对特殊结构等工程报价宜较高。

(3) 对工程量大但技术不复杂的工程，报价宜较低；对于技术复杂或施工条件不好的工程，报价可较高。

(4) 竞争对手多的工程，报价宜较低；自己有专长，而竞争对手少的工程，报价宜较高。

(5) 对国内建设单位的工程，报价宜较低；对外资或中外合资的工程，报价宜较高。

2. 报价决策

(1) 报价决策的内容及步骤

投标报价决策，是决定投标胜负的关键环节，是指工程投标人召集算标人和决策者、高级咨询顾问人员共同研究，就报价的计算结果和投标阶段、施工阶段可能会遇到的各种风险因素进行讨论，以此对报价的调整做出最后的决策。

报价决策的工作内容与步骤如下：

① 计算基础标价，即根据工程量清单和报价项目单价汇总表，进行初步测算，其可能

对某些项目单价作必要调整，形成基础标价。

② 做风险预测和盈亏分析，即充分估计施工过程中的各种有关因素和可能出现的风险，预测对工程造价的影响程度。

③ 测算可能的最高标价和最低标价，即在以上两步的基础上，测定基础标价可以上下浮动的界限，使决策人心中有数，避免凭主观愿望盲目压价或加大保险系数。

完成以上工作以后，决策人就可以靠自己的经验和智慧，运用适当的决策分析方法，做出报价决策。

3. 最后报价的确定

（1）低报价，即能够保本的最低报价。

$$低报价 = 基础报价 - 预期盈利 × 修正系数 \qquad (3-1)$$

（2）高报价，即充分考虑可能发生的风险损失以后的最高报价。

$$高报价 = 基础报价 + 预期盈利 × 修正系数 \qquad (3-2)$$

式中，修正系数应小于 1（一般为 0.5 ~ 0.7）。

（四）投标报价的审核

投标承包工程，报价是投标的核心，报价正确与否直接关系到投标的成败。为了增强报价的准确性，提高中标率和经济效益，除重视投标策略，加强报价管理以外，还应善于认真总结经验教训，采取相应对策从宏观角度对承包工程总报价进行控制。可采用下列宏观指标和方法对报价进行审核。

1. 单位工程造价

施工企业在施工中可以按工程类型的不同编制出各种工程的每单位建筑面积用工、用料的数量，房屋按平方米、铁路公路按千米造价、铁路桥梁、隧道按每米造价，公路桥梁按桥梁桥面平方米造价等等。按各国各地区的情况，分别收集各种类型的建筑单位造价，将这些数据作为施工企业投标报价的参考值，从而控制报价，提高中标率。

2. 全员劳动生产率

全员劳动生产率，即全体人员工日的生产价值，这是一个十分重要的经济指标，用于对工程报价进行控制。尤其一些综合性的大项目难以用单位工程造价分析时，采用全员劳动生产率显得尤为有用。但非同类工程，机械化水平、技术指标差别悬殊的工程，不能绝对相比，要进一步分析。

3. 单位工程用工用料正常指标

房建部门对房建工程每平方米建筑面积所需劳力和各种材料的数量也都有一个合理的指数，可据此进行宏观控制。国外工程也如此。常见的几类房屋工程每平方米建筑面积主要用工用料见表 3-27。

表 3-27 房屋建筑工程每平方米建筑面积用工用料数量表

序号	建筑类型	人工 （工日/m²）	水泥 （kg）	钢材 （kg）	木材 （m³）	砂子 （m³）	碎石 （m³）	砖砌体 （m³）	水 （t）
1	砖混结构楼房	4.0 ~ 4.5	150 ~ 200	20 ~ 30	0.04 ~ 0.05	0.3 ~ 0.4	0.2 ~ 0.3	0.35 ~ 0.45	0.7 ~ 0.9
2	多层框架楼房	4.5 ~ 5.5	220 ~ 240	50 ~ 65	0.05 ~ 0.06	0.4 ~ 0.5	0.4 ~ 0.6		1.0

序号	建筑类型	人工 （工日/m²）	水泥 （kg）	钢材 （kg）	木材 （m³）	砂子 （m³）	碎石 （m³）	砖砌体 （m³）	水 （t）
3	高层框剪楼房	5.5～6.5	230～260	60～80	0.06～0.07	0.45～0.55	0.45～0.65		1.2～1.5
4	高层宿舍楼 （内浇外挂结构）	4.51	250	61	0.031	0.45	0.50		1.10
5	高层饭店 （筒体结构）	5.80	250	61	0.032	0.51	0.59		1.30

4. 各分项工程价值的正常比例

这是控制报价准确度的重要指标之一。例如一栋楼房是由基础、墙体、楼板、屋面、装饰、水电、各种专用设备等分项工程构成的，它们在工程价值中都有一个合理的大体比例。国外房建工程，主体结构工程（包括基础、框架和砖墙三个分项工程的价值）约占总价的55%，水电工程约占10%，其余分项工程的合计价值约占35%。

5. 各类费用的正常比例

任何一个工程的费用都由人工费、材料费、施工机械费、间接费等各类费用组成的，它们之间都有一个合理的比例。国外工程一般是人工费占总价的15%～20%；材料费约占45%～65%；机械使用费约占3%～10%；间接费约占25%。

6. 预测成本比较控制法

将一个国家或地区的同类型工程报价项目和中标项目的预测工程成本资料整理汇总储存，作为下一轮投标报价的参考，可以用此衡量新项目报价的得失情况。

7. 个体分析整体综合控制法

例如，修建一条铁路，这是包含线、桥、隧、站场、房屋、通讯信号等个体工程的综合工程项目。应首先对个体工程进行逐个分析，然后进行综合研究和控制。例如，某国铁路工程，每千米造价208万美元，似乎大大超出常规报价，但经过分析此造价是线、桥、房屋、通讯信号等个体工程的合计价格，其中线、桥工程造价仅为112万美元/km，是正常价格；房建工程造价77万美元/km，占铁路总价的37%，其比例似乎过高，但该房建工程不仅包括沿线车站等的房屋，还包括一个大货场的房建工程，造价并不高。经上述一系列分析综合，认定该工程的价格是合理的。

综合应用上述指标和办法，做到既有纵向比较，又有横向比较，还有系统的综合比较，再做些与报价有关的考察、调研，就会改善新项目的投标报价工作，减少避免报价失误，提高中标承包工程的经济效益。

五、编制投标文件应注意事项

1. 投标文件应按招标文件提供的投标文件格式进行编写，如有必要，表格可以按同样格式扩展或增加附页。

2. 投标函在满足招标文件实质性要求的基础上，可以提出比招标文件要求更有利于招标人的承诺。

3. 投标文件应对招标文件的有关招标范围、工期、投标有效期、质量要求、技术标准等实质性内容作出响应。

4. 投标文件中的每一空白都必须填写，如有空缺，则被视为放弃意见。实质性的项目或数字（如工期、质量等级、价格等）未填写的，将被作为无效或废标处理。

5. 计算数字要准确无误。无论单价、合价、分部合价、总标价及大写数字均应仔细核对。

6. 投标保证金、履约保证金的方式，可按招标文件的有关条款规定选择。

7. 投标文件应尽量避免涂改、行间插字或删除。若出现上述情况，改动之处应加盖单位章或由投标人的法定代表人或授权的代理人签字确认。

8. 投标文件必须由投标人的法定代表人或其委托代理人签字或盖单位章。委托代理人签字的，投标文件应附法定代表人签署的授权委托书。

9. 投标文件应字迹清楚、整洁，纸张统一、装帧美观大方。

10. 投标文件的正本为一份，副本份数按招标文件前附表规定执行。正本和副本的封面上应清楚地标记"正本"或"副本"的字样。当副本与正本不一致时，以正本为准。

11. 投标文件的正本与副本应分别装订成册，并编制目录，具体装订要求按招标文件前附表规定执行。

💡 思考与练习

1. 投标资格预审申请文件包括哪些内容？
2. 阐述投标资格预审申请文件的编制要求。
3. 填报资格预审申请主要内容有哪些？
4. 投标文件包括哪些内容？
5. 阐述投标人编制投标文件的步骤。
6. 施工组织设计的编制原则有哪些？
7. 技术标包括哪些相应的基本内容？
8. 商务标的投标报价的编制依据有哪些？
9. 阐述报价决策的内容及步骤。
10. 编制投标文件应注意事项有哪些？

✂ 技能训练

1. 根据指导教师提供的资料，编写投标资格预审申请文件。
2. 根据指导教师提供的资料，填写下列文件。
（1）投标函及投标函附录
（2）法定代表人身份证明
（3）授权委托书
（4）投标保证金
（5）项目管理机构
（6）资格审查资料

3. 根据指导教师提供的施工图纸，编写技术标。

4. 根据指导教师提供的施工图纸和工程量清单，编写商务标。

任务四　建设工程项目施工投标组织

任务引入

某承包商针对某建筑工程项目进行投标，那么如何组织建设工程项目施工投标？除了按招标文件的要求编制投标文件外，还要组织哪些工作呢？

任务分析

建设工程项目施工投标文件编制是一项主要任务。除此之外，承包商还要进行投标前期准备、投标报名和参与资格预审、领取和研究招标文件、调查投标环境和参加标前会议、投标文件的密封、递交等一系列工作。我们要明确这些工作的具体内容与要求。

知识链接

一、投标前期工作

（一）成立投标工作机构

为了确保在投标竞争中获胜，施工企业必须精心挑选精明强干富有经验的人员组成投标工作机构。该工作机构应能及时掌握市场动态，能基本判断拟投标项目的竞争态势，注意收集和积累有关资料，熟悉工程招标投标的基本程序，能针对具体项目的各种特点制定出恰当的投标报价的策略，至少应能使其报价进入预选圈内。

投标工作机构通常应由经营管理类人才、专业技术类人才、商务金融类人才组成。投标机构人员应精干，有娴熟的投标技巧和较强的应变能力。为了保守本企业对外投标报价的秘密，投标工作机构人员要相对稳定，不宜过多，尤其是最后决策的核心人员，应控制在企业经理、总工程师和总经济师（合同预算负责人）范围之内为宜。

（二）收集与分析投标信息

投标人（承包商）获得招标信息后，应认真研究招标公告或投标邀请书的内容，准确了解有关招标工程的各种信息，如工程规模、性质、地点、报名资质条件、报名时间和地点及报名所需携带的证明材料等要求。

投标人还应根据工程招标信息进行调研工作，重点调研工程项目及项目所在地的社会情况、经济环境、自然环境、市场情况、业主情况及工程项目的基本概况等。根据掌握的工程信息并结合投标人自身的实际情况和需要，便可确定是否参与投标。

（三）物色代理人或合作伙伴

物色代理人或合作伙伴是国际工程投标必要的准备工作之一。因为国际工程承包活动中通行代理制度，外国承包商进入工程项目所在国，须通过合法的代理人开展业务活动；有些国家还规定，外国承包商进入该国，必须与当地企业或个人合作，才允许开展业务活动。国内工程投标一般不需此项准备工作。

1. 代理人服务的内容

代理人实际上是工程项目所在国为外国承包商提供综合服务的咨询机构或个人开业的咨询工程师。其服务内容主要有：

（1）协助外国承包商争取参加本地招标工程项目投标资格预审和取得招标文件。

（2）协助办理外国人出入境签证、居留证、工作证以及汽车驾驶执照等。

（3）为外国公司介绍本地合作对象和办理注册手续。

（4）提供当地有关法律和规章制度方面的咨询。

（5）提供当地市场信息和有关商业活动的知识。

（6）协助办理建筑器材和施工机械设备以及生活资料的进出口手续。

（7）促进与当地官方及工商界、金融界的友好关系。

2. 代理人的条件

代理人的活动往往对一个工程项目的投标成功与否，起着相当重要的作用。因此，对物色代理人应给予足够的重视。一个优秀的代理人应该具备下列条件：

（1）有丰富的业务知识和工作经验。

（2）资信可靠，能忠实地为委托人服务，尽力维护委托人的合法利益。

（3）交际广，活动能力强，信息灵通，甚至有强大的政治、经济界的背景。

3. 代理合同和代理费用

找到适当的代理人以后，应及时签订代理合同，并颁发委托书。

（1）代理合同应包括下列内容：

①代理的业务范围和活动地区；

②代理活动的有效期限；

③代理费用和支付办法；

④有关特别酬金的条款。

（2）代理人委托书实际上就是委托人的授权证书。其参考格式如附式 17。

附式 17

中华人民共和国
××××公司委托书

　　本公司委托×××先生（住址：××××）为本公司在××国的注册代理人，授权他代表本公司在××国有关部门为本公司驻××国××市办事处注册办理一切必要手续，并为此目的同官方各有关部门进行必要的联系。本委托书的有效期至取得上述注册证书之日为止。

××××公司（印）

总经理（签字）

年　　月　　日

（3）代理费用，一般为工程标价的 2% ~ 3%，视工程项目大小和代理业务繁简而定。通常工程项目较小或代理业务繁杂的代理费率较高；反之则较低。在特殊情况下，代理费也有低到 1% 或高达 5% 的。代理费的支付以工程中标为前提条件。不中标者不付给代理费。代理费应分期支付或在合同期满后一次支付。不论中标与否，合同期满或由于不可抗力的原因而中止合同，都应付给代理人一笔特别酬金。只有在代理人失职或无正当理由而不履行合同的条件下，才可以不付给特别酬金。

4. 合作伙伴

有些国家规定，外国承包商进入该国，必须与当地企业或个人合作，才能开展经营活动。实际上，这些当地的合作者并不参加股份，也不对经营的盈亏负责，而只是做些代理人的工作，由外国承包人按协议付给一定酬金。对于此类合作者的选择，可参照代理人的条件去处理。

另有一类合作者，通常是当地有权势、地位的人物，在合作企业中担任董事甚至董事长，支取一定的报酬，但既不参加股份，也不过问日常的经营活动，只是在某些特殊情况下运用他的影响，帮助承包商解决困难问题，维护企业利益。此类合作者实质上是承包商的政治顾问。其选择，主要应着眼于政治地位、社会关系和活动能力。

至于有些国家规定，本国的合作者必须参加一定的股份（例如 51%），并担任一定的职位参加经营管理的，则须详细研究该国有关法规，了解外国承包商的权利义务和各种限制条件，再去选择资信可靠、能真诚合作的当地合作者，签订合作协议。

（四）办理注册手续

1. 我国异地投标的登记注册

我国建筑企业跨越省、自治区、直辖市范围，去其他地区投标，应到招标工程所在地建筑市场管理部门登记，领取投标许可证。登记时应交验企业营业执照、资质等级证书和企业所在地区省级建筑业主管部门批准赴外地承包工程的证件。中标后办理注册手续。注册期限按承建工程的合同工期确定；注册期满，工程未能按期完工的，须办理注册延期手续。

2. 国际工程投标注册

外国承包商进入招标工程项目所在国开展业务活动，必须按照该国的规定办理注册手续，取得合法地位。有的国家要求外国承包商在投标之前注册，才准许进行业务活动；有的国家则允许先进行投标活动，待中标后再办理注册手续。

外国承包商向招标工程项目所在国政府主管部门申请注册，必须提交规定的文件。各国对这些文件的规定大同小异，主要为下列各项：

（1）企业章程。包括企业性质、资本、业务范围、组织机构、总部所在地等。

（2）营业证书。我国对外承包工程公司的营业证书由国家或省、自治区、直辖市的工商行政管理局签发。

（3）承包商在世界各地的分支机构清单。

（4）企业主要成员（公司董事会）名单。

（5）申请注册的分支机构名称和地址。

（6）企业总负责人（总经理或董事长）签署的分支机构负责人的委任状。

（7）招标工程项目业主与申请注册企业签订的施工合同、协议或有关证明文件。

二、投标报名和参与资格预审

投标人（承包商）获得招标信息后，经过初步分析决定参加投标，则应按招标公告的要求时间、地点进行投标报名，并准备投标资格预审材料，向招标人递交投标资格预审文件，接受招标人的审查。

招标人为了使招标获得理想结果，限制不符合要求条件的承包商盲目参加投标，通常在发售招标文件之前要进行投标资格预审，借以预先了解投标单位的技术、财务实力和管理经验。对承包商来说，只有资格预审合格，才能参加投标的实质性竞争，也就是说，资格预审是取得投标参赛资格的第一步，因此，投标人必须认真对待资格预审。

投标资格预审能否通过，是承包商投标过程中的第一关。因此，在参与投标资格预审时应注意以下问题：

1. 投标申请人不得以其他形式对同一标段再次申请资格预审。

2. 承包商应注意平时对一般资格预审的有关资料的积累工作。如果平时不积累资料，完全靠临时匆忙准备，容易造成达不到业主要求而失去投标机会。

3. 填写资格预审表时，要认真分析预审表的有关内容和要求。既要针对项目的特点填写好重点部位，又要反映出本承包商的施工经验、水平和组织管理能力。

4. 投标资格预审文件必须在招标人规定的截止时间以前递交到招标人指定的地点，超过截止时间递交的资格预审文件将不被接受。

5. 投标资格预审文件一般应递交正本一份，副本三份（通常在投标资格预审文件中作规定），并分别密封。在密封外包装封面上要写明"某某标段投标资格预审文件"，还应写明潜在投标人的名称、地址和联系电话。

6. 所有投标资格预审文件的有关表格都要由法定代表人签字和盖章，或由法定代表人授权的委托代理人签字和盖章，同时要附授权委托书。

三、领取和研究招标文件

潜在投标人经资格预审合格后，按招标代理机构或招标人指定的时间和地点购买招标文件，即进入投标实战的准备阶段。投标准备阶段的首要工作是阅读、研究、分析招标文件，充分了解其内容和要求。其目的是：弄清楚承包者的责任和报价范围，以避免在报价中发生任何遗漏；弄清楚各项技术要求，以便确定经济适用而又可能加速工期的施工方案；弄清楚工程中需使用的特殊材料和设备，以便在报价之前调查市场价格，避免因盲目估价而造成失误；整理出招标文件中含糊不清的问题，有些问题应及时提请业主或咨询工程师予以澄清。

招标文件是投标的主要依据，研究招标文件重点应放在以下几个方面。

1. 研究工程综合说明

研究工程综合说明，借以获得对工程全貌的轮廓性了解。初步了解工程性质、地点结构等。

2. 仔细研究设计图纸和技术说明书

熟悉并详细研究设计图纸和技术说明书，目的在于弄清工程的技术细节和具体要求，使制定施工方案和报价有确切的依据。为此，要详细了解设计规定的各部位做法和对材料品种规格的要求；对整个建筑物及各部件的尺寸，各种图纸之间的关系都要吃透，发现不清楚或相互矛盾之处，要提请招标人解释或订正。

3. 研究合同主要条款

研究合同主要条款，明确中标后应承担的义务和责任及应享有的权利，重点是承包方式，开竣工时间及工期奖罚，材料供应及价款结算办法，预付款的支付和工程款结算办法，工程变更及停工、窝工损失处理办法等。对于国际招标的工程项目，还应研究支付工程款所用的货币种类，不同货币所占比例及汇率。因这些因素最终都会反映在标价上，所以都须认真研究，以利于减少风险。

4. 熟悉投标须知

熟悉投标须知，明确了解在投标过程中，投标人应在什么时间做什么事和不允许做什么事，目的在于提高效率，避免造成废标，徒劳无功。

全面研究了招标文件，对工程本身和招标人的要求有了基本了解之后，投标人才便于制定自己的投标工作计划，以争取中标为目标，有秩序地开展工作。

四、调查投标环境和参加标前会议

投标环境是招标工程项目施工的自然、经济和社会条件。这些条件都是工程施工制约因素，必然影响工程成本。施工现场考察是投标者必须经过的投标程序。按照国际惯例，投标者提出的报价单一般被认为是在现场考察的基础上编制的。一旦报价单提出之后，投标者就无权因为现场考察不周、情况了解不细或因素考虑不全面而提出修改投标书、调整报价或提出补偿等要求。

（一）国内投标环境调查要点

1. 施工现场条件

（1）施工场地四周情况，布置临时设施、生活营地的可能性；

（2）进入现场的通道，给排水、供电和通讯设施；

（3）地上、地下有无障碍物；

（4）附近的现有建筑工程情况；

（5）环境对施工的限制。

2. 自然地理条件

（1）气象情况，包括气温、湿度、主导风向和风速、年降雨量以及雨季的起止期；

（2）场地的地理位置、用地范围；

（3）地质情况、地基土质及其承载力，地下水位；

（4）地震及其设防烈度，洪水、台风及其他自然灾害情况。

3. 材料和设备供应条件

（1）砂石等大宗地方材料的采购和运输；

（2）须在市场采购的钢材、水泥、木材、玻璃等材料的可能供应来源和价格；

（3）当地供应构配件的能力和价格；

（4）当地租赁建筑机械的可能性和价格等。

4. 其他条件

（1）工地现场附近的治安情况；

（2）专业分包的能力和分包条件；

（3）业主的履约情况；

（4）竞争对手的情况。

（二）国际投标环境调查要点

1. 政治情况

（1）工程所在国的社会制度和政治制度；

（2）政局是否稳定；

（3）与邻国关系如何，有无发生边境冲突和封锁边界的可能；

（4）与我国的双边关系如何。

2. 经济条件

（1）工程项目所在国的经济发展情况和自然资源状况；

（2）外汇储备情况及国际支付能力；

（3）港口、铁路和公路运输以及航空交通与电信联络情况；

（4）当地的科学技术水平。

3. 法律方面

（1）工程项目所在国的宪法；

（2）与承包活动有关的经济法、工商企业法、建筑法、劳动法、税法、外汇管理法、经济合同法及经济纠纷的仲裁程序等；

（3）民法和民事诉讼法；

（4）移民法和外办管理法。

4. 社会情况

（1）当地的风俗习惯；

（2）居民的宗教信仰；

（3）民族或部落间的关系；

（4）工会的活动情况；

（5）治安状况。

5. 自然条件

（1）工程所在地的地理位置、地形、地貌；

（2）气象情况，包括气温、湿度、主导风向和风力，年平均和最大降雨量等；

（3）地质情况、地基土质构造及特征、承载能力、地下水情况；

（4）地震、洪水、台风及其他自然灾害情况。

6. 市场情况

（1）建筑和装饰材料、施工机械设备、燃料、动力、水和生活用品的供应情况，价格水平，过去几年的批发物价和零售物价指数以及今后的变化趋势预测；

（2）劳务市场状况，包括工人的技术水平、工资水平，有关劳动保险和福利待遇的规定，在当地雇用熟练工人、半熟练工人和普通工人的可能性，以及外籍工人是否被允许入境等；

（3）外汇汇率和银行信贷利率；

（4）工程所在国本国承包企业和注册的外国承包企业的经营情况。

（三）参加标前会议（投标预备会）

招标文件一般均规定在投标前召开标前会议。投标人应在参加标前会议之前把招标文件中存在的问题以及疑问整理成书面文件，按照招标文件规定的方式、时间和地点要求，送到招标人或招标代理机构处。在接到招标人的书面澄清文件后，把其内容考虑进投标文件中。有时招标人允许投标人现场口头提问，但投标人一定以接到招标人的书面文件为准。

提出疑问时，应注意提问的方式和时机，特别要注意不要对招标人的失误和不专业进行攻击和嘲笑，并考虑存在的问题对承包商履行合同的影响。同时投标人就招标文件和现场考察提出的问题，招标人和工程师先以口头方式答复，再以书面方式正式解答和澄清。书面通知应发给所有购买招标文件、并参加了现场考察的投标人。

五、办理投标担保

1. 投标保证金的递交

根据国家七部委颁发的第 20 号令《工程建设项目施工招标投标办法》第 37 条规定，招标人可以在招标文件中要求投标人提交投标保证金。投标保证金除现金外，可以是银行出具的银行保函、保兑支票、银行汇票或现金支票。投标保证金一般不得超过投标总价的 2%，但最高不得超过 20 万元人民币。投标保证金有效期应当超出投标有效期 30 天。

投标人在递交投标文件之前或同时，按投标人须知前附表规定的金额、担保形式和投标保证金格式递交投标保证金，并作为其投标文件的组成部分。联合体投标的，其投标保证金由牵头人递交，并应符合投标人须知前附表的规定。投标人不按要求提交投标保证金的，其投标文件作废标处理。

2. 投标保证金的退还

招标人与中标人签订合同后 5 个工作日内，应向未中标的投标人和中标人退还投标保证金。有下列情形之一的，投标保证金将不予退还：

（1）投标人在规定的投标有效期内撤销或修改其投标文件；

（2）中标人在收到中标通知书后，无正当理由拒签合同协议书或未按招标文件规定提交履约担保。

六、投标文件的密封、递交与接收

（一）投标文件的密封与标记

1. 投标单位应将投标文件的正本和副本分别密封在内层包封内，再密封在一个外层包封中，并在内包封上标明"投标文件正本"或"投标文件副本"。在封套的封口处加盖投标单位章。

2. 内层和外层包封都应写明招标单位名称和地址、工程名称，并注明开标时间以前不得开封。在内层包封上还应写明投标单位的名称与地址、邮政编码，以便投标出现逾期送达时能原封退回。

3. 如果内、外层包封没有按上述规定密封并加写标记，招标单位将不承担投标文件错放或提前开封的责任，由此造成的提前开封的投标文件将予以拒绝，并退还给投标单位。

（二）投标文件的递交

全部投标文件编好之后，经校核无误，由负责人签署，盖印投标单位和法定代表人或法定代表人委托的代理人的印鉴，按投标须知的规定分装、密封。一般惯例，投标人将所有的投标文件准备正本一份及副本两份。标书的正本与每一份副本均应分别包装，而且都要求用内外两层封套分别包装与密封。密封后，打上"正本"或"副本"字样。

然后，派专人在投标截止期之前送到招标单位指定地点，并取得收据。按照《招标投标法》规定，依法必须进行招标的项目，自招标文件开始发出之日起至投标人提交文件截止之日止，最短不得少于20日。

递标不宜太早，一般在招标文件规定的截止日期前一两天内密封送交指定地点。

总之，要避免因为细节的疏忽和技术上的缺陷而使投标书无效。

（三）投标文件的修改与撤回

根据《招标投标法》第29条和国家七部委颁发的第30号令《工程建设项目施工招标投标办法》第39条规定，投标人在招标文件要求提交投标文件的截止时间前，可以补充、修改或者撤回已递交的投标文件，并书面通知招标人。补充、修改的内容为投标文件的组成部分。

投标人发生合并、分立、破产等重大变化的，应当及时书面告知招标人。投标人不再具备资格预审文件、招标文件规定的资格条件或者其投标影响招标公正性的，其投标无效。

1. 在招标文件规定的投标截止时间前，投标人可以修改或撤回已递交的投标文件，但应以书面形式通知招标人。

2. 投标人修改或撤回已递交投标文件的书面通知，应按招标文件规定的要求签字或盖章。招标人收到书面通知后，向投标人出具签收凭证。

3. 修改的内容为投标文件的组成部分。修改的投标文件应按招标文件规定进行编制、密封、标识和递交，并标明"修改"字样。投标文件补充、修改和撤回情况，应在开标时公布。

（四）投标文件的接收

1. 在投标截止时间前，招标人做好投标文件的接收工作，在接收中应注意核对投标文件是否按招标文件的规定进行密封和标记，并做好接收时间的记录，投标人应在该接收记录上签字；也可以邀请公证部门对投标文件接收情况予以公证。

2. 在开标前，招标人应妥善保管好投标文件、修改和撤回通知等投标资料。

七、关于投标的禁止性规定

（一）禁止投标人相互串通投标

我国法律禁止投标人相互串通投标。投标人不得相互串通投标报价，不得排挤其他投标人的公平竞争，损害招标人或者其他投标人的合法权益。

根据《条例》第39条规定，有下列情形之一的，属于投标人相互串通投标：

1. 投标人之间协商投标报价等投标文件的实质性内容；

2. 投标人之间约定中标人；

3. 投标人之间约定部分投标人放弃投标或者中标；

4. 属于同一集团、协会、商会等组织成员的投标人按照该组织要求协同投标；

5. 投标人之间为谋取中标或者排斥特定投标人而采取的其他联合行动。

根据《条例》第40条规定，有下列情形之一的，视为投标人相互串通投标：

1. 不同投标人的投标文件由同一单位或者个人编制；

2. 不同投标人委托同一单位或者个人办理投标事宜；

3. 不同投标人的投标文件载明的项目管理成员为同一人；

4. 不同投标人的投标文件异常一致或者投标报价呈规律性差异；

5. 不同投标人的投标文件相互混装；

6. 不同投标人的投标保证金从同一单位或者个人的账户转出。

（二）禁止招标人与投标人串通投标。

我国法律禁止招标人与投标人相互串通投标损害国家利益、社会公共利益或者其他人的合法权益。

根据《条例》第41条规定，规定有下列情形之一的，属于招标人与投标人串通投标：

1. 招标人在开标前开启投标文件并将有关信息泄露给其他投标人；

2. 招标人直接或者间接向投标人泄露标底、评标委员会成员等信息；

3. 招标人明示或者暗示投标人压低或者抬高投标报价；

4. 招标人授意投标人撤换、修改投标文件；

5. 招标人明示或者暗示投标人为特定投标人中标提供方便；

6. 招标人与投标人为谋求特定投标人中标而采取的其他串通行为。

（三）禁止以他人名义投标或者以其他方式弄虚作假

《招标投标法》第33条规定，投标人不得以低于成本的报价竞标，也不得以他人名义投标或者以其他方式弄虚作假，骗取中标。

根据《条例》第42条规定，使用通过受让或者租借等方式获取的资格、资质证书投标的，属于《招标投标法》第33条规定的以他人名义投标。

投标人有下列情形之一的，属于《招标投标法》第33条规定的以其他方式弄虚作假的行为：

1. 使用伪造、变造的许可证件；

2. 提供虚假的财务状况或者业绩；

3. 提供虚假的项目负责人或者主要技术人员简历、劳动关系证明；

4. 提供虚假的信用状况；

5. 其他弄虚作假的行为。

（四）有权认定串通投标的主体

有权认定串通投标的主体包括评标委员会、行政监督部门、仲裁和司法行政机关。

1. 评标委员会

《条例》第51条规定，评标委员会在评标时，如果发现投标人有串通投标、弄虚作假、行贿等违法行为时应当否决其投标，同时报告有关行政监督部门，由行政监督部门依法给予行政处罚。

2. 行政监督部门

《条例》第五章规定行政监督部门负有监督检查招标投标活动和处理投诉举报的职责，如果在监督和检查过程中发现有串通投标的情形，应当依法作出处理。

3. 仲裁和司法行政机关

仲裁机构和人民法院在审理涉及招标投标的仲裁和诉讼案件时，如果发现有串通投标的情形，应当依法认定为串通投标行为。

💡 思考与练习

1. 代理人服务的内容是什么？
2. 优秀的代理人应该具备哪些条件？
3. 参与投标资格预审时应注意哪些问题？
4. 研究招标文件重点应放在哪几个方面？
5. 常见的国内投标环境调查要点有哪些？
6. 如何对投标文件进行密封和标识？
7. 哪些行为属于投标人相互串通投标和视为投标人相互串通投标？
8. 哪些行为属于招标人与投标人相互串通投标？

💻 项目实训

模拟工程项目施工投标文件的编制

1. 活动目的

投标文件是工程项目施工招标过程中最重要、最基本的技术文件，编制施工投标相关文件是学生学习本门课程需要掌握的基本技能之一。国家对施工投标文件的内容、格式均有特殊规定，通过本实训活动，进一步提高学生对投标文件内容与格式的基本认识，提高学生编制投标文件的能力。基本做到能代表施工方编制资格预审文件，能够在原有编制施工组织设计与工程预算的基础上编制工程投标技术标、商务标与综合标，能进行工程报价与合同谈判。

2. 实训准备

（1）完成在建工程和已完工工程完整施工图工程量。

（2）施工图预算书。

（3）有条件的可提供实训室和可利用的软件。

3. 实训内容

（1）资格预审表编写训练。

（2）根据招标文件内容、格式和本工程招标要求编写投标文件。

4. 步骤

（1）学生分成若干投标组织机构，明确各自分工，由团队完成实训任务。

（2）按照公开招标程序进投标过程模拟。

（3）编制投标文件。

（4）提交投标文件。

学习情境四　建设工程项目开标、评标和中标

学习目标

了解开标、评标与中标的组织工作，掌握开标、评标与中标各个阶段的主要工作内容与工作步骤，掌握评标的常用方法等。掌握废标的条件、评标的标准。了解中标无效及导致中标无效的原因。

技能目标

重点掌握工程开标、评标、中标的过程及注意要点。能正确处理开标过程可能出现的问题。能运用开标、评标、中标的原理进行评标、中标、编写评标报告。

任务一　建设工程项目开标

任务引入

投标人按招标文件要求将投标文件递交给招标人后，接下来招标人、投标人将要进行哪些工作？这些工作由谁，什么时间，在哪儿做，怎么去做呢？

任务分析

从提交投标文件截止之日起，建设工程招标投标工作即将进入开标阶段，我们要了解开标的组织、时间、地点、程序，如何对无效投标文件进行确认和处理。

知识链接

开标、评标是选择中标人、保证招标成功的重要环节。所谓开标，就是投标人提交投标截止时间后，招标人依据招标文件规定的时间和地点，在邀请所有投标人出席的情况下，当众公开拆开投标资料（包括投标函件），宣布投标人（或单位）的名称、投标价格以及投标价格的修改的过程。实质上开标就是把所有投标人递交的投标文件启封揭晓，所以亦称揭标。

一、开标的组织、时间和地点

（一）开标的组织

一般情况下，开标应以召开开标会议的形式进行；开标会议由招标人在有关管理部门的监督下主持进行。在招标人委托招标代理机构代理招标时，开标也可由该代理机构主持进行。主持人按照规定的程序负责开标的全过程，其他开标工作人员办理开标作业及制作记录

等事项。

为了体现工程招标的平等竞争原则，使开标做到公开性，让投标人的投标为各投标人及有关方面所共知，应当邀请所有投标人和相关单位的代表作为参加人出席开标。邀请所有的投标人或其代表出席开标，可以使投标人得以了解开标是否依法进行，使投标人相信招标人不会任意做出不适当的决定；同时，也可以使投标人了解其他投标人的投标情况，做到知己知彼，大体衡量一下自己中标的可能性，这对招标人的中标决定也将起到一定的监督作用；投标人还可以收集资料，积累经验，进一步了解竞争对手的情况，为以后的投标工作提供资料。此外，为了保证开标的公正性，一般还邀请相关单位的代表参加，如招标项目主管部门的人员、评标委员会成员、监察部门代表、经办银行代表等。有些招标项目，招标人还可以委托公证部门的公证人员对整个开标过程依法进行公证。

（二）开标的时间

我国《招标投标法》规定："开标应当在招标文件确定的提交投标文件截止时间的同一时间公开进行。"开标时间就是提交投标文件截止时间，如某年某月某日几时几分。之所以这样规定开标时间，是为了防止投标截止时间之后与开标之前仍有一段时间间隔。如有间隔，也许会给不端行为造成可乘之机。

（三）开标的地点

为了防止投标人因不知地点变更而不能按要求准时提交投标文件，开标地点应当为招标文件中预先确定的地点。如招标机构鉴于某种原因变更开标日期和地点，必须以书面形式提前通知所有的投标人。已经建立建设工程交易中心（有形建设市场）的，开标地点应设在建设工程交易中心。

二、开标形式

开标的形式主要有公开开标、有限开标和秘密开标 3 种。

1. 公开开标。邀请所有的投标人参加开标仪式，其他愿意参加者也不受限制，当众公开开标。

2. 有限开标。只邀请投标人和有关人员参加开标仪式，其他无关人员不得参加，当众公开开标。

3. 秘密开标。开标只有负责招标的组织成员参加，不允许投标人参加开标，然后将开标的名次结果通知投标人，不公开报价，其目的是不暴露投标人的准确报价数字。这种方式多用于设备招标。

采用何种开标方式应由招标机构和评标小组决定。目前在我国主要采取公开开标。

三、开标程序

1. 投标人签到

签到记录是投标人是否出席开标会议的证明。

2. 招标人主持开标会议

主持人介绍参加开标会议的单位、人员及工程项目的有关情况；宣布开标人员名单、招标文件规定的评标定标办法和标底。开标主持人检查各投标单位法定代表人或其他指定代理人的证件、委托书确认无误。

3. 开标

（1）检验各标书的密封情况。由投标人或其推选的代表检查各标书的密封情况，也可以由公证人员检查并公证。

（2）唱标。经检验确认各标书的密封无异常情况后，按投递标书的先后顺序，当众拆封投标文件，宣读投标人名称、投标价格和标书的其他主要内容。投标截止时间前收到的所有投标文件都应当当众予以拆封和宣读。

（3）开标过程记录。开标过程应当做好记录，并存档备查。投标人也应做好记录，以收集竞争对手的信息资料。开标记录一般应记载下列事项，由主持人和专家签字确认（详见表4-1）：

①有案号的记录其案号，如09008；

②招标项目的名称及数量摘要；

③投标人的名称；

④投标报价；

⑤开标日期；

⑥其他必要的事项。

表 4-1　招标工程开标汇总表

建设项目名称：					建筑面积：		m²			
投标单位	报价（万元）			工期			三材用量			法定代表人签名
	总计	土建	安装	施工日历天	开工日期	竣工日期	钢材（t）	木材（m³）	水泥（t）	
开标日期：　　年　　月　　日										
招标单位：　　　　　　开标主持人：　　　　　　记录：										
评标小组代表：										

（4）当众公布标底。招标项目设有标底的，招标人应当在开标时公布。标底只能作为评标的参考，不得以投标报价是否接近标底作为中标条件，也不得以投标报价超过标底上下浮动范围作为否决投标的条件。

四、无效投标文件的确认与处理

开标时，发现有下列情形之一的投标文件时，视为无效投标文件，不得进入评标，如发现无效标书，必须经有关人员当场确认，当场宣布，所有被宣布为废标的投标书，招标机构应退回投标文件。

1. 投标文件未按照招标文件的要求予以密封或逾期送达的。

2. 投标函未加盖投标人的公章及法定代表人印章或委托代理人印章的，或者法定代表人的委托代理人没有合法有效的委托书（原件）。

3. 投标文件的关键内容字迹模糊、无法辨认的。

4. 投标人递交两份或多份内容不同的投标文件，或在一份投标文件中对同一招标项目有两个或多个报价，而未声明哪一个有效（招标文件规定提交备选方案的除外）。

5. 投标人未按照招标文件的要求提供投标保证金或没有参加开标会议的。

6. 组成联合体投标，但投标文件未附联合体各方共同投标协议的。

7. 投标人名称或组织机构与资格预审时不一致的（无资格预审的除外）。

投标截止期满后投标人少于 3 个时，不能保证必要的竞争程度，招标人应当依照《招标投标法》和《条例》重新招标。投标人对开标有异议的，应当在开标现场提出，招标人应当当场作出答复，并制作记录。

思考与练习

1. 何谓开标的组织？
2. 开标的形式有几种？
3. 描述开标程序。
4. 如何确认无效投标文件？
5. 如何处理无效投标文件？

任务二　建设工程项目评标

任务引入

建设工程开标工作结束后，招标工作进入评标阶段，那么评标工作由谁做、怎么去呢？招标人、投标人又要做哪些工作呢？

任务分析

评标是选择中标人、保证招标成功的重要环节。招标人依法组成评标委员会，评标委员会按招标文件规定的标准、方法进行评标，最终写出评标报告。我们要明确评标委员会的职能，评标的标准和方法以及评标报告的内容。

知识链接

一、评标的基本概念

（一）评标

所谓评标，就是依据招标文件的规定和要求，对投标文件所进行的审查、评审和比较。

评标是审查确定中标人的必经程序，是保证招标成功的重要环节。根据评标内容的简繁、标段的多少等，可在开标后立即进行，也可以在随后进行，对各投标人进行综合评价，为择优确定中标人提供依据。

（二）评标的原则

1. 公平原则

所谓"公平"，主要是指评标委员会要严格按照招标文件规定的要求和条件，对投标文件进行评审时，不带任何主观意愿，不得以任何理由排斥和歧视任何一方，对所有投标人应一视同仁，保证投标人在平等的基础上竞争。

2. 公正原则

所谓"公正"，主要是指评标委员会成员具有公正之心，评标要客观全面，不倾向或排斥某一特定的投标。要做到评标客观公正，必须做到以下几点：

（1）要培养良好的职业道德，不为私利而违心地处理问题。

（2）要坚持实事求是的原则，对上级或某些方面的意见不唯命是从。

（3）要提高综合分析问题的能力，不为局部问题或表面现象而模糊自己的观点。

（4）要不断提高自己的专业技术能力，尤其是要尽快提高综合理解、熟练运用招标文件和投标文件中有关条款的能力，以便以招标文件和投标文件为依据，客观公正地综合评价标书。

3. 科学原则

所谓"科学"，是指评标工作要依据科学的方案，要运用科学的手段，要采取科学的方法，对于每个项目的评价要有可靠依据，要用数据说话。只有这样，才能做出科学合理的综合评价。

（1）科学的计划。就一个招标工程项目的评标工作而言，科学的方案主要是指评标细则。它包括：评标机构的组织计划、评标工作的程序、评标标准和方法。总之，在实施评标工作前，要尽可能地把各种问题都列出来，并拟定解决办法，使评标工作中的每一项活动都纳入计划管理的轨道。更重要的是，要集思广益，充分运用已有的经验，制定出切实可行、行之有效的评标细则，指导评标工作顺利地进行。

（2）科学的手段。单凭人的手工直接进行评标，这是最原始的评标手段。科学技术发展到今天，必须借助于先进的科学仪器，才能快捷准确地做好评标工作，如已普遍使用计算机等。

（3）科学的方法。评标工作的科学方法主要体现评标标准的设立以及评价指标的设置；体现在综合评价时，要"用数据说话"；尤其体现在要开发、利用计算机软件，建立起先进的软件库。

4. 择优原则

所谓"择优"，就是用科学的方法、科学的手段，从众多投标文件中选择最佳的方案。评标时，评标委员会成员应全面分析、审查、澄清、评价和比较投标文件，防止重价格、轻技术和重技术、轻价格的现象，对商务和技术不可偏一，要综合考虑。

（三）评标的特征

《招标投标法》第 38 条规定："招标人应当采取必要的措施，保证评标在严格保密的情况下进行。任何单位和个人不得非法干预，影响评标的过程和结果。"本条规定指的就是评标具有保密性和不受外界干预性。

1. 评标的保密性

所谓评标的保密性，就是评标在封闭状态下进行，评标委员会成员不得与外界有任何接触，有关检查、评审和授标的建议等情况，均不得向投标人透露。一般情况下，评标委员会成员的名单，在中标结果确定前也属于保密的内容。

由于招标文件中对评标的标准和方法进行了规定，列明了价格因素和价格因素之外的评标因素及其量化计算方法，因此，所谓评标保密，并不是在这些标准和方法之外另搞一套标准和方法进行评审和比较，而是这个评审过程是招标人及其评标委员会的独立活动，有权对整个过程保密，以免投标人及其他有关人员知晓其中的某些意见、看法或决定，而想方设法干扰评标活动的进行，也可以制止评标委员会成员对外泄露和沟通有关情况，造成评标不公。

2. 评标不受外界干预性

评标活动本是招标人及其评标委员会的独立活动，不应受到外界的干预和影响。这是我国项目法人责任制和企业经营自主权的必然要求。但在现实生活中，一些国家机关及其工作人员特别是领导干部，往往从地方保护主义甚至个人利益出发，通过批条子、打电话、找谈话等方式，向评标委员会施加种种压力，非法干预，影响评标过程和评标结果，有的甚至直接决定中标人，或者擅自否决、改变中标结果，严重侵犯招标人和投标人的合法权益，使工程招标失去了平等、公平竞争的原则。所以评标必须具备不受外界干预性。

二、评标组织机构

（一）评标组织机构含义及其职责

1. 评标组织机构含义

为了保证评标的公正性，防止招标人左右评标结果，评标不能由招标人或其代理机构独自承担，而应组成一个由有关专家和人员参加的组织机构。这个在招标投标管理机构的监督下，由招标人设立的负责某一招标工程评标的临时组织就是评标组织机构。根据招标工程的规模情况、结构类型不同，评标组织机构又分为评标委员会和评标工作小组。

2. 评标组织机构职责

（1）根据招标文件中规定的评标标准和评标方法，对所有有效投标文件进行综合评价。

（2）写出评标报告，向招标人推荐中标候选人或者直接确定中标人。

（二）评标委员会的组成及其组成方式

1. 评标委员会的组成

评标由招标人依法组建的评标委员会负责。依法必须进行招标的项目，其评标委员会由招标人的代表和有关技术、经济等方面的专家组成，成员人数为 5 人以上单数，其中技术、经济等方面的专家不得少于成员总数的 2/3，招标单位的人员不应超过 1/3。评标委员会负责人由评标委员会成员推荐产生或者由招标人确定，评标委员会负责人与评标委员会的其他成员有同等的表决权。招标投标管理机构派人参加评标会议，对评标活动进行监督。

2. 评标委员会的组成方式

评标专家独立公正地履行职责，是确保招投标成功的关键环节之一。为规范和统一评标专家专业分类，切实提高评标活动的公正性，建立健全规范化、科学化的评标专家专业分类体系，推动实现全国范围内评标专家资源共享，国家发展改革委等十部委于 2010 年 7 月 15

日共同颁布了《评标专家专业分类标准（试行）》（发改法规［2010］1538）。省级人民政府和国务院有关部门应当组建综合评标专家库。

为了防止招标人在选定评标专家时的主观随意性，招标人应从国务院或省级人民政府有关部门组建的综合评标专家库中，确定评标专家。一般招标项目可以从评标专家库内相关专业的专家名单中以随机抽取方式确定；有些特殊的招标项目，如科研项目、技术特别复杂的项目等，由于采取随机抽取方式确定的专家可能不能胜任评标工作或者只有少数专家能够胜任，因此招标人可以直接确定专家人选。任何单位和个人不得以明示、暗示等任何方式指定或者变相指定参加评标委员会的专家成员。

依法必须进行招标的项目的招标人非因《招标投标法》和《条例》规定的事由，不得更换依法确定的评标委员会成员。更换评标委员会的专家成员应当依照规定进行。

有关行政监督部门应当按照规定的职责分工，对评标委员会成员的确定方式、评标专家的抽取和评标活动进行监督。行政监督部门的工作人员不得担任本部门负责监督项目的评标委员会成员。评标委员会成员的名单在中标结果确定前应当保密。

（三）评标委员会成员的职责

评标委员会成员的职责主要包括：

1. 评标委员会成员和参与评标的有关工作人员不得透露对投标文件的评审和比较、中标候选人的推荐情况以及与评标有关的其他情况。

2. 评标委员会成员应当客观、公正地履行职责，遵守职业道德，依法对投标文件进行独立评审，提出评审意见，对所提出的评审意见承担个人责任，不受任何单位和个人的非法干预或影响。

3. 评标委员会成员不得对其他评委的评审意见施加影响，不得将投标文件带离评标地点评审，不得无故中途退出评标，不得复印、带走与评标有关的资料。

4. 评标委员会成员不得与任何投标人或者与招标结果有利害关系人进行私下接触，不得收受投标人、中介人、其他利害关系人的财物或者其他好处。

5. 在评标过程中，除非根据评标委员会的要求，投标人不得主动与招标人和评标委员会成员接触，不得有任何游说、贿赂等影响评标委员会成员客观和公正地进行评标的行为。投标人对招标人或评标委员会成员施加影响的任何企图和行为，将导致其投标无效。

（四）评标委员会成员的回避更换制度与禁止性行为

1. 回避更换制度

所谓回避更换制度，就是指与投标人有利害关系的人应当回避，不得进入评标委员会；已经进入的，应予以更换。

根据《评标委员会和评标方法暂行规定》，有下列情形之一的，不得担任评标委员会成员：

（1）投标人或者投标人主要负责人的近亲属；

（2）项目主管部门或者行政监督部门的人员；

（3）与投标人有经济利益关系，可能影响对投标公正评审的；

（4）曾因在招标、投标以及其他与招标投标有关活动中从事违法行为而受过行政处罚或刑事处罚的。

评标委员会成员如有上述规定情形之一的，应当主动提出回避。

2. 评标委员会成员的禁止性行为

评标委员会成员有下列行为之一的，由有关行政监督部门责令改正；情节严重的，禁止其在一定期限内参加依法必须进行招标的项目的评标；情节特别严重的，取消其担任评标委员会成员的资格：

（1）应当回避而不回避；

（2）擅离职守；

（3）不按照招标文件规定的评标标准和方法评标；

（4）私下接触投标人；

（5）向招标人征询确定中标人的意向或者接受任何单位或者个人明示或者暗示提出的倾向或者排斥特定投标人的要求；

（6）对依法应当否决的投标不提出否决意见；

（7）暗示或者诱导投标人作出澄清、说明或者接受投标人主动提出的澄清、说明；

（8）其他不客观、不公正履行职务的行为。

三、评标的依据、标准与方法

简单地讲，评标是对投标文件的评审和比较。根据什么样的标准和方法进行评审，是一个关键问题，也是评标的原则性问题。在招标文件中，招标人列明了评标的标准和方法，目的就是让各潜在投标人知道这些标准和方法，以便考虑如何进行投标，才能获得成功。那么，这些事先列明的标准和方法在评标时能否真正得到采用，是衡量评标是否公正、公平的标尺。为了保证评标的公正和公平性，评标必须按照招标文件规定的评标标准和方法，不得采用招标文件未列明的任何标准和方法，也不得改变招标确定的评标标准和方法。这一点，也是世界各国的通常做法。所以，作为评标委员在评标时，必须弄清评标的依据和标准，熟悉并掌握评标的方法。

（一）评标的依据

评标委员会成员评标的依据主要有下列几项：

1. 招标文件；

2. 开标前会议纪要；

3. 评标定标办法及细则；

4. 标底；

5. 投标文件；

6. 其他有关资料。

（二）评标的标准

评标的标准，一般包括价格标准和价格标准以外的其他有关标准（又称"非价格标准"），及如何运用这些标准来确定中选的投标。

价格标准比较直观具体，都是以货币额表示的报价。非价格标准内容多而复杂，在评标时应可能使非价格标准客观和定量化，并用货币额表示，或规定相对的权重，使定性化的标准尽量定量化，这样才能使评标具有可比性。

通常来说，在货物评标时，非价格标准主要有运费、保险费、付款计划、交货期、运营成本、货物的有效性和配套性、零配件和服务的供给能力、相关的培训、安全性和环境效益等。在服务评标时，非价格标准主要有投标人及参与提供服务的人员的资格、经验、信誉、可靠性、专业和管理能力等。在工程项目评标时，非价格标准主要有工期、施工方案、施工组织、质量保证措施、主要材料用量、施工人员和管理人员的素质、以往的经验、企业的综合业绩等等。

（三）评标的方法

评标的方法，是运用评标标准评审、比较投标的具体方法。评标的方法的科学性对于实施平等的竞争、公正合理地选择中标者是极端重要的。评标涉及的因素很多，应在分门别类，有主有次的基础上，结合工程的特点确定科学的评标方法。

《评标委员会和评标方法暂行规定》第29条规定，评标方法包括经评审的最低投标价法、综合评估法或者法律、行政法规允许的其他评标方法。

评标方法除了国家规定的以外，还有很多，如接近标底法、低标价法、费率费用评标法等。

1. 经评审的最低投标价法

经评审的最低投标价法是指能够满足招标文件的实质性要求，并且经评审的投标价格最低（但投标价格低于成本的除外），按照投标价格最低确定中标人。该方法适用于招标人对工程的技术性能没有特殊要求，承包人采用通用技术施工即可达到性能标准的招标项目。

评审比较的程序如下：

（1）投标文件作出实质性响应，满足招标文件规定的技术要求和标准；

（2）根据招标文件中规定的评标价格调整方法，对所有投标人的投标报价以及投标文件的商务部分作必要的价格调整；

（3）不再对投标文件的技术部分进行价格折算，仅以商务部分折算的调整值作为比较基础；

（4）经评审的最低投标价的投标，应当推荐为中标候选人。

2. 综合评分法

综合评估法包括综合评分法和评标价法。综合评分法是指将评审内容分类后分别赋予不同权重，评标委员依据评分标准对各类内容细分的小项进行相应的打分，最后计算的累计分值反映投标人的综合水平，以得分最高的投标书为最优。这种方法由于需要评分的涉及面较广，每一项都要经过评委打分，可以全面地衡量投标人实施招标工程的综合能力。

施工招标文件范本中规定的评标办法，能最大限度满足招标文件中规定的各项综合评价标准的投标人为中标人，可以参照下列方式：

（1）得分最高者为中标候选人。

$$N = A_1 + J + A_2 \times S + A_3 \times X \tag{4-1}$$

式中　　N——评标总得分；

J——施工组织设计（技术标）评审得分；

S——投标报价（商务标）评审得分，以最低报价（但低于成本的除外）得满分，其余报价按比例折减计算得分；

X——投标人的质量、综合实力、工期得分；

A_1，A_2，A_3——分别为各项指标所占的权重。

（2）得分最低的为中标候选人。

$$N' = A_1 \times J' + A_2 \times S' + A_3 \times X' \tag{4-2}$$

式中　　N'——评标总得分；

　　　　J'——施工组织设计（技术标）评审得分排序，从高至低排序，$J' = 1$，2，3……

　　　　S'——投标报价（商务标）评审得分排序，按报价从低至高排序（报价低于成本的除外），$S' = 1$，2，3，……

　　　　X'——投标人的质量、综合实力、工期得分排序，按得分从高至低排序，$X' = 1$，2，3，……

A_1，A_2，A_3——分别为各项指标所占的权重。

建议：一般 A_1 取 20% ~ 70%，A_2 取 70% ~ 30%，A_3 取 0% ~ 20%，且 $A_1 + A_2 + A_3 = 100\%$。

两种方法的主要区别在"J，S 和 X"记分的取值方法不同。第一种方法按与标准值的差取值，而第二种方法仅按投标书此项的排序取值。第二种方法计算相对简单，但当偏差较大时，最终得分值的计算不能反映具体的偏差度，可能导致报价最低但综合实力不够强或施工方案不是最优的投标人中标。

3. 评标价法

评标价法是指仅以货币价格作为评审比较的标准，以投标报价为基数，将可以用一定的方法折算为价格的评审要素加减到投标价上去，而形成评审价格（或称评标价），以评标价最低的标书为最优。其具体步骤如下：

（1）首先按招标文件中的评审内容对各投标书进行审查，淘汰不满足要求的标书。

（2）按预定的方法将某些要素折算为评审价。其内容一般可包括以下几方面：

①对实施过程中必然发生的，而标书又属明显漏项部分，给予相应的补项增加到报价上去；

②工期的提前给项目带来的超前收益，以月为单位，按预定的比例数乘以报价后，在投标价内扣减该值；

③技术建议可能带来的实际经济效益，也按预定的比例折算后，在投标价内减去该值；

④投标书内所提出的优惠可能给项目法人带来好处，以开标日为准，按一定的换算方法贴现折算后，作为评审价格因素之一；

⑤对于其他可折算为价格的要素，按对项目法人有利或不利的原则，增加或减少到投标价上去。

4. 接近标底法

接近标底法，即投标报价与评标标底价格相比较，以最接近评标标底的报价为最高分。投标价得分与其他指标的得分合计最高分者中标。如果出现并列最高分时，则由评委无记名在并列最高分者之间投票表决，得票多者为中标单位。这种方法比较简单，但要以标底详尽、正确为前提。下面以某地区规定为例说明该方法的操作过程。

（1）评价指标和单项分值。评价指标及单项分值一般设置如下：

①报价 50 分；

②施工组织设计 30 分；

③投标人综合业绩 20 分。

以上各单项分值，均以满分为限。

（2）投标报价打分。投标报价与评标标底价相等者得50分。在有效浮动范围内，高于评标标底者按每高于一定范围扣若干分，扣完为止；低于评标标底者，按每低于一定范围扣若干分，扣完为止。为了体现公正合理的原则，扣分方法还可以细化。如在合理标价范围内，合理标价范围一般为标底的±5%，报价比标底每增减1%扣2分；超过合理标价范围的，不论上下浮动，每增加或减少1%都扣3分。

例如，某工程标底价为400万元，现有A、B、C三个投标人，投标价分别为370万元、415万元、430万元。根据上述规定对投标报价打分如下：

①确定合理标价范围为380万~420万元。

②分别确定各方案分值：

A标：370万元比标底价低7.5%，超出5%合理标价范围，在合理标价范围−5%扣2×5＝10分，在−5%~−7.5%内扣3×2.5＝7.5分，合计扣分17.5分，报价得分为50−17.5＝32.5分。

B标：415万元比标底价高3.75%，在5%合理标价范围内，扣分为2×3.75＝7.5分，报价得分为50−7.5＝42.5分。

C标：430万元比标底价高7.5%，合计扣分为2×5＋3×2.5＝17.5分，报价得分为32.5分。

（3）施工组织设计。施工组织设计包括下列内容，最高得分为30分。

①全面性。施工组织设计内容要全面，包括：施工方法、采用的施工设备、劳动力计划安排；确定工程质量、工期、安全和文明施工的措施；施工总进度计划；施工平面布置；采用经专家鉴定的新技术、新工艺；施工管理和专业技术人员配备。

②可行性。各项主要内容的措施、计划，流水段的划分，流水步距、节拍，各项交叉作业等是否切合实际，合理可行。

③针对性。优良工程的质量保证体系是否健全有效，创优的硬性措施是否切实可行；工程的赶工措施和施工方法是否有效；闹市区内的工程的安全、文明施工和防止扰民的措施是否可靠。

（4）投标单位综合业绩。投标单位综合业绩最高得分20分。其具体评分规定如下：

①投标人在投标的上两年度内获国家、省建设行政主管部门颁发的荣誉证书，最高得分15分。证书范围仅限工程质量、文明工地及新技术推广示范工程荣誉证书等三种。

a. 工程质量获国家级"鲁班奖"得5分，获省级奖得3分；

b. 文明工地获"省文明工地样板"得5分，获"省文明工地"得3分；

c. 新技术推广示范工程获"国家级示范工程"得5分，获"省级示范工程"得3分。

以上三种证书每一种均按获得的最高荣誉证书计分，计分时不重复、不累计。

②投标人拟承担招标工程的项目经理，上两年度内承担过的工程（已竣工）情况核评，最高得分5分。

a. 承担过与招标工程类似的工程；

b. 工程履约情况；

c. 工程质量优良水平及有关工程的获奖情况；

d. 出现质量安全事故的应减分。

以上证明材料应当真实、有效，遇有弄虚作假者，将被拒绝参加评标。开标时，投标人携带原件备查。

在使用此方法时应注意，若某标书的总分不低，但某一项得分低于该项预定及格分时，也应充分考虑授标给该投标人后，实施过程中可能的风险。

5. 低标价法

低标价法是在通过严格的资格预审和其他评标内容的要求都合格的条件下，评标只按投标报价来定标的一种方法。世界银行贷款项目多采用此种评标方法。低标价法主要有以下两种方式：

（1）将所有投标人的报价依次排列，从中取出 3 ~ 4 个最低报价，然后对这 3 ~ 4 个最低报价的投标人进行其他方面的综合比较，择优定标。实质上就是低中取优。

（2）"A + B 值"评标法，即以低于标底一定百分数以内的报价的算术平均值为 A，以标底或评标小组确定的更合理的标价为 B，然后以 "A + B" 的平均值为评标标准价，选出低于或高于这个标准价的某个百分数的报价的投标者进行综合分析，择优定标。

6. 费率费用评标法

费率费用评标法适用于施工图未出齐或者仅有扩大初步设计图纸，工程量难以确定又急于开工的工程或技术复杂的工程。投标单位的费率、费用报价，作为投标报价部分得分，经过对投标标书的技术部分评标计分后，两部分得分合计最高者为中标单位。

此法中费率是指国家费用定额规定费率的利润、现场经费和间接费。费用是指国家费用定额规定的 "有关费用" 及由于施工方案不同产生造价差异较大、定额项目无法确定、受市场价格影响变化较大的项目费用等。

费率、费用标底应当经招标投标管理机构审定，并在招标文件中明确费率、费用的计算原则和范围。

四、评标程序

评标程序见图 4-1。

组成评标委员会 → 评标准备 → 初步评审 → 详细评审 → 评标报告 → 推荐中标候选人

图 4-1　评标程序

（一）评标准备与初步评审

1. 评标委员会成员应当编制供评标使用的相应表格，认真研究招标文件，至少应了解和熟悉以下内容：

①招标的目标；

②招标项目的范围和性质；

③招标文件中规定的主要技术要求、标准和商务条款；

④招标文件规定的评标标准、评标方法和在评标过程中应考虑的相关因素。

2. 招标人或者其委托的招标代理机构应当向评标委员会提供评标所需的重要信息和数据。招标人设有标底的，标底应当保密，并在评标时作为参考。

3. 评标委员会应当根据招标文件规定的评标标准和方法，对投标文件进行系统的评审和比较。招标文件中没有规定的标准和方法不得作为评标的依据。

招标文件中规定的评标标准和评标方法应当合理，不得含有倾向或者排斥潜在投标人的内容，不得妨碍或者限制投标人之间的竞争。

4. 评标委员会应当按照投标报价的高低或者招标文件规定的其他方法对投标文件排序。以多种货币报价的，应当按照中国银行在开标日公布的汇率中间价换算成人民币。

招标文件应当对汇率标准和汇率风险作出规定。未作规定的，汇率风险由招标人承担。

5. 评标委员会可以书面方式要求投标人对投标文件中含义不明确、对同类问题表述不一致或者有明显文字和计算错误的内容作必要的澄清、说明或者纠正。澄清、说明或者补正应以书面方式进行，并不得超出投标文件的范围或者改变投标文件的实质性内容。

投标文件中的大写金额和小写金额不一致的，以大写金额为准；总价金额与单价金额不一致的，以单价金额为准，但单价金额小数点有明显错误的除外；对不同文字文本投标文件的解释发生异议的，以主导语言文本为准。

6. 在评标过程中，评标委员会发现投标人以他人的名义投标、串通投标、以行贿手段谋取中标或者以其他弄虚作假方式投标的，该投标人的投标应作废标处理。

7. 在评标过程中，评标委员会发现投标人的报价明显低于其他投标报价或者在设有标底时明显低于标底，使得其投标报价可能低于其个别成本的，应当要求该投标人作出书面说明并提供相关证明材料。投标人不能合理说明或者不能提供相关证明材料的，由评标委员会认定该投标人以低于成本报价竞标，其投标应作废标处理。

8. 投标人资格条件不符合国家有关规定和招标文件要求的，或者拒不按照要求对投标文件进行澄清、说明或者补正的，评标委员会可以否决其投标。

9. 评标委员会应当审查每一投标文件是否对招标文件提出的所有实质性要求和条件作出响应。未能在实质上响应的投标，应作为废标处理。

10. 评标委员会应当根据招标文件，审查并逐项列出投标文件的全部投标偏差。

投标偏差分为重大偏差和细微偏差。

下列情况属于重大偏差：

（1）没有按照招标文件要求提供投标担保或者所提供的投标担保有瑕疵；

（2）投标文件没有投标人授权代表签字和加盖公章；

（3）投标文件载明的招标项目完成期限超过招标文件规定的期限；

（4）明显不符合技术规格、技术标准的要求；

（5）投标文件载明的货物包装方式、检验标准和方法等不符合招标文件的要求；

（6）投标文件附有招标人不能接受的条件；

（7）不符合招标文件中规定的其他实质性要求。

投标文件有上述情形之一的，为未能对招标文件作出实质性响应，作废标处理。招标文件对重大偏差另有规定的，从其规定。

细微偏差是指投标文件在实质上响应招标文件要求，但在个别地方存在漏项或者提供了不完整的技术信息和数据等情况，并且补正这些遗漏或者不完整不会对其他投标人造成不公平的结果。

细微偏差不影响投标文件的有效性。属于存在细微偏差的投标书，评标委员会可以要求投标人在评标结束前予以澄清、说明或者补正且应以书面方式进行，但不得超出投标文件的范围或者改变投标文件的实质性内容。投标文件中的大写金额和小写金额不一致的，以大写金额为准。总价金额与单价金额不一致的，以单价金额为准，但单价金额小数点有明显错误的除外。

评标委员会应当书面要求存在细微偏差的投标人在评标结束前予以补正。拒不补正的，评标委员会在详细评审时可以对细微偏差作不利于该投标人的量化，量化标准应当在招标文件中规定。

11. 评标委员会根据规定否决不合格投标或者界定为废标后，因有效投标不足 3 个使得投标明显缺乏竞争的，评标委员会可以否决全部投标。投标人少于 3 个或者所有投标被否决的，招标人应当依法重新招标。

（二）详细评审

经初步评审合格的投标文件，评标委员会应当根据招标文件确定的评标标准和方法，对其技术部分和商务部分作进一步评审、比较。

1. 评标方法

包括经评审的合理最低投标价法、综合评估法或者法律、行政法规允许的其他评标方法。

2. 经评审的合理最低投标价法

（1）经评审的合理最低投标价法一般适用于具有通用技术、性能标准或者招标人对其技术、性能没有特殊要求的招标项目。

（2）根据经评审的合理最低投标价法，能够满足招标文件的实质性要求，并且经评审的最低投标价（但应高于企业的个别成本）的投标，应当推荐为中标候选人。

（3）采用经评审的合理最低投标价法的，评标委员会应当根据招标文件中规定评标价格调整方法，对所有投标人的投标报价以及投标文件的商务部分作必要的价格调整。

采用经评审的最低投标价法的，中标人的投标应当符合招标文件规定的技术要求和标准，但评标委员会无需对投标文件的技术部分进行价格折算。

（4）根据评审的合理最低投标价法完成详细评审后，评标委员会应当拟定一份"标价比较表"，连同书面评标报告提交招标人。"标价比较表"应当载明投标人的投标报价、对商务偏差的价格调整和说明以及经评审的最终投标价。

3. 综合评估法

（1）不宜采用经评审的最低投标价法的招标项目，一般应当采取综合评估法进行评审。

（2）根据综合评估法，最大限度地满足招标文件中规定的各项综合评价标准的投标，应当推荐为中标候选人。衡量投标文件是否最大限度地满足招标文件中规定的各项评价标准，可以采取折算为货币的方法、打分的方法或者其他方法。需量化的因素及其权重应当在招标文件中明确规定。

（3）评标委员会对各个评审因素进行量化时，应当将量化指标建立在同一基础或者同一标准上，使各投标文件具有可比性。

对技术部分和商务部分进行量化后，评标委员会应当对这两部分的量化结果进行加权，计算出每一投标的综合评估价或者综合评估分。

（4）根据综合评估法完成评标后，评标委员会应当拟定一份"综合评估比较表"，连同书面评标报告提交招标人。"综合评估比较表"应当载明投标人的投标报价、所作的任何修正、对商务偏差的调整、对技术偏差的调整、对各评审因素的评估以及对每一投标的最终评审结果。

（三）评标报告

评标报告是评标委员会评标结束后提交给招标人的一件重要文件。在评标报告中，评标委员会不仅要推荐中标候选人，而且要说明这种推荐的具体理由。评标报告作为招标人决标的重要依据，一般应包括以下内容：

1. 基本情况和数据表；

2. 评标委员会成员名单；

3. 开标记录；

4. 符合要求的投标一览表；

5. 废标情况说明；

6. 评标标准、评标方法或者评标因素一览表；

7. 经评审的价格或者评分比较一览表；

8. 经评审的投标人排序；

9. 推荐的中标候选人名单与签订合同前要处理的事宜；

10. 澄清、说明、补正事项纪要。

评标报告由评标委员会全体成员签字。对评标结论持有异议的评标委员会成员可以以书面方式阐述其不同意见和理由。评标委员会成员拒绝在评标报告上签字且不陈述其不同意见和理由的，视为同意评标结论。评标委员会应当对此作出书面说明并记录在案。

向招标人提交书面评标报告后，评标委员会即告解散。评标过程中使用的文件、表格以及其他资料应当及时归还招标人。

评标报告的参考格式见表4-2。

表4-2　××工程评标报告

建设单位：					建设地址：				
建筑面积：　　　m²					开标日期：　　年　　月　　日				
序号	投标单位	总造价（元）	总工期（日历天）	计划开工日期	计划竣工日期	工程质量标准	三材用量及单价		
							钢材（t/元）	水泥（t/元）	木材（m³/元）
1									
2									
3									
4									
5									
6									
7									
8									
9									
10									
核定标底									
评定中标单位：					评标日期：　　年　　月　　日				
评标情况及评定中标理由：									
							评标小组代表（签名）		
招标单位（印）　　　法定代表人（签名）　　　上级主管部门（印）　　　招标投标管理部门（印）									

五、评标的具体工作

评标阶段的主要工作有投标文件的符合性鉴定、技术标评审、商务标评审、综合评审、投标文件的澄清、答辩、资格后审等。

(一) 投标文件的符合性鉴定

所谓符合性鉴定是检查投标文件是否实质上响应招标文件的要求，实质上响应的含义是其投标文件应该与招标文件的所有条款、条件规定相符，无显著差异或保留。符合性鉴定一般包括下列内容。

1. 投标文件的有效性

(1) 投标人以及联合体形式投标的所有成员是否已通过资格预审，获得投标资格；

(2) 投标文件中是否提交了承包人的法人资格证书及投标负责人的授权委托证书；如果是联合体，是否提交了合格的联合体协议书以及投标负责人的授权委托证书；

(3) 投标保证的格式、内容、金额、有效期、开具单位是否符合招标文件要求；

(4) 投标文件是否按规定进行了有效的签署等等。

2. 投标文件的完整性

投标文件中是否包括招标文件规定应递交的全部文件，如标价的工程量清单、报价汇总表、施工进度计划、施工方案、施工人员和施工机械设备的配备等，以及应该提供的必要的支持文件和资料。

3. 与招标文件的一致性

(1) 凡是招标文件中要求投标人填写的空白栏目是否全都填写，作出明确的回答，如投标书及其附录是否完全按要求填写。

(2) 对于招标文件的任何条款、数据或说明是否有任何修改、保留和附加条件。

通常符合性鉴定是评标的第一步，如果投标文件实质上不响应招标文件的要求，将被列为废标予以拒绝，并不允许投标人通过修正或撤销其不符合要求的差异或保留，使之成为具有响应性投标。

(二) 技术标评审

技术标评审的目的是确认和比较投标人完成本工程的技术能力，以及他们的施工方案的可靠性。技术标评审的主要内容如下。

1. 施工方案的可行性

对各类分部分项工程的施工方法，施工人员和施工机械设备的配备、施工现场的布置和临时设施的安排、施工顺序及其相互衔接等方面的评审，特别是对该项目的关键工序的施工方法进行可行性论证，应审查其技术的最难点或先进性和可靠性。

2. 施工进度计划的可靠性

审查施工进度计划是否满足对竣工时间的要求，并且是否科学合理、切实可行。同时还要审查保证施工进度计划的措施，例如施工机具、劳务的安排是否合理和可能等。

3. 施工质量保证

审查投标文件中提出的质量控制和管理措施，包括质量管理人员的配备、质量检验仪器的配置和质量管理制度。

4. 工程材料和机器设备供应的技术性能符合设计技术要求

审查投标文件中关于主要材料和设备的样本、型号、规格和制造厂家名称、地址等，判断其技术性能是否达到设计标准。

5. 分包商的技术能力和施工经验

如果投标人拟在中标后将中标项目的部分工作分包给他人完成，应当在投标文件中载明。应审查拟分包的工作必须是非主体、非关键性工作；审查分包人应当具备的资格条件，完成相应工作的能力和经验。

6. 对于投标文件中按照招标文件规定提交的建议方案作出技术评审

如果招标文件中规定可以提交建议方案，则应对投标文件中的建议方案的技术可靠性与优缺点进行评估，并与原招标方案进行对比分析。

（三）商务标评审

商务标评审的目的是从工程成本、财务和经验分析等方面评审投标报价的准确性、合理性、经济效益和风险等，比较投标给不同的投标人产生的不同后果。商务标评审在整个评标工作中通常占有重要地位。商务标评审的主要内容如下：

1. 审查全部报价数据计算的正确性。通过对投标报价数据全面审核，看其是否有计算上或累计上的算术错误，如果有按"投标者须知"中的规定改正和处理。

2. 分析报价构成的合理性。通过分析工程报价中直接费、间接费、利润和其他采用价比例关系、主体工程各专业工程价格的比例关系等，判断报价是否合理。用标底与投标书中的各项工作内容的报价进行对比分析，对差异较大之处找出原因，并评定是否合理。

3. 分析前期工程价格提高的幅度。虽然投标人为了解决前期施工中资金流通的困难，可以采用不平衡报价法投标，但不允许有严重的不平衡报价。过大地提高前期工程的支付要求，会影响到项目的资金筹措计划。

4. 分析标书中所附资金流量表的合理性。它包括审查各阶段的资金需求计划是否与施工进度计划相一致，对预付款的要求是否合理，调价时取用的基价和调价系数的合理性等内容。

（四）综合评审

综合评审是在以上工作的基础上，根据事先拟定好的评标原则、评价指标和评标办法，对筛选出来的若干个具有实质性响应的招标文件综合评价与比较，最后选定中标人。

评标委员会汇总评审结果的程序是：

1. 评标委员会各成员进行评分汇总并计算各有权投标的加权得分；再将评标委员会成员的加权得分，进行最终汇总并计算各有效投标加权得分的平均值；并按照加权得分平均分值由高至低的次序，对各有效投标进行排序；如果出现加权得分平均分值相同的情况，则按照优先排名次序的确定标准进行排序。

2. 评标委员会各成员对本人的评审意见写出说明并签字。

3. 评标委员会各成员对本人评审意见的真实性和准确性负责，不得随意涂改所填内容。

六、评标中的有关事宜

（一）投标人对投标文件的澄清

提交投标截止时间以后，投标文件就不得被补充、修改，这是招标投标的基本规则。但评标时，若发现投标文件的内容有含义不明确、不一致或明显打字（书写）错误或纯属计算上的错误的情形，评标委员会则应通知投标人作出澄清或说明，以确认其正确的内容。对明显打字（书写）错误或纯属计算上错误，评标委员会应允许投标人补正。澄清的要求和投标人的答复均应采取书面的形式。投标人的答复必须经法定代表人或授权代理人签字，作为投标文件的组成部分。

但是，投标人的澄清或说明，仅仅是对上述情形的解释和补正，不得有下列行为：

1. 超出投标文件的范围。如投标文件没有规定的内容，澄清时候加以补充；投标文件规定的是某一特定条件作为某一承诺的前提，但解释为另一条件，等等。

2. 改变或谋求、提议改变投标文件中的实质性内容。所谓改变实质性内容，是指改变投标文件中的报价、技术规格（参数）、主要合同条款等内容。这种实质性内容的改变，目的就是为了使不符合要求的投标成为符合要求的投标，或者使竞争力较差的投标变成竞争力较强的投标。例如，在挖掘机招标中，招标文件规定发动机冷却方式为水冷，某一投标人用风冷发动机投标，但在澄清时，该投标人坚持说是水冷发动机，这就改变了实质性内容。

如果需要澄清的投标文件较多，则可以召开澄清会。澄清会应当在招标投标管理机构监督下进行。在澄清会上由评标委员会分别单独对投标人进行质询，先以口头形式询问并解答，随后在规定的时间内投标人以书面形式予以确认，做出正式书面答复。

另外，投标人借澄清的机会提出的任何修正声明或者附加优惠条件不得作为评标定标的依据。投标人也不得借澄清机会提出招标文件内容之外的附加要求。

（二）禁止招标人与投标人进行实质性内容的谈判

《招标投标法》规定："在确定中标人前，招标人不得与投标人就投标价格、投标方案等实质性内容进行谈判。"其目的是为了防止出现所谓的"拍卖"方式，即招标人利用一个投标人提交的投标对另一个投标人施加压力，迫其降低报价或使其他方面变为更有利的投标。许多投标人都避免参加采用这种方法的投标，即使参加，他们也会在谈判过程中提高其投标价或把不利合同条款变为有利合同条款等。

虽然禁止招标人与投标人进行实质性谈判，但是，在招标人确定中标人前，往往需要就某些非实质性问题，如具体交付工具的安排，调试、安装人员的确定，某一技术措施的细微调整等等，与投标人交换看法并进行澄清，则不在禁止之列。另外，即使是在中标人确定后，招标人与中标人也不得进行实质性内容的谈判，以改变招标文件和投标文件中规定的有关实质性内容。

（三）评标无效

评标过程有下列情况之一的，评标无效，应当依法重新进行评标或者重新进行招标，有关行政监督部门可处 3 万元以下的罚款：

1. 使用招标文件没有确定的评标标准和方法的；

2. 评标标准和方法含有倾向或者排斥投标人的内容，妨碍或者限制投标人之间竞争，且影响评标结果的；

3. 应当回避担任评标委员会成员的人参与评标的；

4. 评标委员会的组建及人员组成不符合法定要求的；

5. 评标委员会及其成员在评标过程中有违法行为，且影响评标结果的。

（四）废除所有投标及重新招标

通常情况下，招标文件中规定招标人可以废除所有的投标，但必须经评标委员会评审。评标委员会经评审，认为所有投标都不符合招标文件要求的，可以否决所有投标。

废除所有的投标一般有两种情况：一是缺乏有效的竞争，如投标不满 3 家；二是大部分或全部投标文件不被接受。

《条例》第 51 条规定有下列情形之一的，评标委员会应当否决其投标：

1. 投标文件未经投标单位盖章和单位负责人签字；

2. 投标联合体没有提交共同投标协议；

3. 投标人不符合国家或者招标文件规定的资格条件；

4. 同一投标人提交两个以上不同的投标文件或者投标报价，但招标文件要求提交备选投标的除外；

5. 投标报价低于成本或者高于招标文件设定的最高投标限价；

6. 投标文件没有对招标文件的实质性要求和条件作出响应；

7. 投标人有串通投标、弄虚作假、行贿等违法行为。

判断投标是否符合招标文件的要求，有两个标准：一是只有符合招标文件中全部条款、条件和规定的投标才是符合要求的投标；二是投标文件有些小偏离，但并没有从根本上或实质上偏离招标文件载明的特点、条款、条件和规定，即对招标文件提出的实质性要求和条件作出了响应，仍可被看做是符合要求的投标。这两个标准，招标人在招标文件中应事先列明采用哪一个，并且对偏离尽量数量化，以便评标时加以考虑。

依法必须进行招标的项目的所有投标被否决的，招标人应当依照《招标投标法》重新进行招标。如果废标是因为缺乏竞争性，应考虑扩大招标广告的范围。如果废标是因为大部分或全部投标不符合招标文件的要求，则可以邀请原来通过资格预审的投标人提交新的投标文件。这里需要注意的是，招标人不得单纯为了获得最低价而废标。

（五）评标管理机构

县级以上（含县级）人民政府建设行政主管部门是建设工程招标评标与定标管理的主管部门，所属招标投标管理机构为具体管理机构。各级招标投标管理机构在招标评标、定标管理工作中的主要职责是：

1. 审定招标评标、定标组织机构，审定招标文件、评标定标办法及细则；

2. 审定标底；

3. 监督开标、评标、定标过程；

4. 裁决评标、定标分歧；

5. 鉴证中标结果；

6. 处罚违反评标、定标规定的行为。

💡 思考与练习

1. 何谓评标？

2. 评标的原则有哪些？

3. 何谓评标组织机构？

4. 评标委员会成员的职责有哪些？

5. 标委员会成员评标的依据主要有哪几项？

6. 评标的标准有哪些？

7. 评标过程中招标人和投标人进行谈判、协商的内容有何限制？

8. 评标的方法有哪些？

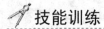 **技能训练**

根据指导教师提供的投标文件，组成评标委员会对投标文件进行评标，写出评标报告。

任务三 建设工程项目中标

任务引入

建设工程评标工作结束后，招标工作进入定标阶段，也就是中标阶段。那么招标人根据什么标准选择中标人？招标人又要做哪些工作呢？

任务分析

评标委员会按评标办法对投标书进行评审后，提出评标报告，推荐中标候选人，并标明排列顺序。招标人应当接受评标委员会推荐的中标候选人，最后由招标人确定中标人。我们要明确中标的条件与过程，了解中标通知书的书写格式及发布时间，了解中标无效的几种情形及法律后果。

知识链接

一、评标中标期限

所谓中标亦称决标、定标，是指招标人根据评标委员会的评标报告，在推荐的中标候选人（一般为1~3个）中最后确定中标人；在某些情况下，招标人也可以直接授权评标委员会直接确定中标人。

评标中标期限亦称投标有效期，是指从投标截止之日起到公布中标之日为止的一段时间。有效期的长短根据工程的大小、繁简而定。按照国际惯例，一般为90~120天。

我国在施工招标管理办法中规定为30天，特殊情况可适当延长。投标有效期应当在招标文件中载明。投标有效期是要保证评标委员会和招标人有足够的时间对全部投标进行比较和评价。如世界银行贷款项目需考虑报世界银行审查和报送上级部门批准的时间。

投标有效期一般不应该延长，但在某些特殊情况下，招标人要求延长投标有效期是可以的，但必须经招标投标管理机构批准和征得全体投标人的同意。投标人有权拒绝延长有效期，业主不能因此而没收其投标保证金。同意延长投标有效期的投标人不得要求在此期间修改其投标书，而且招标人必须同时相应延长投标保证金的有效期，对于投标保证金的各有关规定在延长期内同样有效。

二、中标条件

《招标投标法》规定："中标人的投标应当符合下列条件之一：（一）能够最大限度地满足招标文件中规定的各项综合评价标准；（二）能够满足招标文件的实质性要求，并且经评审的投标价格最低；但是投标价格低于成本的除外。"由此规定可以看出中标的条件有两种，即获得最佳综合评价的投标中标，最低投标价格中标。

（一）获得最佳综合评价的投标中标

所谓综合评价，就是按照价格标准和非价格标准对投标文件进行总体评估和比较。采用这种综合评标法时，一般将价格以外的有关因素折成货币或给予相应的加权计算，以确定最低评标价（也称估值最低的投标）或最佳的投标。被评为最低评标价或最佳的投标，即可认定为该投标获得最佳综合评价。所以，投标价格最低的不一定中标。采用这种评标方法时，应尽量避免在招标文件中只笼统地列出价格以外的其他有关标准。如对如何折成货币或给予相应的加权计算没有规定下来，而在评标时才制定出来具体的评标计算因素及其量化计算方法，这样做会使评标带有明显有利于某一投标的倾向性，违背了公平、公正的原则。

（二）最低投标价格中标

所谓最低投标价格中标，就是投标报价最低的中标，但前提条件是该投标符合招标文件的实质性要求。如果投标文件不符合招标文件的要求而被招标人所拒绝，则投标价格再低，也不在考虑之列。

在采用这种条件选择中标人时，必须注意的是，投标价不得低于成本。这里所指的成本，是招标人和投标人自己的个别成本，而不是社会平均成本。由于投标人技术和管理等方面的原因，其个别成本有可能低于社会平均成本。投标人以低于社会平均成本，但不低于其个别成本的价格投标，应该受到保护和鼓励。如果投标人的价格低于招标人的个别成本或自己的个别成本，则意味着投标人取得合同后，可能为了节省开支而想方设法偷工减料、粗制滥造，给招标人造成不可挽回的损失。如果投标人以排挤其他竞争对手为目的，而以低于个别成本的价格投标，则构成低价倾销的不正当竞争行为，违反我国《价格法》和《反不正当竞争》的有关规定。因此，投标人投标价格低于个别成本的，不得中标。

一般情况下，招标人采购简单商品、半成品、设备、原材料，以及其他性能、质量相同或容易进行比较的货物时，价格可以作为评标时考虑的唯一因素，这种情况下，最低投标价中标的评标方法就可以作为选择中标人的尺度。因此，在这种情况下，合同一般授予投标价格最低的投标人。但是，如果是较复杂的项目，或者招标人招标主要考虑的不是价格而是投标人的个人技术和专门知识及能力，那么，最低投标价中标的原则就难以适用，而必须采用综合评价方法，评选出最佳的投标，这样招标人的目的才能实现。

三、中标过程

（一）确定中标人

评标委员会按评标办法对投标书进行评审后，提出评标报告，推荐中标候选人（一般为1~3个），并标明排列顺序。招标人应当接受评标委员会推荐的中标候选人，最后由招标人确定中标人，不得在评标委员会推荐的中标候选人之外确定中标人；在某些情况下，招标人也可以直接授权评标委员会直接确定中标人。

依法必须进行招标的项目，招标人应当自收到评标报告之日起3日内公示中标候选人，公示期不得少于3日。招标人一般应当在15日内确定中标人，但最迟应当在投标有效期结束日30个工作日前确定。

中标人确定后，由招标人向中标人发出中标通知书，并同时将中标结果通知所有未中标的投标人（即发出中标结果通知书）；招标人与中标人应当自中标通知书发出之日起30天内，依照《招标投标法》和《条例》的规定签订书面合同，合同的标的、价款、质量、履行期限等主要条款应当与招标文件和中标人的投标文件的内容一致，招标人和中标人不得再行订立背离合同实质性内容的其他协议，招标文件要求中标人提交履约保证金的，中标人应当按照招标文件的要求提交。履约保证金不得超过中标合同金额的10%。

招标人与中标人签订书面合同后5个工作日内，应向中标人和未中标的投标人退还投标保证金及银行同期存款利息。另外招标人还要在发出中标通知书之日起15日内向招标投标管理机构提交书面报告备案，至此招标即告圆满成功。

中标通知书和中标结果通知书参考格式见附式18和附式19。

附式18

中标通知书

_____（中标人名称）：

你方于_____（投标日期）所递交的_____（项目名称）_____标段施工投标文件已被我方接受，被确定为中标人。

中标价：_____元。

工　期：_____日历天。

工程质量：符合_____标准。

项目经理：_____（姓名）。

请你方在接到本通知书后的_____日内到_____（指定地点）与我方签订施工承包合同，在此之前按招标文件第二章[注]"投标人须知"第7.3款规定向我方提交履约担保。

特此通知。

招　标　人：_____（盖单位章）

法定代表人：_____（签字）

_____年___月___日

注：指《房屋建筑和市政工程标准施工招标文件》第二章。

附式 19

中标结果通知书

_____（未中标人名称）：

我方已接受 _____（中标人名称）于 _____（投标日期）所递交的 _____（项目名称）_____ 标段施工投标文件，确定 _____（中标人名称）为中标人。

感谢你单位对我方工作的大力支持！

招 标 人：_____（盖单位章）

法定代表人：_____（签字）

_____ 年 ___ 月 ___ 日

（二）投标人投诉与处理

招标人全部或部分使用非中标单位投标文件中的技术成果和技术方案时，需征得其书面同意，并给予一定的经济补偿。

如果投标人或者其他利害关系人对依法必须进行招标的项目的评标结果有异议，应当在中标候选人公示期间提出。招标人应当自收到异议之日起 3 日内作出答复；作出答复前，应当暂停招标投标活动。

投标人或者其他利害关系人认为招标投标活动不符合法律、行政法规规定的，可以自知道或者应当知道之日起 10 日内向有关行政监督部门投诉。投诉应当有明确的请求和必要的证明材料。

投标人针对《条例》规定的对招标文件有异议的、对开标有异议的、对评标结果有异议的事项投诉的，应当先向招标人提出异议，异议答复期间不计算在规定的期限内。

投诉人就同一事项向两个以上有权受理的行政监督部门投诉的，由最先收到投诉的行政监督部门负责处理。

行政监督部门应当自收到投诉之日起 3 个工作日内决定是否受理投诉，并自受理投诉之日起 30 个工作日内作出书面处理决定；需要检验、检测、鉴定、专家评审的，所需时间不计算在内。

投诉人捏造事实、伪造材料或者以非法手段取得证明材料进行投诉的，行政监督部门应当予以驳回。

行政监督部门处理投诉，有权查阅、复制有关文件、资料，调查有关情况，相关单位和人员应当予以配合。必要时，行政监督部门可以责令暂停招标投标活动。

行政监督部门的工作人员对监督检查过程中知悉的国家秘密、商业秘密，应当依法予以保密。

（三）招标投标结果的备案制度

招标投标结果的备案制度，是指依法必须进行招标的项目，招标人应当自确定中标人之日起 15 日内，向有关行政监督部门提交招标投标情况的书面报告。

书面报告至少应包括下列内容：

1. 招标范围；

2. 招标方式和发布招标公告的媒介；

3. 招标文件中投标人须知、技术条款、评标标准和方法、合同主要条款等内容；

4. 评标委员会的组成和评标报告；

5. 中标结果。

由招标人向国家有关行政监督部门提交招标投标情况的书面报告，是为了有效监督这些项目的招标投标情况，及时发现其中可能存在的问题。值得注意的是，招标人向行政监督部门提交书面报告备案，并不是说合法的中标结果和合同必须经行政部门审查批准后才能生效，但是法律另有规定的除外。也就是说，中标结果上报只是备案，而不是接受审查批准。

四、中标通知书

（一）中标通知书的性质

中标人确定后，招标人应迅速将中标结果通知中标人及所有未中标的投标人。我国招标投标管理办法规定为 7 日内发出通知，有的国家和地区规定为 10 日。中标通知书就是向中标的投标人发出的告知其中标的书面通知文件。

《中华人民共和国合同法》（以下简称《合同法》）规定，订立合同采取要约和承诺的方式。要约是希望和他人订立合同的意思表示，该意思表示内容具体，且表明经受要约人承诺，要约人即受该意思表示的约束；承诺是受要约人同意要约的意思表示，应当以通知的方式作出，但根据交易习惯或者要约表明可以通过行为作出承诺的除外。据此可以认为，投标人提交的投标属于一种要约，招标人的中标通知书则为对投标人要约的承诺。

（二）中标通知书的法律效力

中标通知书作为《招标投标法》规定的承诺行为，与《合同法》规定的一般性的承诺不同，它的生效不能采用"到达主义"，而应采取"发信主义"，即中标通知书发出时生效，对中标人和招标人产生约束力。理由是，按照"到达主义"的要求，即使中标通知书及时发出，也可能在传递过程中并非因招标人的过错而出现延误、丢失或错投，致使中标人未能在有效期内收到该通知，招标人则丧失了对中标人的约束权。而按照"发信主义"的要求，招标人的上述权利可以得到保护。

《招标投标法》规定，中标通知书发出后，招标人改变中标结果的，或者中标人放弃中标项目的，应当依法承担法律责任。《合同法》规定，承诺生效时合同成立。因此，中标通知书发出时，即发生承诺生效、合同成立的法律效力。投标人改变中标结果，变更中标人，实质上是一种单方面撕毁合同的行为；投标人放弃中标项目的，则是一种不履行合同的行为。两种行为都属于违约行为，所以应当承担违约责任。

五、中标无效

（一）中标无效的含义

所谓中标无效，就是招标人确定的中标失去了法律约束力。也就是说依照违法行为获得中标的投标人丧失了与招标人签订合同的资格，招标人不再负有与中标人签订合同的义务；在已经与招标人签订了合同的情况下，所签合同无效。中标无效为自始无效。

（二）导致中标无效的情况

《招标投标法》规定中标无效主要有以下 6 种情况：

1. 招标代理机构违反本法规定，泄露应当保密的与招标投标活动有关的情况和资料，或者与招标人、投标人串通损害国家利益、社会公共利益或者他人合法权益的行为影响中标结果的，中标无效。

2. 招标人向他人透露已获取招标文件的潜在投标人的名称、数量或者可能影响公平竞争的有关招标投标的其他情况，或者泄露标底的行为影响中标结果的，中标无效。

3. 投标人相互串通投标，投标人与招标人串通投标的，投标人以向招标人或者评标委员会行贿的手段谋取中标的，中标无效。

（1）《工程建设项目施工招标投标办法》规定，下列行为均属投标人串通投标报价：

①投标人之间相互约定抬高或压低投标报价；

②投标人之间相互约定，在招标项目中分别以高、中、低价位报价；

③投标人之间先进行内部竞价，内定中标人，然后再参加投标；

④投标人之间其他串通投标报价的行为。

（2）下列行为均属招标人与投标人串通投标：

①招标人在开标前开启招标文件，并将投标情况告知其他投标人，或者协助投标人撤换投标文件，更改报价；

②招标人向投标人泄露标底；

③招标人与投标人商定，投标时压低或抬高标价，中标后再给投标人或招标人额外补偿；

④招标人预先内定中标人；

⑤其他串通投标行为。

4. 投标人以他人名义投标或者以其他方式弄虚作假，骗取中标的，中标无效。以他人名义投标，指投标人挂靠其他施工单位，或从其他单位通过转让或租借的方式获取资格或资质证书，或者由其他单位及其法定代表人在自己编制的投标文件上加盖印章和签字等行为。

5. 依法必须进行招标的项目，招标人违反本法规定，与投标人就投标价格、投标方案等实质性内容进行谈判的行为影响中标结果的，中标无效。

6. 招标人在评标委员会依法推荐的中标候选人以外确定中标人的，依法必须进行招标的项目在所有投标被评标委员会否决后自行确定中标人的，中标无效。

从以上 6 种情况看，导致中标无效的情况可分为两大类：一类为违法行为直接导致中际无效，如 3.4.6 的规定；另一类为只有在违法行为影响了中标结果时，中标才无效，如 1.2.5 的规定。

（三）串通投标、弄虚作假投标的处罚规定

1. 串通投标的处罚规定

投标人相互串通投标或者与招标人串通投标的，投标人向招标人或者评标委员会成员行贿谋取中标的，中标无效；构成犯罪的，依法追究刑事责任；尚不构成犯罪的，依照《招标投标法》第 53 条的规定处罚。投标人未中标的，对单位的罚款金额按照招标项目合同金额依照招标投标法规定的比例计算。

投标人有下列行为之一的，属于《招标投标法》第 53 条规定的情节严重行为，由有关行政监督部门取消其 1 年至 2 年内参加依法必须进行招标的项目的投标资格：

（1）以行贿谋取中标；

（2）3 年内 2 次以上串通投标；

（3）串通投标行为损害招标人、其他投标人或者国家、集体、公民的合法利益，造成直接经济损失 30 万元以上；

（4）其他串通投标情节严重的行为。

投标人自上述第（2）款规定的处罚执行期限届满之日起 3 年内又有该款所列违法行为之一的，或者串通投标、以行贿谋取中标情节特别严重的，由工商行政管理机关吊销营业执照。

法律、行政法规对串通投标报价行为的处罚另有规定的，从其规定。

2. 弄虚作假投标的处罚规定

投标人以他人名义投标或者以其他方式弄虚作假骗取中标的，中标无效；构成犯罪的，依法追究刑事责任；尚不构成犯罪的，依照《招标投标法》第 54 条的规定处罚。依法必须进行招标的项目的投标人未中标的，对单位的罚款金额按照招标项目合同金额依照招标投标法规定的比例计算。

投标人有下列行为之一的，属于《招标投标法》第 54 条规定的情节严重行为，由有关行政监督部门取消其 1 年至 3 年内参加依法必须进行招标的项目的投标资格：

（1）伪造、变造资格、资质证书或者其他许可证件骗取中标；

（2）3 年内 2 次以上使用他人名义投标；

（3）弄虚作假骗取中标给招标人造成直接经济损失 30 万元以上；

（4）其他弄虚作假骗取中标情节严重的行为。

投标人自上述第（2）款规定的处罚执行期限届满之日起 3 年内又有该款所列违法行为之一的，或者弄虚作假骗取中标情节特别严重的，由工商行政管理机关吊销营业执照。

（四）中标无效的法律后果

中标无效的法律后果主要分两种情况，即没有签订合同时中标无效的法律后果和签订合同中标无效的法律后果。

1. 尚未签订合同中标无效的法律后果

在招标人尚未与中标人签订书面合同的情况下，招标人发出的中标通知书失去了法律约束力，招标人没有与中标人签订合同的义务，中标人失去了与招标人签订合同的权利。其中标无效的法律后果有以下两种：

（1）招标人依照法律规定的中标条件从其余投标人中重新确定中标人；

（2）没有符合规定条件的中标人的，招标人应依法重新进行招标。

2. 签订合同中标无效的法律后果

招标人与投标人之间已经签订合同的，所签合同无效。根据《民法通则》和《合同法》的规定，合同无效产生以下后果：

（1）恢复原状。根据《合同法》的规定，无效的合同自始没有法律约束力。因该合同取得的财产，应当予以返还；不能返还或者没有必要返还的，应当折价补偿。

（2）赔偿损失。有过错的一方应当赔偿对方因此所受的损失。如果招标人、投标人双方都有过错的，应当各自承担相应的责任。另外根据《民法通则》的规定，招标人知道招标代理机构从事违法行为而不作反对表示的，招标人应当与招标代理机构一起对第三人负连带责任。

（3）重新确定中标人或重新招标。

💡 思考与练习

1. 确定中标人应满足哪些条件？
2. 如何起算投标有效期？
3. 依法必须进行招标的项目，中标候选人公示期如何规定？
4. 什么是中标无效？导致中标无效的原因有哪些？
5. 中标无效的法律后果有哪些？

💻 项目实训

模拟工程项目施工开标、评标与中标组织工作过程

1. 活动目的

开标、评标与中标组织工作过程是工程项目施工招标过程中的重要过程，了解施工开标、评标与中标组织工作过程是学习本门课程需要掌握的基本技能之一。通过本实训活动，进一步提高学生对开标、评标与中标组织工作过程的基本认识，提高学生编制招标文件的能力。

2. 实训准备

（1）实际在建工程或已完工程完整施工图及全套项目批准文件。
（2）前期各组完成的招标文件和投标文件。
（3）有条件的可提供实训室和可利用的软件。

3. 实训内容

根据招标文件的要求开展开标、评标与中标组织工作。

4. 步骤

（1）学生分成若干招标组织机构，明确各自分工，团队协作完成实训任务。
（2）按照公开招标程序要求，进行开标、评标与中标组织工作过程模拟。
（3）填写开标、评标与中标工作的专用表格。

学习情境五　建设工程施工合同管理

学习目标

了解合同法律法规基本知识，掌握施工合同的谈判、订立和履行，了解《合同示范文本》的制订原则和基本内容。了解工程承包风险及管理，掌握索赔的基本内容及索赔的技巧。

技能目标

具有正确识读建筑法律法规的能力；能根据建筑工程施工合同原则，对施工合同的谈判、签订、违约责任、合同争议进行解决。初步具有从事建筑工程管理，合同签订、施工索赔的能力；掌握索赔的技能，依据实际编写施工索赔报告。

任务一　合同法律法规基本知识认知

任务引入

《合同法》的基本原则是合同当事人在合同活动中应当遵守的基本准则，合同的内容是当事人之间就设立、变更或终止权利义务关系意思表示的一致。合同当事人之间如何订立合同？如何判别有效合同与无效合同？合同履行、合同变更与转让、合同终止有哪些规定？合同违约应承担哪些责任？合同争议如何解决？

任务分析

合同是合同当事人之间设立、变更、终止民事权利义务关系的协议。合同当事人之间订立合同、合同履行、合同变更与转让、合同终止、合同违约责任、合同争议解决方法都要遵循合同法律法规的规定。

知识链接

一、《合同法》一般规定

（一）合同的概念

《合同法》第 2 条规定："本法所称合同是平等主体的自然人、法人、其他组织之间设立、变更、终止民事权利义务关系的协议。""婚姻、收养、监护等有关身份关系的协议，适用其他法律的规定。"

《合同法》所规定的合同，具有以下法律特征：

1. 合同由双方当事人的法律行为而引起；

2. 合同因双方当事人的意思表示一致而成立；

3. 合同的债权债务必须相互对应；

4. 合同的缔结由当事人的自由意志支配。

《中华人民共和国合同法》由第九届全国人民代表大会第二次会议于1999年3月15日通过，自1999年10月1日起施行。《合同法》共23章428条，分总则、分则、附则三部分。

（二）《合同法》的基本原则

《合同法》的基本原则是合同当事人在合同活动中应当遵守的基本准则，也是人民法院、仲裁机构在审理、仲裁合同纠纷时应当遵循的原则。《合同法》第3条~第8条规定，《合同法》的基本原则。

1. 当事人法律地位平等原则

合同当事人的法律地位平等，一方不得将自己的意志强加给另一方。

2. 合同自愿原则

当事人依法享有自愿订立合同的权利，任何单位和个人不得非法干预。合同自愿原则是《合同法》最重要的基本原则，贯彻于合同订立、履行的全过程之中。

3. 公平原则

当事人应当遵循公平原则确定各方的权利和义务。

4. 诚实信用的原则

当事人行使权利、履行义务应当遵循诚实信用原则。

5. 遵守法律和维护道德原则

当事人订立、履行合同，应当遵守法律、行政法规，尊重社会公德，不得扰乱社会秩序，损害社会公共利益。

6. 合同对当事人具有法律约束力的原则

依法成立的合同，对当事人具有法律约束力。当事人应当按照约定履行自己的义务，不得擅自变更或者解除合同。依法成立的合同，受法律保护。

（三）合同的种类

合同的种类很多，根据合同的法律特征，可以把合同分为以下几类。

1. 诺成性合同与实践性合同

根据合同成立是否以交付标的物为要件，合同可分为诺成性合同与实践性合同。诺成性合同，是指当事人意思表示一致即可成立的合同。例如，买卖合同是典型的诺成性合同，双方当事人就合同的主要条款达成一致协议，合同就成立。凡需实际交付标的物才能成立的合同，为实践性合同。例如借用合同就是实践性合同，只有在出借人将借用物交付借用人时，合同才成立。

区分诺成性合同和实践性合同的法律意义在于：诺成性合同和实践性合同的成立和生效时间不同，诺成性合同自当事各方就合同条款达成一致协议时成立和生效，而实践性合同在一方当事人未交付标的物时，合同不能成立和生效。

2. 要式合同与不要式合同

根据合同的成立是否需要特定的形式，合同可分为要式合同与不要式合同。要式合同是指合同必须采用特定形式的合同。不要式合同没有特别规定，当事人也没有特别约定须用特定形式的合同。

区分要式合同和不要式合同的法律意义在于：如属要式合同，则合同缺乏形式要件就不能成立和生效；而不要式合同，当事人可采用任何形式，合同形式不影响合同的成立和效力。

3. 单务合同与双务合同

根据合同当事人双方权利、义务的分担方式，合同可分为双务合同和单务合同。双务合同是指合同当事人双方相互享有权利，相互负有义务的合同。例如，典型的双务合同买卖合同中，出卖方负有将出卖的财产交付给买受方所有的义务，同时享有请求买受方给付价款的权利；买受方负有向出卖方交付价款的义务，同时享有要求出卖方交付出卖的财产归其所有的权利。单务合同，是指合同当事人一方只负担义务而不享受权利，另一方只享受权利而不负担义务的合同。例如，赠与合同，赠与人只有将赠与物交付受赠人的义务，对受赠人不享有任何权利，而受赠人只享有接受赠与物的权利，对赠与人不承担任何义务。

4. 有偿合同与无偿合同

根据当事人取得权利有无代价，可将合同分为有偿合同和无偿合同。有偿合同是指双方当事人一方须给予他方相应的利益才能取得自己利益的合同。例如，在买卖合同中，买方必须支付价款才能取得货物，卖方必须给付货物才能取得价款，双方都得偿付代价。无偿合同是指一方取得他方利益而自己不给予相应利益付出相应代价的合同，如赠与、借用等。有些合同可以是有偿的，也可以是无偿的，如委托合同、保管合同等。

5. 有名合同与无名合同

根据法律上有无规定一定的名称，合同可分为有名合同和无名合同。有名合同是指法律上已确定了一定名称的合同。我国《合同法》规定的有名合同有买卖合同，供用电、水、气、热力合同，赠与合同，供款合同，租赁合同，融资租赁合同，承揽合同，建设工程合同，运输合同，技术合同，保管合同，仓储合同，委托合同，行纪合同，居间合同等。无名合同是指有名合同以外的、尚未由立法统一确定名称的合同。无名合同如经法律确认或在形成统一的交易习惯后，可以转化为有名合同。

区分有名合同和无名合同的法律意义主要在于，处理这两类合同纠纷所适用的规则不同。对于有名合同，应直接适用有关该类合同的法律规则。对于无名合同纠纷，则应当比照类似的有名合同的规则，或根据《合同法》和《民法》的一般规定和原则进行处理。

6. 主合同与从合同

根据两个合同间的主从关系，合同可分为主合同和从合同。主合同是指不依赖他合同而能独立存在的合同；从合同是指以他合同的存在为存在前提的合同。例如，为担保借款合同而订立抵押合同，借款合同为主合同，抵押合同为从合同。主合同不存在，从合同也不能存在；主合同消灭，从合同也随之消灭。

7. 一时的合同与继续性合同

有的学者以时间因素在合同履行中所处的地位为标准，将合同分为一时的合同与继续性合同。所谓一时的合同指一次给付合同内容就实现的合同。买卖、赠与、承揽等合同都是一时的合同。一时的合同可分为一次给付的合同和分期给付的合同。一次给付的合同是纯粹的一次履行完毕合同内容即实现。如买卖合同中一次给付之后，标的物的所有权转移到买受人处。分期给付的合同是把债务人的给付义务划分为几部分，按月或按年给付。继续性合同是指合同内容不是一次给付即可完结，而是继续地实现的合同。租赁合同、借用合同、保管合同、仓储合同都是继续性的合同。

区分一时的合同与继续性合同的法律意义在于两者的解除效力不同。继续性合同解除后一般无法返还原物，恢复原状，因此其解除不具有溯及既往的效力；而一时的合同，其解除可以有溯及既往的效力。

二、合同的订立

（一）订立合同主体的资格

按照《合同法》规定，自然人、法人和其他组织可以签订合同，成为合同的主体。《合同法》第9条规定："当事人订立合同，应当具有相应的民事权利能力和民事行为能力。""当事人依法可以委托代理人订立合同。"

1. 当事人的民事权利能力

民事权利能力，是指民事主体依法享有民事权利和承担民事义务的资格，民事权利能力是由法律赋予民事主体的。

（1）公民的民事权利能力

《民法通则》第9条规定："公民从出生时起到死亡时止，具有民事权利能力，依法享有民事权利，承担民事义务。"

（2）法人的民事权利能力

《民法通则》第36条第2款规定："法人的民事权利能力和民事行为能力，从法人成立时产生，到法人终止时消灭。"

法人因其性质不同，所以成立时间上也有区别。企业法人以依法领取营业执照之日起成立；事业单位和社会团体法人如需依法办理登记手续，从核准登记之日起成立，不需办理登记手续的，从实际成立之日起成立。法人终止的原因主要有依法被撤销、解散、依法宣告破产等。

（3）其他组织的民事权利能力

其他组织的民事权利能力，与法人相同，始于该组织的成立，终于该组织的终止。

2. 当事人的民事行为能力

民事行为能力，是指民事主体以自己的行为取得民事权利和设定民事义务的资格。

（1）公民的民事行为能力

公民作为订立合同的当事人，既是合同主体又是订约主体。作为订约主体，要求达到相应的年龄，具有相应的精神智力状况，能正确理解其订立合同行为的内容和性质。

按照《民法通则》的规定，18周岁以上的公民是完全民事行为能力人；16周岁以上不满18周岁的公民，以自己的劳动收入为主要生活来源的，视为完全民事行为能力人。完全民事行为能力人可以独立订立合同。10周岁以上的未成年人和不能完全辨认自己行为的精神病人，是限制民事行为能力人，可以订立与其年龄、智力和精神健康状况相适应的合同。与其年龄、智力和精神健康状况不相适应的应当由其法定代理人代理，或征得法定代理人同意。不满10周岁的未成年人和不能辨认自己行为的精神病人是无民事行为能力人，不具有合同行为能力，应由其法定代理人代理。

（2）法人的民事行为能力

法人的民事行为能力与其民事权利能力一致，从法人成立时产生，到法人终止时消灭。法人的民事行为能力由法人机关或者代表来实现，其范围取决于法人核准登记的经营范围。

（3）其他组织的民事行为能力

其他组织的民事行为能力与法人相同。

3. 代订合同

当事人依法可以委托代理人订立合同。委托代理人订立合同，即代订合同，是指当事人委托他人以自己的名义与第三人签订合同，并承担由此产生的法律后果的行为。代订合同具有以下四个特征：

（1）代理人以被代理人的名义进行订立合同的活动。

（2）代理人以被代理人的名义与第三人订立合同。

（3）代理人必须在委托授权的范围内订立合同。当事人委托代理人订立合同的，应当签署授权委托书，载明代理人的姓名或名称、代理事项、代理权限、代理期限等内容，并签名或盖章。

（4）代理人代订的合同由被代理人承担，即由被代理人享有合同中约定的权利，承担合同中约定的义务。

（二）合同的内容

合同的内容是当事人之间就设立、变更或终止权利义务关系意思表示的一致。合同条款是合同内容的表现形式，是合同内容的载体。合同的内容因合同涉及的事项不同而有所不同，由双方当事人在不违反法律的前提下自由约定，《合同法》对合同的内容作了一般性的规定。

1. 当事人的名称或者姓名和住所

名称是指法人或其他组织在登记机关登记的正式称谓；姓名是指公民个人在身份证或户籍登记上的正式称谓。公民以其户籍所在地的居住地为住所，经常居住地与其不一致的，以经常居住地为住所；法人和其他组织以其主要办事机构为住所。

2. 标的

标的是合同的权利和义务所指向的对象。没有标的，合同的权利义务失去所指，合同就不可能成立。合同的标的可以是物、行为、智力成果等。标的为物的，既可以是有形物，也可以是无形物。

3. 数量

数量是指以数字方式和计量单位方式对合同标的进行具体的规定，是衡量标的大小、多少、轻重等的尺度。标的的数量应当确切，选择双方当事人共同接受的计量单位、计量方法。计量单位除国家明文规定的以外，当事人可以自由选择非国家或国际标准计量单位，但应当同时明确其具体含义。在数量条款中，还应当允许规定合理的磅差和尾差。

4. 质量

质量也是度量标的的标准，是指以成分、含量、尺寸、性能、纯度等来表示合同标的内在素质和外观形象的状况。标的质量往往涉及人身和财产的安全问题，所以国家对许多产品等制定了质量标准。当事人在订立合同约定质量时，如果有国家强制性标准或者行业强制性标准时，不得低于国家强制性标准或行业性强制标准；如果没有国家强制性标准或者行业强制性标准的，可以由当事人自由协商确定。

5. 价款或报酬

价款或报酬，是取得标的时以货币形式支付的代价。合同标的为物或智力成果时，取得标的所应支付的代价为价款；合同标的为行为时，取得标的所应支付的代价为报酬。价款或报酬有时也通称为价金。无偿合同中，不存在价款或报酬，如赠与合同。

6. 履行期限、地点和方式

履行期限是合同履行的时间规定。履行期限既是一方当事人请求对方当事人履行合同义务的一个依据，又是判断当事人是否违约的一个重要因素。约定履行期限的方式可以为即时履行、定期履行、一次履行、分期履行。

履行地点是指当事人在什么地方履行合同义务和接受履行合同义务。履行地点往往关系到运费的负担、标的物所有权的转移、意外灭失风险的承担和发生合同纠纷的案件管辖问题，所以当事人在订立合同时应当尽量约定得明确具体。

履行方式是当事人履行合同义务的方法。履行方式与合同标的密切相关，可根据实际情况分别约定为：实物交付或所有权凭证交付；自提、送货或代办托运；铁路运输、水路运输、公路运输或航空运输等。

7. 违约责任

违约责任是指合同当事人不履行合同义务或者履行合同义务不符合约定应当承担的法律责任。违约的表现形式多种多样，概括起来有两种情况，一种是合同的不履行，即当事人根本没有履行合同义务；另一种是合同的履行不适当，即当事人虽然履行了合同的义务，但不符合合同约定的条件。当事人可在合同中约定违约责任承担方式、违约金计算方法、违约导致损失的计算方法、免责条款等。违约责任的约定有利于及时解决纠纷，保护当事人的利益。

8. 解决争议的方法

解决争议的方法，是指当事人之间在履行合同过程中发生争议后，通过什么方式予以解决。争议的解决方法有 4 种：一是通过双方当事人协商解决争议；二是通过第三人调解方式解决争议；三是由双方当事人在合同中约定仲裁条款或在事后达成书面仲裁协议，通过仲裁机构仲裁方式解决争议；四是向人民法院起诉，由人民法院依法审理、判决的方式解决争议。解决争议的方法，当事人可以事先约定，没有事先约定，在纠纷发生后也可以再协商，协商不成，按照法律规定处理。

（三）合同订立的形式

合同订立的形式是指当事人采取何种方式来表现所订立合同的内容。合同订立的形式是合同内容的外在表现，是合同内容的载体。《合同法》第 10 条规定："当事人订立合同，有书面形式、口头形式和其他形式。"

1. 书面形式

书面形式，是指以文字的方式表现当事人之间订立合同内容的形式。书面形式的合同能够准确地记载合同双方当事人的权利义务，在发生纠纷时，有据可查，便于处理。

因此法律要求，关系复杂的合同、价款或报酬数额较大的合同，应当采用书面形式。

《合同法》第 10 条第 2 款规定："法律、行政法规规定采用书面形式的，应当采用书面形式。当事人约定采用书面形式的，应当采用书面形式。"第 11 条规定："书面形式是指合同书、信件和数据电文（包括电报、电传、传真、电子数据交换和电子邮件）等可以有形地表现所载内容的形式。"

2. 口头形式

口头形式，是指当事人以口头语言的方式订立合同。以口头形式订立合同简便易行、直接迅速。其缺点在于发生争议时，难以举证，不利于分清当事人之间的责任，当事人的合法权益难以保护。因此，对于不能即时清结，并且标的较大的合同不宜采取口头形式。

3. 其他形式

其他形式，是指采取除书面形式、口头形式以外的方式来表现合同的内容。如通过实施某种行为来进行意思表示。

（四）订立合同的程序

当事人就合同内容协商一致，合同成立。从合同成立的程序来讲，必须经过要约和承诺两个阶段。《合同法》第 13 条规定："当事人订立合同，采取要约、承诺方式。"

1. 要约

（1）要约的概念和条件

《合同法》第 14 条规定："要约是希望和他人订立合同的意思表示，该意思表示应当符合下列规定：（一）内容具体确定；（二）表明经受要约人承诺，要约人即受该意思表示约束。"据此规定，要约发生法律效力，必须具备两个条件：

①内容具体确定。要约是要约人意图与他人订立合同，而由要约人向受要约人发出的意思表示，其目的在于征求对方的承诺。所以要约的内容必须具有足以确定合同成立的内容，即必须包含要约人所希望订立合同的主要条款。

②表明经受要约人承诺，要约人即受该意思表示约束。要约在被承诺后，就产生合同的法律效力。为便于掌握要约和要约邀请的区别，要求要约人应当明确向受要约人表明，一旦该要约经受要约人承诺，要约人即受该意思表示约束，合同即告成立。

要约邀请，又称要约引诱，《合同法》第 15 条规定："要约邀请是希望他人向自己发出要约的意思表示。寄送的价目表、拍卖公告、招标公告、招股说明书、商业广告等为要约邀请。""商业广告的内容符合要约规定的，视为要约。"要约邀请只是邀请他人向自己发出要约，对要约邀请人和相对人都没有约束力。

（2）要约的生效

要约的生效是指要约从什么时间开始发生法律效力。如何确定要约的生效时间，各国的法律规定并不一致，主要有三种情况：一是"发信主义"，即要约人发出要约，使要约脱离自己的控制后，就发生法律效力，而不论受要约人是否实际收到；二是"到达主义"，即要约从到达受要约人时开始生效；三是"了解主义"，即要约到达受要约人后，在受要约人了解要约内容的时候开始生效。《合同法》采用了"到达主义"，在第 16 条中规定："要约到达受要约人时生效。""采用数据电文形式订立合同，收件人指定特定系统接收数据电文的，该数据电文进入该特定系统的时间，视为到达时间；未指定特定系统的，该数据电文进入收件人的任何系统的首次时间，视为到达时间。"

（3）要约的撤回和撤销

①要约的撤回，是指要约人在发出要约后，要约生效之前，宣告收回发出的要约，取消其效力的行为。《合同法》第 17 条规定："要约可以撤回。撤回要约的通知应当在要约达到

受要约人之前或者与要约同时到达受要约人。"要约的撤回符合本条规定的，发生要约撤回的效力。即视为没有发出要约，受要约人没有取得承诺资格。撤回的通知迟于要约到达受要约人的，不发生要约撤回的效力，要约仍然有效。

②要约的撤销，是指在要约生效之后，受要约人作出承诺之前，宣布取消该项要约，使该要约的效力归于消灭的行为。《合同法》第18条规定："要约可以撤销。撤销要约的通知应当在受要约人发出承诺通知之前到达受要约人。"

要约的撤销与要约的撤回是不同的。由于要约的撤销发生在要约生效以后，受要约人可能已经做出承诺和履行的准备，如果允许要约人随意撤销要约，有可能损害受要约人的利益和社会交易安全。所以，在规定要约可以撤销的同时，《合同法》也规定了一些限制性的条件。《合同法》第19条规定有下列情形之一的要约不得撤销：第一，要约中确定了承诺期限或者以其他形式表明要约不可撤销；第二，受要约人有理由认为要约是不可撤销的，并且已经为履行合同做了准备工作。

（4）要约的失效

要约在一定的条件下，会丧失其法律约束力，对要约人和受要约人不再产生约束力。要约人不再受要约的约束，受要约人也不再有承诺的资格。《合同法》第20条规定："下列情形之一的，要约失效：（一）拒绝要约的通知到达受要约人；（二）要约人依法撤销要约；（三）承诺期限届满，受要约人未作出承诺；（四）受要约人对要约的内容作出实质性变更。"

2. 承诺

（1）承诺的概念和条件

《合同法》第21条规定："承诺是受要约人同意要约的意思表示。"承诺是以接受要约的全部条件为内容的，有效的承诺应当符合下列条件：

①承诺必须由受要约人向要约人作出；

②承诺必须是对要约明确表示同意的意思表示；

③承诺必须在要约有效期限内作出；

④承诺的内容必须与要约的内容相一致。

（2）承诺的方式

承诺的方式，是指受要约人应当采用何种方法作出其表达同意要约的意思表示。

《合同法》第22条规定："承诺应当以通知的方式作出，但根据交易习惯或者要约表明可以通过行为作出承诺的除外。"根据此项规定，受要约人应当以通知方式作出承诺，但有两种情况可以例外：

①根据交易习惯。如果要约人和受要约人以往的交易习惯或者当地的交易习惯中，一方向另一方发出要约后，另一方在规定时间内没有作出意思表示的，则认为已经承诺，受要约人可以不再向要约人发出承诺的通知。

②根据要约要求。要约人在要约中表明受要约人可以通过行为作出承诺，则受要约人可以不再向要约人发出承诺的通知，只需作出承诺行为即可。

（3）承诺的期限

承诺的期限是受要约人资格的存续期限，在此期限内受要约人具有承诺资格，可以向要约人发出具有约束力的承诺。《合同法》第23条规定："承诺应当在要约确定的期限内到达要约人。""要约没有确定承诺期限的，承诺应当依照下列规定到达：（一）要约以对话方式作出的，应当即时作出承诺，但当事人另有约定的除外；（二）要约以非对话方式作出的，承诺应当在合理期限内到达。"

（4）逾期承诺和承诺的逾期到达

逾期承诺，是指受要约人在要约人限定的承诺期限后，向要约人作出承诺。《合同法》第28条规定："受要约人超过承诺期限发出承诺的，除要约人及时通知受要约人该承诺有效的以外，为新要约。"逾期承诺由于在时间因素上使其不具有承诺的性质，不能因此而成立合同，一般认为是一项新要约。但如果要约人及时认可，逾期承诺则具有承诺的法律效力。

承诺逾期到达，是指受要约人在承诺期限内发出承诺，但超过承诺期限到达要约人。受要约人在承诺期限内发出承诺，但由于非要约人的原因而逾期到达，其效力不能一概而论。《合同法》第29条规定："受要约人在承诺期限内发出承诺，按照通常情形能够及时到达要约人，但因其他原因承诺到达要约人时超过承诺期限的，除要约人及时通知受要约人因承诺超过期限不接受该承诺的以外，该承诺有效。"承诺逾期到达是因为非受要约人的其他原因，如邮局未能及时递送等，所以一般应当认定逾期到达的承诺有效，合同成立。受要约人虽在承诺期限内发出承诺，但承诺通知到达要约人时已经超过了承诺期限，要约人可以主张承诺无效。要约人及时通知受要约人因承诺超过期限而不予接受，则承诺无效，合同不能成立。

（5）承诺的生效

关于承诺的生效时间，《合同法》第26条规定："承诺通知到达要约人时生效。承诺不需要通知的，根据交易习惯或者要约的要求作出承诺的行为时生效。""采用数据电文形式订立合同的，承诺到达时间适用本法第16条第2款的规定。"

此外，《合同法》第32条规定："当事人采用合同书形式订立合同的，自双方当事人签字或者盖章时合同成立。"第33条规定："当事人采用信件、数据电文等形式订立合同的，可以在合同成立之前要求签订确认书。签订确认书时合同成立。"

（6）承诺的撤回

承诺的撤回，是指受要约人发出承诺之后，承诺生效之前，宣告收回承诺，取消其效力的行为。《合同法》第27条规定："承诺可以撤回。撤回承诺的通知应当在承诺通知到达要约人之前或者与承诺通知同时到达要约人。"

承诺的撤回，只能发生在承诺采用书面通知的情况下。如果承诺以对话方式作出，只要受要约人作出承诺，要约人听到后，承诺就生效，不存在撤回承诺的问题。如果承诺以行为方式作出，只要受要约人作出承诺行为，承诺就生效，也不存在撤回承诺的问题。

（7）合同成立的地点

《合同法》第34条规定："承诺生效的地点为合同成立的地点。""采用数据电文形式订立合同的，收件人的主营业地为合同成立的地点；没有主营业地的，其经常居住地为合同成立的地点。当事人另有约定的，按照其约定。""当事人采用合同书形式订立合同的，双方当事人签字或者盖章的地点为合同成立的地点。"按照上述规定，合同成立的地点为：承诺生效地、收件人所在地、签字或盖章地。按照我国《民事诉讼法》的有关规定，合同成立地点与确定人民法院之间诉讼管辖权的问题密切相关，所以具有重要的意义。

三、合同的效力

（一）合同生效的概念

合同生效，是指合同产生法律上的约束力。合同产生的法律上的约束力，主要是对合同双方当事人来讲的。合同一旦生效，合同当事人即享有合同中所约定的权利和承担合同中所约定的义务。享有权利的一方，其权利受法律的保护，承担义务的一方必须履行自己的义务。如果应履行义务的一方不履行义务，则应承担相应的违约责任。

（二）合同生效应当具备的条件

合同生效是指合同对双方当事人的法律约束力的开始。合同成立后，必须具备相应的法律条件才能生效，否则合同是无效的。合同生效应当具备下列条件。

1. 当事人具有相应的民事权利能力和民事行为能力

订立合同的人必须具备一定的独立表达自己的意思和理解自己的行为的性质和后果的能力，即合同当事人应当具有相应的民事权利能力和民事行为能力。对于自然人而言，民事权利能力始于出生，完全民事行为能力人可以订立一切法律允许自然人作为合同主体的合同。法人和其他组织的权利能力就是它们的经营、活动范围，民事行为能力则与它们的权利能力相一致。

在建设工程合同中，合同当事人一般都应当具有法人资格，并且承包人还应当具备相应的资质等级，否则，当事人就不具有相应的民事权利能力和民事行为能力，订立的建设工程合同无效。

2. 意思表示真实

合同是当事人意思表示一致的结果，因此，当事人的意思表示必须真实。但是，意思表示真实是合同的生效条件而非合同的成立条件。意思表示不真实包括意思与表示不一致、不自由的意思表示两种。含有意思表示不真实的合同是不能取得法律效力的。如建设工程合同的订立，一方采用欺诈、胁迫的手段订立的合同，就是意思表示不真实的合同，这样的合同就欠缺生效的条件。

3. 不违反法律或者社会公共利益

不违反法律或者社会公共利益，是合同有效的重要条件。所谓不违反法律或者社会公共利益，是就合同的目的和内容而言的。合同的目的，是指当事人订立合同的直接内心原因；合同的内容，是指合同中的权利义务及其指向的对象。不违反法律或者社会公共利益，实际是对合同自由的限制。

（三）合同的生效时间

《合同法》第 44 条规定："依法成立的合同，自成立时生效。""法律、行政法规规定应当办理批准、登记等手续生效的，依照其规定。"根据上述规定，合同的生效时间包括以下两种情况。

1. 自成立时生效

依法成立的合同，自成立时生效。这是合同生效的一般时间界限，即符合法定条件所订立的合同，自合同成立时产生法律约束力。根据《合同法》第 25 条规定，承诺生效时合同成立，那么在一般情况下，承诺生效时合同就生效。

2. 自批准、登记时生效

法律、行政法规规定应当办理批准、登记等手续生效的，自批准、登记时生效。在这种情况下，合同成立和合同生效时间是不一致的。法律、行政法规规定批准、登记等手续为合同生效必备条件的，要根据法律、行政法规的规定办理。合同生效时间即为办理批准、登记等手续完毕的时间。

（四）特殊的生效合同的条件

1. 附条件的合同

附条件的合同，是指在合同中规定了一定的条件，并且把该条件的成就或不成就作为当事人确定合同权利和义务发生或者失去法律效力的根据的合同。《合同法》第 45 条规定："当事人对合同的效力可以约定附条件。附生效条件的合同，自条件成就时生效。附解除条件的合同，自条件成就时失效。""当事人为自己的利益不正当地阻止条件成就的，视为条件已成就；不正当地促成条件成就的，视为条件不成就。"

法律规定合同可以附加条件，目的是以所附的条件来确定或者限制合同的效力。合同所附条件包括生效条件和解除条件。生效条件，亦称为延缓条件，是指合同效力的发生决定于所附条件的成就。解除条件，亦称为失效条件，是指合同中所确定的权利和义务在所附条件成就时失去法律效力的条件。

2. 附期限的合同

附期限的合同，是指在合同中附一定的期限，把该期限的到来作为当事人权利和义务发生或者消灭的前提的合同。《合同法》第 46 条规定："当事人对合同的效力可以约定附期限。附生效期限的合同，自期限届满时生效。附终止期限的合同，自期限届满时失效。"

附期限的合同，其内容与一般合同没有严格的区别，只是在合同中约定一定的期限，并且将这个期限作为合同生效或者失效的条件。

合同所附的条件和期限，都是对合同的某种限制。不同的是，所附条件的成就或者不成就，是当事人所不能确定的，可能成就，也可能不成就；所附期限的到来是必然的，是当事人可以预见的。所以，附条件的合同生效或者失效是不确定的，而附期限的合同在期限到来时一定会生效或者失效。

3. 限制民事行为能力人订立的合同

《合同法》第 47 条规定："限制民事行为能力人订立的合同，经法定代理人追认后，该合同有效，但纯获利益的合同或者与其年龄、智力、精神健康状况相适应而订立的合同，不必经法定代理人追认。""相对人可以催告法定代理人在一个月内予以追认。法定代理人未作表示的，视为拒绝追认。合同被追认之前，善意相对人有撤销的权利。撤销应当以通知的方式作出。"

4. 无权代理的人订立的合同

《合同法》第 48 条规定："行为人没有代理权、超越代理权或者代理权终止后以被代理人名义订立的合同，未经被代理人追认，对被代理人不发生效力，由行为人承担责任。""相对人可以催告被代理人在一个月内予以追认。被代理人未作表示的，视为拒绝追认。合同被追认之前，善意相对人有撤销的权利。撤销应当以通知方式作出。"

5. 表见代理的合同

表见代理是指代理人虽然不具有代理权，但是具有代理关系的某些表面条件，这些表面条件足以使无过错的第三人误解其有代理权。《合同法》第 49 条规定："行为人没有代理权、超越代理权或者代理权终止后以被代理人名义订立合同，相对人有理由相信行为人有代理权的，该代理行为有效。"

6. 单位代表人超越权限订立的合同

《合同法》第 50 条规定："法人或者其他组织的法定代表人、负责人超越权限订立的合同，除相对人知道或者应当知道其超越权限的以外，该代表行为有效。"

7. 无处分权的人处分他人财产的合同

《合同法》第 51 条规定："无处分权的人处分他人财产，经权利人追认或者无处分权的人订立合同后取得处分权的，该合同有效。"

（五）无效合同

无效合同是相对有效合同而言的，是指当事人之间订立的合同具备合同成立的形式，但由于违反法律规定的事由而导致法律不予认可其效力。无效合同自成立时就不具有法律约束力。无效合同分为部分无效和全部无效两种情况，合同部分无效，不影响其他部分的效力，其他部分仍然有效。

1. 无效合同的种类

《合同法》第 52 条规定无效合同有以下 5 种情况：

（1）一方以欺诈、胁迫的手段订立合同，损害国家利益的合同无效。采取欺诈、胁迫的手段订立合同，违反了合同订立时的意思表示一致以及诚实信用原则。欺诈，是指一方当事人故意制造假相或者故意隐瞒真相，使对方当事人作出错误的意思表示。胁迫，是指以给公民及其亲友的生命健康、荣誉、名誉、财产等造成损害，或者以给法人的荣誉、名誉、财产等造成损害相要挟，迫使对方作出违背真实的意思表示。

（2）恶意串通，损害国家、集体或者第三人利益的合同无效。恶意串通，就是当事人为实现某种目的，以非法的合意订立合同，其结果是使国家、集体或者第三人的利益受到损害。

（3）以合法形式掩盖非法目的的合同无效。以合法形式掩盖非法目的，是指当事人通过实施合法行为来掩盖其真实的非法目的。就合同而言，当事人订立合同的内容、形式是合法的，而目的是非法的。如企业明知自己即将破产，为减少破产财产的范围，将企业财产低价出售、赠与他人、为无财产担保的债权人提供担保等，都是以合法形式掩盖非法目的。

（4）损害社会公共利益的合同无效。损害社会公共利益相当于国外法律中的违反公共秩序和善良风俗。当事人订立的合同损害了法律所保护的社会成员的公共利益，该合同无效。

（5）违反法律、行政法规的强制性规定的合同无效。违反的法律、法规是指国家立法机关通过、颁布的法律，国务院制定、颁布的行政法规。不包括地方性法规、行政规章和司法解释。违反的法律、行政法规的规定必须是法律强制性规定，任意性的规定由当事人自己选择，不存在是否违法的问题。

2. 免责条款的无效

免责条款是双方当事人在合同中事先达成协议，免除将来可能发生损害的赔偿责任。《合同法》第 53 条规定："合同中的下列免责条款无效：（一）造成对方人身伤害的；（二）因故意或者重大过失造成对方财产损失的。"造成对方人身伤害和故意或者重大过失给对方造成财产损失的免责条款，违背了《合同法》的公平原则，不利于维护正常的经济秩序。《合同法》的这一规定仅指免责条款的无效，并不影响合同其他条款的效力，其他条款依然有效。

（六）可变更、可撤销的合同

可变更或者可撤销的合同，是指合同成立以后，由于存在法定事由，人民法院或者仲裁机构根据一方当事人的申请，依据具体情况允许变更有关内容或者撤销的合同。变更合同的，按照变更后的合同履行，原合同失效；撤销合同的，合同自始无效。如果虽有法定事由，但当事人不愿意变更或者撤销合同的，合同继续有效。

1. 可变更或者可撤销合同的法定条件

（1）合同因重大误解而订立

重大误解，是指一方当事人由于自己的过错，对合同的内容等发生误解而订立了合同，该合同涉及当事人的重大利益。重大误解是一种认识错误，是由于当事人自己的过失造成的，而不是对方当事人的过失造成的。如果当事人的误解是由于其故意造成，则不构成重大误解。

（2）订立合同时显失公平

显失公平的合同，是指一方当事人利用优势或者利用对方没有经验，订立的双方权利和义务明显违反公平、等价有偿原则的合同。显失公平的合同主要是有偿合同，在双方当事人的利益上出现不公平的结果。显失公平的发生时间是在订立合同之时，在订立合同以后，由于情势变更，致使合同显失公平的，不能适用此规定。

（3）以欺诈、胁迫的手段或者乘人之危订立的合同

以欺诈、胁迫的手段订立合同，损害国家利益的，为无效合同。一般的以欺诈、胁迫手段订立的合同，法律规定为可变更或者可撤销的合同。乘人之危，是指一方当事人乘对方处于危难之机，为牟取不正当的利益，迫使对方作出不真实的意思表示，严重损害对方利益。一方以欺诈、胁迫的手段或者乘人之危，使对方在违背真实意思的情况下订立合同，受到损害的一方可以行使请求变更或者撤销的权利。

有以上三种情形之一的，当事人有权请求人民法院或者仲裁机构变更或者撤销。当事人请求变更的，人民法院或者仲裁机构不得撤销。

2. 撤销权的消灭

《合同法》第 55 条规定："有下列情形之一的，撤销权消灭：（一）具有撤销权的当事人自知道或者应当知道撤销事由之日起一年内没有行使撤销权；（二）具有撤销权的当事人知道撤销事由后明确表示或者以自己的行为放弃撤销权。"

（1）撤销权的行使超过除斥期间

除斥期间，是指法律所规定的某种民事权利存续期间届满时必须无效的期间。其特点是，期间一经完成，该权利就完全消灭。《合同法》规定撤销权的除斥期间，期限为一年。自撤销权人知道或者应当知道撤销事由之日起计算，满一年者，撤销权消灭。

（2）放弃撤销权

放弃撤销权包括两种情况：一种是明示的，即明确表示不行使撤销权；另一种是默示的，即通过履行合同义务、享受合同权利的行为表示不行使撤销权。撤销权一经放弃，合同继续生效，当事人不得再主张变更或者撤销。

（七）无效或被撤销合同的效力及法律后果

1. 无效或被撤销合同的效力

《合同法》第56条规定："无效的合同或者被撤销的合同自始没有法律约束力。合同部分无效，不影响其他部分效力的，其他部分仍然有效。"合同无效具有溯及既往的效力，合同被确认为无效或者被撤销以后，该合同从订立时起就没有法律约束力。有些合同并不是全部无效，只是部分内容无效，如果不影响其他部分效力，其他部分仍然有效。但如果无效的内容影响到其他条款的效力，则该合同全部内容均为无效。

为了保持对无效、被撤销或者终止的合同的争议有可行的解决办法，无论合同无效、被撤销或者终止，都不影响合同中关于解决合同争议方法条款的效力。《中华人民共和国仲裁法》第19条的规定："仲裁协议独立存在，合同的变更、解除、终止或者无效，不影响仲裁协议的效力。"

2. 无效或者被撤销合同的法律后果

《合同法》规定，合同无效或者被撤销后，有返还财产、折价补偿、损害赔偿、收归国有或者返还集体、第三人4种法律后果。

（1）返还财产

返还财产，是指合同当事人在合同被确认无效或者被撤销以后，对已经交付给对方的财产享有请求返还的权利，对方当事人对已经接受的财产负有返还的义务。返还财产是将双方当事人之间的关系恢复到合同订立以前的状态。返还财产有以下两种形式：

①双方返还，即双方当事人将取得的财产返还给对方。双方返还不是对双方当事人的制裁。如果双方当事人故意违法，则应当将双方当事人从对方取得的财产依法收缴。

②单方返还，即只有单方当事人取得财产，取得财产的一方当事人应当向对方返还财产；或者虽然双方当事人都从对方取得了财产，但一方有故意违法行为，无违法行为的一方当事人有权请求返还财产，有违法行为的一方当事人交付的财产应当依法收缴。

（2）折价补偿

因合同无效或者被撤销，一方当事人取得对方财产不能返还或者没有必要返还时，按照所取得的财产价值折算，以货币形式对对方当事人进行补偿。折价补偿是对返还财产的一种补充责任，只在财产不能返还或者没有必要返还时才折价补偿。

（3）损害赔偿

承担损害赔偿责任，当事人应当有主观上的过错，根据其对于造成的损失所具有的过错，承担赔偿责任。有过错的一方应当赔偿给对方造成的损失，双方共同过错造成的损失，应当根据各自的过错程度，承担与自己的过错相适应的责任。损害赔偿责任的构成须具备4个要件：

①损害事实的存在。损害事实应当包括直接损失和间接损失。

②当事人实施的致使合同无效或者被撤销的行为。

③致使合同无效或者被撤销的行为与损害事实之间存在因果关系。

④当事人有主观上的过错。主观上的过错包括故意和过失。

（4）收归国有或者返还集体、第三人

当事人恶意串通损害国家、集体或者第三人利益的，应将其取得的财产依法收缴。这是一种特殊的返还财产的形式。损害国家利益取得的财产，应当收归国家所有；损害集体利益取得的财产，应当返还集体；损害第三人利益取得的财产，应当返还第三人。

四、合同的履行

（一）合同履行的概念

合同的履行，是指合同债务人全面、正确地完成合同义务，债权人的合同权利完全得到实现。

合同的履行，是实现双方当事人合同目的的重要环节，是合同债务按当事人的约定付诸实施并且予以完成的一个过程。合同的履行，是合同法律效力的主要内容，又是合同关系消灭的一个主要原因，合同双方当事人均正确履行了合同，合同关系归于消灭。合同的成立是合同履行的前提，合同的履行是整个合同过程的中心。没有合同的履行，合同的订立就失去意义，合同债权也就无法实现，达不到双方当事人订立合同的目的。

（二）合同的履行原则

合同的履行原则，是指合同当事人在履行合同过程中应遵循的基本准则。在合同的履行原则中，有些是合同法的基本原则，如诚实信用原则、公平原则等，有些是合同履行的专属原则，如全面履行原则。《合同法》第60条规定："当事人应当按照约定全面履行自己的义务。""当事人应当遵循诚实信用原则，根据合同的性质、目的和交易习惯履行通知、协助、保密等义务。"

1. 全面履行原则

全面履行原则，是指当事人按照合同约定的条款全面履行合同义务的原则。具体讲就是当事人按照合同约定的主体、标的、数量、质量、价款或报酬、履行期限、地点、方式等全面完成合同义务的履行原则。

全面履行原则是判断合同当事人是否全面履行合同义务的标准，也是判断当事人是否存在违约行为及是否承担违约责任的法律准则。全面履行合同原则，是对合同双方当事人的最基本的要求。

2. 诚实信用原则

诚实信用原则是合同法的基本原则，不是专属合同履行的原则。《合同法》在合同的履行一章中规定这一原则，是强调这一原则在合同履行过程中的重要性。诚实信用原则，是指当事人在履行合同义务时，遵循诚实、信用、不滥用权利、不规避义务的原则。诚实信用原则要求在合同履行过程中确保合同当事人之间利益关系的平衡，不允许欺诈、任意毁约等行为。

诚实信用原则，除了强调双方当事人按合同约定全面履行义务外，还强调当事人应当履行依据诚实信用原则所产生的附属义务，即根据合同的性质、目的和交易习惯履行通知、协助、保密等义务。

（1）通知

在合同履行过程中所发生的对合同的履行有影响的客观情况，当事人负有相互通知的义务。因为这些情况的发生可能使合同履行困难，如一方当事人合并、分立、变更住所等，当事人及时通知，可以使对方及时了解情况，采取措施，避免造成损失，也有利于及时完成合同。

（2）协助

合同的履行是当事人之间的相互行为，权利的实现需要义务人的合作，义务的履行也需要权利人的合作。协助通常包括：债务人履行债务，债权人应当及时受领；债务人履行债务，有权要求债权人提供必要的条件，债权人应当创造必要的条件；因故不能履行或不能全部履行合同义务时，应当积极采取措施避免或减少损失，防止损失扩大；一方当事人因过错违约时，对方应当及时协助纠正；发生合同纠纷时，应当主动承担责任，不相互推诿。

（3）保密

合同的内容有时会涉及到对当事人的利益有一定影响的商业秘密、技术秘密等，各方当事人应当遵守保密义务。《合同法》第43条规定："当事人在订立合同过程中知悉的商业秘密，无论合同是否成立，不得泄露或者不正当地使用。泄露或者不正当地使用该商业秘密给对方造成损失的，应当承担损害赔偿责任。"

（三）合同约定不明确的内容的确定方法

各方当事人根据平等、自愿、公平、诚实信用的原则，就合同的内容协商一致，合同即告成立。但是由于某些主客观的原因，可能使合同欠缺某些必要条款或者某些条款约定不明确，这样就会使合同难以履行。《合同法》中规定了合同约定不明确的内容的确定方法。

《合同法》第61条规定："合同生效后，当事人就质量、价款或者报酬、履行地点等内容没有约定或者约定不明确的，可以协议补充；不能达成补充协议的，按照合同有关条款或者交易习惯确定。"各方当事人可以依照订立合同的原则，对没有约定或者约定不明确的条款继续协商，达成补充协议。补充协议和原合同具有相同的法律约束力，都是各方当事人履行合同的依据。如果双方当事人通过再次协商不能达成补充协议的，则应按照合同有关条款或交易习惯确定。确定的方法，一是按照合同的有关条款，即双方当事人订立的合同中与该条款内容相关的其他条款；二是按照交易习惯，即同类交易所遵循的通常做法或者当事人一贯的交易方法。

当事人就有关合同内容约定不明确，依照上述《合同法》第61条的规定仍不能确定的，即不能达成补充协议，按照合同有关条款或者交易习惯也无法确定的，《合同法》第62条规定了如下具体的确定方法。

1. 质量条款不明确的确定方法

质量是标的的内在素质和外观形态的综合，没有规定质量，无法使合同标的具体化、特定化。合同的质量条款不明确，按照《合同法》第61条又不能确定的，应当按照以下方法予以确定。

（1）按照国家标准、行业标准履行

国家标准是国家标准局制定或者批准的对全国经济、技术发展有重大意义并须在全国范围内统一的标准。行业标准是国务院各部委制定的全国性的各专业范围内的统一标准。按照规定，正式生产的工业产品，重要的农产品，各种工程建设、环境保护、安全和卫生条件等都有执行标准。

（2）按照通常标准或者符合合同目的的特定标准履行

质量要求不明确，不能达成补充协议，又没有国家标准或行业标准的，按照通常标准或者符合合同目的的特定标准履行。通常标准是某种经济、技术行业在没有国家标准、行业标准时，约定俗成的标准。

2. 价款或者报酬条款不明确的确定方法

价款或者报酬是有偿合同中当事人一方向交付标的方支付的代价。合同的价款或者报酬条款不明确，按照以下方法确定。

（1）执行政府定价或者政府指导价的，按照规定履行

在合同的内容中，如果合同的标的物属于政府定价或者政府指导价范围，必须按照政府定价或者政府指导价确定其价格，当事人不得再另外约定。目前，国家正在逐步完善宏观经济调控下主要由市场形成的价格机制，极少数的商品和服务价格实行政府或者政府指导价。

在合同履行的过程中，遇到政府定价或者政府指导价作调整是比较普遍的问题，特别是履行期限较长的合同。对此《合同法》第63条规定："执行政府定价或指导价的，在合同约定的交付期限内政府价格调整时，按照交付时的价格计价。逾期交付标的物的遇价格上涨时，按照原价格执行；价格下降时，按照新价格执行。或者逾期付款的，遇价格上涨时，按照新价格执行；价格下降时，按照原价执行。"总的来说，如果双方当事人都严格履行合同，则按照新价格执行；如果当事人违约，则要保护按约履行的一方，执行对违约一方当事人不利的价格。这也是对未能按约履行的一方在价格上的制裁。

（2）按照订立合同时履行地的市场价格履行

市场价格是市场的流通价格，对于没有政府定价或者政府指导价的，合同价款或者报酬按照订立合同时履行地的市场价格执行。

3. 履行地点条款不明确的确定方法

履行地点是当事人按照合同约定履行义务的地方，也是对方当事人实现权利的地方。合同当事人对合同履行地点约定不明确，按照《合同法》第61条规定的办法仍不能确定的，按照以下方法确定。

（1）给付货币的，在接受货币一方所在地履行

货币是一种特殊的物，在接受货币一方所在地履行，简便易行，也符合交易习惯。

（2）交付不动产的，在不动产所在地履行

不动产是不能移动或者虽然可以移动但是移动会损害其价值的物。交付不动产应当在不动产所在地正是因为不动产的性质。

（3）其他标的，在履行义务一方所在地履行

其他标的，包括动产、票据、有价证券以及行为等合同标的，履行地点不明确，以履行义务一方所在地为履行地点。

4. 履行期限条款不明确的确定方法

合同的履行期限是合同义务人履行义务以及合同权利人接受履行义务的时间。合同履行期限条款规定不明确，合同双方当事人应当根据合同性质、内容及双方利益关系等协商解决。协商不成，债务人可以随时履行，债权人也可以随时要求履行，但应当给对方必要的准备时间。

5. 履行方式条款不明确的确定方法

履行方式是合同当事人完成合同义务的方法，从根本上讲，履行方式是由合同的性质、内容决定的，履行方式与当事人的利益密切相关。由于合同的性质和内容方式也是多种多样的，如标的物的交付方法、工作的完成方法、运输方法、价款或者报酬的支付方法等。合同的履行方式约定不明确的，《合同法》规定，按照有利于实现合同目的的方式履行。

6. 履行费用负担条款不明确的确定方法

在合同的履行过程中，如果债权人自提货物，一般不涉及履行费用负担问题，由债权人自负。由债务人送货，则一般要明确履行费用的负担，由债务人承担，或债权人承担，或双方当事人按比例分担。如果履行费用负担约定不明确，按照《合同法》规定，应当由履行义务的一方负担。

（四）合同履行过程中发生变动的履行

1. 合同履行主体变动的履行

合同履行主体的变动，是在原合同主体不变的情况下，当事人约定由债务人向第三人履行债务，或者由第三人向债权人履行债务。这种变动，不是合同主体的变更，也不是债权或者债务的转移，只是当事人约定，由债务人向第三人履行或者由第三人向债权人履行。

（1）债务人向第三人履行债务

《合同法》第64条规定："当事人约定由债务人向第三人履行债务的，债务人未向第三人履行债务或者履行债务不符合约定，应当向债权人承担违约责任。"债务人向债权人履行合同，是合同履行的一般规则，但这一规则并不排除在一定的前提下债务人向第三人履行。第三人代替债权人接受履行，是因为第三人与债权人之间存在一定的关系。例如，甲、乙之间订立有承揽合同，甲为定作方，乙为承揽方；甲、丙之间订立有购销合同，甲为供方，丙为需方。甲和乙约定，由乙承揽加工的产品直接交付给丙。这里就是由当事人约定，由债务人乙向第三人丙履行债务。

（2）第三人向债权人履行债务

第三人向债权人履行债务，是指在某种情况下，由合同以外的第三人代替债务人向债权人履行债务。通常情况下，合同的履行应当由债务人本人或者其代理人向债权人履行，但这一规则不排除由第三人代替履行。《合同法》第65条规定："当事人约定由第三人向债权人履行债务的，第三人不履行债务或者履行债务不符合约定，债务人应当向债权人承担违约责任。"

2. 债权人发生变化的履行

《合同法》第70条规定："债权人分立、合并或者变更住所没有通知债务人，致使履行债务发生困难的，债务人可以中止履行或者将标的物提存。"当债权人发生分立、合并或者变更住所时，如果不及时通知债务人，债务人履行债务就可能发生困难。因此，债权人应当通知债务人其具体变化及相关权利义务关系的转移或承受问题。债权人发生变化时没有通知债务人，致使其债务履行发生困难，为保障债务人的合法权益，法律赋予其两项权利。

（1）中止履行

中止履行，是在合同履行中，因为某种原因的出现，合同暂时停止履行。中止履行并不是从实体上全面解决合同当事人之间的权利义务关系，只是债务人可以暂时停止履行。在阻碍合同履行的事由消失后，债务人应当继续履行合同。

（2）将标的物提存

提存，是债权人无正当理由拒绝接受履行或者下落不明，致使债务人难于履行债务，债务人将标的物提交给有关部门保存。将标的物提存，其结果是使债务消灭，合同关系终止。

3. 债务人提前履行债务

《合同法》第71条规定："债权人可以拒绝债务人提前履行债务，但提前履行不损害债权人利益的除外"。"债务人提前履行债务给债权人增加的费用，由债务人负担。"

合同双方当事人应当严格按照合同约定的期限履行，这样才能真正体现双方的合意，实现共同利益。债务人提前履行有可能损害债权人的利益，如增加债权人费用支出等。但如果提前履行不损害债权人利益的，法律予以准许。因为债务人提前履行可能给债权人造成诸多困难，所以《合同法》规定债权人可以拒绝债务人提前履行，但提前履行不损害债权人利益的除外。

提前履行债务给债权人增加的费用，应当由债务人负担。因为债务人提前履行，从严格意义上讲，是债务人违背了全面履行合同的原则，根据责任自负原则，应当由债务人负担。

4. 债务人部分履行债务

《合同法》第72条规定："债权人可以拒绝债务人部分履行债务，但部分履行不损害债权人利益的除外。""债务人部分履行债务给债权人增加的费用，由债务人负担。"

合同当事人之间的债权债务是紧密相连的，债权人权利的实现取决于债务人全部债务的及时履行，债务人部分履行债务可能损害债权人的整体利益。当事人订立合同的目的在于通过合同的履行实现合同利益，债务人部分履行债务，债权人有权拒绝。但如果债务人部分履行债务不损害债权人利益，债权人不得拒绝。

债务人部分履行债务可能给债权人增加接受履行的费用。这种费用的产生，是由于债务人的部分履行导致的，所以应当由债务人负担。

5. 合同主体发生其他变动的履行

合同主体的其他变动，是指合同主体的姓名、名称的变更或者法定代表人、负责人、承办人的变动。《合同法》第76条规定："合同生效后，当事人不得因姓名、名称的变更或者法定代表人、负责人、承办人的变动而不履行合同。"

合同当事人具有特定性。当事人姓名、名称的变化，不会导致当事人权利能力和行为能力的变化，当事人履行合同的义务也并不发生变化，当事人必须继续履行合同义务。当事人的法定代表人、负责人、承办人订立合同是代表法人进行的，不是个人行为，合同当事人是其代表的法人，法人应当承担责任。合同当事人应当全面履行合同所规定的义务，不能因法定代表人、负责人、承办人的变动影响合同义务的履行。

（五）双务合同的抗辩权

双务合同是指合同当事人双方相互享有权利，相互负有义务的合同。双务合同中的抗辩权，是指对抗债权人请求履行权的权利，通过行使双务合同的抗辩权，拒绝合同的履行或者使合同的履行中止。这只是使合同暂时不予履行。为使合同双方当事人的利益都得到有效保护，《合同法》规定了双务合同中的3种抗辩权：同时履行抗辩权、后履行抗辩权、先履行抗辩权。

1. 同时履行抗辩权

同时履行抗辩权，又称不履行抗辩权，是指双务合同的当事人互负债务，当事人一方在对方未履行之前，或者对方履行债务不符合约定时，有权拒绝其履行要求。《合同法》第66条规定："当事人互负债务，没有先后履行顺序的，应当同时履行。一方在对方履行之前有权拒绝其履行要求。一方在对方履行债务不符合约定时，有权拒绝其相应的履行要求。"如施工合同分期付款时，对承包人施工质量不合格部分，发包人有权拒付该部分的工程款；如果发包人拖欠工程款，则承包人可以放慢施工进度，甚至停止施工。产生的后果，由违约方承担。

同时履行抗辩权的作用主要是平衡当事人之间的权益，维护当事人的权利，维护交易秩序，增进双方当事人之间的协作。同时履行抗辩权的适用条件是：

（1）由同一双务合同产生互负的对价给付债务；

（2）合同中未约定履行的顺序；

（3）对方当事人没有履行债务或者没有正确履行债务；

（4）对方的对价给付是可能履行的义务。所谓对价给付是指一方履行的义务和对方履行的义务之间具有互为条件、互为牵连的关系并且在价格上基本相等。

同时履行抗辩权行使的结果，并不使对方当事人的请求权归于消灭，只是阻碍其效力的发生。因此，同时履行抗辩权属于延缓的抗辩权。

2. 后履行抗辩权

后履行抗辩权，又称顺序履行抗辩权，是指在双务合同中，先履行一方未履行之前或者履行债务不符合约定，后履行一方有权拒绝其履行要求。后履行抗辩权属于延缓的抗辩权。《合同法》第67条规定："当事人互负债务，有先后履行顺序，先履行一方未履行的，后履行一方有权拒绝其履行要求。先履行一方履行债务不符合约定的，后履行一方有权拒绝其相应的履行要求。"如材料供应合同按照约定应由供货方先行交付订购的材料后，采购方再行付款结算，若合同履行过程中供货方交付的材料质量不符合约定的标准，采购方有权拒付货款。

后履行抗辩权应满足的条件为：

（1）由同一双务合同产生互负的对价给付债务；

（2）合同中约定了履行的顺序；

（3）应当先履行的合同当事人没有履行债务或者没有正确履行债务；

（4）应当先履行的对价给付是可能履行的义务。

后履行抗辩权也是双务合同当事人互负债务，但是债务的履行是有先后顺序的，一方在先，一方在后。后履行抗辩权的主体，是负有后履行义务的一方当事人，负有先履行义务的一方当事人不享有这种抗辩权。后履行抗辩权反映了后履行义务方的后履行利益，本质上是对违约的抗辩。

行使后履行抗辩权，可以是对合同义务的全部抗辩，即先履行当事人对合同义务全部不履行的，后履行当事人对全部义务都可以拒绝履行。如果先履行的当事人履行义务不符合合同约定，那么后履行当事人的抗辩只能对先履行当事人相应的履行请求。当先履行当事人纠正违约，使合同履行趋于正常时，后履行抗辩权消灭。

3. 先履行抗辩权

先履行抗辩权又称为不安抗辩权，是指在双务合同中应当先履行义务的当事人，在有确切证据证明后履行义务的当事人在合同订立后出现足以影响其合同履行的情况下，中止履行合同的权利。《合同法》中规定不安抗辩权，旨在全面贯彻《民法》基本原则，平衡经济利益，保障交易安全，防止合同欺诈。

（1）中止履行合同的情形

先履行抗辩权产生的基础，不但要求合同合法有效，而且要求双方当事人互负债务且有先后履行顺序。同时，要求在双务合同成立生效以后，后履行的当事人的财产状况恶化，并且这种情况在双方当事人订立合同时不能预知。根据《合同法》第68条规定，应当先履行债务的当事人，有确切证据证明对方有下列情形之一的可以中止履行：

①经营状况严重恶化。这种情况是当事人经营管理不善而造成的经营状况严重恶化的后果，发生这种情况，当事人就有可能无力清偿债务，所以先履行的当事人可以行使先履行抗辩权。

②转移财产、抽逃资金以逃避债务。后履行债务的当事人在履行期限届至前，转移财产、抽逃资金，意图是逃避债务。在这种情况下，先履行债务的当事人如果仍按合同约定履行先给付义务，就可能使自己的债权得不到实现，带来经济损失。所以，先履行债务的当事人可以行使先履行抗辩权。

③丧失商业信誉。商业信誉是当事人经济能力的具体表现，也是履约能力的具体体现。当事人丧失商业信誉，违约的发生具有潜在性。对此，先履行债务的当事人可以行使先履行抗辩权。

④有丧失或者可能丧失履行债务能力的其他情形。这是一项弹性条款，使先履行抗辩权的适用范围加以扩大，以适应市场经济发展的需要。

对于上述可以行使先履行抗辩权的情形，先履行债务的当事人负有举证责任，须举出确切证据证明上述情形确实存在。当事人没有确切证据中止履行的，应当承担违约责任。

（2）行使先履行抗辩权应履行的义务和产生的法律后果

合同应当先履行债务的当事人行使先履行抗辩权时，除了负举证责任外，应当履行及时通知义务，即及时通知后履行债务的当事人其将中止履行合同的情况。为使双务合同当事人双方利益平衡，保障先履行一方的权益免受损害，法律规定先履行抗辩权的行使。先履行抗辩权的行使取决于一方当事人的意思，无须征得另一方的同意，为了避免另一方当事人因此受到损害，法律要求其负及时通知义务。

先履行抗辩权行使后产生的法律后果有以下两种：

①在合同履行期内，对方提供了适当的担保，先履行一方当事人的权益可以得到相应保障，应当恢复履行。

②后履行当事人在合理期限内未恢复履行能力，也未提供适当担保的，表明后履行一方当事人完全丧失了履行合同的能力，为保障先履行一方当事人的根本利益，法律赋予其解除合同的权利。

（六）合同债权的保全

对于合同债权，债权人只能向债务人请求履行，原则上不涉及第三人。但当债务人与第三人的行为危及到债权人的利益时，法律就允许债权人对债务人与第三人的行为行使一定的权利，以排除对其债权的危害，这一制度就是合同债权的保全。

保全，即保持财产完整不使其受损失。法律为防止债务人财产的不当减少给债权人权利带来损害而设立债权保全制度，使债权人依据一定的程序或者方法，保全债务人的财产，防止其不当处分而损害债权，以增加债务人履行债务的财产保障。合同债权的保全包括债权人的代位权和债权人的撤销权。

1．债权人的代位权

债权人的代位权，是指债权人为了保全其债权不受损害，以自己的名义代债务人行使权利的权利。《合同法》第73条规定："因债务人怠于行使其到期债权，对债权人造成损害的，债权人可以向人民法院请求以自己的名义代位行使债务人的债权，但该债权专属于债务人自身的除外。""代位权的行使范围以债权人的债权为限。债权人行使代位权的必要费用，由债务人负担。"

债权人的代位权是基于债务人的消极行为，当债务人怠于行使属于自己的财产权利而损害债权人的债权实现时，债权人可以行使代位权，目的是保全债权。债权人的代位权不同于代理权，代理权是代理人以被代理人的名义行使权利，代位权是债权人以自己的名义行使权利。债权人的代位权也不同于优先受偿权，优先受偿权是从债务人的财产中受偿，代位权是从债务人之债务人的财产中受偿。

（1）债权人代位权的构成要件

①债权人有保全债权的必要。代位权为保全债权而设立，所以只能在有保全债权必要时才能行使。

②债务人须有对第三人的权利存在。这是债权人代位权行使的必要条件。如果债务人对于第三人没有权利存在或者已经行使完毕，债权人就不能代位行使权利。

③债务人怠于行使其到期债权。怠于行使，是指对应当行使的权利能行使但不行使，不论其不行使的理由如何。但对于债务人不能行使的权利或者债务人已行使权利但方法不适当等情况，债权人不得行使代位权。

④债权人的债权已届履行期。债权人须在债权已届履行期时，才能行使代位权。对于尚未届至履行期的债权，因债权人有无不能实现债权的危险尚难预料，如果此时行使代位权，对债务人不公平。所以，须在债权已届履行期时，亦即债务人负迟延责任时，才能行使代位权。

（2）债权人代位权的行使

①代位权的行使以债权人自己的名义进行。代位权不同于代理权，债权人行使代位权应以自己的名义，不能以债务人的名义行使。

②代位权的行使应当通过人民法院进行。为避免造成民事流转的混乱，债权人代位权的行使以裁判方式为必要。

③代位权的行使以债权人的债权为限。行使代位权，应以债权保全力限度，即代位行使债务人权利所获的价值，应与所需保全的债权的价值相当。如果超出保全债权的范围时，应当分割债务人的权利行使；如果该权利为不可分割的，可以行使全部权利，将行使的结果归于债务人。

④债权人不得代位行使专属于债务人自身的债权。债权人代位行使的权利，以非专属于债务人自身的权利为限。专属于债务人自身的权利，是须由债务人亲自行使才产生法律效力的权利。

⑤债权人行使代位权的必要费用由债务人负担。对于债权人，因其行使代位权而支出的必要的费用，可以请求债务人返还。

（3）债权人代位权的效力

债权人行使代位权的效力，应归属于债务人，即债务人对第三人的请求权或者有关的权利归于消灭。所获得的财产应归债务人，债权人不得直接以此财产受偿。如果债务人不主动履行债务时，债权人可请求强制履行而受偿。

2. 债权人的撤销权

债权人的撤销权，是指债权人对于债务人危害债权实现的行为，有请求人民法院撤销该行为的权利。《合同法》第74条规定："因债务人放弃到期债权或者无偿转让财产，对债权人造成损害的，债权人可以请求人民法院撤销债务人的行为。债务人以明显不合理的低价转让财产，对债权人造成损害，并且受让人知道该情形的，债权人也可以请求人民法院撤销债务人的行为。""撤销权的行使范围以债权人的债权为限。债权人行使撤销权的必要费用，由债务人负担。"

债权人行使撤销权主要基于债务人处分财产的积极行为和放弃到期债权的消极行为。当债务人的行为使其财产减少而损害债权人的权益时，债权人可以请求人民法院对该行为予以撤销，使已经处分的财产恢复原状，以确保债权人权利的实现，即保全债权。

（1）债权人撤销权的构成要件

债权人行使撤销权的构成要件包括客观要件和主观要件。因债务人的行为可能是有偿行为，也可能是无偿行为，因此构成要件不完全相同。

①客观要件。概括地说，债权人撤销权的客观要件是债务人实施了有害于债权人债权的行为。具体地说，包括以下内容：

a. 须有债务人处分其财产的行为，这种行为可以是有偿行为，也可以是无偿行为。

b. 债务人的行为须有害于债权，也就是债务人的行为导致财产的减少将会使债权得不到清偿。

c. 债务人的行为须在债权成立后所为，在债权成立之前，债务人的行为没有发生危害债权的可能性。

②主观要件。主观要件是指债权人行使撤销权时必须是债务人实施处分行为或债务人与第三人实施民事行为具有主观恶意。在无偿行为产生的债权人撤销权构成要件中，只具备上述客观要件即可，无须以主观恶意为要件，即对放弃到期债权和无偿转让财产行为，债务人有无恶意均可撤销。在有偿行为产生的债权人撤销权的构成要件中，除客观要件，还应当具备主观要件。债务人的恶意，即债务人知道其行为会损害债权人的利益；第三人的恶意，即第三人与债务人恶意串通，或者知道债务人的恶意而与之实施民事行为。《合同法》中规定"债务人以明显不合理的低价转让财产，对债权人造成损害，并且受让人知道该情况的"就是这种恶意。

（2）债权人撤销权的行使

债权人行使撤销权，必须由享有债权人撤销权主体资格的债权人，以自己的名义向人民法院提起诉讼请求，由人民法院依法裁判。如果债务人的债权人为多数，多数债权人可以共同行使撤销权。

撤销权的行使范围以债权人的债权为限。如果超过债权人的债权范围允许债权人行使撤销权，则是对债务人及第三人合法权益的不当干涉，违背了撤销权设立的目的。撤销权的行使应当以债权人的利益得到保障为限度。

（3）债权人撤销权的除斥期间

除斥期间是指时效完成后，权利人的实体权利和诉讼权利消灭，即胜诉权和起诉权消灭。债权人的撤销权应在一定期限内行使。因为撤销权是为了保护债权人的利益，如果债权人长期不行使撤销权，在债务人的行为产生法律效力后很长时间才提出撤销，会使一些合同的效力长期处于不稳定状态。因此，《合同法》第75条规定："撤销权自债权人知道或者应当知道撤销事由之日起一年内行使。自债务人的行为发生之日起五年内没有行使撤销权的，该撤销权消灭。"

五、合同的变更与转让

（一）合同变更

1. 合同变更的概念

合同的变更，是指在合同成立以后、履行完毕之前，由双方当事人依法对原合同的内容进行修改。

广义上的合同的变更，包括合同内容的变更和合同主体的变更。狭义的合同的变更指合同内容的变更。合同法采用的是狭义的合同变更概念。

2. 合同变更的条件

（1）原合同关系已成立

合同的变更基于已经成立的原合同关系，由当事人对其部分内容加以修改，作为履行的根据。如果原合同无效，自其成立时起就不具有法律效力，不存在合同变更的问题。合同的变更期间为合同订立之后到合同没有完全履行之前。

（2）合同的变更是对原合同部分内容的修改

合同的变更是合同内容的变更，包括标的的变更，如标的物种类的变化、数量的增减、质量要求的改变等；履行期限、地点、方式等履行条件的变更；附条件合同所附条件的变更等。合同变更后，变更后的合同取代原合同的法律效力，作为双方当事人履行的依据。

（3）对合同变更的内容应当约定明确

合同的变更会改变当事人之间权利义务的内容，直接关系到当事人的利益。如果约定不明确，在履行的过程中可能会发生争议。《合同法》第78条规定："当事人对合同变更的内容约定不明确的，推定为未变更。"

（4）合同的变更符合法定程序

《合同法》第77条规定："当事人协商一致，可以变更合同。""法律、行政法规规定变更合同应当办理批准、登记等手续的，依照其规定。"双方当事协商一致变更合同时，应适用订立合同时要约和承诺规则。

（二）合同的转让

1. 合同转让的概念

合同的转让，是指合同当事人依法将合同的全部或者部分权利义务转让给第三人的合法行为。在合同的转让中，并不改变合同所约定的权利与义务，只是权利或者义务由第三人享有或者承担。合同的转让涉及权利和义务两方面的问题，合同的转让可分为合同权利的转让、合同义务的转让和合同权利义务全部转让。

2. 合同权利的转让

合同权利的转让，是指合同中的债权人依法将自己的债权全部或者部分转让给合同当事人以外的第三人的合法行为。合同权利的转让可以是权利的全部转让，也可以是权利的部分转让。

（1）合同权利转让的限制

合同权利的转让不是任意进行的，在一定情形下受到限制。《合同法》规定，债权人可以将合同的权利全部或者部分转让给第三人，但有下列情形之一的除外：

①根据合同性质不得转让。这类合同债权由其性质决定不得转让，如租赁、委托合同的债权，属于从权利的合同债权等。

②按照当事人约定不得转让。合同是双方当事人协商一致的结果，依法订立的合同受法律保护，任何一方不得擅自违反合同的约定。当事人可以约定合同债权不得转让任何第三人，也可以约定合同债权不得转让某个特定的第三人。如果双方当事人在合同中约定合同权利不得转让，债权人违反约定转让，则要承担违约责任。

③依照法律规定不得转让。这种情形是基于法律的强制性规定，违反法律规定转让合同权利，构成违法行为。

（2）合同权利转让中债权人的义务

①通知债务人。《合同法》第80条规定："债权人转让权利的，应当通知债务人。未经通知，该转让对债务人不发生效力。""债权人转让权利的通知不得撤销，但经受让人同意的除外。"同权利的转让结果与债务人密切相关，所以，将债权人转让权利应当通知债务人，作为合同权利转让对债务人发生效力的条件。债务人接到合同权利转让的通知后，即应向合同权利的受让人清偿债务。

②债权人转让主债权同时应转让与之有关的从权利。《合同法》第81条规定："债权人转让权利的，受让人取得与债权有关的从权利，但该从权利专属于债权人自身的除外。"与债权有关的从权利，如担保物权、违约金债权、损害赔偿请求权等，依附于合同债权并与合同债权一并转移。但是，从权利专属于债权人自身的，不能随主债权的转让而转让。

（3）合同权利转让中债务人的权利

①抗辩权。《合同法》第82条规定："债务人接到债权转让通知后，债务人对让与人的抗辩，可以向受让人主张。"债务人收到合同权利转让通知后，即应当将受让人作为合同债权人履行债务。受让人取代原合同债权人而成为新合同债权人。为了保障债务人不因合同权利转让而受损害，债务人可以向原合同债权人行使的抗辩权，都可以向新合同债权人行使。

②抵消权。《合同法》第83条规定："债务人接到债权转让通知时，债务人对让与人享有债权，并且债务人的债权先于转让的债权到期或者同时到期的，债务人可以向受让人主张抵消。"

这是为保护债务人的利益所作的规定。在债务人对原债权人享有债权的情况下，债务人本来可以通过行使抵消权保护自己的利益。但原债权人将自己的债权转让给了第三人，债务人应向第三人履行债务，同时只能向原债权人主张权利。如果原债权人失去履行能力，债务人的利益就没有保障。为保护债务人的利益，《合同法》规定，如果债务人对原债权人的债权先于转让的债权到期或者同时到期，债务人可以向受让债权的第三人主张抵消。抵消如果使受让人的利益受到损害，受让人可请求原债权人给予补偿。

3. 合同义务的转让

合同义务的转让，是指合同中的债务人将自己应履行的义务转让给第三人的行为。债务人将合同义务转让给第三人，可以是全部转让，也可以是部分转让，但应当经债权人同意。接受转让的第三人为新债务人，新债务人向债权人履行义务，并且应承担与主债务有关的债务。《合同法》第86条规定："债务人转移义务的，新债务人应当承担与主债务有关的从债务，但该从债务专属于原债务人自身的除外。"此外，根据《合同法》第85条规定"债务人转移义务的，新债务人可以主张原债务人对债权人的抗辩。"

4. 合同权利义务全部转让

合同权利义务全部转让，也称为合同权利义务的概括转移。《合同法》第88条规定："当事人一方经对方同意，可以将自己在合同中的权利和义务一并转让给第三人。"

合同权利义务全部转让时，须经对方当事人的同意。合同权利义务全部转让，可以是与第三人约定，将合同权利义务一并转移于第三人，也可以因法律规定而发生，如《合同法》第229条规定，租赁物在租赁期间发生所有权变动的，不影响租赁合同的效力。如果法律对合同权利义务全部转让有禁止性规定的，不得违背禁止性规定，如根据《建筑法》的规定，承包方不能将自己的全部权利义务转让给第三人。合同权利和义务一并转让的，适用关于对合同权利转让限制、从权利和从义务随之转让、债务人的抗辩权、债务人的抵消权等的规定。

（三）合同订立后当事人合并或者分立后权利的行使和义务的承担

法人或者其他组织的合并或者分立是市场经济条件下常见的现象。合并或者分立不论由何种原因引起，都会对合同权利的行使和义务的承担产生影响。合并是指两个或者两个以上的法人或者其他组织通过一定的程序组成一个新的法人或者其他组织。分立是指一个法人或者其他组织依照一定的程序分为两个或者两个以上的法人或者其他组织。

1. 合并后权利的行使和义务的承担

法人或其他组织合并后，原主体资格消灭，失去行使合同债权和履行合同债务的能力，但原已订立的合同约定的权利义务不因其合并而消灭。《合同法》第90条规定，当事人订立合同后合并的，由合并后的法人或其他组织行使合同权利，履行合同义务。

2. 分立后权利的行使和义务的承担

当事人订立合同后分立的，除债权人和债务人另有约定的以外，由分立的法人或者其他组织对合同的权利和义务享有连带债权，承担连带债务。连带债权，是指分立后的两个或者两个以上的法人或者其他组织中的任何一个都有权请求债务人履行全部债务。连带债务，是指分立后的两个或者两个以上的法人或者其他组织中的任何一个都有清偿全部债务的责任。连带债权和连带债务都是连带关系，即多数债权人或者多数债务人中一人产生的效力对于其他债权人或者债务人也产生同样的效力。

六、合同的权利义务终止

（一）合同的权利义务终止

合同的权利义务终止，是指当事人双方终止合同关系，合同确立的当事人之间的权利义务关系消灭。合同的权利义务终止不同于合同的变更。合同的变更是变更合同的具体内容，合同变更后，债权债务关系仍然存在，只是内容有所变化。合同的权利义务终止的后果是消灭了当事人之间原来存在的债权债务关系。

1. 合同权利义务终止的原因

合同的权利义务终止须有法律上的原因。导致合同权利义务终止的原因发生，合同关系即在法律上消灭，不须当事人的主张。合同的权利义务终止可以基于当事人的意思表示，如免除债务、协议解除，也可以基于合同的目的消灭，如合同履行完毕、提存、混同等。根据《合同法》第91条规定，有下列情形之一的，合同的权利义务终止：

（1）债务已经按照约定履行。合同依法成立后，当事人双方均应按照合同约定履行自己的义务。如果双方当事人完全履行了自己的义务，使对方的权利得到实现，合同确立的权利义务关系就自然消灭了。

（2）合同解除。合同解除是在合同依法成立后，根据双方当事人的协议，或者法定或约定的条件发生时，依照一方当事人的意思表示使合同的权利义务关系消灭。

（3）债务相互抵消。抵消是指当事人互负债务，按对等数额使其消灭。

（4）债务人依法将标的物提存。提存是指债务人将难以履行的标的物提交有关部门保存，使债权债务关系消灭。

（5）债权人免除债务。债权人免除债务，是债权人放弃债权的意思表示，可以是免除全部债务，也可以是免除部分债务。

（6）债权债务同归于一人。债权债务同归于一人，称为混同。合同的债权债务同归于一人，自己既是债权人又是债务人，合同的权利义务关系当然终止。

（7）法律规定或者当事人约定终止的其他情形。除上述6种情形之外，还有一些其他法律规定的情形。此外，当事人也可以约定终止合同的条件，当事人约定的终止条件发生时，合同的权利义务终止。

2. 合同权利义务终止后的义务

合同权利义务终止，使双方当事人之间的合同关系消灭，但在某些合同中，由于原合同本身的特点，使当事人的某些义务具有延续性。因此，虽然原合同关系消灭了，当事人可能还有必须履行的义务。合同的权利义务终止后，当事人要遵循诚实信用原则，并根据交易习惯，承担合同终止后的义务，主要有通知、协助、保密三种。

《合同法》第98条规定："合同的权利义务终止，不影响合同中结算和清理条款的效力。"如果合同中约定有结算和清理条款，在当事人之间的利益关系没有解决以前，该条款仍具有法律效力，包括结算和清理的方式、范围等。

（二）合同解除

合同解除，是指在合同依法成立后，根据双方当事人的协议，或者法定或者约定的条件发生时，依照一方当事人的意思表示，使合同的权利义务终止。合同解除的法律后果是使合同的权利义务消灭。

1. 合同解除的种类

合同解除有两种形式，一是协议解除，二是法定解除。

（1）协议解除

协议解除是根据当事人的意思而解除合同。根据合同自愿原则，法律充分尊重合同当事人的自由意思。协议解除合同有两种情况：

① 事后协商解除，即双方当事人经协商，就消灭合同关系达成合意，使合同的权利义

务终止。《合同法》第93条第1款规定："当事人协商一致，可以解除合同。"

② 约定的解除条件成就。当事人在订立合同时，除了考虑订立合同当时各自的情况，对将来的情况也有一定的预料。当事人可以在合同中事先约定解除条件，并可以约定谁享有解除权，当该解除条件发生时，解除权人可以行使解除权，使合同的权利义务终止。

（2）法定解除

法定解除是在发生法律规定的情形时，一方当事人解除合同。法定解除是单方的法律行为，在法定解除条件具备时，有解除权的一方可以直接行使解除权，不必经对方的同意。《合同法》第94条规定，有下列情形之一的，当事人可以解除合同：

① 因不可抗力致使不能实现合同目的。不可抗力，是指不能预见、不能避免并不能克服的客观情况。不可抗力包括自然现象，如地震、洪水、台风等；也包括社会现象，如战争等。发生不可抗力并不一定发生法定解除权，是否解除合同要根据不可抗力对合同履行的影响程度而定。因不可抗力使合同不能完全履行或者按期履行时，可以变更合同。只有在不可抗力的影响足以使合同的目的不能实现时，才能通知对方解除合同。

② 在履行期限届满之前，当事人一方明确表示或者以自己的行为表明不履行主要债务。明确表示不履行主要债务，即当事人一方在合同订立后以明示的方式拒绝履行合同主要义务。以自己的行为表明不履行主要债务，是默示的表明，行为的作出可以使人了解其含义，如合同标的物为特定物，合同订立后，将该特定物出售给第三人。当事人一方以明示或默示的方式表明不履行主要债务时，为保护对方当事人的利益，合同法规定对方当事人可以行使解除权。

③ 当事人一方迟延履行主要债务，经催告后在合理的期限内仍未履行。迟延履行，即没有按照约定的时间履行。在超过履行期限时，如果允许不经催告就解除合同，可能对债务人有重大不利。如果在被允许推迟履行的合理期限内仍未履行，对方当事人可以解除合同，因为据此可以判断出债务人不具备履行能力或者根本不愿意履行。"合理的期限"要根据合同的具体情况确定。

④ 当事人一方迟延履行债务或者有其他违约行为致使不能实现合同目的。当事人迟延履行债务致使不能实现合同目的，是指合同的履行期限对于债权人合同目的的实现具有决定性的意义，如果债务人不在特定时间履行，债权人订立合同的目的就无法实现，如季节性强的商品购销。在这种情况下债权人无须催告即可解除合同。在合同履行中，如果由于债务人的其他违约行为使对方订立合同目的不能实现，也可以解除合同。

⑤ 法律规定的其他情形。除上述4项之外，法律规定的其他情形，包括《合同法》及其他法律规定的情形。

2. 合同解除权的行使期限

合同解除权的行使是使原合同的权利义务终止，对于对方当事人的利益有重大影响。在一方当事人根据合同约定或者法律规定取得解除权时，法律赋予其一种选择权，当事人可以行使解除权，也可以不行使解除权。在享有解除权的当事人行使解除权之前，对方当事人的权利义务无法确定。因此，法律对于解除权的行使期限予以限制。

当事人可以在法律规定或者约定期限内行使解除权，当事人没有在期限内行使的，解除权消灭，合同继续有效存在；法律没有规定，当事人也没有约定解除权行使期限的，解除权也不能无限期存在，对方当事人可以催告享有解除权的当事人在合理的期限内作出是否解除合同的决定。享有解除权的当事人在合理期限内明确表示解除合同，则合同的权利义务终止；享有解除权的当事人在合理期限内不行使解除权，则解除权消灭。

3. 合同解除的程序

（1）一般程序

根据《合同法》第96条第1款的规定，享有解除权的当事人主张解除合同的，应当通知对方。合同自通知到达时解除。对方有异议的，可以请求人民法院或者仲裁机构确认解除合同的效力。

（2）特别程序

根据《合同法》第96条第2款的规定，法律、行政法规规定解除合同应当办理批准、登记等手续的，依照其规定。在法律、行政法规规定的手续未办理以前，合同不能解除。

4. 合同解除的法律后果

合同解除是在合同订立以后没有完全履行之前，基于当事人的约定或法律规定终止合同的权利义务关系。《合同法》第97条规定："合同解除后，尚未履行的，终止履行；已经履行的，根据履行情况和合同性质，当事人可以要求恢复原状、采取其他补救措施，并有权要求赔偿损失。"

合同解除后合同关系消灭，对当事人来说，合同的权利义务已不存在，因此合同尚未履行的，当然不必再履行。对于债务人已经履行的，合同法规定应根据履行情况和合同性质决定处理方式。合同的履行情况主要指合同是一方履行还是双方均已履行，是全部履行还是部分履行等，合同的性质主要指合同标的是物还是行为，是所有权转移还是使用权转移等，据此决定处理方式。

（1）恢复原状

即使当事人的财产状况恢复到合同成立以前的状态。所采取的主要方式是返还财产。一方当事人履行的，单方返还；双方均已履行的，双方返还。

（2）采取其他补救措施

如果不能采用恢复原状的方式，可以采取其他补救措施。如施工合同、技术开发合同等，开始履行后无法恢复原状，又如标的物已不存在、标的物已被第三人依法取得所有权等，也不能恢复原状。无法恢复原状的，当事人可以要求采取其他措施给予补偿。

（3）赔偿损失

合同解除所造成的损失当事人有权要求赔偿。《民法通则》第115条也有相应的规定，合同的解除，不影响当事人要求赔偿损失的权利。

（三）抵消

抵消，是指当事人互负债务，按对等数额使其消灭。抵消依其不同的发生依据，可分为法定抵消和协议抵消。

1. 法定抵消

法定抵消由法律规定其构成要件，当条件具备时，依有抵消权的当事人单方意思表示即可发生效力。《合同法》第99条第1款规定："当事人互负到期债务，该债务的标的物种类、品质相同的，任何一方可以将自己的债务与对方的债务抵消，但依照法律规定或者按照合同性质不得抵消的除外。"

当事人互负同种类债务且均已届清偿期，通过抵消使债务的关系消灭，可以使当事人双方不再实际履行，并且可以节省履行费用。此外，如果互负债务的当事人一方财产状况恶化不能履行债务，或者故意不履行，对方当事人的利益没有保障。通过抵消可以避免这种情况。

（1）法定抵消的构成要件

① 必须是当事人互负债务，互享债权。抵消是按对等数额使双方债权债务关系消灭，只有双方当事人互负债务，互享债权才能抵消。只有债务或者只有债权，均无法抵消。当事人之间互负债务必须为合法存在。合同不成立或者无效时，合同的债权债务不能有效存在，当然不存在抵消的问题。

② 必须是标的物种类、品质相同的债务。抵消的实质是双方给付的交换，为便于交换价格的计算，给付的标的物种类、品质应相同。适于抵消的多为货币和相同种类标的物，这样抵消后双方的经济目的一般不会受到影响。如果双方互负债务的标的物种类、品质不同，双方各有特定的经济目的，抵消可能会使当事人的经济目的不能实现。

③ 必须是双方债务均已届清偿期。在合同履行期限届满之前，债权人不得强制债务人履行债务。抵消相当于当事人履行了债务，如果在履行期限届满之前要求抵消，相当于强制债务人履行债务。所以，主张抵消必须是双方债务均已届清偿期。

④ 必须是可以用作抵消的债务。法律规定不得抵消的债务不能抵消，如禁止强制执行的债务，《民事诉讼法》规定，法院决定扣留、提取收入时，应保留被执行人及其所扶养家属的生活必需费用；查封、扣押、冻结、拍卖、变卖被执行人的财产，应当保留被执行人及其所扶养家属的生活必需品。另外，按照合同性质不得抵消的债务不能抵消。依债务性质，非清偿不能达到合同目的的，必须相互清偿，不得抵销。

（2）法定抵消的程序

《合同法》第99条第2款规定："当事人主张抵消的，应当通知对方。通知自到达对方时生效。抵消不得附条件或者附期限。"

法定抵消是单方法律行为，由当事人一方作出主张抵消的意思表示就发生法律效力，不须对方当事人的同意。但应将抵消主张通知对方，通知于到达对方时生效。

抵消不得附条件或者期限。因为附有条件或者期限，使其效力不确定，违背抵销的目的，也不利于对方当事人的利益。

2. 协议抵消

《合同法》第100条规定："当事人互负债务，标的物种类、品质不相同的，经双方协商一致，也可以抵消。"协议抵消是尊重当事人的意志，贯彻合同自愿原则，由互负债务的当事人协商一致后抵消，而不论标的物种类、品质是否相同。

（四）提存

提存，是指由于债权人的原因而使债务人无法向其交付合同标的物时，债务人将该标的物交付于提存机关而使合同权利义务终止的制度。

合同的履行需双方当事人的相互协助。如果债权人无正当理由拒绝受领或者因其他原因使债务人无法交付标的物，债权人当然应承担相应的责任，但债务人的债务不能消灭，仍需履行，这对于债务人不公平。因此，法律规定了提存制度。提存的目的在于消灭合同当事人之间的债权债务关系。

1. 债务人可以提存消灭债务的原因

（1）债权人无正当理由拒绝受领

无正当理由拒绝受领，是指债权人应当能够受领而不受领。在这种情况下，债务人可以通过提存的方式消灭自己所负担的债务。如果债权人有拒绝受领的正当理由，如债务人交付的标的物质量与合同约定不符，债务人提前履行损害债权人的利益等，债务人就不能以提存的方式消灭自己的债务。

（2）债权人下落不明

债权人下落不明，是债权人的下落为债务人在通常情况下无法知道。债权人应在合同履行地接受债务人的履行，如果债权人下落不明，债务人无法履行自己的债务，就可以通过提存的方式消灭自己的债务。

（3）债权人死亡未确定继承人或者丧失民事行为能力未确定监护人

债权人死亡使债权人不能受领，根据《中华人民共和国继承法》的规定，其继承人应继承其债权，债务人应当向继承人履行债务。但债权人死亡后继承人尚未确定，债务人就无法履行债务。所以，法律规定债务人可以将标的物提存。

债权人丧失民事行为能力即丧失了独立实施民事法律行为的资格，其民事法律行为应由监护人代理。如果债权人丧失民事行为能力，其监护人尚未确定，债务人也无法履行自己的义务。所以，应允许债务人提存标的物。

（4）法律规定的其他情形

法律规定的其他情形，指《合同法》或者其他法律规定的除上述情形之外，债务人可以通过提存消灭债务的情形。如《合同法》第70条规定："质权人分立、合并或者变更住所没有通知债务人，致使履行债务发生困难的，债务人可以终止履行或者将标的物提存。"又如《担保法》第69条第2款规定："质权人不能妥善保管质物可能使其灭失或者毁损的，出质人可以要求质权人将质物提存，或者要求提前清偿债权而返还质物。"

2. 提存的标的

提存的标的是债务人依照合同约定应当交付的标的物。债务人提存的标的物应当适于提存。《合同法》第101条第2款规定："标的物不适于提存或者提存费用过高的，债务人依法可以拍卖或者变卖标的物，提存所取得的价款。"根据上述规定，债务人依法拍卖或者变卖标的物，提存取得的价款的有两类：一是不适于提存的标的物，如鲜活、易变质的食品等；二是提存费用过高，即提存后的保管费用过高。

债务人将标的物提存后，不论债权人是否受领，债务人的债务均归于消灭。《合同法》第103条规定："标的物提存后，毁损、灭失的风险由债权人承担。提存期间，标的物的孳息归债权人所有。提存费用由债权人负担。"提存是因债权人没有按约定受领标的物引起的，标的物提存后视为已交付，提存期间提存物的所有权归债权人。所以，提存期间标的物的孳息归债权人所有，标的物毁损、灭失的风险及提存费用由债权人承担。

3. 提存通知

因为提存并非是债务人向债权人交付标的物，所以应将债务人通过提存方式履行债务的情况通知债权人，以便债权人要实现债权时向提存机关领取提存物。债务人无法通知的除外。《合同法》第102条规定："标的物提存后，除债权人下落不明的以外，债务人应当及时通知债权人或者债权人的继承人、监护人。"这是法律对债务人规定的义务，即除债权人下落不明，债务人应通知债权人；债权人的继承人或者监护人已经确定的，债务人应及时通知。

4. 提存期限

债权人领取提存物是依照合同实现债权的行为，标的物提存后其所有权归属于债权人，债权人可以在法律规定的期间随时领取提存物。但如果债权人对提存标的物的债务人也负有债务且尚未履行，为保护债务人的利益，有必要对债权人领取提存物加以限制。《合同法》第104条第1款规定："债权人可以随时领取提存物，但债权人对债务人负有到期债务的，在债权人未履行债务或者提供担保之前，提存部门根据债务人的要求应当拒绝其领取提存物。"

提存消灭了债务人的债务，由提存机关承担保管提存物的责任。如果债权人长期不领取提存物，就会增加提存机关的负担，因此有必要规定债权人领取提存物的权利期间。《合同法》第104条第2款规定："债权人领取提存物的权利，自提存之日起五年内不行使而消灭，提存物扣除提存费用后归国家所有。"

（五）免除

免除，即债权人免除债务，是指债权人放弃全部或者部分债权，使债务人的全部或者部分债务消灭的行为。债权人免除债务是一种单方法律行为，债权人一方的意思表示即可使合同债务消灭。《合同法》第105条规定："债权人免除债务人部分或者全部债务的，合同的权利义务部分或者全部终止。"

免除是债权人的处分行为，债权人应对其所要免除的债务有处分权。自债权人向债务人明确表示放弃债权发生法律效力，债权人一旦作出免除的意思表示即不得撤回。免除的法律后果是使合同的权利义务终止，债务全部免除的，债权债务关系全部消灭；债务部分免除的，债权债务关系部分消灭。

（六）混同

混同，即债权债务归于一人，债权债务关系消灭。《合同法》第106条规定："债权和债务同归于一人的，合同的权利义务终止，但涉及第三人利益的除外。"

债的成立必须有两个以上的主体，即债权人和债务人同时存在时才能成立，当债权人和债务人为同一主体时，不符合应具备的债的要素。所以，当债权人和债务人为一人时，债权债务当然消灭，但涉及第三人利益的除外。例如以债权作质押，即使债权债务发生混同，为保护债权人的利益，债权不因此消灭。

七、合同的违约责任

（一）违约责任的概念及特征

违约责任，是指合同当事人不履行合同义务或者履行合同义务不符合约定时，依法应承担的法律责任。违约责任具有以下特征。

1. 违约责任是当事人不履行合同债务时承担的民事责任

违约责任以有效的合同债权债务关系为存在前提，如果没有合同关系存在，也就没有违约责任的发生。违约的发生须有合同当事人不履行债务的行为，即合同当事人不履行合同义务或者履行合同义务不符合约定。

2. 违约责任可以由当事人在法律允许的范围内约定

合同关系是基于当事人的协商一致而成立的，在订立合同时，当事人可以在法律规定的范围内约定违约责任。例如，约定违约金、约定因违约产生的损失赔偿额的计算方法等。

3. 违约责任是违约方向对方承担的民事责任

合同关系是一种相对的法律关系，违约责任作为对不履行合同债务的补救措施，主要作用在于补偿对方当事人的损失。合同关系以外的第三人不通过合同享有权利、承担义务，不会因违约方不履行合同遭受损失，违约方无须对其承担违约责任。

（二）承担违约责任的原则

承担违约责任的原则是不履行合同的当事人承担违约责任的根据。《合同法》规定，承担违约责任采取严格责任原则。严格责任原则不以主观过错为构成要件，只要合同当事人有违约行为，就应该承担违约责任，守约方无须举证违约方具有主观过错。这样规定有利于保护守约方的合法利益。

严格责任原则也并不是完全绝对的，也有免责的可能性。严格责任原则下直接规定的法定免责事由为不可抗力，当事人证明有不可抗力致使不能履行合同可以免责。

（三）承担违约责任的主体

1. 双方违约时违约责任的承担

违约行为可以分为单方违约和多方违约，单方违约产生单方责任，即由违约方向对方承担违约责任；多方违约是当事人各方均有违约行为，应各自承担相应的责任。

2. 当事人一方因第三人原因违约时违约责任的承担

承担违约责任的原则为严格责任原则，即只要当事人有违约行为，不论是否有主观过错都要承担违约责任。合同当事人一方的违约行为由于第三人的原因造成的，也应承担违约责任。但由于其违约是由于第三人的原因，向对方承担违约责任所遭受的损失是第三人的行为造成的，其损失最终应由第三人承担。《合同法》第 121 条规定："当事人一方因第三人的原因造成违约的，应当向对方承担违约责任。当事人一方和第三人之间的纠纷，依照法律规定或者按照约定解决。"

（四）预期违约

预期违约，是指在合同履行期限到来之前，当事人一方明确表示或者以自己的行为表明不履行合同义务的行为。

1. 预期违约的特征

（1）预期违约发生在合同履行期限到来之前。一般的违约行为是在合同履行期限到来之后发生。

（2）当事人一方明确表示或者以自己的行为表明不履行合同义务。即当事人一方以明示的或者默示的方式表明不履行合同义务。前者称为明示毁约，后者称为默示毁约。

2. 实际违约与预期违约的区别

实际违约是在履行期限到来后的违约。二者区别有：

（1）预期违约发生在合同成立之后，履行期限到来之前；而实际违约不但发生在合同成立以后，而且发生在履行期限到来之后。

（2）预期违约表现为未来将不履行义务；而实际违约表现为现实的违反义务，将有可能给对方造成期待利益的损失。

（3）预期违约侵害的是期待的债权；而实际违约损害的是现实的债权。

（4）补救方式不同。在明示毁约中，因合同的履行期限还没有到来，所以债权人可以不顾对方的违约，等履行期限到来之后要求对方继续履行；或者等履行期限到来之后，按照实际违约的补救方式，要求对方承担实际违约的责任，即要求对方实际履行，赔偿损失或支付违约金。

（五）承担违约责任的方式

《合同法》第 107 条规定："当事人一方不履行合同义务或者履行合同义务不符合约定的，应当承担继续履行、采取补救措施或者赔偿损失等违约责任。"合同当事人可以根据合同履行的不同情况采取不同的违约责任承担方式。

1. 继续履行

继续履行，是指当事人一方不履行合同义务或者履行合同义务不符合约定时，强制其在合同履行期限届满后继续履行合同义务的违约责任方式。继续履行包括金钱债务的继续履行和非金钱债务的继续履行。

（1）金钱债务的继续履行

金钱债务即当事人支付货币的义务。当事人未履行金钱债务的违约行为，表现为当事人未支付价款或者报酬。《合同法》第 109 条规定："当事人一方未支付价款或者报酬的，对方可以要求其支付价款或者报酬。"

（2）非金钱债务的继续履行

非金钱债务即除支付货币以外的其他债务，如提供劳务、完成工作、交付货物等。《合同法》第 110 条规定，当事人一方不履行非金钱债务或者履行非金钱债务不符合约定的，对方当事人可以要求履行。如果违约方不能主动继续履行，守约方有权请求人民法院采取强制措施。

由于非金钱债务种类的多样性，以及合同履行过程中发生的变化，有的非金钱债务可以继续履行，有的则不能继续履行。《合同法》第 110 条规定，当事人一方因非金钱债务违约，对方可以要求履行，但有下列情形之一的除外：

① 法律上或者事实上不能履行。法律上不能履行，是指因法律规定致使履行不能，如给付禁止流通物。事实上不能履行，是指因自然法则致使履行不能，如标的物的灭失。如果合同已经不能履行，不论是法律上的不能还是事实上的不能，都不再有强制继续履行的责任。但合同不能履行并不使合同无效，受损害的当事人可以要求采取其他措施。

② 债务的标的不适于强制执行或者履行费用过高。债务的标的不适于强制执行，债务的性质一般具有人身专属性，如技术开发、著作出版等，债务的标的在性质上决定了不适于强制执行。履行费用过高，是指债务有履行的可能，但履行合同的代价太大。

为平衡双方当事人的利害关系，法律规定此种情况不要求继续履行，可以通过其他方式解决。

③ 债权人在合理的期限内未要求履行。如果债权人长期不要求继续履行，对债务人不公平，因此对债权人主张权利作相应的限制，使债务人的责任承担方式尽早确定。如果债权人在合理的期限内未要求履行，债务人可以认为债权人不再要求继续履行。

2. 采取补救措施

合同标的质量不符合约定，违约方应当按照合同约定承担违约责任。如果当事人没有约定违约责任或者约定不明确，双方当事人可以达成补充协议；不能达成补充协议的，可以按照合同有关条款或者交易习惯确定。以上方法仍不能确定违约责任的，受损害方可以根据标的物的性质及损失的大小，合理选择以下方式：修理、更换、重作、退货、减少价款或者报酬等。

3. 赔偿损失

赔偿损失，是指当事人一方不履行合同义务时依法赔偿对方当事人所受损失的责任。《合同法》第 112 条规定："当事人一方不履行合同义务或者履行合同义务不符合约定的，在履行义务或者采取补救措施后，对方还有其他损失的，应当赔偿损失。"

通过赔偿损失，可以补偿受损害方因对方违约行为所遭受的损失，使受损害方处于如同合同已经履行时的状态。为了对合同各方当事人的利益给予公平的保护，合同法对于违约损害赔偿责任的范围作了规定。《合同法》第 113 条规定："当事人一方不履行合同义务或者履行合同义务不符合约定，给对方造成损失的，损失赔偿额应当相当于因违约所造成的损失，包括合同履行后可以获得的利益，但不得超过违反合同一方订立合同时预见到或者应当预见到的因违反合同可能造成的损失。""经营者对消费者提供商品或者服务有欺诈行为的，依照《中华人民共和国消费者权益保护法》的规定承担损害赔偿责任。"根据上述规定，损失赔偿额应相当于因违约所造成的损失，包括合同履行后可获得的利益。同时，以可预见性规则对损害赔偿额作出了必要的限制。对于经营欺诈行为，特别规定按《消费者权益保护法》承担损害赔偿责任，即双倍赔偿。

当事人一方违约时，应承担相应的违约责任，对方当事人知道违约行为发生时，也应承担相应的积极义务。《合同法》第 119 条规定："当事人一方违约后，对方应当采取适当措施防止损失的扩大；没有采取适当措施致使损失扩大的，不得就扩大的损失要求赔偿。""当事人因防止损失扩大而支出的合理费用，由违约方承担。"

4. 违约金

违约金，是指按照合同的约定或者法律规定，当事人一方违约时向对方支付的一定数额的货币。《合同法》第 114 条第 1 款规定："当事人可以约定一方违约时应当根据违约情况向对方支付一定数额的违约金，也可以约定因违约产生的损失赔偿额的计算方法。"

违约金具有补偿性。当事人可以在合同中对违约金的数额进行约定，但如果约定的违约金数额与损失额相差悬殊就违背了违约金的补偿性质。因此法律规定，违约金数额过高或者过低时允许调整。《合同法》第 114 条第 2 款规定："约定的违约金低于造成的损失的，当事人可以请求人民法院或者仲裁机构予以增加；约定的违约金过分高于造成的损失的，当事人可以请求人民法院或者仲裁机构予以适当减少。"

当事人一方的违约行为表现为迟延履行时，对方当事人除可以要求违约方按约定支付违约金以外，还可以要求违约方继续履行。

5. 定金

定金，是指当事人为保证合同的履行，由一方当事人在合同履行之前支付给对方的一定数额的货币。定金是一种担保形式，也是一种违约责任形式。

《合同法》第 115 条规定："当事人可以依照《中华人民共和国担保法》约定一方向对方给付定金作为债权的担保。债务人履行债务后，定金应当抵作价款或收回。给付定金的一方不履行约定的债务的，无权要求返还定金；收受定金的一方不履行约定的债务的，应当双倍返还定金。"

当事人可以在合同中既约定违约金又约定定金，但在一方当事人违约时，二者不能并用。当事人一方在对方违约时可根据具体情况选择适用违约金或者定金条款。

（六）违约责任的法定免除

合同当事人不履行合同义务或者履行合同义务不符合约定，承担违约责任时遵循严格责任原则，无论当事人是否有主观过错，均应承担相应的责任。但这并不意味着没有免责的可能，《合同法》将不可抗力规定为违约责任的法定免除事由。

不可抗力作为违约责任法定免除事由，只在不可抗力影响所及的范围内免除责任。《合同法》第117条第1款规定："因不可抗力不能履行合同的，根据不可抗力的影响，部分或者全部免除责任，但法律另有规定的除外。当事人迟延履行后发生不可抗力的，不能免除责任。"

在合同履行期间发生不可抗力致使合同不能履行，可以部分或者全部免除责任。遭受不可抗力的一方违约责任部分或者全部免除的同时，法律规定的义务应当承担，包括及时通知和提供证明。《合同法》第118条规定："当事人一方因不可抗力不能履行合同的，应当及时通知对方，以减轻可能给对方造成的损失，并应当在合理期限内提供证明。"

八、合同争议的解决

合同争议，是当事人之间对于不履行合同或者履行合同不符合约定而产生的争议。在合同履行过程中，由于当事人的主观因素或者某些客观因素，难免发生争议。争议的发生使当事人的权利义务关系处于不确定状态，不利于保护当事人的合法权益，也不利于社会经济秩序的稳定。《合同法》就合同争议的解决作出了明确的法律规定。

（一）合同争议的解决方式

《合同法》第128条规定："当事人可以通过和解或者调解解决合同争议。""当事人不愿和解、调解或者和解、调解不成的，可以根据仲裁协议向仲裁机构申请仲裁。涉外合同的当事人可以根据仲裁协议向中国仲裁机构或者其他仲裁机构申请仲裁。当事人没有订立仲裁协议或者仲裁协议无效的，可以向人民法院起诉。当事人应当履行发生法律效力的判决、仲裁裁决、调解书；拒不履行的，对方可以请求人民法院执行。"根据上述规定，合同争议的解决方式包括和解、调解、仲裁和诉讼。

1. 和解

和解，是指在发生合同争议时，当事人遵循公平和诚实信用原则，按照法律、行政法规的规定自行协商，对争议事项达成一致意见，解决合同争议的方式。

和解不是合同争议解决的必经程序，是当事人自愿选择的合同争议解决方式。当事人不愿和解的，可以选择其他方式解决合同争议。

2. 调解

调解，是指由合同关系以外的第三人作为调解人，通过其沟通使当事人之间对争议问题达成一致意见，解决合同争议的方法。

调解与和解一样，不是合同争议解决的必经程序。调解过程中的调解人是双方当事人都可以接受的第三人，是由双方当事人自由选择的组织或者个人。调解达成一致意见的，应当制作调解协议书。但这里所说的调解不同于仲裁机构在仲裁过程中，以及人民法院在诉讼过程中的调解，不具有强制执行的效力。当事人不按照调解协议书执行，对方当事人也不能请求人民法院强制执行。

当事人不愿和解、调解或者和解、调解不能解决合同争议的，可以选择仲裁或者诉讼方式解决合同争议。

3. 仲裁

仲裁，是指双方当事人将其争议提请无直接利害关系的第三人居中调解，按照一定的程序作出对双方当事人都有约束力的判断或者裁决的方式。

当事人采用仲裁方式解决争议，应当双方自愿，达成仲裁协议。仲裁协议可以是合同中的仲裁条款，也可以是事后达成的仲裁协议。没有仲裁协议，一方申请仲裁的，仲裁委员会不予受理；同样，当事人达成仲裁协议，一方又向人民法院起诉的，人民法院不予受理。在申请仲裁时，由当事人双方协商，自愿选定仲裁委员会，自愿选任仲裁员。

仲裁委员会是仲裁机构，不实行级别管辖和地域管辖，依法独立仲裁，不受任何行政机关、社会团体和个人的干涉。仲裁裁决作出后，当事人就同一纠纷再申请仲裁或者向人民法院起诉的，仲裁委员会或者人民法院不予受理，仲裁实行一裁终局制。当事人一方不履行裁决，对方可以依法向人民法院申请执行。

为有利于保守商业秘密，有利于争议双方今后继续经济往来，仲裁不公开进行，当事人协议公开的可以公开，但涉及国家秘密的除外。

对于涉外合同争议，当事人可以根据仲裁协议选择向中国的仲裁机构申请仲裁，也可以选择向其他国家的仲裁机构申请仲裁。

4. 诉讼

在发生合同争议时，如果当事人没有订立仲裁协议或者仲裁协议无效的，可以向人民法院起诉。仲裁协议无效，是指仲裁协议约定的仲裁事项超出法律规定的仲裁范围、无民事行为能力人或者限制民事行为能力人订立的仲裁协议，或者一方采取胁迫手段，迫使对方订立仲裁协议的。

诉讼，是指当事人之间发生争议，向人民法院提起诉讼，请求人民法院通过审判解决争议的方式。

人民法院受理合同争议后，应当根据自愿、合法的原则进行调解，调解达成协议的，应当制作调解书，调解书与判决书具有同等法律效力。调解不成或者当事人不愿调解，人民法院应当及时判决。当事人必须按照发生法律效力的判决书、调解书履行；拒不履行的，对方当事人有权请求人民法院强制执行。

（二）合同争议诉讼或者仲裁的时效

诉讼或者仲裁时效，是法律规定允许当事人为维护自己的合法权益向人民法院或者仲裁机构提起诉讼或者申请仲裁的法定期限。诉讼或者仲裁必须在法律规定的期限内提出，否则人民法院或者仲裁机构就不再受理。

《合同法》第129条规定："因国际货物买卖合同和技术进出口合同争议提起诉讼或者申请仲裁的期限为四年，自当事人知道或者应当知道其权利受到侵害之日起计算。因其他合同争议提起诉讼或者申请仲裁的期限，依照有关法律的规定。"

根据上述规定，因国际货物买卖合同和技术进出口合同争议提起诉讼或者申请仲裁的时效为四年。因其他合同争议提起诉讼或者申请仲裁的期限，则根据有关法律的规定。如果没有特别规定，一般应当适用《民法通则》关于诉讼时效的规定，即普通诉讼时效为两年，短期诉讼时效为一年，从知道或者应当知道权利被侵害时计算，但从权利被侵害之日起超过二十年的，不再予以保护。

时效的起算，是从当事人知道或者应当知道权利受侵害时起计算。当事人是否知道权利被侵害，不以其自己的表示为根据，而是主要根据事实上是否知道或者应当知道来确定。

《民法通则》还规定了诉讼时效的中止、中断，这些规定对于合同争议都适用。《民法通则》第 139 条规定："在诉讼时效期间的最后六个月内，因不可抗力或者其他障碍不能行使请求权的，诉讼时效中止。从中止时效的原因消除之日起，诉讼时效期间继续计算。"第 140 条规定："诉讼时效因提起诉讼、当事人一方提出要求或者同意履行义务而中断。从中断时起，诉讼时效期间重新计算。"

💡 思考与练习

1. 合同的基本内容和订立形式是什么？
2. 什么是要约和承诺，适用要求是什么？
3. 合同成立的标志是什么？
4. 合同生效的情况有哪些？合同生效的时间？
5. 合同履行有哪些基本要求？在合同履行中当事人有哪些权利？
6. 无效合同有哪些？如何处理无效合同？
7. 合同转让有哪几种？
8. 合同终止的情况有哪些？各有什么要求？
9. 如何处理违约行为？
10. 合同争议的解决方式有哪些？

任务二　建设工程施工合同签订

📖 任务引入

建设工程项目通过招标选择中标人后，在法律规定的时间内招标人与投标人要签订建设工程施工合同，那么施工合同如何签订？在合同签订过程中要注意哪些问题呢？

👤 任务分析

施工合同一经签订，即具有法律效力。施工合同明确了发包人和承包人在工程施工中的权利和义务。在建设工程施工合同签订过程中，合同当事人双方要明确施工合同的种类，合同谈判、合同签订的基本要求，施工合同管理的有关规定。

📚 知识链接

在社会主义市场经济体制中，建筑活动主要是通过建筑市场实现的。而合同则是维系市场运转的主要因素。建筑市场主体之间的权利义务关系主要是通过合同确立的，建设单位和施工单位必须按照有关法律、法规的规定，依法签订工程施工合同，强化合同的法律约束作用，确保建筑活动协调有序地运行。

一、施工合同

(一) 施工合同的概念

施工合同即建筑安装工程承包合同，是建设单位（发包人）和施工单位（承包人）为完成商定的建筑安装工程，明确相互权利、义务关系的合同。依照施工合同，承包人应完成一定的建筑安装工程任务，发包人应提供必要的施工条件并支付工程价款。

施工合同是建筑工程的主要合同，是工程建设质量控制、进度控制、投资控制的依据。因此，在建筑领域加强对施工合同的管理具有十分重要的意义。国家立法机关、国务院、国家建设行政主管部门，都十分重视施工合同的规范工作，1999 年 3 月 15 日九届全国人大第二次会议通过的《中华人民共和国合同法》在有关条款中对施工合同作出规定。《建筑法》《招标投标法》也有许多涉及施工合同的规定，这些法律是对施工合同管理的依据。

施工合同的当事人是发包人和承包人，双方是平等的民事主体。承发包双方签订施工合同，必须具备相应资质条件和履行施工合同的能力，对合同范围内的工程实施建设时，发包人必须具备组织协调能力；承包人必须具备有关部门核定的资质等级并持有营业执照等证明文件。施工合同一经依法签订，即具有法律约束力。

(二) 施工合同的作用

1. 明确建设单位和施工企业在施工中的权利和义务

施工合同一经签订，即具有法律效力。施工合同明确了发包人和承包人在工程施工中的权利和义务。这是双方在履行合同中的行为准则，双方都应以施工合同作为行为的依据。双方应认真履行各自的义务，任何一方无权随意变更或解除施工合同；任何一方违反合同规定的内容，都必须承担相应的法律责任。如果不订立施工合同，将无法规范双方的行为，也无法明确各自在工程施工中所能享受的权利和承担的义务。

2. 有利于对工程施工的管理

合同当事人对工程施工的管理应以合同为依据。有关的国家机关、金融机构对工程施工的监督和管理，施工合同也是其重要依据。不订立施工合同将给工程施工的管理带来很大的困难。

3. 有利于建筑市场的培育和发展

在计划经济条件下，行政手段是施工管理的主要方法，在市场经济条件下，合同是维系市场运转的重要因素。因此，培育和发展建筑市场，首先要培育合同意识。推行建设监理制、实行招标投标制等，都是以签订施工合同为基础的。如果不订立施工合同，将不利于建筑市场的培育和发展。

二、施工合同的种类

(一) 建设工程合同按发包的工程范围的分类

从承发包的工程范围进行划分，可以将建设工程合同分为建设工程总承包合同、建设工程承包合同和分包合同。发包人将工程建设的全过程发包给一个承包人的合同即为建设工程总承包合同。发包人将工程建设中的勘察、设计、施工等内容分别发包给不同承包人的合同，即为建设工程承包合同。经合同约定和发包人的同意，从工程承包人承包的工程中承包部分工程而订立的合同，即为建设工程分包合同。

（二）建设工程合同按承发包的内容的分类

从完成承包的内容进行划分，建设工程合同可以分为：

1. 建设工程勘察合同。建设工程勘察合同是指建设工程的发包人与勘察单位为完成商定的勘察任务，明确相互权利、义务关系的协议。

2. 建设工程设计合同。建设工程设计合同是指建设工程的发包人与设计单位为完成商定的设计任务，明确相互权利、义务关系的协议。

3. 建设工程监理合同。建设工程监理合同是指工程建设单位聘请监理单位代其对项目进行管理，明确双方权利、义务的协议。

4. 建设工程施工合同。建设工程施工合同是指发包人和承包人为完成商定的建筑安装工程施工任务，为明确双方的权利、义务关系而订立的协议。发包人提供必要的施工条件，并支付价款，承包人必须按合同履行其义务。

建设工程施工合同是工程建设中的主要合同，国家立法机关、国务院、建设行政管理部门都十分重视施工合同的规范工作，专门制订了一系列的示范文本、法律、法规等，用以规范建设工程施工合同的签订、履行。

订立建设工程施工合同应具备下列条件：

（1）初步设计已经批准。

（2）工程项目已经列入年度建设计划。

（3）有能够满足施工需要的设计文件和技术资料。

（4）资金和建材、设备的来源已经落实。

（5）招标发包工程，中标通知书已经下达。

（三）建设工程合同按合同价款确定方式的分类

从确定合同价款的不同方式进行分类，可以将建设工程合同分为：总价合同、单价合同和成本加酬金合同。

1. 总价合同

总价合同是合同总价不变，或影响价格的关键因素是固定的一种合同。采用这种合同，对业主支付款项来说比较简单，评标时易于按低价定标。业主按合同规定的进度方式付款，在施工中可集中精力控制质量和进度。

总价合同有固定总价、调值总价和估计工程量总价合同3种形式。

（1）固定总价合同

承包商以初步设计的图纸（或施工设计图）为基础，报一个合同总价，在图纸及工程要求不变的情况下，其合同总价固定不变。这种合同承包商要考虑承担工程的全部风险因素，因此一般报价较高。

这种合同形式一般适用风险不大，技术不太复杂，工期不长，工程施工图纸不变，工程要求十分明确的项目。如果施工图纸变更，工程要求较高，应考虑合同价的调整。

（2）调值总价合同

这种合同除了同固定总价合同一样外，所不同的是在合同中规定了由于通货膨胀引起的工料成本增加到某一规定的限度时，合同总价应作相应的调整。这种合同业主承担了通货膨胀的风险因素，一般工期在一年以上可采用这种形式。

（3）估计工程量总价合同

这种合同要求投标者在报价时，以根据图纸列出的工程量清单和相应的费率为基础计算出合同总价，据之以签订合同。当改变设计或新增项目而引起工程量增加时，可按新增的工程量和合同中已确定的相应的费率来调整合同价格。这种合同一般只适用于工程量变化不大的项目。

2. 单价合同

单价合同有估计工程量单价、纯单价和单价与包干混合式合同 3 种形式。

（1）估计工程量单价合同

业主在准备此类合同招标文件时，应有工程量表，在表中列出每项工程量，承包商在工程量表中只填入相应的单价，据此计算出的投标报价作为合同总价。业主每月按承包商所完成的核定工程量支付工程款。待工程验收移交后，以竣工结算的价款为合同价。

估价工程量单价合同应在合同中规定单价调整的条款。如果一个单项工程当实际量比招标文件中工程量表中的工程量相差某一百分数时，应由合同双方讨论对单价的调整。这种合同业主和承包商共同承担风险，是比较常见的一种合同形式。

（2）纯单价合同

这种合同在招标文件中只提出项目一览表、工程范围及工程要求的说明，而没有详细的图纸和工程量表，承包商在投标时只需列出各工程项目的单价。业主按承包商实际完成的工程量付款。此合同形式适用于来不及提供施工详细图就要开工的工程项目。

（3）单价与包干混合式合同

在有些项目中，有些子项目容易计算工程量，如挖土方。但有的子项目不容易计算工程量，如施工导流、小型设备的安装与调试。对于容易计算工程量的可采用单价的形式，而对于不容易计算工程量的应用包干的形式。在工程施工中，业主分别按单价合同和总价合同的形式支付工程款。

3. 成本加酬金合同

成本加酬金合同也称成本补偿合同或成本加费用合同，这是承包人要发包人偿付工程实际成本，另加一定酬金的合同。这种合同一般是在工程内容及其技术经济指标尚未完全确定而又急于建设的工程中采用，适用于改建、灾后恢复，或者是一个前所未有的崭新工程和施工风险很大的工程中采用。在采用这种合同时，工程成本费用可按实报实销的方式，或业主同承包商事先商定，估算出一个工程成本，在此基础上，按不同的方法业主向承包商支付一定的酬金。成本加酬金合同一般有以下 3 种。

（1）成本加固定百分比酬金合同

合同双方约定工程成本中的直接费用实报实销，然后按直接费用的某一百分比提取酬金。其表达公式为

$$C = C_d(1 + P) \tag{5-1}$$

式中 C——工程总造价；

C_d——实际发生的直接工程成本；

P——某一固定百分数（酬金与成本之比）。

从这个表达式中可以看出，工程总造价 C 随实际发生的工程成本的增大而增大。这种

合同简单易行。对承包商来说，不仅没有任何风险，而且成本愈高则酬金愈高。因此不利于鼓励承包商降低成本，缩短工期的积极性，容易导致总价难以控制的局面。

（2）成本加固定酬金合同

根据合同双方讨论约定的工程估算成本来确定一笔固定的酬金。其估算成本仅作为确定酬金而用，而工程成本仍按实报实销的原则。其表达公式为

$$C = C_d + F \tag{5-2}$$

式中　F——固定酬金；

其余符号含义同前。

从公式（5-2）可以看出，这种合同形式避免了成本加固定百分比酬金合同中酬金水涨船高的现象，虽不能鼓励承包商降低成本，但可以鼓励承包商为尽快得到固定酬金而缩短工期。

（3）成本加浮动酬金合同

这种合同具有奖罚的性质，因此又称成本加奖罚金合同。这种合同是经合同双方确定工程的一个概算直接成本和一个固定的酬金，然后，将实际发生的直接工程成本与概算的直接成本比较。若实际成本低于概算成本，就奖励某一固定的或节约成本的某一百分比的酬金，若实际成本高于概算成本就罚某一固定的或增加成本的某一百分比的酬金。其表达公式为

$$C = C_d + P_1 C_0 + P_2 (C_0 - C_d) \tag{5-3}$$

式中　C_0——概算的直接工程成本（目标成本）；

　　　P_1——基本酬金百分数；

　　　P_2——奖罚酬金百分数。

其余符号含义同前。

此种合同，从理论上讲是比较合理的一种合同形式，对合同双方都无多大风险，促进承包商即关心成本的降低，又注意工期的缩短。

（四）按合同计价方式分类的合同的选用

一项工程招标前，选用恰当的合同形式是建设单位编制招标文件，制定发包策略及发包计划的一项重要组成部分。对于按计价方式分类的合同的选用与工程建设设计深度和便于承包商投标报价有关，同时也涉及到工程开工前的准备工作情况。一般来讲，如果一个工程仅达到可行性研究概念设计阶段，只要满足主要设备、材料的订货，项目总造价的控制，技术设计和施工方案设计文件的编制等要求，多采用成本加酬金合同。

工程项目达到初步设计深度，能满足设计方案中的重大技术问题和试验要求及设备制造要求等，多采用单价合同。工程项目达到施工图设计阶段，能满足设备、材料的安排，非标准设备的制造，施工图预算的编制、施工组织设计等，多采用总价合同。

三、施工合同的管理

（一）施工合同管理概述

施工合同的管理，是指各级工商行政管理机关、建设行政主管机关，以及工程发包单位、社会监理单位、承包企业依照法律和行政法规、规章制度，采取法律的、行政的手段，对施工合同关系进行组织、指导、协调及监督，保护施工合同当事人的合法权益，处理施工合同纠纷，防止和制裁违法行为，保护施工合同法规的贯彻实施等一系列活动。

从管理主体的角度分类，施工合同的管理可分为工商行政管理部门和建设行政管理部门等行政机关进行的管理，以及发包单位、社会监理单位、承包企业对施工合同的管理。

（二）政府行政管理部门对施工合同的管理

施工合同的行政管理部门主要是各级建设行政主管部门和工商行政管理部门。工程造价审核、工程质量监督等部门对合同履行拥有监督权。各级行政管理部门一般通过如下形式对施工合同进行管理：

1. 宣传贯彻与施工合同方面有关的法律法规和方针政策。

2. 贯彻国家制订的施工合同示范文本，并组织推行和指导使用。

3. 组织培训合同管理人员，指导合同管理工作，总结交流工作经验。

4. 对施工合同的履行进行监督检查，对承发包双方在履行合同过程中存在的问题在职权范围内进行处理。

5. 在职权范围内，依照法律、行政法规的规定，对利用合同危害国家利益、社会公共利益的违法行为，负责监督处理。

6. 制定签订和履行合同的考核指标并组织考核，表彰先进的合同管理单位。

7. 确定损失的责任和赔偿的范围。

8. 调解合同纠纷。

（三）发包人和监理单位对施工合同的管理

1. 施工合同的签订管理

在发包人具备了与承包人签订施工合同的情况下，发包人或者监理单位，可以对承包人的资格、资信和履约能力进行预审。对承包人的预审，招标工程可以通过招标预审进行，非招标工程可以通过社会调查进行。

2. 施工合同的履行管理

发包人和监理工程师在合同履行中，应当严格依照施工合同的规定，履行应尽的义务。施工合同内规定应由发包人负责的工作都是合同履行的基础，是为承包人开工、施工创造的先决条件，发包人必须严格履行。

在履行管理中，发包人、监理工程师也应实现自己的权利、履行自己的职责，对承包人的施工活动监督、检查。发包人对施工合同的履行管理主要是通过总监理工程师进行的。

3. 施工合同的档案管理

发包人和监理工程师应做好施工合同的档案管理工作。在合同的履行过程中，对合同文件，包括有关的协议、补充合同、记录、备忘录、函件、电报、电传等都应做好系统分类，认真管理。工程项目全部竣工之后，应将全部合同文件加以系统整理，建档保管，建设单位应当及时向建设行政主管部门或者其他有关部门移交建设项目档案。

（四）承包人对施工合同的管理

1. 施工合同的签订管理

在施工合同签订前，应对发包人和工程项目进行了解和分析，包括工程项目是否列入国家投资计划、施工所需资金是否落实、施工条件是否已经具备等，以免遭致重大损失。

承包人投标中标后，发包人和中标人应自中标通知书发出之日起30日内，按照招标文件订立书面合同。双方不得另行订立背离合同实质性内容的其他协议。

2. 施工合同的履行管理

在合同履行过程中，为确保合同各项指标的顺利实现，承包人需建立一套完整的施工合同管理制度。其内容主要有：

（1）工作岗位责任制度。这是承包人的基本管理制度。它具体规定承包人内部具有施工合同管理任务的部门和有关管理人员的工作范围，履行合同中应负的责任，以及拥有的职权。只有建立工作岗位责任制度，才能使分工明确、责任落实，促进承包人施工合同管理工作正常开展，保证合同指标顺利实现。

（2）检查制度。承包人应建立施工合同履行的监督检查制度，通过检查发现问题，督促有关部门和人员改进工作。

（3）奖惩制度。奖优罚劣是奖惩制度的基本内容。建立奖惩制度有利于增强有关部门和人员在履行施工合同中的责任。

（4）统计考核制度。这是运用科学的方法，利用统计数字，反馈施工合同的履行情况。通过对统计数据的分析，为经营决策提供重要依据。

3. 施工合同的档案管理

施工单位亦应做好施工合同的档案管理。不但应做好施工合同的归档工作，还应以此指导生产、安排计划，使其发挥重要作用。

四、合同的谈判

（一）谈判的目的

开标以后，业主经过研究，往往选择两三家投标者就工程有关问题进行谈判，然后选择中标者。这一过程习惯上称为商务谈判。

1. 业主参加谈判的目的

（1）通过谈判，了解和审查投标者的施工规划和各项技术措施是否合理，以及负责项目实施的班子力量是否足够雄厚，能否保证工程质量和进度。

（2）根据参加谈判的投标者的建议和要求，也可吸收其他投标者的建议，对设计方案、图纸、技术规范进行某些修改后，估计可能对工程报价和工程质量产生的影响。

（3）了解投标者报价构成，进一步审核和压低报价。

2. 投标者参加谈判的目的

（1）争取中标，即通过谈判宣传自己的优势，包括建议方案的特点等，以争取中标。

（2）争取合理的价格，既要准备应付业主的压价，又要准备当业主拟增加项目、修改设计或提高标准时适当增加报价。

（3）争取改善合同条款，包括争取修改过于苛刻的不合理的条款，澄清模糊的条款和增加有利于保护承包商利益的条款。

（二）谈判的过程

1. 谈判的准备工作

开始谈判之前，一定要做好各方面的谈判准备工作。对于一个工程施工合同而言，一般都具有投资数额大、实施时间长，而合同内容涉及到技术、经济、管理、法律等领域。因此在开始谈判之前，必须细致地做好以下几方面的工作。

（1）谈判的组织准备。谈判的组织准备包括谈判组的成员组成和谈判组长的人选。

① 谈判组的组成。选择谈判组成员要考虑的问题有：充分发挥每一个成员的作用，避免由于人员过多而有些人不能发挥作用或意见不易集中；组长便于在组内协调；每个成员的专业知识面组合在一起能满足谈判要求；国际工程谈判时还要配备业务能力强，特别是外语写作能力强的翻译。

谈判组成员以 3 ~ 5 人为宜，在谈判的各个阶段所需人员的知识结构不同。如承包合同前期谈判时技术问题和经济问题较多，需要有工程师和经济师，后期谈判涉及准备合同和备忘录文稿，则需要律师和合同专家参加。要根据谈判需要调换谈判组成人员。

② 谈判组长的人选。选择谈判组长最主要的条件是具有较强的业务能力和应变能力，既需要精通专业知识和具有工程经验，最好还具有合同经验，对于合同谈判中出现的问题能够及时作出判断，主动找出对策。根据这些要求，谈判组长不一定都要由职位高的人员担任，而可由 35 ~ 50 岁的人员担任。

（2）谈判的方案准备和思想准备。谈判前要对谈判时自己一方想解决的问题和解决问题的方案做好准备。同时要确定对谈判组长的授权范围。要整理出谈判大纲，将希望解决的问题按轻重缓急排队，对要解决的主要问题和次要问题拟定要达到的目标。

对谈判组的成员要进行训练，一方面要分析我方和对方的有利、不利条件，制定谈判策略等，另一方面要确定主谈人员，组内成员分工和明确注意事项。

如果是国际工程项目，有翻译参加，则应让翻译参加全部准备工作，了解谈判意图和方案，特别是有关技术问题和合同条款问题，以便做好准备。

（3）谈判的资料准备。谈判前要准备好自己一方谈判使用的各种参考资料，准备提交给对方的文件资料以及计划向对方索取的各种文件资料清单。准备提供给对方的资料一定要经谈判组长审查，以防止谈判时的口径不一致，造成被动。如有可能，可以在谈判前向对方索取有关文件和资料，以便分析和准备。

（4）谈判的议程安排。谈判的议程安排一般由业主一方提出，征求对方意见后再确定。根据拟讨论的问题来安排议程可以避免遗漏要谈判的重要问题。

议程要松紧适宜，既不能拖得太久，也不宜过于紧张。一般在谈判中后期安排一定的调节性活动，以便缓和气氛，进行必要的请示以及修改合同文稿等。

2. 谈判的内容

（1）关于工程范围。承包商所承担的工作范围，包括施工、设备采购、安装和调试等。在签订合同时要做到明确具体、范围清楚、责任明确，否则将导致报价漏项。

① 有的合同条件规定，除另有规定外的一切工程或承包商可以合理推知需要提供的为本工程服务所需的一切辅助工程等。其中不确定的内容，可作无限制的解释的，应该在合同中加以明确，或争取写明"未列入本合同中的工程量表和价格清单的工程内容，不包括在合同总价内"。

② 对于"可供选择的项目"，应力争在签订合同前予以明确，究竟选择与否。确实难以在签订合同时澄清，则应当确定一个具体的期限来选定这些项目是否需要施工。应当注意，如果这些项目的确定时间太晚，可能影响材料设备的订货，承包商可能会受到不应有的损失。

③ 对于现场管理工程师的办公建筑、家具设备、车辆和各项服务，如果已包括在投标价格中，而且招标书规定得比较明确和具体，则应当在签订合同时予以审定和确认。

（2）关于合同文件。其谈判内容包括：

① 应使业主同意将双方一致同意的修改和补充意见整理为正式的"补遗"或"附录"，并由双方签字作为合同的组成部分。

② 应当由双方同意将投标前业主对各投标人质疑的书面答复或通知，作为合同的组成部分，因为这些答复或通知，既是标价计算的依据，也可能是今后索赔的依据。

③ 承包商提供的施工图纸是正式的合同文件内容。不能只认为"业主提交的图纸属于合同文件"。应该表明"与合同协议同时由双方签字确认的图纸属于合同文件"。以防业主借补图纸的机会增加工程内容。

④ 对于作为付款和结算工程价款的工程量及价格清单，应该根据议标阶段作出的修正重新整理和审定，并经双方签字。

⑤ 尽管采用的是标准合同文本，在签字前都必须全面检查，对于关键词语和数字更应该反复核对，不得有任何差错。

（3）关于双方的一般义务。其谈判内容包括：

① 关于"工作必须使监理工程师满意"的条款，这是在合同条件中常常见到的。应该载明："使监理工程师满意"只能是施工技术规范和合同条件范围内的满意，而不是其他。合同条件中还常常规定："应该遵守并执行监理工程师的指示"。对此，承包商通常是书面记录下他对该指示的不同意见和理由，以作为日后付诸索赔的依据。

② 关于履约保证。应该争取业主接受由中国银行直接开出的履约保证函。有些国家的业主一般不接受外国银行开出的履约担保，因此，在合同签订前，应与业主商选一家既与中国银行有往来关系，又能被对方接受的当地银行开具保函，并事先与当地银行、中国银行协商同意。

③ 关于工程保险。应争取业主接受由中国人民保险公司出具的工程保险单；如业主不同意接受，可由一家当地有信誉的保险公司与中国人民保险公司联合出具保险单。

④ 关于工人的伤亡事故保险和其他社会保险，应力争向承包商本国的保险公司投保。有些国家往往有强制性社会保险的规定，对于外籍工人，由于是短期居留性质，应争取免除在当地进行社会保险。否则，这笔保险金应计入在合同价格之内。

⑤ 关于不可预见的自然条件和人为障碍问题，一般合同条件中虽有"可取得合理费用"的条款，但由于其措词含糊，容易在实施中引起争执。必须在合同中明确界定"不可预见的自然条件和人为障碍"的内容。对于招标文件中提供的气象、地质、水文资料与实际情况有出入，则应争取列为"非正常气象和水文情况"，此时由业主提供额外补偿费用的条款。

（4）关于劳务。有些合同条件规定："不管什么原因，业主发现施工进度缓慢，不能按期完成本工程时，有权自行增加必要的劳力以加快工程进度，而支付这些劳力的费用应当在支付给承包商的工程价款中扣除"。这一条需要承包商注意两点：其一，如当地有限制外籍劳务的规定，则须同业主商定取得入境、临时居住和工作的许可手续，并在合同中明确业主协助取得各种许可手续的责任的规定；其二，因劳务短缺而延误工期，如果是由于业主未能取得劳务入境、居留和工作许可，当地又不能招聘到价格合理和技术较好的劳力，则应归咎为业主的延误，而非承包商造成的延误。因此，应该争取修改这种不分析原因的惩罚性条款。

（5）关于材料和操作工艺。其谈判内容包括：

① 对于报送材料样品给监理工程师或业主审批和认可，应规定答复期限。业主或监理工程师在规定答复期限不予答复，即视作"默许"。经"默许"后再提出更换，应该由业主承担因工程延误施工期和原报批的材料已订货而造成的损失。

② 对于应向监理工程师提供的现场测量和试验的仪器设备，应在合同中列出清单，写明型号、规格、数量等。如果超出清单内容，则应由业主承担超出的费用。

③ 争取在合同或"补遗"中写明材料化验和试验的权威机构，以防止对化验结果的权威性产生争执。

④ 如果发生材料代用、更换型号及其标准问题时，承包商应注意两点：其一，将这些问题载入合同"补遗"中去；其二，如有可能，可趁业主在议标时压价而提出材料代用的意见，更换那些原招标文件中规定的高价而难以采购的材料，用承包商熟悉货源并可获得优惠价格的材料代替。

⑤ 关于工序质量检查问题。如果监理工程师延误了上道工序的检查时间，往往使承包商无法按期进行下一道工序，而使工程进度受到严重影响。因此，应对工序检验制度作出具体规定，不得简单地规定"不得无理拖延"了事。特别是对及时安排检验要有时间限制。超出限制时，监理工作师未予检查，则承包商可认为该工序已被接受，可进行下一道工序施工。

（6）关于工程的开工和工期。其谈判内容包括：

① 区别工期与合同（终止）期的概念。合同期，表明一份合同的有效期，即从合同生效之日至合同终止之日的一段时间。而工期是对承包商完成其工作所规定的时间。在工程承包合同中，通常是施工期虽已结束，但合同期并未终止。

② 应明确规定保证开工的措施。要保证工程按期竣工，首先要保证按时开工。对于业主影响开工的因素应列入合同条件之中。如果由于业主的原因导致承包商不能如期开工，则工期应顺延。

③ 施工中，如因变更设计造成工程量增加或修改原设计方案，或工程师不能按时验收工程，承包商有权要求延长工期。

④ 必须要求业主按时验收工程，以免拖延付款，影响承包人的资金周转和工期。

⑤ 考虑到我国公司一般动员准备时间较长，应争取适当延长工程准备时间，并规定工期应由正式开工之日算起。

⑥ 业主向承包商提交的现场应包括施工临时用地，并写明其占用土地的一切补偿费用均由业主承担。

⑦ 如果工程项目付款中，规定有初期工程付款，其中包括临时工程占用土地的各项费用开支，则承包商应在投标前作出周密调查，尽可能减少日后额外占用的土地数量，并将所有费用列入报价之中。

⑧ 应规定现场移交的时间和移交的内容。所谓移交现场应包括场地测量图纸、文件和各种测量标志的移交。

⑨ 单项工程较多的工程，应争取分批竣工，并提交工程师验收，发给竣工证明。工程全部具备验收条件而业主无故拖延检验时，应规定业主向承包商支付工程费用。

⑩ 承包商应有由于工程变更、恶劣气候影响，或其他由于业主的原因要求延长竣工时

间的正当权利。

（7）关于工程维修。其谈判内容包括：

① 应当明确维修工程的范围、维修期限和维修责任。

② 一般工程维修期届满应退还维修保证金。承包商应争取以维修保函替代工程价款的保留金。因为维修保函具有保函有效期的规定，可以保障承包商在维修期满时自行撤销其维修责任。

（8）关于工程的变更和增减。其谈判内容包括：

① 工程变更应有一个合适的限额。超过限额，承包商有权修改单价。

② 对于单项工程的大幅度变更，应在工程施工初期提出，并争取规定限期。超过限期大幅度增加单项工程，由业主承担材料、工资价格上涨而引起的额外费用；大幅度减少单项工程，业主应承担因材料业已订货而造成的损失。

（9）关于施工机具、设备和材料的进口。其谈判内容包括：

① 承包商应争取用本国的机具、设备和材料去承包涉外工程。许多国家允许承包商从国外运入施工机具、设备和材料为该工程专用，工程结束后再将机具和设备运出国境。如有此规定，应列入合同"补遗"中。

② 应要求业主协助承包商取得施工机具、设备和材料进口许可。

（10）关于不可抗力的特殊风险。在 FIDIC 条款中有规定，可参照。

（11）关于争端、法律依据及其他。其谈判内容包括：

① 应争取用协商和调解的方法解决双方争端。因为协商解决，灵活性比较大，有利于双方经济关系的进一步发展。如果协商不成，需调解解决则争取由中国的涉外调解机构调解；如果调解不成，需仲裁解决则争取由中国国际经济贸易仲裁委员会仲裁。

② 合同规定管辖的法律通常是当地法律。因此，应对当地有关法律有相当的了解。

③ 应注意税收条款。在投标之前应对当地税收进行调查，将可能发生的各种税收计入报价中，并应在合同中规定，对合同价格确定以后由于当地法令变更而导致税收或其他费用的增加，应由业主按票据进行补偿。

（12）关于付款。承包商最为关心的问题就是付款问题。业主和承包商发生的争议，多数集中在付款问题上。付款问题可归纳为三个方面，即价格问题、货币问题、支付方式问题。

① 国际承包工程的合同计价方式有 3 类。如果是固定总价合同，承包商应争取订立"增价条款"，保证在特殊情况下，允许对合同价格进行自动调整。这样，就将全部或部分成本增高的风险转移至业主承担。如果是单价合同，合同总价格的风险将由业主和承包商共同承担。其中，由于工程数量方面的变更而引起的预算价格的超出，将由业主负担，而单位工程价格中的成本增加，则由承包商承担。对单价合同，也可带有"增价条款"。如果是成本加酬金合同，成本提高的全部风险由业主承担。但是承包商一定要在合同中明确哪些费用列为成本，哪些费用列为酬金。

② 货币问题。主要是货币兑换限制、货币汇率浮动、货币支付问题。货币支付条款主要有：固定货币支付条款，即合同中规定支付货币的种类和各种货币的数额，今后按此付款，而不受货币价值浮动的影响；选择性货币条款，即可在几种不同的货币中选择支付。并在合同中用不同的货币标明价格。这种方式也不受货币价值浮动的影响，但关键在于选择权

的归属问题，承包商应争取主动权。

③ 支付问题。主要有支付时间、支付方式和支付保证等问题。在支付时间上，承包商越早得到付款越好。支付的方法有预付款、工程进度付款、最终付款和退还保证金。对于承包商来说，一定要争取到预付款，而且，预付款的偿还按预付款与合同总价的同一比例每次在工程进度款中扣除为好。对于工程进度付款，应争取它不仅包括当月已完成的工程价款，还包括运到现场合格材料与设备费用。最终付款意味着工程的竣工，承包商有权取得全部工程的合同价款一切尚未付清的款项。承包商应争取将工程竣工结算和维修责任予以区分，可以用一份维修工程的银行担保函来担保自己的维修责任，并争取早日得到全部工程价款。关于退还保留金问题，承包商争取降低扣留金额的数额，使之不超过合同总价的5%；并争取工程竣工验收合格后全部退还，或者用维修保函代替扣留的应付工程款。

总之，需要谈判的内容非常多，而且双方均以维护自身利益为核心进行谈判，更加使得谈判复杂化、艰难化。因而，需要精明强干的投标班子或者谈判班子施行仔细、具体的谋划。

3. 谈判的规则

在谈判中，如果注意谈判规则，将使谈判富有成效。

（1）谈判前应作好充分准备。如备齐文件和资料，拟好谈判的内容和方案，对谈判对方的性格、年龄、嗜好、资历、职务均应有所了解，以便派出合适人选参加谈判。在谈判中，要统一口径，不得将内部矛盾暴露在对方面前。

（2）谈判的重要负责人不宜急于表态，应先让副手主谈，主要负责人在旁视听，从中找出问题的症结，以备进攻。

（3）谈判中要抓住实质性问题，不要在枝节问题上争论不休。实质性问题不轻易让步，枝节问题要表现宽宏大量的风度。

（4）谈判要有礼貌，态度要诚恳、友好，平易近人；发言要稳重，当意见不一致时不能急躁，更不能感情冲动，甚至使用侮辱性语言。一旦出现僵局时，可暂时休会。

（5）少说空话、大话，但偶尔赞扬自己在国内、甚至国外的业绩是必不可少的。

（6）对等让步的原则。当对方已作出一定让步时，自己也应考虑作出相应的让步。

（7）谈判时必须记录。

五、施工合同的订立

（一）订立施工合同应具备的条件

订立施工合同必须具备以下条件：

1. 初步设计和总概算已经批准。

2. 国家投资的工程项目已经列入国家或地方年度建设计划。

3. 有能够满足施工需要的设计文件和有关技术资料。

4. 建设资金和重要建筑材料设备来源已经落实。

5. 建设场地、水源、电源、道路已具备或在开工前完成。

6. 工程发包人和承包人具有签订合同的相应资格。

7. 工程发包人和承包人具有履行合同的能力。

8. 招标投标工程，中标通知书已经下达。

（二）订立施工合同的原则

订立施工合同的原则是指贯穿于订立施工合同的整个过程，对承发包双方签订合同起指导和规范作用的、双方应当遵守的准则。

1. 合法的原则

这是订立任何合同都必须遵守的首要原则。根据该项原则，订立施工合同的主体、内容、形式、程序都要符合法律规定。唯有遵守法律法规，施工合同才受国家法律的保护，当事人预期的经济利益目的才有保障。

2. 平等、自愿的原则

贯彻平等自愿的原则，必须体现发包人与承包人在法律地位上的完全平等。合同的当事人都是具有独立地位的法人，他们之间的地位平等，只有在充分协商取得一致的前提下，合同才有可能成立并生效。施工合同当事人一方不得将自己的意志强加给另一方，当事人依法享有自愿订立施工合同的权利，任何单位和个人不得非法干预。

3. 公平、诚实信用的原则

贯彻公平原则的最基本要求即是发包人与承包人的合同权利、义务要对等而不能显失公平，要合理分担责任。施工合同是双务合同，双方都享有合同权利，同时承担相应的义务，一方在享有权利的同时，不能不承担义务或者仅承担与权利不相应的义务。

在订立施工合同中贯彻诚实信用的原则，要求当事人要诚实，实事求是向对方介绍自己订立合同的条件、要求和履约能力，充分表达自己的真实意愿，不得有隐瞒、欺诈的成分；在拟定合同条款时，要充分考虑对方的合法利益和实际困难，以善意的方式设定合同权利和义务。

（三）订立施工合同的程序

施工合同作为建设工程合同的一种，其订立也应经过要约和承诺两个阶段。除某些特殊工程外，工程建设的施工都应通过招标投标的方式选择承包人及签订施工合同。招标投标实质上就是要约与承诺的特殊表现形式。

（四）施工合同的内容

施工合同的内容包括工程范围、建设工期、中间交工工程的开工和竣工时间、工程质量、工程造价、技术资料交付时间、材料和设备供应责任、拨款和结算、竣工验收、质量保修范围和质量保证期、双方相互协作等条款。

1. 工程范围是指施工的界区，是承包人进行施工的工作范围。工程范围实际上界定施工合同的标的，是施工合同的必备条款。

2. 建设工期是指承包人完成施工任务的期限。每个工程根据性质的不同，所需要的建设工期也各不相同。建设工期是否合理确定往往会影响到工程质量的好坏。因此为了保证工程质量，双方当事人应当在施工合同中确定合理的建设工期。

3. 中间交工工程是指施工过程中的阶段性工程。为了保证工程各阶段的交接，顺利完成工程建设，当事人应当明确中间交工工程的开工和交工时间。

4. 工程质量是指工程的等级要求，是施工合同的核心内容。工程质量往往通过设计图纸和施工说明书、施工技术标准加以确定。工程质量条款是明确承包人施工要求，确定承包人责任的依据，是施工合同的必备条款。

5. 工程造价是指施工建设该工程所需的费用，包括人工费、材料费、机械使用费等费用。当事人根据工程质量要求，根据工程的概预算，合理地确定工程造价。

6. 技术资料主要是指勘察、设计文件以及其他承包人据以施工所必需的基础资料。技术资料的交付是否及时往往影响施工进度，因此当事人应当在施工合同中明确技术资料的交付时间。

7. 材料和设备的供应责任应当由双方当事人在合同中作出明确约定。如果在合同中约定由承包人负责采购建筑材料、构配件和设备的，发包人有权对承包人提供的材料和设备进行检验，发现材料不合格的，有权要求承包人调换或者补齐。但是发包人不得指定承包人购入用于工程的建筑材料、构配件和设备或者指定生产厂家、供应商。

8. 拨款是指工程款的拨付。结算是指工程交工后，计算工程的实际造价以及与已拨付工程款之间的差额。拨付和结算条款是承包人请求发包人支付工程款和报酬的依据。

9. 竣工验收是工程交付使用前的必经程序，也是发包人支付价款的前提。竣工验收条款一般包括验收的范围和内容、验收的标准和依据、验收人员的组成、验收方式和日期等内容。

10. 质量保修范围是指对工程保证质量进行保修的范围。质量保证期是指各部分正常使用的期限，也称质量保修期。质量保修期不得低于国家规定的最低保修期限。

11. 双方相互协作条款一般包括双方当事人在施工前的准备工作。承包人及时向发包人提出开工通知书、施工进度报告书、对发包人的监督检查提供必要的协助等。双方当事人的协作是施工过程的重要组成部分，是工程顺利施工的重要保证。

（五）施工合同生效的条件

行为人具有相应的民事行为能力、意思表示真实、不违反法律或者社会公共利益是一般合同生效的条件和标准，也是衡量施工合同是否生效的基本依据。然而施工合同有其特殊性。

1. 当事人必须具有与签订施工合同相适应的缔约能力

施工合同的发包人，可以是法人，也可以是个人。目前我国的有关法律对业主的资格还没有规定，只是对其行为作出规范。但是，对承揽建筑工程的施工单位的资格则有明确的规定。这里所称的资格，是指经建设行政主管部门审查所核定的具有从事相应建筑活动的资质等级。《建筑法》规定，承包建筑工程的单位应当持有依法取得的资质证书，并在其资质等级许可的业务范围内承揽工程。因此，当事人必须具有与签订施工合同相适应的缔约能力。

2. 不违反工程项目建设程序

工程项目建设程序是工程项目建设的法定程序。工程项目建设程序是客观存在的，而不以人的意志为转移，所以在签订合同过程中必须要遵循基本建设程序。

（六）无效施工合同的认定

无效施工合同系指虽由发包人与承包人订立，但因违反法律规定而没有法律约束力，国家不予承认和保护，甚至要对违法当事人进行制裁的施工合同。具体而言，施工合同属下列情况之一的，合同无效。

1. 没有经营资格而签订的合同

没有经营资格是指没有从事建筑经营活动的资格。根据企业登记管理的有关规定，企业法人或者其他经济组织应当在经依法核准的经营范围内从事经营活动。凡承包人没有从事建筑经营活动资格而订立的合同应当认定无效。

2. 超越资质等级所订立的合同

从事建筑活动的施工企业，须经过建设行政主管部门对其拥有的注册资本、专业技术人员、技术装备和已完成的建筑工程业绩、管理水平等进行审查，以确定其承担任务的范围，并须在其资质等级许可的范围内从事建筑活动。《建筑法》和《建设工程质量管理条例》规定，禁止施工单位超越本单位资质等级许可的业务范围承揽工程。施工单位超越本单位资质等级承揽工程的，责令停止违法行为，对施工单位处工程合同价款百分之二以上百分之四以下的罚款，可以责令停业整顿，降低资质等级；情节严重的，吊销资质证书；有违法所得的，予以没收。

3. 违反国家、部门或地方基本建设计划的合同

施工合同的显著特点之一就是合同的标的具有计划性，即工程项目的建设多数必须经过国家、部门或者地方的批准。工程项目已经列入年度建设计划，方可签订合同。因此，凡依法应当报请国家和地方有关部门批准而未获批准，没有列入国家、部门和地方的基本建设计划而签订的合同，由于合同的订立没有合法依据，应当认定合同无效。

4. 未取得或违反《建设工程规划许可证》进行建设、严重影响城市规划的合同

《中华人民共和国城市规划法》规定，在城市规划区内新建、扩建和改建建筑物、构筑物、道路、管线和其他工程设施，必须持有关批准文件向城市规划行政主管部门提出申请，由城市规划行政主管部门根据城市规划提出规划设计要求，核发建设工程规划许可。建设单位或者个人在取得建设工程规划许可证件和其他有关批准文件后，方可办理开工手续。没有该证或者违反该证的规定进行建设，影响城市规划但经批准尚可采取改正措施的，可维持合同的效力；严重影响城市规划的，因合同的标的系违法建筑而导致合同无效。

5. 未取得《建设用地规划许可证》而签订的合同

《中华人民共和国城市规划法》规定，在城市规划区内进行建设需要申请用地的，必须持国家批准建设项目的有关文件，向城市规划行政主管部门申请定点，由城市规划行政主管部门核定其用地位置和界限，提供规划设计条件，核发建设用地规划许可证。

取得建设用地规划许可证是申请建设用地的法定条件。无证取得用地的，属非法用地，以此为基础进行的工程建设显然属于违法建设，合同因内容违法而无效。

6. 未依法取得土地使用权而签订的合同

进行工程建设，必须合法取得土地使用权，任何单位和个人没有依法取得土地使用权进行建设的，均属非法占用土地。《中华人民共和国土地管理法》规定，未经批准或采取欺骗手段批准，非法占用土地的，由县级以上人民政府土地主管部门责令退还非法占用的土地，对违反土地利用总体规划擅自将农用地改为建设用地的，限期拆除在非法占用的土地上新建的建筑物和其他设施，恢复土地原状，对符合土地利用总体规划的，没收在非法占用的土地上新建的建筑物和其他设施，可以并处罚款。由于施工合同的标的建设工程为违法建筑物，导致合同无效。

7. 应当办理而未办理招标投标手续所订立的合同

《建筑法》规定，建筑工程依法实行招标发包。《招标投标法》规定，建设单位应当依法对工程建设项目的勘察、设计、施工、监理以及工程建设有关的重要设备、材料等的采购进行招标。根据有关法律规定，法定强制招标投标的项目必须进行招标和投标活动。对于应当实行招标投标确立施工单位而未实行即签订合同的，合同无效。

8. 非法转包的合同

所谓转包是指承包人承包建设工程后，不履行合同约定的责任和义务，将其承包全部建设工程转给他人或者将其承包的全部建设工程肢解以后以分包的名义分别转给其他单位承包的行为。转包行为有损发包人的合法权益，扰乱建筑市场管理秩序，为《建筑法》等法律、法规所禁止的行为。

9. 违法分包的合同

凡属违法分包的合同均属无效合同。所谓违法分包包括 4 种行为：

（1）总承包单位将建设工程发包给不具备相应资质条件的单位的；

（2）建设工程总承包合同中未有约定，又未经建设单位认可，承包人将其承包的部分建设工程交由其他单位完成的；

（3）施工总承包单位将建设工程主体结构的施工分包给其他单位的；

（4）分包单位将其承包的建设工程再分包的。

10. 采取欺诈、胁迫的手段所签订的合同

所谓欺诈，是指一方当事人故意编造某种事实或实施某种欺骗行为，以诱使对方当事人相信并错误与其签订合同。所谓胁迫，是指一方当事人以将实施某种损害为要挟，致使对方惶恐、不安而与其订立合同。一些不法分子虚构、伪造工程项目情况，以骗取财物为目的，引诱施工单位签订所谓的施工合同。有的不法分子则强迫投资者将工程项目由其承包。凡此种种，不仅合同无效，而且极有可能触犯刑律。

11. 损害国家利益和社会公共利益的合同

例如，以搞封建迷信活动为目的，建造庙堂、宗祠的合同即为无效合同。

无效的施工合同自订立时起就没有法律约束力。《合同法》规定，合同无效或者被撤销后，因该合同取得的财产，应当予以返还；不能返还或者没有必要返还的，应当折价补偿。有过错的一方应当赔偿对方因此所受到的损失，双方都有过错的，应当各自承担相应的责任。

💡 思考与练习

1. 什么是施工合同？它有哪些特点？

2. 施工合同的种类有哪些？

3. 承包人如何对施工合同进行管理？

4. 合同谈判的目的是什么？

5. 合同谈判的内容有哪些？

6. 如何认定无效施工合同？

任务三　建设工程施工合同示范文本应用

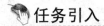

任务引入

建筑工程施工合同明确了发包人和承包人在工程施工中的权利和义务，那么发包人和承

包人的权利和义务通过什么载体体现的？又是怎么规定的？

任务分析

为了加强和完善对建设工程合同的管理，维护建设工程施工合同当事人的合法权益，我国推行了统一的《建设工程施工合同（示范文本）》，工程发包人和承包人双方要明确它的形式、内容。

知识链接

住房和城乡建设部、国家工商行政管理总局于 2013 年 4 月 3 日发布了《建设工程施工合同（示范文本）》（以下简称《施工合同文本》）。《施工合同文本》是对国家建设部、国家工商行政管理局 1999 年 12 月 24 日发布的《建设工程施工合同（示范文本）》的改进，是各类房屋建筑工程、土木工程、线路管道和设备安装工程、装修工程等建设工程的施工承发包活动的样本。

推行《施工合同文本》的目的在于规范建筑市场秩序，加强和完善对建设工程合同的管理，提高合同的履约率，维护建设工程施工合同当事人的合法权益，维护建筑市场正常的经营与管理秩序。

一、合同与合同示范文本的形式

（一）合同的形式

合同的形式是指合同当事人双方对合同的内容、条款经过协商，作出共同的意思表示的具体方式。合同的形式可分为书面形式、口头形式和其他形式，公证、审批登记等则是书面合同的附加特殊形式。在《合同法》颁布前，我国有关法律对合同的形式的要求是以要式为原则的，对合同的形式和手续要求比较严格。而《合同法》第 10 条规定："当事人订立合同，有书面形式、口头形式和其他形式。"法律、行政法规规定或者当事人约定采用书面形式的，应当采用书面形式。可以认为，《合同法》在合同形式上的要求是以不要式为原则的。这种合同形式的不要式原则符合市场经济的要求。尽管如此，书面形式的合同仍是应用最广泛的合同形式。

《合同法》第 11 条规定："书面形式是指合同书、信件和数据电文（包括电报、电传、传真、电子数据交换和电子邮件）等可以有形地表现所载内容的形式。"

1. 合同书

合同书是指记载合同内容的文书，合同书有标准合同书与非标准合同书之分。标准合同书是指合同条款由当事人一方预先拟定，对方只能表示全部同意或者不同意的合同书；非标准合同书指合同条款完全由当事人双方协商一致所签订的合同书。

2. 信件

信件是指当事人就要约与承诺所作的意思表示的普通文字信函。信件的内容一般记载于书面纸张上，因而与通过电脑及其网络手段而产生的信件不同，后者被称为电子邮件。

3. 数据电文

数据电文是指与现代通讯技术相联系，包括电报、电传、传真、电子数据交换和电子邮件等。电子数据交换（EDI）是一种由电子计算机及其通讯网络处理业务文件的技术，是一种新的电子化贸易工具，又称为电子合同。

（二）合同示范文本的形式

合同文本形式主要有填空式文本、提纲式文本、合同条件式文本、合同条件加协议条款式文本。根据我国目前施工企业的合同管理水平，同时借鉴国际通用的 FIDIC《土木工程施工合同条件》，《施工合同文本》选择了合同条件式文本。

填空式文本，合同大部分条款都采用印好的固定内容，只在少数需要作出定量约定的地方留出相应的空白，由双方填入约定的内容。

提纲式文本，由一个简明而又全面的提纲和一个说明组成。提纲主要是指示双方必须就哪些问题进行协商，作出约定。说明主要介绍约定的具体内容和方法，双方依照提纲逐条协商后制订合同。

合同条件式文本，由措施严密准确的通用合同条款组成，充分考虑了施工期间必然或者可能遇到的各种情况和问题，能够适用于各种不同的工程。对于每个工程不相同的定量的约定，用专用条款补充。双方根据实际情况，对通用合同条款逐条协商，将双方达成的协议写入合同条件的专用条款。

（三）合同示范文本与格式条款合同

1. 合同示范文本

《合同法》第 12 条第 2 款规定："当事人可以参照各类合同的示范文本订立合同。"合同示范文本是指由一定机关事先拟定的对当事人订立相关合同起示范作用的合同文本。此类合同文本中的合同条款有些内容是拟定好的，有些内容是没有拟定需要当事人双方协商一致填写的。合同示范文本只供当事人订立合同时参考使用，这是合同示范文本与格式合同的主要区别。

2. 格式条款合同

格式条款合同是指合同当事人一方为了重复使用而事先拟定出一定格式的文本。文本中的合同条款在未与另一方协商一致的前提下已经确定且不可更改。格式条款又被称为标准条款，提供格式条款的相对人只能在接受格式条款和拒签合同两者之间进行选择。格式条款既可以是合同的部分条款为格式条款，也可以是合同的所有条款为格式条款。在现代经济生活中，格式条款适应了社会化大生产的需要，提高了交易效率，在日常工作和生活中随处可见。但这类合同的格式条款提供人往往利用自己的有利地位，加入一些不公平、不合理的内容。对此，《合同法》为了维护公平原则，确保格式条款文本中相对人的合法权益，专门对格式条款合同做了限制性规定：

（1）采用格式条款订立合同的，提供格式条款的一方应当遵循公平原则确定当事人双方的权利和义务，并采用合理的方式提请对方注意免除或者限制其责任的条款，按照对方的要求，对该条款予以说明。

（2）提供格式条款一方免除其责任、加重对方责任、排除对方主要权利的，该条款无效。

（3）对格式条款的理解发生争议的，应当按照通常的理解予以解释，对格式条款有两种以上解释的，应当作出不利提供格式条款一方的解释。在格式条款与非格式条款不一致时，应当采用非格式条款。

二、建设工程常用的合同示范文本

（一）建设工程合同示范文本

为指导建设工程施工合同当事人的签约行为，维护合同当事人的合法权益，依据《合同法》《建筑法》《招标投标法》以及相关法律法规，住房和城乡建设部、国家工商行政管理总局联合制定了建设工程合同的示范文本，供国内建设工程承发包签订合同时选用。

1. 建设工程勘察合同示范文本

按照发包的勘察任务的不同，在下列两个示范文本中分别选用：

（1）《建设工程勘察合同（一）》（GF-2000-0203）。适用于为设计提供勘察工作的委托任务，包括岩土勘察、水文地质勘察、工程测量、工程物探等勘察。

（2）《建设工程勘察合同（二）》（GF-2000-0204）。适用于委托工作内容仅涉及岩土工程的勘察。

2. 建设工程设计合同示范文本

承发包当事人按照设计任务的种类，选用相适应的示范文本：

（1）《建设工程设计合同（一）》（GF-2000-0209）。适用于民用建设工程设计的合同。

（2）《建设工程设计合同（二）》（GF-2000-02010）。适用于专业工程设计的合同。

3. 建设项目工程总承包合同示范文本

《建设项目工程总承包合同（示范文本）》（GF-2011-0216）。适用于建设项目工程总承包的合同。

4. 建设工程监理合同示范文本

《建设工程监理合同（示范文本）》（GF-2012-0202）。适用于建筑工程项目监理的合同。

5. 建设工程施工合同示范文本

《建设工程施工合同（示范文本）》（GF-2013-0201）为非强制性使用文本，由协议书、通用条款和专用条款三部分构成。另有《承包人承揽工程项目一览表》《发包人供应材料一览表》《工程质量保修书》等 12 个附件，对当事人的权利和义务进行进一步的明确，使当事人的有关工作一目了然，便于履行和管理。

（1）合同协议书。是施工合同的总纲，用于规定当事人双方最主要的权利义务、组成合同的文件和当事人对履行合同的承诺，并经当事人经双方签字盖章。它在施工合同文件中具有最高的法律效力。

（2）通用合同条款。通用合同条款是合同当事人根据《建筑法》《合同法》等法律法规的规定，就工程建设的实施及相关事项，对合同当事人的权利义务作出的原则性约定。

（3）专用合同条款。专用合同条款是对通用合同条款原则性约定的细化、完善、补充、修改或另行约定的条款。合同当事人可以根据不同建设工程的特点及具体情况，通过双方的谈判、协商对相应的专用合同条款进行修改补充。

（二）国际建设工程合同常用的合同文本

国际上常用的有关建设工程合同的文本主要有：

1. FIDIC 合同文件。国际咨询工程师联合会（简称 FIDIC）编制。

2. ICE 土木工程施工合同文件。英国土木工程师学会编制。

3. RIBA/JCT 合同文件。英国皇家建筑师学会编制。

4. AIA 合同文件。美国建筑师学会编制。

5. AGC 合同文件。美国承包商总会编制。

6. EJCDC 合同文件。美国工程师合同文件联合会编制。

7. SF – 23A 合同文件。美国联邦政府发。

上述国际工程合同文件中，FIDIC 合同文件最为流行，其次是 ICE 土木工程施工合同文件和 AIA 合同文件。

三、建设工程施工合同示范文本应用

（一）建设工程施工合同示范文本

1. 建设工程施工合同示范文本的概念

建设工程施工合同示范文本是将各类合同的主要条款、式样等，制定出规范的、指导性的文本，在全国范围内积极宣传和推广，引导当事人采用示范文本签订合同，以实现合同签订的规范化。

使用建设工程施工合同示范文本签订合同的优点：

（1）有助于签订施工合同的当事人了解、掌握有关法律和行政法规，使施工合同签订规范化，避免缺款少项和当事人意思表示不真实、不确切，防止出现显失公平和违法条款。

（2）有助于建设行政主管部门对合同加强监督检查，有利于仲裁机关和人民法院及时解决合同纠纷，保护当事人的合法权益，保障国家和社会公共利益。

2. 建设工程施工合同示范文本的特点

建设工程施工合同示范文本是由建设行政主管部门主持，在广泛听取各方面意见后，按一定程序形成的。它具有规范性、可靠性、完备性、适用性的特点。

（1）规范性

建设工程施工合同示范文本格式是根据有关法律、行政法规和政策制定的，它具有相应的规范性。当事人使用这种文本格式，实际上把自己的签约行为纳入依法办事的轨道，接受这种规范性制度的制约。

（2）可靠性

由于建设工程施工合同示范文本是严格依据有关法律、行政法规，审慎推敲、反复优选制定的，因而它完全符合法律规范要求，它可以使施工合同具有法律约束力。

（3）完备性

建设工程施工合同示范文本的制定，主要是明确当事人的权利和义务，按照法律要求，把涉及双方权利和义务的条款全部开列出来，确保合同达到条款完备、符合要求的目的，以避免签约时缺款漏项和出现不符合程序的情况。

（4）适用性

各类合同示范文本，是依据各行业特点，归纳了相应各类法律、行政法规制订的。签订合同当事人可以以此作为协商、谈判合同的依据，免除当事人为起草合同条款费尽心机。合同示范文本，基本上可以满足当事人的需要，因此它具有广泛的适用性。

3. 建设工程施工合同示范文本的组成内容

《施工合同文本》（GF-2013-0201）由协议书、通用条款和专用条款 3 部分内容组成。

（1）协议书是参照国际惯例制定的，是发包人与承包人根据合同内容协商达成一致意见后，向对方承诺履行合同而签署的正式协议。《施工合同文本》合同协议书共计13条，主要包括：工程概况、合同工期、质量标准、签约合同价和合同价格形式、项目经理、合同文件构成、承诺以及合同生效条件等重要内容，集中约定了合同当事人基本的合同权利义务。

（2）通用条款适用于各类建设工程施工的条款。通用合同条款是合同当事人根据《建筑法》《合同法》等法律法规的规定，就工程建设的实施及相关事项，对合同当事人的权利义务作出的原则性约定。

通用合同条款共计20条，具体条款分别为：一般约定、发包人、承包人、监理人、工程质量、安全文明施工与环境保护、工期和进度、材料与设备、试验与检验、变更、价格调整、合同价格、计量与支付、验收和工程试车、竣工结算、缺陷责任与保修、违约、不可抗力、保险、索赔和争议解决。前述条款安排既考虑了现行法律法规对工程建设的有关要求，也考虑了建设工程施工管理的特殊需要。

（3）专用条款是对通用合同条款原则性约定的细化、完善、补充、修改或另行约定的条款。合同当事人可以根据不同建设工程的特点及具体情况，通过双方的谈判、协商对相应的专用合同条款进行修改补充。在使用专用合同条款时，应注意以下事项：

① 专用合同条款的编号应与相应的通用合同条款的编号一致；

② 合同当事人可以通过对专用合同条款的修改，满足具体建设工程的特殊要求，避免直接修改通用合同条款；

③ 在专用合同条款中有横道线的地方，合同当事人可针对相应的通用合同条款进行细化、完善、补充、修改或另行约定；如无细化、完善、补充、修改或另行约定，则填写"无"或划"/"。

4.《施工合同文本》的应用

（1）协议书应用

建设工程施工合同的协议书主要包括以下内容：

① 发包人和承包人

a. 发包人（全称）：依据我国有关法律规定，发包人可以是法人，也可以是非法人的其他组织或自然人。作为发包人的单位名称或个人姓名，要准确完整地写在协议书的位置内，不应写简称。

b. 承包人（全称）：依据我国有关法律规定，承包人不得是自然人，必须是具备建筑工程施工资质的企业法人。否则所签订的施工合同无效，其所得为非法所得，国家将依法予以没收。作为承包人的单位名称，要准确完整地写在协议书的位置内，不应写简称。

② 工程概况

工程概况主要有工程名称、工程地点、工程内容、群体工程应附承包人承揽工程项目一览表、工程立项批准文号、资金来源等。

工程内容：要写明工程的建设规模、结构特征等。对于房屋建筑工程，应写明工程建筑面积、结构类型、层数等；对于道路、隧道、桥梁、机场、堤坝等其他土木建筑工程，应写明反映设计生产能力或工程效益的指标，如长度、跨度、容量等。群体工程包括的工程内容，应列表说明。

资金来源：指工程建设资金取得的方式或渠道，如政府财政拨款、银行贷款、单位自筹以及外商投资、国外金融机构贷款、赠款等。资金来源有多种方式的，应列明不同方式所占比例。

工程立项批准文号：对于需经有关部门审批立项才能建设的工程，应填写立项批准文号。

③ 工程承包范围

工程承包范围应根据招标文件或施工图纸确定的承包范围填写。如土建（装饰装修、线路、管道、设备安装、道路、给水、排水、供热）等工程，更具体一些的可填写是否包括采暖（水、电、煤气）、通风与空调、电梯、通信、消防、绿化等工程。

④ 合同工期

合同工期包括开工日期、竣工日期和合同工期总日历天数。合同工期可以是绝对工期（填写完整的年月日），也可以是相对工期（如开工日期为签订合同后的第 10 天）。

⑤ 质量标准

有国家标准的应采用国家标准，没有国家标准的应采用行业标准。有强制性标准的应采用强制性标准，没有强制性标准的可采用推荐性标准。

⑥ 合同价款

合同价款应填写双方确定的合同金额。对于招标工程，合同价款就是投标人的中标价格。合同价款应同时填写大小写。

⑦ 组成合同的文件

协议书列出的组成合同的文件包括：

a. 本合同协议书；

b. 中标通知书；

c. 投标书及其附件；

d. 本合同专用条款；

e. 本合同通用条款；

f. 标准、规范及有关技术文件；

g. 图纸；

h. 工程量清单（如有时）；

i. 投标报价单汇总表。

对于双方有关工程的洽商、变更等书面协议或文件视为本合同的组成部分。组成合同的文件很多，不只是包括构成合同文本的协议书、通用条款和专业条款 3 部分。双方达成一致意见的协议或有关文件都应是合同文件的组成部分。协议书在此仅列出了组成合同的主要文件，合同双方可根据工程的实际情况进行补充。

⑧ 有关词语定义

本协议书中有关词语含义与本合同第 2 部分通用条款中的定义相同。

⑨ 承包人义务

承包人向发包人承诺按照合同约定进行施工、竣工并在质量保修期内承担工程质量保修责任。

⑩ 发包人义务

发包人向承包人承诺按照合同约定的期限和方式支付合同价款及其他应当支付的款项。

⑪ 合同生效

合同生效包括合同订立时间、合同订立地点及本合同双方约定合同生效的条件。

（2）通用条款应用

通用条款是依据法律、行政法规规定及建设工程施工的需要订立的，适用于各类建设工程施工的条款。如果双方在专用条款中没有具体约定，均按通用条款执行。

发承包双方签订建设工程施工合同时，对于通用条款的内容，合同双方当事人不得随意修改，如果双方协商的内容与通用条款不一致，可在专用条款中约定和补充。

（3）专用条款应用

在通用条款的各条款中需要说明的特殊条款在专用条款内要进行具体约定。

（4）选用《施工合同文本》签订施工合同的要点

① 协议书的签订。招标工程的协议书根据中标通知书的内容签订，直接发包的工程项目由当事人双方通过谈判协商签订。

② 通用条款的规定符合发包工程的具体情况。可在相同条款号的专用条款的空格上填写：执行通用条款的规定。

③ 通用条款要求当事人在专用条款中作出具体的约定。对于这一类条款，当事人必须在同条款号的专用条款中，就通用条款约定事项的实施时间、地点和要求等作明确具体的约定。

④ 通用条款的规定在本次发包工程上不适用或不完全适用。当事人双方经协商达成一致后可以对通用条款作出修改、补充或取消，并把协议内容填写在同条款号的专用条款的空格中。

（二）建设工程施工专业分包合同示范文本

《建筑法》第29条规定：分包单位按照分包合同的约定对总承包单位负责。总承包单位和分包单位就分包工程对建设单位承担连带责任。根据这一规定，施工总承包单位与施工分包单位必须签订和履行施工分包合同。为此，有必要制定《建设工程施工专业分包合同示范文本》，供施工总承包单位和专业分包单位签订施工专业分包合同时参考。

1. 建设工程施工专业分包合同的特点

（1）分包合同必须以书面形式签订

由于建设工程施工专业分包合同的标的物是建设工程的一部分，即专业工程。在专业工程的施工期内，由于整个工程在施工过程中的变化，也会导致专业工程随之发生变化。为了适应这种情况，根据《合同法》第270条规定：建设工程合同应当采用书面形式。所以，建设工程施工专业分包合同必须以书面形式签订。

（2）分包合同的签订和成立必须体现要约与承诺的方式

施工总承包单位和施工专业分包单位谈判、订立合同，必须是双方意思表示一致，施工专业分包合同才能生效。施工总承包人通过招标方式选择施工专业分包单位，招标过程实际上就是对施工专业分包合同协商的过程。招标人提出要约，投标人做出承诺，施工专业分包合同即为成立。

（3）签订分包合同双方的权利和义务共存

建设工程施工专业分包合同是专业分包单位为完成施工总承包单位分包工程和施工总承包单位支付分包工程价款的合同。专业分包单位承担完成分包工程的义务，施工总承包单位承担支付工程价款的义务,双方的义务与权利相互关联、互为因果。因此,施工分包合同缔约双方均具有履行合同的权利和义务。

(4)分包合同是依附于总承包合同而存在的从合同

专业分包合同是接受施工总承包单位分包的工程而签订的分包合同,因而施工专业分包合同的存在必须以施工总承包合同的存在为前提,如果施工总承包合同不存在,施工专业分包合同也就不存在。在施工专业分包合同的履行过程中,如果发生一些施工专业分包合同未约定的条款,而在施工总承包合同内有涉及这方面的条款,施工专业分包单位应当履行总承包合同中的相应条款。同时分包工程的责任承担由总承包单位和分包单位承担连带责任,即分包工程发生的工期、质量责任以及违约责任,发包人可以向总承包单位或分包单位要求赔偿。总承包单位或分包单位在进行赔偿后,双方有权利对于不属于自己的责任赔偿向另一方追偿。所以,施工专业分包合同是依附总承包合同而存在的从合同。

2. 建设工程施工专业分包合同与总承包合同的区别

建设工程施工专业分包合同虽然是依附总承包合同存在,但它与总承包合同有显著的不同点:

(1)合同当事人的主体不同

总承包合同的当事人主体是工程项目发包人和施工总承包单位,分包合同的当事人主体是施工总承包单位和施工专业分包单位。

(2)合同客体不同

总承包合同的客体是全部工程或工程主体部分,而分包合同的客体只是总承包单位承包工程的一部分,即某一部分专业工程。

(3)合同的权利与义务不同

建设工程施工专业分包合同是施工专业分包单位与总承包单位之间的权利和义务,施工专业分包合同的履行,是总承包单位与施工专业分包单位享有权利和承担义务的合同。施工专业分包单位并不与工程发包人发生权利和义务,只是与总承包单位向发包人承担连带责任。

根据以上几点,建设工程施工专业分包合同示范文本必须单独制定,供施工总承包单位与施工专业分包单位谈判与签订施工专业分包合同时参考使用。由于施工专业分包合同是施工合同的系列部分,因而其制定原则和依据应与施工合同一致。

3. 建设工程施工专业分包合同示范文本的组成内容

建设工程施工专业分包合同示范文本由协议书、通用条款和专用条款 3 部分内容组成。

(1)协议书。它包括了合同主体、分包工程概况、工期、工程质量标准、分包合同价格等主要内容,明确了包括《协议书》在内组成合同的所有文件,并约定了合同生效的方式及合同订立的时间、地点等。

(2)通用条款。它是根据《合同法》《建筑法》《建设工程质量管理条例》《建筑业企业资质管理规定》等法律、行政法规以及规章,对工程施工总承包人和分包人的权利和义务作出的约定条款。它是由词语定义及合同文件、双方一般权利和义务、工期、质量与安全、合同价款与支付、工程变更、竣工验收及结算、违约、索赔及争议、保障、保险及担保以及其他等内容组成。

(3)专用条款的概念和制定原理同建设工程施工合同。在通用条款中有一部分条款需要在专用条款内进行具体约定。

（三）建设工程施工劳务分包合同示范文本

1. 建设工程施工劳务分包管理

建设工程施工劳务是指建筑劳务企业提供活劳动以满足工程建设和使用劳务的单位，为完成建筑产品施工生产而取得报酬的服务活动。

（1）劳务分包管理的意义

① 组建具有劳务分包资质的企业，可以有效地避免靠工头招募，私招乱雇的现象发生，使施工劳务形成成建制的企业，使施工劳务的提供从无序到有序。

② 组织具有劳务分包资质的企业，可以将原来临时雇用和松散性的劳务提供，转变为定点、定向、长期稳定的施工劳务提供组织。

③ 组织分工种具有劳务分包资质的企业，有利于劳务人员施工技能的提高，有利于施工劳务长期稳定的协作，可以有针对性地按分部工程承包劳务作业。

④ 组织具有劳务分包资质的企业，可以充分发挥这些企业的劳务优势，使其成为完善的建筑劳务市场，对建设工程提供劳务，不再成为独立承包的企业，在一定程度上解决建筑市场的混乱现象。

（2）劳务分包管理

根据《建筑业企业资质管理规定》，获得劳务分包资质的企业，可以承接施工总承包企业或者专业承包企业分包的劳务作业。《建筑法》规定：分包单位按照分包合同的约定对总承包单位负责，总承包单位和分包单位就分包工程对建设单位承担连带责任。由于劳务分包也属于分包范畴，因而劳务分包单位也要与施工总承包企业或专业承（分）包企业签订施工劳务分包合同。为规范劳务市场，国家制定了《建设工程施工劳务分包合同示范文本》，可供总承包企业、专业承（分）包企业与劳务企业在签订施工劳务合同时参照使用。

2. 建设工程施工劳务分包合同管理

（1）劳务分包合同的特点

劳务分包合同与施工合同有一定的区别，制定劳务分包合同除要遵循制定施工合同的原则外，还要考虑劳务分包合同的特点。

① 劳务分包合同与劳动合同不同。劳动合同是劳动者与用人单位确立劳动关系、明确双方权利和义务的协议。根据劳动合同，劳动者成为用人单位的成员或合同工，劳动合同的主体（当事人）是用人单位和劳动者。而劳务分包合同的劳务提供者是获得建筑业劳务分包资质的企业。劳务分包合同的主体是施工总承包企业或专业承（分）包企业和劳务分包企业。劳动合同受《劳动法》调整，劳务分包合同受《建筑法》和《合同法》调整。

② 劳务分包合同客体的特点。建设工程总承包合同或专业承（分）包合同的客体都是工程，而作为劳务分包企业是向总承包企业或专业承（分）包企业提供劳务作业，按分部工程的特点，提供专业技术操作工人，而不是完成一个整个工程或一个专业工程。因此，劳务分包合同的客体是提供劳务服务，它所服务的对象，是在保证质量的前提下，完成一定的作业量。

③ 劳务分包合同是从合同。劳务分包企业可以承接总承包企业或者专业承（分）包企业分包的劳务作业。根据这一特点，劳务分包企业必须依附于总承包企业或专业承（分）包企业，向这些企业分包劳务作业。而劳务作业是总承包企业或专业承（分）包企业所承

包工程的一部分劳务工作。因此，劳务分包合同的存在，必须以总承包合同或专业承（分）包合同为前提，如果总承包合同或专业承（分）包合同终止，劳务分包合同也就终止。故劳务分包合同属于从合同。

④ 劳务分包合同除了上述特点外，由于劳务作业有一定周期，所以劳务分包合同当事人双方需要签订书面合同，成为要式合同。由于劳务分包合同需要当事人双方互相承担义务，享受权利，所以它又是双务合同。

（2）劳务分包合同示范文本的组成内容

施工劳务分包合同的订立，必须是当事人双方对提供劳务内容、工作对象、工作日期、工作质量和劳务报酬等进行协商，达成一致意见后合同才能成立。《施工劳务分包合同》的主要内容包括：劳务分包人资质情况、劳务分包工作对象及提供劳务内容、分包工作期限、质量标准、工程承包人和劳务分包人义务、安全施工与检查、安全防护、事故处理、劳务报酬及支付方式、工时及工程量的确认、施工变更、施工验收、违约责任、索赔、争议、禁止分包或再分包、不可抗力、合同解除、合同终止、合同生效、补充条款等。

四、施工合同文本通用条款应用

施工合同文本通用条款包括 20 个部分，共 107 款。

（一）一般约定

1. 词语定义与解释

词语定义界定了合同协议书、通用合同条款、专用合同条款中的所使用词语含义，以便双方在订立合同和履行合同过程中使用这些词语时不产生分歧。

（1）合同

① 合同：是指根据法律规定和合同当事人约定具有约束力的文件，构成合同的文件包括合同协议书、中标通知书（如果有）、投标函及其附录（如果有）、专用合同条款及其附件、通用合同条款、技术标准和要求、图纸、已标价工程量清单或预算书以及其他合同文件。

② 合同协议书：是指构成合同的由发包人和承包人共同签署的称为"合同协议书"的书面文件。

③ 中标通知书：是指构成合同的由发包人通知承包人中标的书面文件。

④ 投标函：是指构成合同的由承包人填写并签署的用于投标的称为"投标函"的文件。

⑤ 投标函附录：是指构成合同的附在投标函后的称为"投标函附录"的文件。

⑥ 技术标准和要求：是指构成合同的施工应当遵守的或指导施工的国家、行业或地方的技术标准和要求，以及合同约定的技术标准和要求。

⑦ 图纸：是指构成合同的图纸，包括由发包人按照合同约定提供或经发包人批准的设计文件、施工图、鸟瞰图及模型等，以及在合同履行过程中形成的图纸文件。图纸应当按照法律规定审查合格。

⑧ 已标价工程量清单：是指构成合同的由承包人按照规定的格式和要求填写并标明价格的工程量清单，包括说明和表格。

⑨ 预算书：是指构成合同的由承包人按照发包人规定的格式和要求编制的工程预算

文件。

⑩ 其他合同文件：是指经合同当事人约定的与工程施工有关的具有合同约束力的文件或书面协议。合同当事人可以在专用合同条款中进行约定。

（2）合同当事人及其他相关方

① 合同当事人：是指发包人和（或）承包人。

② 发包人：是指与承包人签订合同协议书的当事人及取得该当事人资格的合法继承人。

③ 承包人：是指与发包人签订合同协议书的，具有相应工程施工承包资质的当事人及取得该当事人资格的合法继承人。

④ 监理人：是指在专用合同条款中指明的，受发包人委托按照法律规定进行工程监督管理的法人或其他组织。

⑤ 设计人：是指在专用合同条款中指明的，受发包人委托负责工程设计并具备相应工程设计资质的法人或其他组织。

⑥ 分包人：是指按照法律规定和合同约定，分包部分工程或工作，并与承包人签订分包合同的具有相应资质的法人。

⑦ 发包人代表：是指由发包人任命并派驻施工现场在发包人授权范围内行使发包人权利的人。

⑧ 项目经理：是指由承包人任命并派驻施工现场，在承包人授权范围内负责合同履行，且按照法律规定具有相应资格的项目负责人。

⑨ 总监理工程师：是指由监理人任命并派驻施工现场进行工程监理的总负责人。

（3）工程和设备

① 工程：是指与合同协议书中工程承包范围对应的永久工程和（或）临时工程。

② 永久工程：是指按合同约定建造并移交给发包人的工程，包括工程设备。

③ 临时工程：是指为完成合同约定的永久工程所修建的各类临时性工程，不包括施工设备。

④ 单位工程：是指在合同协议书中指明的，具备独立施工条件并能形成独立使用功能的永久工程。

⑤ 工程设备：是指构成永久工程的机电设备、金属结构设备、仪器及其他类似的设备和装置。

⑥ 施工设备：是指为完成合同约定的各项工作所需的设备、器具和其他物品，但不包括工程设备、临时工程和材料。

⑦ 施工现场：是指用于工程施工的场所，以及在专用合同条款中指明作为施工场所组成部分的其他场所，包括永久占地和临时占地。

⑧ 临时设施：是指为完成合同约定的各项工作所服务的临时性生产和生活设施。

⑨ 永久占地：是指专用合同条款中指明为实施工程需永久占用的土地。

⑩ 临时占地：是指专用合同条款中指明为实施工程需要临时占用的土地。

（4）日期和期限

① 开工日期：包括计划开工日期和实际开工日期。计划开工日期是指合同协议书约定的开工日期；实际开工日期是指监理人按照开工通知的约定发出的符合法律规定的开工通知中载明的开工日期。

② 竣工日期：包括计划竣工日期和实际竣工日期。计划竣工日期是指合同协议书约定的竣工日期；实际竣工日期按照竣工日期的约定确定。

③ 工期：是指在合同协议书约定的承包人完成工程所需的期限，包括按照合同约定所作的期限变更。

④ 缺陷责任期：是指承包人按照合同约定承担缺陷修复义务，且发包人预留质量保证金的期限，自工程实际竣工日期起计算。

⑤ 保修期：是指承包人按照合同约定对工程承担保修责任的期限，从工程竣工验收合格之日起计算。

⑥ 基准日期：招标发包的工程以投标截止日前 28 天的日期为基准日期，直接发包的工程以合同签订日前 28 天的日期为基准日期。

⑦ 天：除特别指明外，均指日历天。合同中按天计算时间的，开始当天不计入，从次日开始计算，期限最后一天的截止时间为当天 24：00 时。

（5）合同价格和费用

① 签约合同价：是指发包人和承包人在合同协议书中确定的总金额，包括安全文明施工费、暂估价及暂列金额等。

② 合同价格：是指发包人用于支付承包人按照合同约定完成承包范围内全部工作的金额，包括合同履行过程中按合同约定发生的价格变化。

③ 费用：是指为履行合同所发生的或将要发生的所有必需的开支，包括管理费和应分摊的其他费用，但不包括利润。

④ 暂估价：是指发包人在工程量清单或预算书中提供的用于支付必然发生但暂时不能确定价格的材料、工程设备的单价、专业工程以及服务工作的金额。

⑤ 暂列金额：是指发包人在工程量清单或预算书中暂定并包括在合同价格中的一笔款项，用于工程合同签订时尚未确定或者不可预见的所需材料、工程设备、服务的采购，施工中可能发生的工程变更、合同约定调整因素出现时的合同价格调整以及发生的索赔、现场签证确认等的费用。

⑥ 计日工：是指合同履行过程中，承包人完成发包人提出的零星工作或需要采用计日工计价的变更工作时，按合同中约定的单价计价的一种方式。

⑦ 质量保证金：是指按照质量保证金的约定承包人用于保证其在缺陷责任期内履行缺陷修补义务的担保。

⑧ 总价项目：是指在现行国家、行业以及地方的计量规则中无工程量计算规则，在已标价工程量清单或预算书中以总价或以费率形式计算的项目。

（6）其他

书面形式：是指合同文件、信函、电报、传真等可以有形地表现所载内容的形式。

2. 语言文字

合同以中国的汉语简体文字编写、解释和说明。合同当事人在专用合同条款中约定使用两种以上语言时，汉语为优先解释和说明合同的语言。

3. 法律

合同所称法律是指中华人民共和国法律、行政法规、部门规章，以及工程所在地的地方性法规、自治条例、单行条例和地方政府规章等。

合同当事人可以在专用合同条款中约定合同适用的其他规范性文件。

4. 标准和规范

（1）适用于工程的国家标准、行业标准、工程所在地的地方性标准，以及相应的规范、规程等，合同当事人有特别要求的，应在专用合同条款中约定。

（2）发包人要求使用国外标准、规范的，发包人负责提供原文版本和中文译本，并在专用合同条款中约定提供标准规范的名称、份数和时间。

（3）发包人对工程的技术标准、功能要求高于或严于现行国家、行业或地方标准的，应当在专用合同条款中予以明确。除专用合同条款另有约定外，应视为承包人在签订合同前已充分预见前述技术标准和功能要求的复杂程度，签约合同价中已包含由此产生的费用。

5. 合同文件的优先顺序

组成合同的各项文件应互相解释，互为说明。除专用合同条款另有约定外，解释合同文件的优先顺序如下：

（1）合同协议书；

（2）中标通知书（如果有）；

（3）投标函及其附录（如果有）；

（4）专用合同条款及其附件；

（5）通用合同条款；

（6）技术标准和要求；

（7）图纸；

（8）已标价工程量清单或预算书；

（9）其他合同文件。

上述各项合同文件包括合同当事人就该项合同文件所作出的补充和修改，属于同一类内容的文件，应以最新签署的为准。

在合同订立及履行过程中形成的与合同有关的文件均构成合同文件组成部分，并根据其性质确定优先解释顺序。

6. 图纸和承包人文件

（1）图纸的提供和交底

发包人应按照专用合同条款约定的期限、数量和内容向承包人免费提供图纸，并组织承包人、监理人和设计人进行图纸会审和设计交底。发包人至迟不得晚于开工通知载明的开工日期前 14 天向承包人提供图纸。

因发包人未按合同约定提供图纸导致承包人费用增加和（或）工期延误的，按照因发包人原因导致工期延误的约定办理。

（2）图纸的错误

承包人在收到发包人提供的图纸后，发现图纸存在差错、遗漏或缺陷的，应及时通知监理人。监理人接到该通知后，应附具相关意见并立即报送发包人，发包人应在收到监理人报送的通知后的合理时间内作出决定。合理时间是指发包人在收到监理人的报送通知后，尽其努力且不懈怠地完成图纸修改补充所需的时间。

（3）图纸的修改和补充

图纸需要修改和补充的，应经图纸原设计人及审批部门同意，并由监理人在工程或工程相应部位施工前将修改后的图纸或补充图纸提交给承包人，承包人应按修改或补充后的图纸施工。

（4）承包人文件

承包人应按照专用合同条款的约定提供应当由其编制的与工程施工有关的文件，并按照专用合同条款约定的期限、数量和形式提交监理人，并由监理人报送发包人。

除专用合同条款另有约定外，监理人应在收到承包人文件后7天内审查完毕，监理人对承包人文件有异议的，承包人应予以修改，并重新报送监理人。监理人的审查并不减轻或免除承包人根据合同约定应当承担的责任。

（5）图纸和承包人文件的保管

除专用合同条款另有约定外，承包人应在施工现场另外保存一套完整的图纸和承包人文件，供发包人、监理人及有关人员进行工程检查时使用。

7. 联络

（1）与合同有关的通知、批准、证明、证书、指示、指令、要求、请求、同意、意见、确定和决定等，均应采用书面形式，并应在合同约定的期限内送达接收人和送达地点。

（2）发包人和承包人应在专用合同条款中约定各自的送达接收人和送达地点。任何一方合同当事人指定的接收人或送达地点发生变动的，应提前3天以书面形式通知对方。

（3）发包人和承包人应当及时签收另一方送达至送达地点和指定接收人的来往信函。拒不签收的，由此增加的费用和（或）延误的工期由拒绝接收一方承担。

8. 严禁贿赂

合同当事人不得以贿赂或变相贿赂的方式，谋取非法利益或损害对方权益。因一方合同当事人的贿赂造成对方损失的，应赔偿损失，并承担相应的法律责任。

承包人不得与监理人或发包人聘请的第三方串通损害发包人利益。未经发包人书面同意，承包人不得为监理人提供合同约定以外的通讯设备、交通工具及其他任何形式的利益，不得向监理人支付报酬。

9. 化石、文物

在施工现场发掘的所有文物、古迹以及具有地质研究或考古价值的其他遗迹、化石、钱币或物品属于国家所有。一旦发现上述文物，承包人应采取合理有效的保护措施，防止任何人员移动或损坏上述物品，并立即报告有关政府行政管理部门，同时通知监理人。

发包人、监理人和承包人应按有关政府行政管理部门要求采取妥善的保护措施，由此增加的费用和（或）延误的工期由发包人承担。

承包人发现文物后不及时报告或隐瞒不报，致使文物丢失或损坏的，应赔偿损失，并承担相应的法律责任。

10. 交通运输

（1）出入现场的权利

除专用合同条款另有约定外，发包人应根据施工需要，负责取得出入施工现场所需的批准手续和全部权利，以及取得因施工所需修建道路、桥梁以及其他基础设施的权利，并承担相关手续费用和建设费用。承包人应协助发包人办理修建场内外道路、桥梁以及其他基础设施的手续。

承包人应在订立合同前查勘施工现场，并根据工程规模及技术参数合理预见工程施工所需的进出施工现场的方式、手段、路径等。因承包人未合理预见所增加的费用和（或）延误的工期由承包人承担。

（2）场外交通

发包人应提供场外交通设施的技术参数和具体条件，承包人应遵守有关交通法规，严格按照道路和桥梁的限制荷载行驶，执行有关道路限速、限行、禁止超载的规定，并配合交通管理部门的监督和检查。场外交通设施无法满足工程施工需要的，由发包人负责完善并承担相关费用。

（3）场内交通

发包人应提供场内交通设施的技术参数和具体条件，并应按照专用合同条款的约定向承包人免费提供满足工程施工所需的场内道路和交通设施。因承包人原因造成上述道路或交通设施损坏的，承包人负责修复并承担由此增加的费用。

除发包人按照合同约定提供的场内道路和交通设施外，承包人负责修建、维修、养护和管理施工所需的其他场内临时道路和交通设施。发包人和监理人可以为实现合同目的使用承包人修建的场内临时道路和交通设施。

场外交通和场内交通的边界由合同当事人在专用合同条款中约定。

（4）超大件和超重件的运输

由承包人负责运输的超大件或超重件，应由承包人负责向交通管理部门办理申请手续，发包人给予协助。运输超大件或超重件所需的道路和桥梁临时加固改造费用和其他有关费用，由承包人承担，但专用合同条款另有约定除外。

（5）道路和桥梁的损坏责任

因承包人运输造成施工场地内外公共道路和桥梁损坏的，由承包人承担修复损坏的全部费用和可能引起的赔偿。

（6）水路和航空运输

本款前述各项的内容适用于水路运输和航空运输，其中"道路"一词的含义包括河道、航线、船闸、机场、码头、堤防以及水路或航空运输中其他相似结构物；"车辆"一词的含义包括船舶和飞机等。

11. 知识产权

（1）除专用合同条款另有约定外，发包人提供给承包人的图纸、发包人为实施工程自行编制或委托编制的技术规范以及反映发包人要求的或其他类似性质的文件的著作权属于发包人，承包人可以为实现合同目的而复制、使用此类文件，但不能用于与合同无关的其他事项。未经发包人书面同意，承包人不得为了合同以外的目的而复制、使用上述文件或将之提供给任何第三方。

（2）除专用合同条款另有约定外，承包人为实施工程所编制的文件，除署名权以外的著作权属于发包人，承包人可因实施工程的运行、调试、维修、改造等目的而复制、使用此类文件，但不能用于与合同无关的其他事项。未经发包人书面同意，承包人不得为了合同以外的目的而复制、使用上述文件或将之提供给任何第三方。

（3）合同当事人保证在履行合同过程中不侵犯对方及第三方的知识产权。承包人在使用材料、施工设备、工程设备或采用施工工艺时，因侵犯他人的专利权或其他知识产权所引起的责任，由承包人承担；因发包人提供的材料、施工设备、工程设备或施工工艺导致侵权的，由发包人承担责任。

（4）除专用合同条款另有约定外，承包人在合同签订前和签订时已确定采用的专利、专有技术、技术秘密的使用费已包含在签约合同价中。

12. 保密

除法律规定或合同另有约定外，未经发包人同意，承包人不得将发包人提供的图纸、文件以及声明需要保密的资料信息等商业秘密泄露给第三方。

除法律规定或合同另有约定外，未经承包人同意，发包人不得将承包人提供的技术秘密及声明需要保密的资料信息等商业秘密泄露给第三方。

13. 工程量清单错误的修正

除专用合同条款另有约定外，发包人提供的工程量清单，应被认为是准确的和完整的。出现下列情形之一时，发包人应予以修正，并相应调整合同价格：

（1）工程量清单存在缺项、漏项的；

（2）工程量清单偏差超出专用合同条款约定的工程量偏差范围的；

（3）未按照国家现行计量规范强制性规定计量的。

（二）发包人

发包人部分主要规定了发包人的一般权利和义务。

1. 许可或批准

发包人应遵守法律，并办理法律规定由其办理的许可、批准或备案，包括但不限于建设用地规划许可证、建设工程规划许可证、建设工程施工许可证、施工所需临时用水、临时用电、中断道路交通、临时占用土地等许可和批准。发包人应协助承包人办理法律规定的有关施工证件和批件。

因发包人原因未能及时办理完毕前述许可、批准或备案，由发包人承担由此增加的费用和（或）延误的工期，并支付承包人合理的利润。

2. 发包人代表

发包人应在专用合同条款中明确其派驻施工现场的发包人代表的姓名、职务、联系方式及授权范围等事项。发包人代表在发包人的授权范围内，负责处理合同履行过程中与发包人有关的具体事宜。发包人代表在授权范围内的行为由发包人承担法律责任。发包人更换发包人代表的，应提前7天以书面通知承包人。

发包人代表不能按照合同约定履行其职责及义务，并导致合同无法继续正常履行的，承包人可以要求发包人撤换发包人代表。

不属于法定必须监理的工程，监理人的职权可以由发包人代表或发包人指定的其他人员行使。

3. 发包人人员

发包人应要求在施工现场的发包人人员遵守法律及有关安全、质量、环境保护、文明施工等规定，并保障承包人免于承受因发包人人员未遵守上述要求给承包人造成的损失和责任。

发包人人员包括发包人代表及其他由发包人派驻施工现场的人员。

4. 施工现场、施工条件和基础资料的提供

（1）提供施工现场

除专用合同条款另有约定外，发包人应最迟于开工日期 7 天前向承包人移交施工现场。

（2）提供施工条件

除专用合同条款另有约定外，发包人应负责提供施工所需要的条件，包括：

① 将施工用水、电力、通讯线路等施工所必需的条件接至施工现场内；

② 保证向承包人提供正常施工所需要的进入施工现场的交通条件；

③ 协调处理施工现场周围地下管线和邻近建筑物、构筑物、古树名木的保护工作，并承担相关费用；

④ 按照专用合同条款约定应提供的其他设施和条件。

（3）提供基础资料

发包人应当在移交施工现场前向承包人提供施工现场及工程施工所必需的毗邻区域内供水、排水、供电、供气、供热、通信、广播电视等地下管线资料，气象和水文观测资料，地质勘察资料，相邻建筑物、构筑物和地下工程等有关基础资料，并对所提供资料的真实性、准确性和完整性负责。

按照法律规定确需在开工后才能提供的基础资料，发包人应尽其努力及时地在相应工程施工前的合理期限内提供，合理期限应以不影响承包人的正常施工为限。

（4）逾期提供的责任

因发包人原因未能按合同约定及时向承包人提供施工现场、施工条件、基础资料的，由发包人承担由此增加的费用和（或）延误的工期。

5. 资金来源证明及支付担保

除专用合同条款另有约定外，发包人应在收到承包人要求提供资金来源证明的书面通知后 28 天内，向承包人提供能够按照合同约定支付合同价款的相应资金来源证明。

除专用合同条款另有约定外，发包人要求承包人提供履约担保的，发包人应当向承包人提供支付担保。支付担保可以采用银行保函或担保公司担保等形式，具体由合同当事人在专用合同条款中约定。

6. 支付合同价款

发包人应按合同约定向承包人及时支付合同价款。

7. 组织竣工验收

发包人应按合同约定及时组织竣工验收。

8. 现场统一管理协议

发包人应与承包人、由发包人直接发包的专业工程的承包人签订施工现场统一管理协议，明确各方的权利义务。施工现场统一管理协议作为专用合同条款的附件。

（三）承包人

承包人部分主要规定了承包人的一般权利和义务，以及对项目经理、主要施工管理人员和分包的要求。

1. 承包人的一般义务

承包人在履行合同过程中应遵守法律和工程建设标准规范，并履行以下义务：

（1）办理法律规定应由承包人办理的许可和批准，并将办理结果书面报送发包人留存。

（2）按法律规定和合同约定完成工程，并在保修期内承担保修义务。

（3）按法律规定和合同约定采取施工安全和环境保护措施，办理工伤保险，确保工程及人员、材料、设备和设施的安全。

（4）按合同约定的工作内容和施工进度要求，编制施工组织设计和施工措施计划，并对所有施工作业和施工方法的完备性和安全可靠性负责。

（5）在进行合同约定的各项工作时，不得侵害发包人与他人使用公用道路、水源、市政管网等公共设施的权利，避免对邻近的公共设施产生干扰。承包人占用或使用他人的施工场地，影响他人作业或生活的，应承担相应责任。

（6）按照环境保护的约定负责施工场地及其周边环境与生态的保护工作。

（7）按第安全文明施工的约定采取施工安全措施，确保工程及其人员、材料、设备和设施的安全，防止因工程施工造成的人身伤害和财产损失。

（8）将发包人按合同约定支付的各项价款专用于合同工程，且应及时支付其雇用人员工资，并及时向分包人支付合同价款。

（9）按照法律规定和合同约定编制竣工资料，完成竣工资料立卷及归档，并按专用合同条款约定的竣工资料的套数、内容、时间等要求移交发包人。

（10）应履行的其他义务。

2. 项目经理

（1）项目经理应为合同当事人所确认的人选，并在专用合同条款中明确项目经理的姓名、职称、注册执业证书编号、联系方式及授权范围等事项，项目经理经承包人授权后代表承包人负责履行合同。项目经理应是承包人正式聘用的员工，承包人应向发包人提交项目经理与承包人之间的劳动合同，以及承包人为项目经理缴纳社会保险的有效证明。承包人不提交上述文件的，项目经理无权履行职责，发包人有权要求更换项目经理，由此增加的费用和（或）延误的工期由承包人承担。

项目经理应常驻施工现场，且每月在施工现场时间不得少于专用合同条款约定的天数。项目经理不得同时担任其他项目的项目经理。项目经理确需离开施工现场时，应事先通知监理人，并取得发包人的书面同意。项目经理的通知中应当载明临时代行其职责的人员的注册执业资格、管理经验等资料，该人员应具备履行相应职责的能力。

承包人违反上述约定的，应按照专用合同条款的约定，承担违约责任。

（2）项目经理按合同约定组织工程实施。在紧急情况下为确保施工安全和人员安全，在无法与发包人代表和总监理工程师及时取得联系时，项目经理有权采取必要的措施保证与工程有关的人身、财产和工程的安全，但应在48小时内向发包人代表和总监理工程师提交书面报告。

（3）承包人需要更换项目经理的，应提前14天书面通知发包人和监理人，并征得发包人书面同意。通知中应当载明继任项目经理的注册执业资格、管理经验等资料，继任项目经理继续履行第（1）项约定的职责。未经发包人书面同意，承包人不得擅自更换项目经理。承包人擅自更换项目经理的，应按照专用合同条款的约定承担违约责任。

（4）发包人有权书面通知承包人更换其认为不称职的项目经理，通知中应当载明要求更换的理由。承包人应在接到更换通知后14天内向发包人提出书面的改进报告。发包人收到改进报告后仍要求更换的，承包人应在接到第二次更换通知的28天内进行更换，并将新任命的项目经理的注册执业资格、管理经验等资料书面通知发包人。继任项目经理继续履行第（1）项约定的职责。承包人无正当理由拒绝更换项目经理的，应按照专用合同条款的约定承担违约责任。

（5）项目经理因特殊情况授权其下属人员履行其某项工作职责的，该下属人员应具备履行相应职责的能力，并应提前7天将上述人员的姓名和授权范围书面通知监理人，并征得发包人书面同意。

3. 承包人人员

（1）除专用合同条款另有约定外，承包人应在接到开工通知后7天内，向监理人提交承包人项目管理机构及施工现场人员安排的报告，其内容应包括合同管理、施工、技术、材料、质量、安全、财务等主要施工管理人员名单及其岗位、注册执业资格等，以及各工种技术工人的安排情况，并同时提交主要施工管理人员与承包人之间的劳动关系证明和缴纳社会保险的有效证明。

（2）承包人派驻到施工现场的主要施工管理人员应相对稳定。施工过程中如有变动，承包人应及时向监理人提交施工现场人员变动情况的报告。承包人更换主要施工管理人员时，应提前7天书面通知监理人，并征得发包人书面同意。通知中应当载明继任人员的注册执业资格、管理经验等资料。

特殊工种作业人员均应持有相应的资格证明，监理人可以随时检查。

（3）发包人对于承包人主要施工管理人员的资格或能力有异议的，承包人应提供资料证明被质疑人员有能力完成其岗位工作或不存在发包人所质疑的情形。发包人要求撤换不能按照合同约定履行职责及义务的主要施工管理人员的，承包人应当撤换。承包人无正当理由拒绝撤换的，应按照专用合同条款的约定承担违约责任。

（4）除专用合同条款另有约定外，承包人的主要施工管理人员离开施工现场每月累计不超过5天的，应报监理人同意；离开施工现场每月累计超过5天的，应通知监理人，并征得发包人书面同意。主要施工管理人员离开施工现场前应指定一名有经验的人员临时代行其职责，该人员应具备履行相应职责的资格和能力，且应征得监理人或发包人的同意。

（5）承包人擅自更换主要施工管理人员，或前述人员未经监理人或发包人同意擅自离开施工现场的，应按照专用合同条款约定承担违约责任。

4. 承包人现场查勘

承包人应对基于发包人按照提供基础资料的约定提交的基础资料所做出的解释和推断负责，但因基础资料存在错误、遗漏导致承包人解释或推断失实的，由发包人承担责任。

承包人应对施工现场和施工条件进行查勘，并充分了解工程所在地的气象条件、交通条件、风俗习惯以及其他与完成合同工作有关的其他资料。因承包人未能充分查勘、了解前述情况或未能充分估计前述情况所可能产生后果的，承包人承担由此增加的费用和（或）延误的工期。

5. 分包

（1）分包的一般约定

承包人不得将其承包的全部工程转包给第三人，或将其承包的全部工程肢解后以分包的名义转包给第三人。承包人不得将工程主体结构、关键性工作及专用合同条款中禁止分包的专业工程分包给第三人，主体结构、关键性工作的范围由合同当事人按照法律规定在专用合同条款中予以明确。

承包人不得以劳务分包的名义转包或违法分包工程。

（2）分包的确定

承包人应按专用合同条款的约定进行分包，确定分包人。已标价工程量清单或预算书中给定暂估价的专业工程，按照暂估价确定分包人。按照合同约定进行分包的，承包人应确保分包人具有相应的资质和能力。工程分包不减轻或免除承包人的责任和义务，承包人和分包人就分包工程向发包人承担连带责任。除合同另有约定外，承包人应在分包合同签订后 7 天内向发包人和监理人提交分包合同副本。

（3）分包管理

承包人应向监理人提交分包人的主要施工管理人员表，并对分包人的施工人员进行实名制管理，包括但不限于进出场管理、登记造册以及各种证照的办理。

（4）分包合同价款

① 除上述第（2）条约定的情况或专用合同条款另有约定外，分包合同价款由承包人与分包人结算，未经承包人同意，发包人不得向分包人支付分包工程价款。

② 生效法律文书要求发包人向分包人支付分包合同价款的，发包人有权从应付承包人工程款中扣除该部分款项。

（5）分包合同权益的转让

分包人在分包合同项下的义务持续到缺陷责任期届满以后的，发包人有权在缺陷责任期届满前，要求承包人将其在分包合同项下的权益转让给发包人，承包人应当转让。除转让合同另有约定外，转让合同生效后，由分包人向发包人履行义务。

6. 工程照管与成品、半成品保护

（1）除专用合同条款另有约定外，自发包人向承包人移交施工现场之日起，承包人应负责照管工程及工程相关的材料、工程设备，直到颁发工程接收证书之日止。

（2）在承包人负责照管期间，因承包人原因造成工程、材料、工程设备损坏的，由承包人负责修复或更换，并承担由此增加的费用和（或）延误的工期。

（3）对合同内分期完成的成品和半成品，在工程接收证书颁发前，由承包人承担保护责任。因承包人原因造成成品或半成品损坏的，由承包人负责修复或更换，并承担由此增加的费用和（或）延误的工期。

7. 履约担保

发包人需要承包人提供履约担保的，由合同当事人在专用合同条款中约定履约担保的方式、金额及期限等。履约担保可以采用银行保函或担保公司担保等形式，具体由合同当事人在专用合同条款中约定。

因承包人原因导致工期延长的，继续提供履约担保所增加的费用由承包人承担；非因承包人原因导致工期延长的，继续提供履约担保所增加的费用由发包人承担。

8. 联合体

（1）联合体各方应共同与发包人签订合同协议书。联合体各方应为履行合同向发包人承担连带责任。

（2）联合体协议经发包人确认后作为合同附件。在履行合同过程中，未经发包人同意，不得修改联合体协议。

（3）联合体牵头人负责与发包人和监理人联系，并接受指示，负责组织联合体各成员全面履行合同。

（四）监理人

1. 监理人的一般规定

工程实行监理的，发包人和承包人应在专用合同条款中明确监理人的监理内容及监理权限等事项。监理人应当根据发包人授权及法律规定，代表发包人对工程施工相关事项进行检查、查验、审核、验收，并签发相关指示，但监理人无权修改合同，且无权减轻或免除合同约定的承包人的任何责任与义务。

除专用合同条款另有约定外，监理人在施工现场的办公场所、生活场所由承包人提供，所发生的费用由发包人承担。

2. 监理人员

发包人授予监理人对工程实施监理的权利由监理人派驻施工现场的监理人员行使，监理人员包括总监理工程师及监理工程师。监理人应将授权的总监理工程师和监理工程师的姓名及授权范围以书面形式提前通知承包人。更换总监理工程师的，监理人应提前7天书面通知承包人；更换其他监理人员，监理人应提前48小时书面通知承包人。

3. 监理人的指示

监理人应按照发包人的授权发出监理指示。监理人的指示应采用书面形式，并经其授权的监理人员签字。紧急情况下，为了保证施工人员的安全或避免工程受损，监理人员可以口头形式发出指示，该指示与书面形式的指示具有同等法律效力，但必须在发出口头指示后24小时内补发书面监理指示，补发的书面监理指示应与口头指示一致。

监理人发出的指示应送达承包人项目经理或经项目经理授权接收的人员。因监理人未能按合同约定发出指示、指示延误或发出了错误指示而导致承包人费用增加和（或）工期延误的，由发包人承担相应责任。除专用合同条款另有约定外，总监理工程师不应将商定或确定约定应由总监理工程师作出确定的权力授权或委托给其他监理人员。

承包人对监理人发出的指示有疑问的，应向监理人提出书面异议，监理人应在48小时内对该指示予以确认、更改或撤销，监理人逾期未回复的，承包人有权拒绝执行上述指示。

监理人对承包人的任何工作、工程或其采用的材料和工程设备未在约定的或合理期限内提出意见的，视为批准，但不免除或减轻承包人对该工作、工程、材料、工程设备等应承担的责任和义务。

4. 商定或确定

合同当事人进行商定或确定时，总监理工程师应当会同合同当事人尽量通过协商达成一致，不能达成一致的，由总监理工程师按照合同约定审慎做出公正的确定。

总监理工程师应将确定以书面形式通知发包人和承包人，并附详细依据。合同当事人对总监理工程师的确定没有异议的，按照总监理工程师的确定执行。任何一方合同当事人有异议，按照争议解决约定处理。争议解决前，合同当事人暂按总监理工程师的确定执行；争议解决后，争议解决的结果与总监理工程师的确定不一致的，按照争议解决的结果执行，由此造成的损失由责任人承担。

（五）工程质量

1. 质量要求

（1）工程质量标准必须符合现行国家有关工程施工质量验收规范和标准的要求。有关工程质量的特殊标准或要求由合同当事人在专用合同条款中约定。

（2）因发包人原因造成工程质量未达到合同约定标准的，由发包人承担由此增加的费用和（或）延误的工期，并支付承包人合理的利润。

（3）因承包人原因造成工程质量未达到合同约定标准的，发包人有权要求承包人返工直至工程质量达到合同约定的标准为止，并由承包人承担由此增加的费用和（或）延误的工期。

2. 质量保证措施

（1）发包人的质量管理

发包人应按照法律规定及合同约定完成与工程质量有关的各项工作。

（2）承包人的质量管理

承包人按照施工组织设计约定向发包人和监理人提交工程质量保证体系及措施文件，建立完善的质量检查制度，并提交相应的工程质量文件。对于发包人和监理人违反法律规定和合同约定的错误指示，承包人有权拒绝实施。

承包人应对施工人员进行质量教育和技术培训，定期考核施工人员的劳动技能，严格执行施工规范和操作规程。

承包人应按照法律规定和发包人的要求，对材料、工程设备以及工程的所有部位及其施工工艺进行全过程的质量检查和检验，并作详细记录，编制工程质量报表，报送监理人审查。此外，承包人还应按照法律规定和发包人的要求，进行施工现场取样试验、工程复核测量和设备性能检测，提供试验样品、提交试验报告和测量成果以及其他工作。

（3）监理人的质量检查和检验

监理人按照法律规定和发包人授权对工程的所有部位及其施工工艺、材料和工程设备进行检查和检验。承包人应为监理人的检查和检验提供方便，包括监理人到施工现场，或制造、加工地点，或合同约定的其他地方进行察看和查阅施工原始记录。监理人为此进行的检查和检验，不免除或减轻承包人按照合同约定应当承担的责任。

监理人的检查和检验不应影响施工正常进行。监理人的检查和检验影响施工正常进行的，且经检查检验不合格的，影响正常施工的费用由承包人承担，工期不予顺延；经检查检验合格的，由此增加的费用和（或）延误的工期由发包人承担。

3. 隐蔽工程检查

（1）承包人自检

承包人应当对工程隐蔽部位进行自检，并经自检确认是否具备覆盖条件。

（2）检查程序

除专用合同条款另有约定外，工程隐蔽部位经承包人自检确认具备覆盖条件的，承包人应在共同检查前48小时书面通知监理人检查，通知中应载明隐蔽检查的内容、时间和地点，并应附有自检记录和必要的检查资料。

监理人应按时到场并对隐蔽工程及其施工工艺、材料和工程设备进行检查。经监理人检查确认质量符合隐蔽要求，并在验收记录上签字后，承包人才能进行覆盖。经监理人检查质量不合格的，承包人应在监理人指示的时间内完成修复，并由监理人重新检查，由此增加的费用和（或）延误的工期由承包人承担。

除专用合同条款另有约定外，监理人不能按时进行检查的，应在检查前24小时向承包人提交书面延期要求，但延期不能超过48小时，由此导致工期延误的，工期应予以顺延。

监理人未按时进行检查，也未提出延期要求的，视为隐蔽工程检查合格，承包人可自行完成覆盖工作，并作相应记录报送监理人，监理人应签字确认。监理人事后对检查记录有疑问的，可按重新检查的约定重新检查。

（3）重新检查

承包人覆盖工程隐蔽部位后，发包人或监理人对质量有疑问的，可要求承包人对已覆盖的部位进行钻孔探测或揭开重新检查，承包人应遵照执行，并在检查后重新覆盖恢复原状。经检查证明工程质量符合合同要求的，由发包人承担由此增加的费用和（或）延误的工期，并支付承包人合理的利润；经检查证明工程质量不符合合同要求的，由此增加的费用和（或）延误的工期由承包人承担。

（4）承包人私自覆盖

承包人未通知监理人到场检查，私自将工程隐蔽部位覆盖的，监理人有权指示承包人钻孔探测或揭开检查，无论工程隐蔽部位质量是否合格，由此增加的费用和（或）延误的工期均由承包人承担。

4. 不合格工程的处理

（1）因承包人原因造成工程不合格的，发包人有权随时要求承包人采取补救措施，直至达到合同要求的质量标准，由此增加的费用和（或）延误的工期由承包人承担。无法补救的，按照拒绝接收全部或部分工程的约定执行。

（2）因发包人原因造成工程不合格的，由此增加的费用和（或）延误的工期由发包人承担，并支付承包人合理的利润。

5. 质量争议检测

合同当事人对工程质量有争议的，由双方协商确定的工程质量检测机构鉴定，由此产生的费用及因此造成的损失，由责任方承担。

合同当事人均有责任的，由双方根据其责任分别承担。合同当事人无法达成一致的，按照合同当事人商定或确定的执行。

（六）安全文明施工与环境保护

1. 安全文明施工

（1）安全生产要求

合同履行期间，合同当事人均应当遵守国家和工程所在地有关安全生产的要求，合同当事人有特别要求的，应在专用合同条款中明确施工项目安全生产标准化达标目标及相应事项。承包人有权拒绝发包人及监理人强令承包人违章作业、冒险施工的任何指示。

在施工过程中，如遇到突发的地质变动、事先未知的地下施工障碍等影响施工安全的紧急情况，承包人应及时报告监理人和发包人，发包人应当及时下令停工并报政府有关行政管理部门采取应急措施。

因安全生产需要暂停施工的，按照暂停施工的约定执行。

（2）安全生产保证措施

承包人应当按照有关规定编制安全技术措施或者专项施工方案，建立安全生产责任制度、治安保卫制度及安全生产教育培训制度，并按安全生产法律规定及合同约定履行安全职责，如实编制工程安全生产的有关记录，接受发包人、监理人及政府安全监督部门的检查与监督。

（3）特别安全生产事项

承包人应按照法律规定进行施工，开工前做好安全技术交底工作，施工过程中做好各项安全防护措施。承包人为实施合同而雇用的特殊工种的人员应受过专门的培训并已取得政府有关管理机构颁发的上岗证书。

承包人在动力设备、输电线路、地下管道、密封防震车间、易燃易爆地段以及临街交通要道附近施工时，施工开始前应向发包人和监理人提出安全防护措施，经发包人认可后实施。

实施爆破作业，在放射、毒害性环境中施工（含储存、运输、使用）及使用毒害性、腐蚀性物品施工时，承包人应在施工前7天以书面通知发包人和监理人，并报送相应的安全防护措施，经发包人认可后实施。

需单独编制危险性较大分部分项专项工程施工方案的，及要求进行专家论证的超过一定规模的危险性较大的分部分项工程，承包人应及时编制和组织论证。

（4）治安保卫

除专用合同条款另有约定外，发包人应与当地公安部门协商，在现场建立治安管理机构或联防组织，统一管理施工场地的治安保卫事项，履行合同工程的治安保卫职责。

发包人和承包人除应协助现场治安管理机构或联防组织维护施工场地的社会治安外，还应做好包括生活区在内的各自管辖区的治安保卫工作。

除专用合同条款另有约定外，发包人和承包人应在工程开工后7天内共同编制施工场地治安管理计划，并制定应对突发治安事件的紧急预案。在工程施工过程中，发生暴乱、爆炸等恐怖事件，以及群殴、械斗等群体性突发治安事件的，发包人和承包人应立即向当地政府报告。发包人和承包人应积极协助当地有关部门采取措施平息事态，防止事态扩大，尽量避免人员伤亡和财产损失。

（5）文明施工

承包人在工程施工期间，应当采取措施保持施工现场平整，物料堆放整齐。工程所在地有关政府行政管理部门有特殊要求的，按照其要求执行。合同当事人对文明施工有其他要求的，可以在专用合同条款中明确。

在工程移交之前，承包人应当从施工现场清除承包人的全部工程设备、多余材料、垃圾和各种临时工程，并保持施工现场清洁整齐。经发包人书面同意，承包人可在发包人指定的地点保留承包人履行保修期内的各项义务所需要的材料、施工设备和临时工程。

（6）安全文明施工费

安全文明施工费由发包人承担，发包人不得以任何形式扣减该部分费用。因基准日期后合同所适用的法律或政府有关规定发生变化，增加的安全文明施工费由发包人承担。

承包人经发包人同意采取合同约定以外的安全措施所产生的费用，由发包人承担。未经发包人同意的，如果该措施避免了发包人的损失，则发包人在避免损失的额度内承担该措施费。如果该措施避免了承包人的损失，由承包人承担该措施费。

除专用合同条款另有约定外，发包人应在开工后28天内预付安全文明施工费总额的50%，其余部分与进度款同期支付。发包人逾期支付安全文明施工费超过7天的，承包人有权向发包人发出要求预付的催告通知，发包人收到通知后7天内仍未支付的，承包人有权暂停施工，并按发包人违约的情形执行。

承包人对安全文明施工费应专款专用，承包人应在财务账目中单独列项备查，不得挪作他用，否则发包人有权责令其限期改正；逾期未改正的，可以责令其暂停施工，由此增加的费用和（或）延误的工期由承包人承担。

（7）紧急情况处理

在工程实施期间或缺陷责任期内发生危及工程安全的事件，监理人通知承包人进行抢救，承包人声明无能力或不愿立即执行的，发包人有权雇佣其他人员进行抢救。此类抢救按合同约定属于承包人义务的，由此增加的费用和（或）延误的工期由承包人承担。

（8）事故处理

工程施工过程中发生事故的，承包人应立即通知监理人，监理人应立即通知发包人。发包人和承包人应立即组织人员和设备进行紧急抢救和抢修，减少人员伤亡和财产损失，防止事故扩大，并保护事故现场。需要移动现场物品时，应作出标记和书面记录，妥善保管有关证据。发包人和承包人应按国家有关规定，及时如实地向有关部门报告事故发生的情况，以及正在采取的紧急措施等。

（9）安全生产责任

① 发包人的安全责任

发包人应负责赔偿以下各种情况造成的损失：

a. 工程或工程的任何部分对土地的占用所造成的第三者财产损失；

b. 由于发包人原因在施工场地及其毗邻地带造成的第三者人身伤亡和财产损失；

c. 由于发包人原因对承包人、监理人造成的人员人身伤亡和财产损失；

d. 由于发包人原因造成的发包人自身人员的人身伤害以及财产损失。

② 承包人的安全责任

由于承包人原因在施工场地内及其毗邻地带造成的发包人、监理人以及第三者人员伤亡和财产损失，由承包人负责赔偿。

2. 职业健康

（1）劳动保护

承包人应按照法律规定安排现场施工人员的劳动和休息时间，保障劳动者的休息时间，并支付合理的报酬和费用。承包人应依法为其履行合同所雇用的人员办理必要的证件、许可、保险和注册等，承包人应督促其分包人为分包人所雇用的人员办理必要的证件、许可、保险和注册等。

承包人应按照法律规定保障现场施工人员的劳动安全，并提供劳动保护，并应按国家有关劳动保护的规定，采取有效的防止粉尘、降低噪声、控制有害气体和保障高温、高寒、高空作业安全等劳动保护措施。承包人雇佣人员在施工中受到伤害的，承包人应立即采取有效措施进行抢救和治疗。

承包人应按法律规定安排工作时间，保证其雇佣人员享有休息和休假的权利。因工程施工的特殊需要占用休假日或延长工作时间的，应不超过法律规定的限度，并按法律规定给予补休或付酬。

（2）生活条件

承包人应为其履行合同所雇用的人员提供必要的膳宿条件和生活环境；承包人应采取有

效措施预防传染病，保证施工人员的健康，并定期对施工现场、施工人员生活基地和工程进行防疫和卫生的专业检查和处理，在远离城镇的施工场地，还应配备必要的伤病防治和急救的医务人员与医疗设施。

3. 环境保护

承包人应在施工组织设计中列明环境保护的具体措施。在合同履行期间，承包人应采取合理措施保护施工现场环境。对施工作业过程中可能引起的大气、水、噪声以及固体废物污染采取具体可行的防范措施。

承包人应当承担因其原因引起的环境污染侵权损害赔偿责任，因上述环境污染引起纠纷而导致暂停施工的，由此增加的费用和（或）延误的工期由承包人承担。

（七）工期和进度

1. 施工组织设计

（1）施工组织设计的内容

施工组织设计应包含以下内容：

① 施工方案；

② 施工现场平面布置图；

③ 施工进度计划和保证措施；

④ 劳动力及材料供应计划；

⑤ 施工机械设备的选用；

⑥ 质量保证体系及措施；

⑦ 安全生产、文明施工措施；

⑧ 环境保护、成本控制措施；

⑨ 合同当事人约定的其他内容。

（2）施工组织设计的提交和修改

除专用合同条款另有约定外，承包人应在合同签订后 14 天内，但至迟不得晚于开工通知载明的开工日期前 7 天，向监理人提交详细的施工组织设计，并由监理人报送发包人。除专用合同条款另有约定外，发包人和监理人应在监理人收到施工组织设计后 7 天内确认或提出修改意见。对发包人和监理人提出的合理意见和要求，承包人应自费修改完善。根据工程实际情况需要修改施工组织设计的，承包人应向发包人和监理人提交修改后的施工组织设计。

施工进度计划的编制和修改按照施工进度计划执行。

2. 施工进度计划

（1）施工进度计划的编制

承包人应按照施工组织设计约定提交详细的施工进度计划，施工进度计划的编制应当符合国家法律规定和一般工程实践惯例，施工进度计划经发包人批准后实施。施工进度计划是控制工程进度的依据，发包人和监理人有权按照施工进度计划检查工程进度情况。

（2）施工进度计划的修订

施工进度计划不符合合同要求或与工程的实际进度不一致的，承包人应向监理人提交修订的施工进度计划，并附具有关措施和相关资料，由监理人报送发包人。除专用合同条款另有约定外，发包人和监理人应在收到修订的施工进度计划后7天内完成审核和批准或提出修改意见。发包人和监理人对承包人提交的施工进度计划的确认，不能减轻或免除承包人根据法律规定和合同约定应承担的任何责任或义务。

3. 开工

（1）开工准备

除专用合同条款另有约定外，承包人应按照施工组织设计约定的期限，向监理人提交工程开工报审表，经监理人报发包人批准后执行。开工报审表应详细说明按施工进度计划正常施工所需的施工道路、临时设施、材料、工程设备、施工设备、施工人员等落实情况以及工程的进度安排。

除专用合同条款另有约定外，合同当事人应按约定完成开工准备工作。

（2）开工通知

发包人应按照法律规定获得工程施工所需的许可。经发包人同意后，监理人发出的开工通知应符合法律规定。监理人应在计划开工日期7天前向承包人发出开工通知，工期自开工通知中载明的开工日期起算。

除专用合同条款另有约定外，因发包人原因造成监理人未能在计划开工日期之日起90天内发出开工通知的，承包人有权提出价格调整要求，或者解除合同。发包人应当承担由此增加的费用和（或）延误的工期，并向承包人支付合理利润。

4. 测量放线

（1）除专用合同条款另有约定外，发包人应在至迟不得晚于开工通知载明的开工日期前7天通过监理人向承包人提供测量基准点、基准线和水准点及其书面资料。发包人应对其提供的测量基准点、基准线和水准点及其书面资料的真实性、准确性和完整性负责。

承包人发现发包人提供的测量基准点、基准线和水准点及其书面资料存在错误或疏漏的，应及时通知监理人。监理人应及时报告发包人，并会同发包人和承包人予以核实。发包人应就如何处理和是否继续施工作出决定，并通知监理人和承包人。

（2）承包人负责施工过程中的全部施工测量放线工作，并配置具有相应资质的人员、合格的仪器、设备和其他物品。承包人应矫正工程的位置、标高、尺寸或准线中出现的任何差错，并对工程各部分的定位负责。

施工过程中对施工现场内水准点等测量标志物的保护工作由承包人负责。

5. 工期延误

（1）因发包人原因导致工期延误

在合同履行过程中，因下列情况导致工期延误和（或）费用增加的，由发包人承担由此延误的工期和（或）增加的费用，且发包人应支付承包人合理的利润。

① 发包人未能按合同约定提供图纸或所提供图纸不符合合同约定的；

② 发包人未能按合同约定提供施工现场、施工条件、基础资料、许可、批准等开工条件的；

③ 发包人提供的测量基准点、基准线和水准点及其书面资料存在错误或疏漏的；

④ 发包人未能在计划开工日期之日起7天内同意下达开工通知的；

⑤ 发包人未能按合同约定日期支付工程预付款、进度款或竣工结算款的；

⑥ 监理人未按合同约定发出指示、批准等文件的；

⑦ 专用合同条款中约定的其他情形。

因发包人原因未按计划开工日期开工的，发包人应按实际开工日期顺延竣工日期，确保实际工期不低于合同约定的工期总日历天数。因发包人原因导致工期延误需要修订施工进度计划的，按照施工进度计划的修订执行。

（2）因承包人原因导致工期延误

因承包人原因造成工期延误的，可以在专用合同条款中约定逾期竣工违约金的计算方法和逾期竣工违约金的上限。承包人支付逾期竣工违约金后，不免除承包人继续完成工程及修补缺陷的义务。

6. 不利物质条件

不利物质条件是指有经验的承包人在施工现场遇到的不可预见的自然物质条件、非自然的物质障碍和污染物，包括地表以下物质条件和水文条件以及专用合同条款约定的其他情形，但不包括气候条件。

承包人遇到不利物质条件时，应采取克服不利物质条件的合理措施继续施工，并及时通知发包人和监理人。通知应载明不利物质条件的内容以及承包人认为不可预见的理由。监理人经发包人同意后应当及时发出指示，指示构成变更的，按变更的约定执行。承包人因采取合理措施而增加的费用和（或）延误的工期由发包人承担。

7. 异常恶劣的气候条件

异常恶劣的气候条件是指在施工过程中遇到的，有经验的承包人在签订合同时不可预见的，对合同履行造成实质性影响的，但尚未构成不可抗力事件的恶劣气候条件。合同当事人可以在专用合同条款中约定异常恶劣的气候条件的具体情形。

承包人应采取克服异常恶劣的气候条件的合理措施继续施工，并及时通知发包人和监理人。监理人经发包人同意后应当及时发出指示，指示构成变更的，按变更的约定办理。承包人因采取合理措施而增加的费用和（或）延误的工期由发包人承担。

8. 暂停施工

（1）发包人原因引起的暂停施工

因发包人原因引起暂停施工的，监理人经发包人同意后，应及时下达暂停施工指示。情况紧急且监理人未及时下达暂停施工指示的，按照紧急情况下的暂停施工执行。

因发包人原因引起的暂停施工，发包人应承担由此增加的费用和（或）延误的工期，并支付承包人合理的利润。

（2）承包人原因引起的暂停施工

因承包人原因引起的暂停施工，承包人应承担由此增加的费用和（或）延误的工期，且承包人在收到监理人复工指示后84天内仍未复工的，视为承包人违约的情形中约定的承包人无法继续履行合同的情形。

（3）指示暂停施工

监理人认为有必要时，并经发包人批准后，可向承包人作出暂停施工的指示，承包人应按监理人指示暂停施工。

（4）紧急情况下的暂停施工

因紧急情况需暂停施工，且监理人未及时下达暂停施工指示的，承包人可先暂停施工，并及时通知监理人。监理人应在接到通知后 24 小时内发出指示，逾期未发出指示，视为同意承包人暂停施工。监理人不同意承包人暂停施工的，应说明理由，承包人对监理人的答复有异议，按照争议解决的约定处理。

（5）暂停施工后的复工

暂停施工后，发包人和承包人应采取有效措施积极消除暂停施工的影响。在工程复工前，监理人会同发包人和承包人确定因暂停施工造成的损失，并确定工程复工条件。当工程具备复工条件时，监理人应经发包人批准后向承包人发出复工通知，承包人应按照复工通知要求复工。

承包人无故拖延和拒绝复工的，承包人承担由此增加的费用和（或）延误的工期；因发包人原因无法按时复工的，按照因发包人原因导致工期延误约定办理。

（6）暂停施工持续 56 天以上

监理人发出暂停施工指示后 56 天内未向承包人发出复工通知，除该项停工属于承包人原因引起的暂停施工及不可抗力约定的情形外，承包人可向发包人提交书面通知，要求发包人在收到书面通知后 28 天内准许已暂停施工的部分或全部工程继续施工。发包人逾期不予批准的，则承包人可以通知发包人，将工程受影响的部分视为变更的范围的可取消工作。

暂停施工持续 84 天以上不复工的，且不属于承包人原因引起的暂停施工及不可抗力约定的情形，并影响到整个工程以及合同目的实现的，承包人有权提出价格调整要求，或者解除合同。解除合同的，按照因发包人违约解除合同执行。

（7）暂停施工期间的工程照管

暂停施工期间，承包人应负责妥善照管工程并提供安全保障，由此增加的费用由责任方承担。

（8）暂停施工的措施

暂停施工期间，发包人和承包人均应采取必要的措施确保工程质量及安全，防止因暂停施工扩大损失。

9. 提前竣工

（1）发包人要求承包人提前竣工的，发包人应通过监理人向承包人下达提前竣工指示，承包人应向发包人和监理人提交提前竣工建议书，提前竣工建议书应包括实施的方案、缩短的时间、增加的合同价格等内容。发包人接受该提前竣工建议书的，监理人应与发包人和承包人协商采取加快工程进度的措施，并修订施工进度计划，由此增加的费用由发包人承担。承包人认为提前竣工指示无法执行的，应向监理人和发包人提出书面异议，发包人和监理人应在收到异议后 7 天内予以答复。任何情况下，发包人不得压缩合理工期。

（2）发包人要求承包人提前竣工，或承包人提出提前竣工的建议能够给发包人带来效益的，合同当事人可以在专用合同条款中约定提前竣工的奖励。

（八）材料与设备

1. 发包人供应材料与工程设备

发包人自行供应材料、工程设备的，应在签订合同时在专用合同条款的附件《发包人供应材料设备一览表》中明确材料、工程设备的品种、规格、型号、数量、单价、质量等级和送达地点。

承包人应提前 30 天通过监理人以书面形式通知发包人供应材料与工程设备进场。承包人按照施工进度计划的修订的约定修订施工进度计划时，需同时提交经修订后的发包人供应材料与工程设备的进场计划。

2. 承包人采购材料与工程设备

承包人负责采购材料、工程设备的，应按照设计和有关标准要求采购，并提供产品合格证明及出厂证明，对材料、工程设备质量负责。合同约定由承包人采购的材料、工程设备，发包人不得指定生产厂家或供应商，发包人违反本款约定指定生产厂家或供应商的，承包人有权拒绝，并由发包人承担相应责任。

3. 材料与工程设备的接收与拒收

（1）发包人应按《发包人供应材料设备一览表》约定的内容提供材料和工程设备，并向承包人提供产品合格证明及出厂证明，对其质量负责。发包人应提前 24 小时以书面形式通知承包人、监理人材料和工程设备到货时间，承包人负责材料和工程设备的清点、检验和接收。

发包人提供的材料和工程设备的规格、数量或质量不符合合同约定的，或因发包人原因导致交货日期延误或交货地点变更等情况的，按照发包人违约的约定办理。

（2）承包人采购的材料和工程设备，应保证产品质量合格，承包人应在材料和工程设备到货前 24 小时通知监理人检验。承包人进行永久设备、材料的制造和生产的，应符合相关质量标准，并向监理人提交材料的样本以及有关资料，并应在使用该材料或工程设备之前获得监理人同意。

承包人采购的材料和工程设备不符合设计或有关标准要求时，承包人应在监理人要求的合理期限内将不符合设计或有关标准要求的材料、工程设备运出施工现场，并重新采购符合要求的材料、工程设备，由此增加的费用和（或）延误的工期，由承包人承担。

4. 材料与工程设备的保管与使用

（1）发包人供应材料与工程设备的保管与使用

发包人供应的材料和工程设备，承包人清点后由承包人妥善保管，保管费用由发包人承担，但已标价工程量清单或预算书已经列支或专用合同条款另有约定除外。因承包人原因发生丢失毁损的，由承包人负责赔偿；监理人未通知承包人清点的，承包人不负责材料和工程设备的保管，由此导致丢失毁损的由发包人负责。

发包人供应的材料和工程设备使用前，由承包人负责检验，检验费用由发包人承担，不合格的不得使用。

（2）承包人采购材料与工程设备的保管与使用

承包人采购的材料和工程设备由承包人妥善保管，保管费用由承包人承担。法律规定材料和工程设备使用前必须进行检验或试验的，承包人应按监理人的要求进行检验或试验，检验或试验费用由承包人承担，不合格的不得使用。

发包人或监理人发现承包人使用不符合设计或有关标准要求的材料和工程设备时，有权要求承包人进行修复、拆除或重新采购，由此增加的费用和（或）延误的工期，由承包人承担。

5. 禁止使用不合格的材料和工程设备

（1）监理人有权拒绝承包人提供的不合格材料或工程设备，并要求承包人立即进行更换。监理人应在更换后再次进行检查和检验，由此增加的费用和（或）延误的工期由承包人承担。

（2）监理人发现承包人使用了不合格的材料和工程设备，承包人应按照监理人的指示立即改正，并禁止在工程中继续使用不合格的材料和工程设备。

（3）发包人提供的材料或工程设备不符合合同要求的，承包人有权拒绝，并可要求发包人更换，由此增加的费用和（或）延误的工期由发包人承担，并支付承包人合理的利润。

6. 样品

（1）样品的报送与封存

需要承包人报送样品的材料或工程设备，样品的种类、名称、规格、数量等要求均应在专用合同条款中约定。样品的报送程序如下：

① 承包人应在计划采购前 28 天向监理人报送样品。承包人报送的样品均应来自供应材料的实际生产地，且提供的样品的规格、数量足以表明材料或工程设备的质量、型号、颜色、表面处理、质地、误差和其他要求的特征。

② 承包人每次报送样品时应随附申报单，申报单应载明报送样品的相关数据和资料，并标明每件样品对应的图纸号，预留监理人批复意见栏。监理人应在收到承包人报送的样品后 7 天向承包人回复经发包人签认的样品审批意见。

③ 经发包人和监理人审批确认的样品应按约定的方法封样，封存的样品作为检验工程相关部分的标准之一。承包人在施工过程中不得使用与样品不符的材料或工程设备。

④ 发包人和监理人对样品的审批确认仅为确认相关材料或工程设备的特征或用途，不得被理解为对合同的修改或改变，也并不减轻或免除承包人任何的责任和义务。如果封存的样品修改或改变了合同约定，合同当事人应当以书面协议予以确认。

（2）样品的保管

经批准的样品应由监理人负责封存于现场，承包人应在现场为保存样品提供适当和固定的场所并保持适当和良好的存储环境条件。

7. 材料与工程设备的替代

（1）出现下列情况需要使用替代材料和工程设备的，承包人应按照下面（2）规定的程序执行：

① 基准日期后生效的法律规定禁止使用的；

② 发包人要求使用替代品的；

③ 因其他原因必须使用替代品的。

（2）承包人应在使用替代材料和工程设备 28 天前书面通知监理人，并附下列文件：

① 被替代的材料和工程设备的名称、数量、规格、型号、品牌、性能、价格及其他相关资料；

② 替代品的名称、数量、规格、型号、品牌、性能、价格及其他相关资料；

③ 替代品与被替代产品之间的差异以及使用替代品可能对工程产生的影响；

④ 替代品与被替代产品的价格差异；

⑤ 使用替代品的理由和原因说明；

⑥ 监理人要求的其他文件。

监理人应在收到通知后 14 天内向承包人发出经发包人签认的书面指示；监理人逾期发

出书面指示的，视为发包人和监理人同意使用替代品。

（3）发包人认可使用替代材料和工程设备的，替代材料和工程设备的价格，按照已标价工程量清单或预算书相同项目的价格认定；无相同项目的，参考相似项目价格认定；既无相同项目也无相似项目的，按照合理的成本与利润构成的原则，由合同当事人按照商定或确定确定价格。

8. 施工设备和临时设施

（1）承包人提供的施工设备和临时设施

承包人应按合同进度计划的要求，及时配置施工设备和修建临时设施。进入施工场地的承包人设备需经监理人核查后才能投入使用。承包人更换合同约定的承包人设备的，应报监理人批准。

除专用合同条款另有约定外，承包人应自行承担修建临时设施的费用，需要临时占地的，应由发包人办理申请手续并承担相应费用。

（2）发包人提供的施工设备和临时设施

发包人提供的施工设备或临时设施在专用合同条款中约定。

（3）要求承包人增加或更换施工设备

承包人使用的施工设备不能满足合同进度计划和（或）质量要求时，监理人有权要求承包人增加或更换施工设备，承包人应及时增加或更换，由此增加的费用和（或）延误的工期由承包人承担。

9. 材料与设备专用要求

承包人运入施工现场的材料、工程设备、施工设备以及在施工场地建设的临时设施，包括备品备件、安装工具与资料，必须专用于工程。未经发包人批准，承包人不得运出施工现场或挪作他用；经发包人批准，承包人可以根据施工进度计划撤走闲置的施工设备和其他物品。

（九）试验与检验

1. 试验设备与试验人员

（1）承包人根据合同约定或监理人指示进行的现场材料试验，应由承包人提供试验场所、试验人员、试验设备以及其他必要的试验条件。监理人在必要时可以使用承包人提供的试验场所、试验设备以及其他试验条件，进行以工程质量检查为目的的材料复核试验，承包人应予以协助。

（2）承包人应按专用合同条款的约定提供试验设备、取样装置、试验场所和试验条件，并向监理人提交相应进场计划表。

承包人配置的试验设备要符合相应试验规程的要求并经过具有资质的检测单位检测，且在正式使用该试验设备前，需要经过监理人与承包人共同校定。

（3）承包人应向监理人提交试验人员的名单及其岗位、资格等证明资料，试验人员必须能够熟练进行相应的检测试验，承包人对试验人员的试验程序和试验结果的正确性负责。

2. 取样

试验属于自检性质的，承包人可以单独取样。试验属于监理人抽检性质的，可由监理人取样，也可由承包人的试验人员在监理人的监督下取样。

3. 材料、工程设备和工程的试验和检验

（1）承包人应按合同约定进行材料、工程设备和工程的试验和检验，并为监理人对上述材料、工程设备和工程的质量检查提供必要的试验资料和原始记录。按合同约定应由监理人与承包人共同进行试验和检验的，由承包人负责提供必要的试验资料和原始记录。

（2）试验属于自检性质的，承包人可以单独进行试验。试验属于监理人抽检性质的，监理人可以单独进行试验，也可由承包人与监理人共同进行。承包人对由监理人单独进行的试验结果有异议的，可以申请重新共同进行试验。约定共同进行试验的，监理人未按照约定参加试验的，承包人可自行试验，并将试验结果报送监理人，监理人应承认该试验结果。

（3）监理人对承包人的试验和检验结果有异议的，或为查清承包人试验和检验成果的可靠性要求承包人重新试验和检验的，可由监理人与承包人共同进行。重新试验和检验的结果证明该项材料、工程设备或工程的质量不符合合同要求的，由此增加的费用和（或）延误的工期由承包人承担；重新试验和检验结果证明该项材料、工程设备和工程符合合同要求的，由此增加的费用和（或）延误的工期由发包人承担。

4. 现场工艺试验

承包人应按合同约定或监理人指示进行现场工艺试验。对大型的现场工艺试验，监理人认为必要时，承包人应根据监理人提出的工艺试验要求，编制工艺试验措施计划，报送监理人审查。

（十）变更

1. 变更的范围

除专用合同条款另有约定外，合同履行过程中发生以下情形的，应按照本条约定进行变更：

（1）增加或减少合同中任何工作，或追加额外的工作。

（2）取消合同中任何工作，但转由他人实施的工作除外。

（3）改变合同中任何工作的质量标准或其他特性。

（4）改变工程的基线、标高、位置和尺寸。

（5）改变工程的时间安排或实施顺序。

2. 变更权

发包人和监理人均可以提出变更。变更指示均通过监理人发出，监理人发出变更指示前应征得发包人同意。承包人收到经发包人签认的变更指示后，方可实施变更。未经许可，承包人不得擅自对工程的任何部分进行变更。

涉及设计变更的，应由设计人提供变更后的图纸和说明。如变更超过原设计标准或批准的建设规模时，发包人应及时办理规划、设计变更等审批手续。

3. 变更程序

（1）发包人提出变更

发包人提出变更的，应通过监理人向承包人发出变更指示，变更指示应说明计划变更的工程范围和变更的内容。

（2）监理人提出变更建议

监理人提出变更建议的，需要向发包人以书面形式提出变更计划，说明计划变更工程范围和变更的内容、理由，以及实施该变更对合同价格和工期的影响。发包人同意变更的，由监理人向承包人发出变更指示。发包人不同意变更的，监理人无权擅自发出变更指示。

（3）变更执行

承包人收到监理人下达的变更指示后，认为不能执行，应立即提出不能执行该变更指示的理由。承包人认为可以执行变更的，应当书面说明实施该变更指示对合同价格和工期的影响，且合同当事人应当按照变更估价的约定确定变更估价。

4. 变更估价

（1）变更估价原则

除专用合同条款另有约定外，变更估价按照本款约定处理：

① 已标价工程量清单或预算书有相同项目的，按照相同项目单价认定；

② 已标价工程量清单或预算书中无相同项目，但有类似项目的，参照类似项目的单价认定；

③ 变更导致实际完成的变更工程量与已标价工程量清单或预算书中列明的该项目工程量的变化幅度超过15%的，或已标价工程量清单或预算书中无相同项目及类似项目单价的，按照合理的成本与利润构成的原则，由合同当事人按照商定或确定的约定确定变更工作的单价。

（2）变更估价程序

承包人应在收到变更指示后14天内，向监理人提交变更估价申请。监理人应在收到承包人提交的变更估价申请后7天内审查完毕并报送发包人，监理人对变更估价申请有异议，通知承包人修改后重新提交。发包人应在承包人提交变更估价申请后14天内审批完毕。发包人逾期未完成审批或未提出异议的，视为认可承包人提交的变更估价申请。

因变更引起的价格调整应计入最近一期的进度款中支付。

5. 承包人的合理化建议

承包人提出合理化建议的，应向监理人提交合理化建议说明，说明建议的内容和理由，以及实施该建议对合同价格和工期的影响。

除专用合同条款另有约定外，监理人应在收到承包人提交的合理化建议后7天内审查完毕并报送发包人，发现其中存在技术上的缺陷，应通知承包人修改。发包人应在收到监理人报送的合理化建议后7天内审批完毕。合理化建议经发包人批准的，监理人应及时发出变更指示，由此引起的合同价格调整按照变更估价的约定执行。发包人不同意变更的，监理人应书面通知承包人。

合理化建议降低了合同价格或者提高了工程经济效益的，发包人可对承包人给予奖励，奖励的方法和金额在专用合同条款中约定。

6. 变更引起的工期调整

因变更引起工期变化的，合同当事人均可要求调整合同工期，由合同当事人商定或确定并参考工程所在地的工期定额标准确定增减工期天数。

7. 暂估价

暂估价专业分包工程、服务、材料和工程设备的明细由合同当事人在专用合同条款中约定。

（1）依法必须招标的暂估价项目

对于依法必须招标的暂估价项目，采取以下第1种方式确定。合同当事人也可以在专用合同条款中选择其他招标方式。

第 1 种方式：对于依法必须招标的暂估价项目，由承包人招标，对该暂估价项目的确认和批准按照以下约定执行：

① 承包人应当根据施工进度计划，在招标工作启动前 14 天将招标方案通过监理人报送发包人审查，发包人应当在收到承包人报送的招标方案后 7 天内批准或提出修改意见。承包人应当按照经过发包人批准的招标方案开展招标工作；

② 承包人应当根据施工进度计划，提前 14 天将招标文件通过监理人报送发包人审批，发包人应当在收到承包人报送的相关文件后 7 天内完成审批或提出修改意见；发包人有权确定招标控制价并按照法律规定参加评标；

③ 承包人与供应商、分包人在签订暂估价合同前，应当提前 7 天将确定的中标候选供应商或中标候选分包人的资料报送发包人，发包人应在收到资料后 3 天内与承包人共同确定中标人；承包人应当在签订合同后 7 天内，将暂估价合同副本报送发包人留存。

第 2 种方式：对于依法必须招标的暂估价项目，由发包人和承包人共同招标确定暂估价供应商或分包人的，承包人应按照施工进度计划，在招标工作启动前 14 天通知发包人，并提交暂估价招标方案和工作分工。发包人应在收到后 7 天内确认。确定中标人后，由发包人、承包人与中标人共同签订暂估价合同。

（2）不属于依法必须招标的暂估价项目

除专用合同条款另有约定外，对于不属于依法必须招标的暂估价项目，采取以下第 1 种方式确定：

第 1 种方式：对于不属于依法必须招标的暂估价项目，按本项约定确认和批准：

① 承包人应根据施工进度计划，在签订暂估价项目的采购合同、分包合同前 28 天向监理人提出书面申请。监理人应当在收到申请后 3 天内报送发包人，发包人应当在收到申请后 14 天内给予批准或提出修改意见，发包人逾期未予批准或提出修改意见的，视为该书面申请已获得同意；

② 发包人认为承包人确定的供应商、分包人无法满足工程质量或合同要求的，发包人可以要求承包人重新确定暂估价项目的供应商、分包人；

③ 承包人应当在签订暂估价合同后 7 天内，将暂估价合同副本报送发包人留存。

第 2 种方式：承包人按照依法必须招标的暂估价项目约定的第 1 种方式确定暂估价项目。

第 3 种方式：承包人直接实施的暂估价项目。

承包人具备实施暂估价项目的资格和条件的，经发包人和承包人协商一致后，可由承包人自行实施暂估价项目，合同当事人可以在专用合同条款约定具体事项。

（3）因发包人原因导致暂估价合同订立和履行迟延的，由此增加的费用和（或）延误的工期由发包人承担，并支付承包人合理的利润。因承包人原因导致暂估价合同订立和履行迟延的，由此增加的费用和（或）延误的工期由承包人承担。

8. 暂列金额

暂列金额应按照发包人的要求使用，发包人的要求应通过监理人发出。合同当事人可以在专用合同条款中协商确定有关事项。

9. 计日工

需要采用计日工方式的，经发包人同意后，由监理人通知承包人以计日工计价方式实施相应的工作，其价款按列入已标价工程量清单或预算书中的计日工计价项目及其单价进行计算；已标价工程量清单或预算书中无相应的计日工单价的，按照合理的成本与利润构成的原则，由合同当事人按照商定或确定变更工作的单价。

采用计日工计价的任何一项工作，承包人应在该项工作实施过程中，每天提交以下报表和有关凭证报送监理人审查：

（1）工作名称、内容和数量；

（2）投入该工作的所有人员的姓名、专业、工种、级别和耗用工时；

（3）投入该工作的材料类别和数量；

（4）投入该工作的施工设备型号、台数和耗用台时；

（5）其他有关资料和凭证。

计日工由承包人汇总后，列入最近一期进度付款申请单，由监理人审查并经发包人批准后列入进度付款。

（十一）价格调整

1. 市场价格波动引起的调整

除专用合同条款另有约定外，市场价格波动超过合同当事人约定的范围，合同价格应当调整。合同当事人可以在专用合同条款中约定选择以下一种方式对合同价格进行调整：

第1种方式：采用价格指数进行价格调整。

（1）价格调整公式

因人工、材料和设备等价格波动影响合同价格时，根据专用合同条款中约定的数据，按以下公式计算差额并调整合同价格：

$$\Delta P = P_0 \left[A + \left(B_1 \times \frac{F_{t1}}{F_{01}} + B_2 \times \frac{F_{t2}}{F_{02}} + B_3 \times \frac{F_{t3}}{F_{03}} + \cdots + B_n \times \frac{F_{tn}}{F_{0n}} \right) - 1 \right]$$

式中　　　　　ΔP——需调整的价格差额；

P_0——约定的付款证书中承包人应得到的已完成工程量的金额。此项金额应不包括价格调整、不计质量保证金的扣留和支付、预付款的支付和扣回。约定的变更及其他金额已按现行价格计价的，也不计在内；

A——定值权重（即不调部分的权重）；

$B_1, B_2, B_3 \cdots B_n$——各可调因子的变值权重（即可调部分的权重），为各可调因子在签约合同价中所占的比例；

$F_{t1}, F_{t2}, F_{t3} \cdots F_{tn}$——各可调因子的现行价格指数，指约定的付款证书相关周期最后一天的前42天的各可调因子的价格指数；

$F_{01}, F_{02}, F_{03} \cdots F_{0n}$——各可调因子的基本价格指数，指基准日期的各可调因子的价格指数。

以上价格调整公式中的各可调因子、定值和变值权重，以及基本价格指数及其来源在投标函附录价格指数和权重表中约定，非招标订立的合同，由合同当事人在专用合同条款中约定。价格指数应首先采用工程造价管理机构发布的价格指数，无前述价格指数时，可采用工程造价管理机构发布的价格代替。

（2）暂时确定调整差额

在计算调整差额时无现行价格指数的，合同当事人同意暂用前次价格指数计算。实际价格指数有调整的，合同当事人进行相应调整。

（3）权重的调整

因变更导致合同约定的权重不合理时，按照商定或确定执行。

（4）因承包人原因工期延误后的价格调整

因承包人原因未按期竣工的，对合同约定的竣工日期后继续施工的工程，在使用价格调整公式时，应采用计划竣工日期与实际竣工日期的两个价格指数中较低的一个作为现行价格指数。

第2种方式：采用造价信息进行价格调整。

合同履行期间，因人工、材料、工程设备和机械台班价格波动影响合同价格时，人工、机械使用费按照国家或省、自治区、直辖市建设行政管理部门、行业建设管理部门或其授权的工程造价管理机构发布的人工、机械使用费系数进行调整；需要进行价格调整的材料，其单价和采购数量应由发包人审批，发包人确认需调整的材料单价及数量，作为调整合同价格的依据。

（1）人工单价发生变化且符合省级或行业建设主管部门发布的人工费调整规定，合同当事人应按省级或行业建设主管部门或其授权的工程造价管理机构发布的人工费等文件调整合同价格，但承包人对人工费或人工单价的报价高于发布价格的除外。

（2）材料、工程设备价格变化的价款调整按照发包人提供的基准价格，按以下风险范围规定执行：

① 承包人在已标价工程量清单或预算书中载明材料单价低于基准价格的：除专用合同条款另有约定外，合同履行期间材料单价涨幅以基准价格为基础超过5%时，或材料单价跌幅以在已标价工程量清单或预算书中载明材料单价为基础超过5%时，其超过部分据实调整。

② 承包人在已标价工程量清单或预算书中载明材料单价高于基准价格的：除专用合同条款另有约定外，合同履行期间材料单价跌幅以基准价格为基础超过5%时，材料单价涨幅以在已标价工程量清单或预算书中载明材料单价为基础超过5%时，其超过部分据实调整。

③ 承包人在已标价工程量清单或预算书中载明材料单价等于基准价格的：除专用合同条款另有约定外，合同履行期间材料单价涨跌幅以基准价格为基础超过±5%时，其超过部分据实调整。

④ 承包人应在采购材料前将采购数量和新的材料单价报发包人核对，发包人确认用于工程时，发包人应确认采购材料的数量和单价。发包人在收到承包人报送的确认资料后5天内不予答复的视为认可，作为调整合同价格的依据。未经发包人事先核对，承包人自行采购材料的，发包人有权不予调整合同价格。发包人同意的，可以调整合同价格。

前述基准价格是指由发包人在招标文件或专用合同条款中给定的材料、工程设备的价格，该价格原则上应当按照省级或行业建设主管部门或其授权的工程造价管理机构发布的信息价编制。

（3）施工机械台班单价或施工机械使用费发生变化超过省级或行业建设主管部门或其授权的工程造价管理机构规定的范围时，按规定调整合同价格。

第 3 种方式：专用合同条款约定的其他方式。

2. 法律变化引起的调整

基准日期后，法律变化导致承包人在合同履行过程中所需要的费用发生除市场价格波动引起的调整约定以外的增加时，由发包人承担由此增加的费用；减少时，应从合同价格中予以扣减。基准日期后，因法律变化造成工期延误时，工期应予以顺延。

因法律变化引起的合同价格和工期调整，合同当事人无法达成一致的，由总监理工程师按合同当事人商定或确定的约定处理。

因承包人原因造成工期延误，在工期延误期间出现法律变化的，由此增加的费用和（或）延误的工期由承包人承担。

（十二）合同价格、计量与支付

1. 合同价格形式

发包人和承包人应在合同协议书中选择下列一种合同价格形式：

（1）单价合同

单价合同是指合同当事人约定以工程量清单及其综合单价进行合同价格计算、调整和确认的建设工程施工合同，在约定的范围内合同单价不作调整。合同当事人应在专用合同条款中约定综合单价包含的风险范围和风险费用的计算方法，并约定风险范围以外的合同价格的调整方法，其中因市场价格波动引起的调整按市场价格波动引起的调整的约定执行。

（2）总价合同

总价合同是指合同当事人约定以施工图、已标价工程量清单或预算书及有关条件进行合同价格计算、调整和确认的建设工程施工合同，在约定的范围内合同总价不作调整。合同当事人应在专用合同条款中约定总价包含的风险范围和风险费用的计算方法，并约定风险范围以外的合同价格的调整方法，其中因市场价格波动引起的调整按市场价格波动引起的调整、因法律变化引起的调整按法律变化引起的调整约定执行。

（3）其他价格形式

合同当事人可在专用合同条款中约定其他合同价格形式。

2. 预付款

（1）预付款的支付

预付款的支付按照专用合同条款约定执行，但至迟应在开工通知载明的开工日期 7 天前支付。预付款应当用于材料、工程设备、施工设备的采购及修建临时工程、组织施工队伍进场等。

除专用合同条款另有约定外，预付款在进度付款中同比例扣回。在颁发工程接收证书前，提前解除合同的，尚未扣完的预付款应与合同价款一并结算。

发包人逾期支付预付款超过 7 天的，承包人有权向发包人发出要求预付的催告通知，发包人收到通知后 7 天内仍未支付的，承包人有权暂停施工，并按发包人违约的情形执行。

（2）预付款担保

发包人要求承包人提供预付款担保的，承包人应在发包人支付预付款 7 天前提供预付款担保，专用合同条款另有约定除外。预付款担保可采用银行保函、担保公司担保等形式，具体由合同当事人在专用合同条款中约定。在预付款完全扣回之前，承包人应保证预付款担保持续有效。

发包人在工程款中逐期扣回预付款后，预付款担保额度应相应减少，但剩余的预付款担保金额不得低于未被扣回的预付款金额。

3. 计量

（1）计量原则

工程量计量按照合同约定的工程量计算规则、图纸及变更指示等进行计量。工程量计算规则应以相关的国家标准、行业标准等为依据，由合同当事人在专用合同条款中约定。

（2）计量周期

除专用合同条款另有约定外，工程量的计量按月进行。

（3）单价合同的计量

除专用合同条款另有约定外，单价合同的计量按照本项约定执行：

① 承包人应于每月 25 日向监理人报送上月 20 日至当月 19 日已完成的工程量报告，并附具进度付款申请单、已完成工程量报表和有关资料。

② 监理人应在收到承包人提交的工程量报告后 7 天内完成对承包人提交的工程量报表的审核并报送发包人，以确定当月实际完成的工程量。监理人对工程量有异议的，有权要求承包人进行共同复核或抽样复测。承包人应协助监理人进行复核或抽样复测，并按监理人要求提供补充计量资料。承包人未按监理人要求参加复核或抽样复测的，监理人复核或修正的工程量视为承包人实际完成的工程量。

③ 监理人未在收到承包人提交的工程量报表后的 7 天内完成审核的，承包人报送的工程量报告中的工程量视为承包人实际完成的工程量，据此计算工程价款。

（4）总价合同的计量

除专用合同条款另有约定外，按月计量支付的总价合同，按照本项约定执行：

① 承包人应于每月 25 日向监理人报送上月 20 日至当月 19 日已完成的工程量报告，并附具进度付款申请单、已完成工程量报表和有关资料。

② 监理人应在收到承包人提交的工程量报告后 7 天内完成对承包人提交的工程量报表的审核并报送发包人，以确定当月实际完成的工程量。监理人对工程量有异议的，有权要求承包人进行共同复核或抽样复测。承包人应协助监理人进行复核或抽样复测并按监理人要求提供补充计量资料。承包人未按监理人要求参加复核或抽样复测的，监理人审核或修正的工程量视为承包人实际完成的工程量。

③ 监理人未在收到承包人提交的工程量报表后的 7 天内完成复核的，承包人提交的工程量报告中的工程量视为承包人实际完成的工程量。

（5）总价合同采用支付分解表计量支付的，可以按照总价合同的计量约定进行计量，但合同价款按照支付分解表进行支付。

（6）其他价格形式合同的计量

合同当事人可在专用合同条款中约定其他价格形式合同的计量方式和程序。

4. 工程进度款支付

（1）付款周期

除专用合同条款另有约定外，付款周期应按照计量周期的约定与计量周期保持一致。

（2）进度付款申请单的编制

除专用合同条款另有约定外，进度付款申请单应包括下列内容：

① 截至本次付款周期已完成工作对应的金额；

② 根据变更应增加和扣减的变更金额；

③ 根据预付款约定应支付的预付款和扣减的返还预付款；

④ 根据质量保证金约定应扣减的质量保证金；

⑤ 根据索赔应增加和扣减的索赔金额；

⑥ 对已签发的进度款支付证书中出现错误的修正，应在本次进度付款中支付或扣除的金额；

⑦ 根据合同约定应增加和扣减的其他金额。

（3）进度付款申请单的提交

① 单价合同进度付款申请单的提交

单价合同的进度付款申请单，按照单价合同的计量约定的时间按月向监理人提交，并附上已完成工程量报表和有关资料。单价合同中的总价项目按月进行支付分解，并汇总列入当期进度付款申请单。

② 总价合同进度付款申请单的提交

总价合同按月计量支付的，承包人按照总价合同的计量约定的时间按月向监理人提交进度付款申请单，并附上已完成工程量报表和有关资料。

总价合同按支付分解表支付的，承包人应按照支付分解表及进度付款申请单的编制的约定向监理人提交进度付款申请单。

③ 其他价格形式合同的进度付款申请单的提交

合同当事人可在专用合同条款中约定其他价格形式合同的进度付款申请单的编制和提交程序。

（4）进度款审核和支付

① 除专用合同条款另有约定外，监理人应在收到承包人进度付款申请单以及相关资料后7天内完成审查并报送发包人，发包人应在收到后7天内完成审批并签发进度款支付证书。发包人逾期未完成审批且未提出异议的，视为已签发进度款支付证书。

发包人和监理人对承包人的进度付款申请单有异议的，有权要求承包人修正和提供补充资料，承包人应提交修正后的进度付款申请单。监理人应在收到承包人修正后的进度付款申请单及相关资料后7天内完成审查并报送发包人，发包人应在收到监理人报送的进度付款申请单及相关资料后7天内，向承包人签发无异议部分的临时进度款支付证书。存在争议的部分，按照争议解决的约定处理。

② 除专用合同条款另有约定外，发包人应在进度款支付证书或临时进度款支付证书签发后14天内完成支付，发包人逾期支付进度款的，应按照中国人民银行发布的同期同类贷款基准利率支付违约金。

③ 发包人签发进度款支付证书或临时进度款支付证书，不表明发包人已同意、批准或接受了承包人完成的相应部分的工作。

（5）进度付款的修正

在对已签发的进度款支付证书进行阶段汇总和复核中发现错误、遗漏或重复的，发包人和承包人均有权提出修正申请。经发包人和承包人同意的修正，应在下期进度付款中支付或扣除。

（6）支付分解表

① 支付分解表的编制要求

a. 支付分解表中所列的每期付款金额，应为进度付款申请单的编制的估算金额；

b. 实际进度与施工进度计划不一致的，合同当事人可按照商定或确定的约定修改支付分解表；

c. 不采用支付分解表的，承包人应向发包人和监理人提交按季度编制的支付估算分解表，用于支付参考。

② 总价合同支付分解表的编制与审批

a. 除专用合同条款另有约定外，承包人应根据施工进度计划约定的施工进度计划、签约合同价和工程量等因素对总价合同按月进行分解，编制支付分解表。承包人应当在收到监理人和发包人批准的施工进度计划后 7 天内，将支付分解表及编制支付分解表的支持性资料报送监理人。

b. 监理人应在收到支付分解表后 7 天内完成审核并报送发包人。发包人应在收到经监理人审核的支付分解表后 7 天内完成审批，经发包人批准的支付分解表为有约束力的支付分解表。

c. 发包人逾期未完成支付分解表审批的，也未及时要求承包人进行修正和提供补充资料的，则承包人提交的支付分解表视为已经获得发包人批准。

② 单价合同的总价项目支付分解表的编制与审批

除专用合同条款另有约定外，单价合同的总价项目，由承包人根据施工进度计划和总价项目的总价构成、费用性质、计划发生时间和相应工程量等因素按月进行分解，形成支付分解表，其编制与审批参照总价合同支付分解表的编制与审批执行。

5. 支付账户

发包人应将合同价款支付至合同协议书中约定的承包人账户。

（十三）验收和工程试车

1. 分部分项工程验收

（1）分部分项工程质量应符合国家有关工程施工验收规范、标准及合同约定，承包人应按照施工组织设计的要求完成分部分项工程施工。

（2）除专用合同条款另有约定外，分部分项工程经承包人自检合格并具备验收条件的，承包人应提前 48 小时通知监理人进行验收。监理人不能按时进行验收的，应在验收前 24 小时向承包人提交书面延期要求，但延期不能超过 48 小时。监理人未按时进行验收，也未提出延期要求的，承包人有权自行验收，监理人应认可验收结果。分部分项工程未经验收的，不得进入下一道工序施工。

分部分项工程的验收资料应当作为竣工资料的组成部分。

2. 竣工验收

（1）竣工验收条件

工程具备以下条件的，承包人可以申请竣工验收：

① 除发包人同意的甩项工作和缺陷修补工作外，合同范围内的全部工程以及有关工作，包括合同要求的试验、试运行以及检验均已完成，并符合合同要求。

② 已按合同约定编制了甩项工作和缺陷修补工作清单以及相应的施工计划。

③ 已按合同约定的内容和份数备齐竣工资料。

（2）竣工验收程序

除专用合同条款另有约定外，承包人申请竣工验收的，应当按照以下程序进行：

① 承包人向监理人报送竣工验收申请报告，监理人应在收到竣工验收申请报告后 14 天内完成审查并报送发包人。监理人审查后认为尚不具备验收条件的，应通知承包人在竣工验收前承包人还需完成的工作内容，承包人应在完成监理人通知的全部工作内容后，再次提交竣工验收申请报告。

② 监理人审查后认为已具备竣工验收条件的，应将竣工验收申请报告提交发包人，发包人应在收到经监理人审核的竣工验收申请报告后 28 天内审批完毕并组织监理人、承包人、设计人等相关单位完成竣工验收。

③ 竣工验收合格的，发包人应在验收合格后 14 天内向承包人签发工程接收证书。发包人无正当理由逾期不颁发工程接收证书的，自验收合格后第 15 天起视为已颁发工程接收证书。

④ 竣工验收不合格的，监理人应按照验收意见发出指示，要求承包人对不合格工程返工、修复或采取其他补救措施，由此增加的费用和（或）延误的工期由承包人承担。承包人在完成不合格工程的返工、修复或采取其他补救措施后，应重新提交竣工验收申请报告，并按本项约定的程序重新进行验收。

⑤ 工程未经验收或验收不合格，发包人擅自使用的，应在转移占有工程后 7 天内向承包人颁发工程接收证书；发包人无正当理由逾期不颁发工程接收证书的，自转移占有后第 15 天起视为已颁发工程接收证书。

除专用合同条款另有约定外，发包人不按照本项约定组织竣工验收、颁发工程接收证书的，每逾期一天，应以签约合同价为基数，按照中国人民银行发布的同期同类贷款基准利率支付违约金。

（3）竣工日期

工程经竣工验收合格的，以承包人提交竣工验收申请报告之日为实际竣工日期，并在工程接收证书中载明；因发包人原因，未在监理人收到承包人提交的竣工验收申请报告 42 天内完成竣工验收，或完成竣工验收不予签发工程接收证书的，以提交竣工验收申请报告的日期为实际竣工日期；工程未经竣工验收，发包人擅自使用的，以转移占有工程之日为实际竣工日期。

（4）拒绝接收全部或部分工程

对于竣工验收不合格的工程，承包人完成整改后，应当重新进行竣工验收，经重新组织验收仍不合格的且无法采取措施补救的，则发包人可以拒绝接收不合格工程，因不合格工程导致其他工程不能正常使用的，承包人应采取措施确保相关工程的正常使用，由此增加的费用和（或）延误的工期由承包人承担。

（5）移交、接收全部与部分工程

除专用合同条款另有约定外，合同当事人应当在颁发工程接收证书后 7 天内完成工程的移交。

发包人无正当理由不接收工程的，发包人自应当接收工程之日起，承担工程照管、成品保护、保管等与工程有关的各项费用，合同当事人可以在专用合同条款中另行约定发包人逾期接收工程的违约责任。

承包人无正当理由不移交工程的，承包人应承担工程照管、成品保护、保管等与工程有关的各项费用，合同当事人可以在专用合同条款中另行约定承包人无正当理由不移交工程的违约责任。

3. 工程试车

（1）试车程序

工程需要试车的，除专用合同条款另有约定外，试车内容应与承包人承包范围相一致，试车费用由承包人承担。工程试车应按如下程序进行：

① 具备单机无负荷试车条件，承包人组织试车，并在试车前48小时书面通知监理人，通知中应载明试车内容、时间、地点。承包人准备试车记录，发包人根据承包人要求为试车提供必要条件。试车合格的，监理人在试车记录上签字。监理人在试车合格后不在试车记录上签字，自试车结束满24小时后视为监理人已经认可试车记录，承包人可继续施工或办理竣工验收手续。

监理人不能按时参加试车，应在试车前24小时以书面形式向承包人提出延期要求，但延期不能超过48小时，由此导致工期延误的，工期应予以顺延。监理人未能在前述期限内提出延期要求，又不参加试车的，视为认可试车记录。

② 具备无负荷联动试车条件，发包人组织试车，并在试车前48小时以书面形式通知承包人。通知中应载明试车内容、时间、地点和对承包人的要求，承包人按要求做好准备工作。试车合格，合同当事人在试车记录上签字。承包人无正当理由不参加试车的，视为认可试车记录。

（2）试车中的责任

因设计原因导致试车达不到验收要求，发包人应要求设计人修改设计，承包人按修改后的设计重新安装。发包人承担修改设计、拆除及重新安装的全部费用，工期相应顺延。因承包人原因导致试车达不到验收要求，承包人按监理人要求重新安装和试车，并承担重新安装和试车的费用，工期不予顺延。

因工程设备制造原因导致试车达不到验收要求的，由采购该工程设备的合同当事人负责重新购置或修理，承包人负责拆除和重新安装，由此增加的修理、重新购置、拆除及重新安装的费用及延误的工期由采购该工程设备的合同当事人承担。

（3）投料试车

如需进行投料试车的，发包人应在工程竣工验收后组织投料试车。发包人要求在工程竣工验收前进行或需要承包人配合时，应征得承包人同意，并在专用合同条款中约定有关事项。

投料试车合格的，费用由发包人承担；因承包人原因造成投料试车不合格的，承包人应按照发包人要求进行整改，由此产生的整改费用由承包人承担；非因承包人原因导致投料试车不合格的，如发包人要求承包人进行整改的，由此产生的费用由发包人承担。

4. 提前交付单位工程的验收

（1）发包人需要在工程竣工前使用单位工程的，或承包人提出提前交付已经竣工的单位工程且经发包人同意的，可进行单位工程验收，验收的程序按照竣工验收的约定进行。

验收合格后，由监理人向承包人出具经发包人签认的单位工程接收证书。已签发单位工程接收证书的单位工程由发包人负责照管。单位工程的验收成果和结论作为整体工程竣工验收申请报告的附件。

（2）发包人要求在工程竣工前交付单位工程，由此导致承包人费用增加和（或）工期延误的，由发包人承担由此增加的费用和（或）延误的工期，并支付承包人合理的利润。

5. 施工期运行

（1）施工期运行是指合同工程尚未全部竣工，其中某项或某几项单位工程或工程设备安装已竣工，根据专用合同条款约定，需要投入施工期运行的，经发包人按提前交付单位工程的验收的约定验收合格，证明能确保安全后，才能在施工期投入运行。

（2）在施工期运行中发现工程或工程设备损坏或存在缺陷的，由承包人按缺陷责任期约定进行修复。

6. 竣工退场

（1）竣工退场

颁发工程接收证书后，承包人应按以下要求对施工现场进行清理：

① 施工现场内残留的垃圾已全部清除出场；

② 临时工程已拆除，场地已进行清理、平整或复原；

③ 按合同约定应撤离的人员、承包人施工设备和剩余的材料，包括废弃的施工设备和材料，已按计划撤离施工现场；

④ 施工现场周边及其附近道路、河道的施工堆积物，已全部清理；

⑤ 施工现场其他场地清理工作已全部完成。

施工现场的竣工退场费用由承包人承担。承包人应在专用合同条款约定的期限内完成竣工退场，逾期未完成的，发包人有权出售或另行处理承包人遗留的物品，由此支出的费用由承包人承担，发包人出售承包人遗留物品所得款项在扣除必要费用后应返还承包人。

（2）地表还原

承包人应按发包人要求恢复临时占地及清理场地，承包人未按发包人的要求恢复临时占地，或者场地清理未达到合同约定要求的，发包人有权委托其他人恢复或清理，所发生的费用由承包人承担。

（十四）竣工结算

1. 竣工结算申请

除专用合同条款另有约定外，承包人应在工程竣工验收合格后 28 天内向发包人和监理人提交竣工结算申请单，并提交完整的结算资料，有关竣工结算申请单的资料清单和份数等要求由合同当事人在专用合同条款中约定。

除专用合同条款另有约定外，竣工结算申请单应包括以下内容：

（1）竣工结算合同价格；

（2）发包人已支付承包人的款项；

（3）应扣留的质量保证金；

（4）发包人应支付承包人的合同价款。

2. 竣工结算审核

（1）除专用合同条款另有约定外，监理人应在收到竣工结算申请单后 14 天内完成核查并报送发包人。发包人应在收到监理人提交的经审核的竣工结算申请单后 14 天内完成审批，并由监理人向承包人签发经发包人签认的竣工付款证书。监理人或发包人对竣工结算申请单有异议的，有权要求承包人进行修正和提供补充资料，承包人应提交修正后的竣工结算申请单。

发包人在收到承包人提交竣工结算申请书后 28 天内未完成审批且未提出异议的，视为发包人认可承包人提交的竣工结算申请单，并自发包人收到承包人提交的竣工结算申请单后第 29 天起视为已签发竣工付款证书。

（2）除专用合同条款另有约定外，发包人应在签发竣工付款证书后的 14 天内，完成对承包人的竣工付款。发包人逾期支付的，按照中国人民银行发布的同期同类贷款基准利率支付违约金；逾期支付超过 56 天的，按照中国人民银行发布的同期同类贷款基准利率的两倍支付违约金。

（3）承包人对发包人签认的竣工付款证书有异议的，对于有异议部分应在收到发包人签认的竣工付款证书后 7 天内提出异议，并由合同当事人按照专用合同条款约定的方式和程序进行复核，或按照争议解决约定处理。对于无异议部分，发包人应签发临时竣工付款证书，并按（2）完成付款。承包人逾期未提出异议的，视为认可发包人的审批结果。

3. 甩项竣工协议

发包人要求甩项竣工的，合同当事人应签订甩项竣工协议。在甩项竣工协议中应明确，合同当事人按照竣工结算申请及竣工结算审核的约定，对已完合格工程进行结算，并支付相应合同价款。

4. 最终结清

（1）最终结清申请单

① 除专用合同条款另有约定外，承包人应在缺陷责任期终止证书颁发后 7 天内，按专用合同条款约定的份数向发包人提交最终结清申请单，并提供相关证明材料。

除专用合同条款另有约定外，最终结清申请单应列明质量保证金、应扣除的质量保证金、缺陷责任期内发生的增减费用。

② 发包人对最终结清申请单内容有异议的，有权要求承包人进行修正和提供补充资料，承包人应向发包人提交修正后的最终结清申请单。

（2）最终结清证书和支付

① 除专用合同条款另有约定外，发包人应在收到承包人提交的最终结清申请单后 14 天内完成审批并向承包人颁发最终结清证书。发包人逾期未完成审批，又未提出修改意见的，视为发包人同意承包人提交的最终结清申请单，且自发包人收到承包人提交的最终结清申请单后 15 天起视为已颁发最终结清证书。

② 除专用合同条款另有约定外，发包人应在颁发最终结清证书后 7 天内完成支付。发包人逾期支付的，按照中国人民银行发布的同期同类贷款基准利率支付违约金；逾期支付超过 56 天的，按照中国人民银行发布的同期同类贷款基准利率的两倍支付违约金。

（3）承包人对发包人颁发的最终结清证书有异议的，按争议解决的约定办理。

（十五）缺陷责任与保修

1. 工程保修的原则

在工程移交发包人后，因承包人原因产生的质量缺陷，承包人应承担质量缺陷责任和保修义务。缺陷责任期届满，承包人仍应按合同约定的工程各部位保修年限承担保修义务。

2. 缺陷责任期

（1）缺陷责任期自实际竣工日期起计算，合同当事人应在专用合同条款约定缺陷责任期的具体期限，但该期限最长不超过 24 个月。

单位工程先于全部工程进行验收，经验收合格并交付使用的，该单位工程缺陷责任期自单位工程验收合格之日起算。因发包人原因导致工程无法按合同约定期限进行竣工验收的，缺陷责任期自承包人提交竣工验收申请报告之日起开始计算；发包人未经竣工验收擅自使用工程的，缺陷责任期自工程转移占有之日起开始计算。

（2）工程竣工验收合格后，因承包人原因导致的缺陷或损坏致使工程、单位工程或某项主要设备不能按原定目的使用的，则发包人有权要求承包人延长缺陷责任期，并应在原缺陷责任期届满前发出延长通知，但缺陷责任期最长不能超过 24 个月。

（3）任何一项缺陷或损坏修复后，经检查证明其影响了工程或工程设备的使用性能，承包人应重新进行合同约定的试验和试运行，试验和试运行的全部费用应由责任方承担。

（4）除专用合同条款另有约定外，承包人应于缺陷责任期届满后 7 天内向发包人发出缺陷责任期届满通知，发包人应在收到缺陷责任期满通知后 14 天内核实承包人是否履行缺陷修复义务，承包人未能履行缺陷修复义务的，发包人有权扣除相应金额的维修费用。发包人应在收到缺陷责任期届满通知后 14 天内，向承包人颁发缺陷责任期终止证书。

3. 质量保证金

经合同当事人协商一致扣留质量保证金的，应在专用合同条款中予以明确。

（1）承包人提供质量保证金的方式

承包人提供质量保证金有以下 3 种方式：

① 质量保证金保函；

② 相应比例的工程款；

③ 双方约定的其他方式。

除专用合同条款另有约定外，质量保证金原则上采用上述第①种方式。

（2）质量保证金的扣留

质量保证金的扣留有以下 3 种方式：

① 在支付工程进度款时逐次扣留，在此情形下，质量保证金的计算基数不包括预付款的支付、扣回以及价格调整的金额；

② 工程竣工结算时一次性扣留质量保证金；

③ 双方约定的其他扣留方式。

除专用合同条款另有约定外，质量保证金的扣留原则上采用上述第①种方式。

发包人累计扣留的质量保证金不得超过结算合同价格的 5%，如承包人在发包人签发竣工付款证书后 28 天内提交质量保证金保函，发包人应同时退还扣留的作为质量保证金的工程价款。

（3）质量保证金的退还

发包人应按最终结清的约定退还质量保证金。

4. 保修

（1）保修责任

工程保修期从工程竣工验收合格之日起算，具体分部分项工程的保修期由合同当事人在专用合同条款中约定，但不得低于法定最低保修年限。在工程保修期内，承包人应当根据有关法律规定以及合同约定承担保修责任。

发包人未经竣工验收擅自使用工程的，保修期自转移占有之日起算。

（2）修复费用

保修期内，修复的费用按照以下约定处理：

① 保修期内，因承包人原因造成工程的缺陷、损坏，承包人应负责修复，并承担修复的费用以及因工程的缺陷、损坏造成的人身伤害和财产损失；

② 保修期内，因发包人使用不当造成工程的缺陷、损坏，可以委托承包人修复，但发包人应承担修复的费用，并支付承包人合理利润；

③ 因其他原因造成工程的缺陷、损坏，可以委托承包人修复，发包人应承担修复的费用，并支付承包人合理的利润，因工程的缺陷、损坏造成的人身伤害和财产损失由责任方承担。

（3）修复通知

在保修期内，发包人在使用过程中，发现已接收的工程存在缺陷或损坏的，应书面通知承包人予以修复，但情况紧急必须立即修复缺陷或损坏的，发包人可以口头通知承包人并在口头通知后48小时内书面确认，承包人应在专用合同条款约定的合理期限内到达工程现场并修复缺陷或损坏。

（4）未能修复

因承包人原因造成工程的缺陷或损坏，承包人拒绝维修或未能在合理期限内修复缺陷或损坏，且经发包人书面催告后仍未修复的，发包人有权自行修复或委托第三方修复，所需费用由承包人承担。但修复范围超出缺陷或损坏范围的，超出范围部分的修复费用由发包人承担。

（5）承包人出入权

在保修期内，为了修复缺陷或损坏，承包人有权出入工程现场，除情况紧急必须立即修复缺陷或损坏外，承包人应提前24小时通知发包人进场修复的时间。承包人进入工程现场前应获得发包人同意，且不应影响发包人正常的生产经营，并应遵守发包人有关保安和保密等规定。

（十六）违约

1. 发包人违约

（1）发包人违约的情形

在合同履行过程中发生的下列情形，属于发包人违约：

① 因发包人原因未能在计划开工日期前7天内下达开工通知的；

② 因发包人原因未能按合同约定支付合同价款的；

③ 发包人违反变更的范围的约定，自行实施被取消的工作或转由他人实施的；

④ 发包人提供的材料、工程设备的规格、数量或质量不符合合同约定，或因发包人原因导致交货日期延误或交货地点变更等情况的；

⑤ 因发包人违反合同约定造成暂停施工的；

⑥ 发包人无正当理由没有在约定期限内发出复工指示，导致承包人无法复工的；

⑦ 发包人明确表示或者以其行为表明不履行合同主要义务的；

⑧ 发包人未能按照合同约定履行其他义务的。

发包人发生除上述第⑦条以外的违约情况时，承包人可向发包人发出通知，要求发包人采取有效措施纠正违约行为。发包人收到承包人通知后 28 天内仍不纠正违约行为的，承包人有权暂停相应部位工程施工，并通知监理人。

（2）发包人违约的责任

发包人应承担因其违约给承包人增加的费用和（或）延误的工期，并支付承包人合理的利润。此外，合同当事人可在专用合同条款中另行约定发包人违约责任的承担方式和计算方法。

（3）因发包人违约解除合同

除专用合同条款另有约定外，承包人按发包人违约的情形的约定暂停施工满 28 天后，发包人仍不纠正其违约行为并致使合同目的不能实现的，或出现发包人违约的情形第⑦条约定的违约情况，承包人有权解除合同，发包人应承担由此增加的费用，并支付承包人合理的利润。

（4）因发包人违约解除合同后的付款

承包人按照本款约定解除合同的，发包人应在解除合同后 28 天内支付下列款项，并解除履约担保：

① 合同解除前所完成工作的价款；

② 承包人为工程施工订购并已付款的材料、工程设备和其他物品的价款；

③ 承包人撤离施工现场以及遣散承包人人员的款项；

④ 按照合同约定在合同解除前应支付的违约金；

⑤ 按照合同约定应当支付给承包人的其他款项；

⑥ 按照合同约定应退还的质量保证金；

⑦ 因解除合同给承包人造成的损失。

合同当事人未能就解除合同后的结清达成一致的，按照争议解决的约定处理。

承包人应妥善做好已完工程和与工程有关的已购材料、工程设备的保护和移交工作，并将施工设备和人员撤出施工现场，发包人应为承包人撤出提供必要条件。

2. 承包人违约

（1）承包人违约的情形

在合同履行过程中发生的下列情形，属于承包人违约：

① 承包人违反合同约定进行转包或违法分包的；

② 承包人违反合同约定采购和使用不合格的材料和工程设备的；

③ 因承包人原因导致工程质量不符合合同要求的；

④ 承包人违反材料与设备专用要求的约定，未经批准，私自将已按照合同约定进入施工现场的材料或设备撤离施工现场的；

⑤ 承包人未能按施工进度计划及时完成合同约定的工作，造成工期延误的；

⑥ 承包人在缺陷责任期及保修期内，未能在合理期限对工程缺陷进行修复，或拒绝按发包人要求进行修复的；

⑦ 承包人明确表示或者以其行为表明不履行合同主要义务的；

⑧ 承包人未能按照合同约定履行其他义务的。

承包人发生除上述第⑦条约定以外的其他违约情况时，监理人可向承包人发出整改通知，要求其在指定的期限内改正。

（2）承包人违约的责任

承包人应承担因其违约行为而增加的费用和（或）延误的工期。此外，合同当事人可在专用合同条款中另行约定承包人违约责任的承担方式和计算方法。

（3）因承包人违约解除合同

除专用合同条款另有约定外，出现承包人违约的情形第⑦条约定的违约情况时，或监理人发出整改通知后，承包人在指定的合理期限内仍不纠正违约行为并致使合同目的不能实现的，发包人有权解除合同。合同解除后，因继续完成工程的需要，发包人有权使用承包人在施工现场的材料、设备、临时工程、承包人文件和由承包人或以其名义编制的其他文件，合同当事人应在专用合同条款约定相应费用的承担方式。发包人继续使用的行为不免除或减轻承包人应承担的违约责任。

（4）因承包人违约解除合同后的处理

因承包人原因导致合同解除的，则合同当事人应在合同解除后 28 天内完成估价、付款和清算，并按以下约定执行：

① 合同解除后，按商定或确定的约定商定或确定承包人实际完成工作对应的合同价款，以及承包人已提供的材料、工程设备、施工设备和临时工程等的价值；

② 合同解除后，承包人应支付的违约金；

③ 合同解除后，因解除合同给发包人造成的损失；

④ 合同解除后，承包人应按照发包人要求和监理人的指示完成现场的清理和撤离；

⑤ 发包人和承包人应在合同解除后进行清算，出具最终结清付款证书，结清全部款项。

因承包人违约解除合同的，发包人有权暂停对承包人的付款，查清各项付款和已扣款项。发包人和承包人未能就合同解除后的清算和款项支付达成一致的，按照争议解决的约定处理。

（5）采购合同权益转让

因承包人违约解除合同的，发包人有权要求承包人将其为实施合同而签订的材料和设备的采购合同的权益转让给发包人，承包人应在收到解除合同通知后 14 天内，协助发包人与采购合同的供应商达成相关的转让协议。

3. 第三人造成的违约

在履行合同过程中，一方当事人因第三人的原因造成违约的，应当向对方当事人承担违约责任。一方当事人和第三人之间的纠纷，依照法律规定或者按照约定解决。

（十七）不可抗力

1. 不可抗力的确认

不可抗力是指合同当事人在签订合同时不可预见，在合同履行过程中不可避免且不能克服的自然灾害和社会性突发事件，如地震、海啸、瘟疫、骚乱、戒严、暴动、战争和专用合同条款中约定的其他情形。

不可抗力发生后，发包人和承包人应收集证明不可抗力发生及不可抗力造成损失的证据，并及时认真统计所造成的损失。合同当事人对是否属于不可抗力或其损失的意见不一致的，由监理人商定或确定的约定处理。发生争议时，按争议解决的约定处理。

2. 不可抗力的通知

合同一方当事人遇到不可抗力事件，使其履行合同义务受到阻碍时，应立即通知合同另一方当事人和监理人，书面说明不可抗力和受阻碍的详细情况，并提供必要的证明。

不可抗力持续发生的，合同一方当事人应及时向合同另一方当事人和监理人提交中间报告，说明不可抗力和履行合同受阻的情况，并于不可抗力事件结束后28天内提交最终报告及有关资料。

3. 不可抗力后果的承担

（1）不可抗力引起的后果及造成的损失由合同当事人按照法律规定及合同约定各自承担。不可抗力发生前已完成的工程应当按照合同约定进行计量支付。

（2）不可抗力导致的人员伤亡、财产损失、费用增加和（或）工期延误等后果，由合同当事人按以下原则承担：

① 永久工程、已运至施工现场的材料和工程设备的损坏，以及因工程损坏造成的第三方人员伤亡和财产损失由发包人承担；

② 承包人施工设备的损坏由承包人承担；

③ 发包人和承包人承担各自人员伤亡和财产的损失；

④ 因不可抗力影响承包人履行合同约定的义务，已经引起或将引起工期延误的，应当顺延工期，由此导致承包人停工的费用损失由发包人和承包人合理分担，停工期间必须支付的工人工资由发包人承担；

⑤ 因不可抗力引起或将引起工期延误，发包人要求赶工的，由此增加的赶工费用由发包人承担；

⑥ 承包人在停工期间按照发包人要求照管、清理和修复工程的费用由发包人承担。

不可抗力发生后，合同当事人均应采取措施尽量避免和减少损失的扩大，任何一方当事人没有采取有效措施导致损失扩大的，应对扩大的损失承担责任。

因合同一方迟延履行合同义务，在迟延履行期间遭遇不可抗力的，不免除其违约责任。

4. 因不可抗力解除合同

因不可抗力导致合同无法履行连续超过84天或累计超过140天的，发包人和承包人均有权解除合同。合同解除后，由双方当事人按照商定或确定的约定商定或确定发包人应支付的款项，该款项包括：

（1）合同解除前承包人已完成工作的价款；

（2）承包人为工程订购的并已交付给承包人，或承包人有责任接受交付的材料、工程设备和其他物品的价款；

（3）发包人要求承包人退货或解除订货合同而产生的费用，或因不能退货或解除合同而产生的损失；

（4）承包人撤离施工现场以及遣散承包人人员的费用；

（5）按照合同约定在合同解除前应支付给承包人的其他款项；

（6）扣减承包人按照合同约定应向发包人支付的款项；

（7）双方商定或确定的其他款项

除专用合同条款另有约定外，合同解除后，发包人应在商定或确定上述款项后28天内完成上述款项的支付。

（十八）保险

1. 工程保险

除专用合同条款另有约定外，发包人应投保建筑工程一切险或安装工程一切险；发包人委托承包人投保的，因投保产生的保险费和其他相关费用由发包人承担。

2. 工伤保险

（1）发包人应依照法律规定参加工伤保险，并为在施工现场的全部员工办理工伤保险，缴纳工伤保险费，并要求监理人及由发包人为履行合同聘请的第三方依法参加工伤保险。

（2）承包人应依照法律规定参加工伤保险，并为其履行合同的全部员工办理工伤保险，缴纳工伤保险费，并要求分包人及由承包人为履行合同聘请的第三方依法参加工伤保险。

3. 其他保险

发包人和承包人可以为其施工现场的全部人员办理意外伤害保险并支付保险费，包括其员工及为履行合同聘请的第三方的人员，具体事项由合同当事人在专用合同条款约定。

除专用合同条款另有约定外，承包人应为其施工设备等办理财产保险。

4. 持续保险

合同当事人应与保险人保持联系，使保险人能够随时了解工程实施中的变动，并确保按保险合同条款要求持续保险。

5. 保险凭证

合同当事人应及时向另一方当事人提交其已投保的各项保险的凭证和保险单复印件。

6. 未按约定投保的补救

（1）发包人未按合同约定办理保险，或未能使保险持续有效的，则承包人可代为办理，所需费用由发包人承担。发包人未按合同约定办理保险，导致未能得到足额赔偿的，由发包人负责补足。

（2）承包人未按合同约定办理保险，或未能使保险持续有效的，则发包人可代为办理，所需费用由承包人承担。承包人未按合同约定办理保险，导致未能得到足额赔偿的，由承包人负责补足。

7. 通知义务

除专用合同条款另有约定外，发包人变更除工伤保险之外的保险合同时，应事先征得承包人同意，并通知监理人；承包人变更除工伤保险之外的保险合同时，应事先征得发包人同意，并通知监理人。

保险事故发生时，投保人应按照保险合同规定的条件和期限及时向保险人报告。发包人和承包人应当在知道保险事故发生后及时通知对方。

（十九）索赔

1. 承包人的索赔

根据合同约定，承包人认为有权得到追加付款和（或）延长工期的，应按以下程序向发包人提出索赔：

（1）承包人应在知道或应当知道索赔事件发生后 28 天内，向监理人递交索赔意向通知书，并说明发生索赔事件的事由；承包人未在前述 28 天内发出索赔意向通知书的，丧失要求追加付款和（或）延长工期的权利；

（2）承包人应在发出索赔意向通知书后 28 天内，向监理人正式递交索赔报告；索赔报告应详细说明索赔理由以及要求追加的付款金额和（或）延长的工期，并附必要的记录和证明材料；

（3）索赔事件具有持续影响的，承包人应按合理时间间隔继续递交延续索赔通知，说明持续影响的实际情况和记录，列出累计的追加付款金额和（或）工期延长天数；

（4）在索赔事件影响结束后28天内，承包人应向监理人递交最终索赔报告，说明最终要求索赔的追加付款金额和（或）延长的工期，并附必要的记录和证明材料。

2. 对承包人索赔的处理

对承包人索赔的处理如下：

（1）监理人应在收到索赔报告后14天内完成审查并报送发包人。监理人对索赔报告存在异议的，有权要求承包人提交全部原始记录副本；

（2）发包人应在监理人收到索赔报告或有关索赔的进一步证明材料后的28天内，由监理人向承包人出具经发包人签认的索赔处理结果。发包人逾期答复的，则视为认可承包人的索赔要求；

（3）承包人接受索赔处理结果的，索赔款项在当期进度款中进行支付；承包人不接受索赔处理结果的，按照争议解决的约定处理。

3. 发包人的索赔

根据合同约定，发包人认为有权得到赔付金额和（或）延长缺陷责任期的，监理人应向承包人发出通知并附有详细的证明。

发包人应在知道或应当知道索赔事件发生后28天内通过监理人向承包人提出索赔意向通知书，发包人未在前述28天内发出索赔意向通知书的，丧失要求赔付金额和（或）延长缺陷责任期的权利。发包人应在发出索赔意向通知书后28天内，通过监理人向承包人正式递交索赔报告。

4. 对发包人索赔的处理

对发包人索赔的处理如下：

（1）承包人收到发包人提交的索赔报告后，应及时审查索赔报告的内容、查验发包人证明材料；

（2）承包人应在收到索赔报告或有关索赔的进一步证明材料后28天内，将索赔处理结果答复发包人。如果承包人未在上述期限内作出答复的，则视为对发包人索赔要求的认可；

（3）承包人接受索赔处理结果的，发包人可从应支付给承包人的合同价款中扣除赔付的金额或延长缺陷责任期；发包人不接受索赔处理结果的，按争议解决的约定处理。

5. 提出索赔的期限

（1）承包人按竣工结算审核的约定接收竣工付款证书后，应被视为已无权再提出在工程接收证书颁发前所发生的任何索赔。

（2）承包人按最终结清的约定提交的最终结清申请单中，只限于提出工程接收证书颁发后发生的索赔。提出索赔的期限自接受最终结清证书时终止。

（二十）争议解决

1. 和解

合同当事人可以就争议自行和解，自行和解达成协议的经双方签字并盖章后作为合同补充文件，双方均应遵照执行。

2. 调解

合同当事人可以就争议请求建设行政主管部门、行业协会或其他第三方进行调解，调解达成协议的，经双方签字并盖章后作为合同补充文件，双方均应遵照执行。

3. 争议评审

合同当事人在专用合同条款中约定采取争议评审方式解决争议以及评审规则，并按下列约定执行：

（1）争议评审小组的确定

合同当事人可以共同选择 1 名或 3 名争议评审员，组成争议评审小组。除专用合同条款另有约定外，合同当事人应当自合同签订后 28 天内，或者争议发生后 14 天内，选定争议评审员。

选择 1 名争议评审员的，由合同当事人共同确定；选择 3 名争议评审员的，各自选定 1 名，第 3 名成员为首席争议评审员，由合同当事人共同确定或由合同当事人委托已选定的争议评审员共同确定，或由专用合同条款约定的评审机构指定第 3 名首席争议评审员。

除专用合同条款另有约定外，评审员报酬由发包人和承包人各承担一半。

（2）争议评审小组的决定

合同当事人可在任何时间将与合同有关的任何争议共同提请争议评审小组进行评审。争议评审小组应秉持客观、公正原则，充分听取合同当事人的意见，依据相关法律、规范、标准、案例经验及商业惯例等，自收到争议评审申请报告后 14 天内作出书面决定，并说明理由。合同当事人可以在专用合同条款中对本项事项另行约定。

（3）争议评审小组决定的效力

争议评审小组作出的书面决定经合同当事人签字确认后，对双方具有约束力，双方应遵照执行。

任何一方当事人不接受争议评审小组决定或不履行争议评审小组决定的，双方可选择采用其他争议解决方式。

4. 仲裁或诉讼

因合同及合同有关事项产生的争议，合同当事人可以在专用合同条款中约定以下一种方式解决争议：

（1）向约定的仲裁委员会申请仲裁；

（2）向有管辖权的人民法院起诉。

5. 争议解决条款效力

合同有关争议解决的条款独立存在，合同的变更、解除、终止、无效或者被撤销均不影响其效力。

五、FIDIC《土木工程施工合同条件》简介

（一）FIDIC 简介

FIDIC 是国际咨询工程师联合会（Fédération Internationale Des Ingénieurs Conceils）的法文缩写。该联合会是被世界银行认可的国际咨询服务机构，总部设在瑞士洛桑。这个国际组织在每个国家只吸收一个独立的咨询工程师协会作为成员。从 1913 年由欧洲四个国家的咨询工程师协会组成 FIDIC 以来，已拥有了世界上近 60 个会员团体，形成了国际上最具权威

性的咨询工程师组织。FIDIC 下设许多专业委员会，如业主咨询工程师关系委员会（CCRC）、土木工程合同委员会（CECC）、职业责任委员会（PLC）等，不断总结国际工程承包活动的经验，规范国际工程承包活动的管理，先后发表过很多重要的管理性文件，编制了规范化的标准合同文件示范文本。这些文件不仅被 FIDIC 成员国采用，世界银行、亚洲开发银行等也要求在其贷款建设的工程项目中采用。

《土木工程施工合同条件》是由国际咨询工程师联合会（FIDIC）在英国土木工程师学会（ICE）的合同条款基础上制订的。该文本是为了圆满完成土木工程施工项目，使得技术方面和管理方面标准化而编制的合同文件范本。FIDIC 的合同条件虽然不是法律，也不是法规，但它是一种国际惯例。

（二）FIDIC《土木工程施工合同条件》的特点

FIDIC《土木工程施工合同条件》，是建筑类工程项目建设，由业主通过竞争性招标选择承包商承包，并委托监理工程师执行监督管理的标准化合同文件范本，具有以下几方面特点。

1. 合同内容完整、严密

在合同正常的履行过程中可能发生各种情况和问题，合同条件中明确划分了责任界限并规定了管理程序。合同条件将技术、法律规定等有关内容有机结合在一起，对业主、工程师（国内可称为监理工程师）和承包商的行为，都以相应的条件予以规范，以保证工程建设项目按照合同约定顺利实施。

2. 责任明确、公正

合同条件力求使合同当事人的权利义务平衡，风险负担合理。不仅规定了双方的行为责任，而且明确了双方各自应承担的风险责任。

3. 由业主委托工程师根据合同条件进行项目的质量、投资和进度控制

在合同履行过程中，建立以工程师为核心的管理模式。合同条件的许多条款都规定了工程师应享有的权利和应尽的职责，工程师根据合同条件进行项目的质量、投资和进度的控制，在合同履行过程中负责监督、管理和协调，其决定对承包商和业主都有约束力。这样有助于高效率的项目管理，尽量减少或避免合同纠纷。

4. 根据公开招标规则的国际惯例选择承包商

公开招标有利于业主将工程建设项目交予可靠的承包商实施，同时使具有承包能力的承包商广泛地获得平等投标竞争机会。由于采用严谨的标准合同条件，投标人在投标时有一个细致而稳定的依据，因而容易形成较低的标价。

5. FIDIC 合同为固定单价合同

合同条件适用于固定单价合同，合同中的工程进度款支付、变更工程估价等的规定，都是基于单价合同的承包形式。合同条件不适用于采用固定总价合同的项目。

（三）FIDIC《土木工程施工合同条件》内容简介

FIDIC《土木工程施工合同条件》包括通用条件、专用条件、标准化的附件。

1. 通用条件

通用条件的内容涉及工程项目施工阶段业主和承包商各方的权利和义务；工程师的权利和职责；各种可能预见的事件发生后的责任界限；合同履行过程中各方应遵循的工作程序等。合同条件适用于工业民用建筑、水电工程、公路铁路交通等各建筑行业，共 72 条 194

款。大致可分成权义性条款、管理性条款、经济性条款、技术性条款和法规性条款等。相关的条款之间，既相互联系起到补充作用，又相互制约起到保证作用。

通用条件内容包括：定义与解释，工程师及工程师代表，转让与分包，合同文件，一般义务，劳务，材料、工程设备和工艺，暂时停工，开工和延误，缺陷责任，变更、增添和省略，索赔程序，承包商的设备，临时工程和材料，计量，暂定金额，指定的分包商，证书与支付，补救措施，特殊风险，解除履约合同，争议的解决，通知，业主的违约，费用和法规的变更，货币和汇率等。

2. 专用条件

第一部分的通用条件和第二部分的专用条件一起，构成了决定合同各方权利义务的条件。专用条件是根据建设项目的工程专业特点，针对通用条件中条款的规定，进行选择、补充或修改，使通用条件和专用条件两部分相同序号组成的条款内容更加完备。专用条件中条款的约定通常由于以下几种情况：

（1）通用条款中要求在专用条款中提供具体的信息；

（2）通用条款中提到在专用条件中有包括补充材料的地方；

（3）修改或者删除通用条件中对本工程不适用的条款；

（4）增加通用条件中没有约定的条款；

（5）要求承包商使用的标准文件格式规定。

3. 标准化附件

合同文件除了通用条件和专用条件以外，还包括标准化附件，即投标书和协议书。

投标书中的空格只需投标人填写具体内容，就可与其他材料一起构成投标文件。投标书附件是针对通用条件中某些具体条款需要作出具体规定的明确条件，如工期、费用的明确数值，以便承包商在投标时予以考虑，并在合同履行期间作为双方遵照执行的依据。这些详细数字，要求在标书发出之前由招标单位填写好。

协议书是业主和中标的承包商签订施工合同的标准文件，只要双方在空格内填入相应的内容，并签字或盖章后即可生效。

💡 **思考与练习**

1. 合同示范文本与格式合同的有何区别？
2. 建设工程合同示范文本有哪几种类型？
3. 建设工程施工合同示范文本由哪几部分组成？
4. 建设工程施工专业分包合同与总承包合同有何区别？
5. 建设工程施工劳务分包合同与建设工程施工专业分包合同有何区别？
6. FIDIC《土木工程施工合同条件》有哪些特点？

任务四　建设工程施工合同履行

👆 **任务引入**

发包人和承包人就建设工程项目签订施工合同后，合同对当事人双方即具有法律约束力。签订合同不是最终目的，而是通过合同的履行完成合同约定的工作达到既定的目的。在合同履行时，当事人双方要做哪些工作？如何去做？

任务分析

施工合同履行的过程是完成整个合同中规定的任务的过程，因此当事人要事先做好准备工作，研究工程施工合同履行过程中各方的职责，要研究合同履行过程中的可能遇到的风险和问题，要掌握索赔的方法与技巧。

知识链接

施工合同履行的过程是完成整个合同中规定的任务的过程，也是一个工程从准备、修建、竣工、试运行直到维修期结束的全过程。这个过程有时时间较长，某些大型工程往往需要 3～5 年，甚至更长的时间，因此研究合同履行过程中的问题十分重要。

一、准备工作

通常施工合同签订 1～2 个月内，监理工程师即下达开工令。承包商要竭尽全力做好开工前的准备工作并尽快开工，避免因开工准备不足而延误工期。

（一）人员和组织准备

项目经理部的组成是实施项目的关键，特别是要选好项目经理及其他主要人员，如总工程师、总会计师等。确定项目经理部主要人员后，由项目经理针对项目性质和工程大小，再选择其他人员和施工队伍。同时与分包单位签订协议，明确与他们的责、权、利，使他们对项目有足够的重视，派出胜任承包任务的人员。

项目经理是承包商在工程项目上的代表，是代表公司执行项目的负责人，因此项目经理的人选非常重要，一个称职的项目经理应该是项目管理的内行和专家，对于执行施工合同有一定的经验，熟悉和善于运用合同条款来保护本身利益。技术上精通有关项目的设计和施工，具有一定的实践经验，同时也应是一个熟悉经济的专家。项目经理对内能团结整个领导班子，善于发挥每个人的特长和充分调动其积极性。对于涉外工程，最好选择有较高外语水平的项目经理，这将有利于提高项目经理的工作效率和地位。

合同要求项目经理要有公司法定代表人的授权，项目经理要在授权范围内，行使管理权利。

（二）施工准备

项目经理部组建后，就要着手施工准备工作，施工准备应着眼于以下几方面：

1. 接收现场。由业主和业主聘请的监理工程师会同承包商一方有关人员到现场办理交接手续。

业主、监理工程师应向承包商交底，如施工场地范围、工程界线、基准线、基准标高等，承包商校核没有异议，则可在接收文件上签字，现场即接收完毕。

2. 领取有关文件。承包商要向业主或监理工程师领取图纸、技术规范及有报价的工程量表。如图纸份数不够使用时，承包商自费购买或复印。

3. 建立现场生活和生产营地。购买工程及生活用房屋、或者自己建造房屋、或者租用房屋、建造仓库、生产维修车间等，办理连接水电手续，购买空调机及各种生产设备和生活用品等。

4. 地基勘探。国际工程虽然在设计前已有勘探资料，但业主并不向承包商提供勘探报告。业主和监理工程师应对提供的地质水文资料的正确性负责，但不负责这些资料的解释和应用，也就是说今后出现任何地质方面的风险由承包商负责，如果要求承包商补充勘探，应由监理工程师按变更命令下达。勘探前承包商应提出勘探的钻孔位置、深度及勘探公司名称，致函监理工程师批准后方可进行。勘探报告应送交监理工程师备案。

5. 编制施工进度计划，包括人员进场、各项目材料进场时间。根据合同要求排出横线条进度计划，或采用网络图控制进度计划。在合同中规定提交准备实施的进度计划的时间，承包商编制此进度计划时要切实可行，特别是在工程开工初期，要充分估计到各项开工准备工作的复杂性。

6. 编制付款计划表。承包商应在合同规定的时间内根据合同要求向监理工程师及业主报送根据施工进度计划估算的各个季度可能得到的现金流量估算表。每月工程付款报表格式，须经监理师批准，承包商按月向监理工程师和业主提交付款申请。

7. 提交现场管理机构及名单。按监理工程师的要求提交现场施工管理组织系统表。

8. 采购机械设备。根据施工方案提出需要的机械设备进行多家询价，然后进行比价，到厂方看货、试车、定价成交、规定运到现场的日期。

9. 材料订货采购。根据工程进度要求和询价结果，找材料商定货，商议购货合同，确定材料进场时间。

10. 签订有关分包合同。根据投标时的分包设想和招标文件中业主的特殊要求，选定有关专业分包商，商谈分包合同。

在制订分包协议时，明确分包商要履行一切总包向业主负责的有关分包工程的责任和义务，由于分包商原因导致的误期损害赔偿费，不能按分包额的比例分摊，而应承担总包的误期损害赔偿费。

11. 办理劳务签证。签订施工合同后，提出劳力需求计划和确切人数，在业主协助下，经所在国劳务部门批准后，办理劳务签证。

（三）办理保险与保函

承包商在接到业主发出中标通知书并最后签订施工合同之前，要根据合同文件有关条款要求，办理保函手续（包括履约保函、预付款保函）和保险手续，一般要求在签订施工合同前，提交履约保函、预付款保函。提交保险单的日期一般在合同中注明。

对于保函和保险，一般招标文件中都有明确规定，而且大部分都附有格式和要求，如果业主没有明确开具保函的银行，则应争取由中国银行直接开出。工程保险则应争取由中国人民保险公司出具保险单。

（四）资金的筹措

承包商在签订合同后，开始工程施工的人、材、机的调遣和筹备建立生产、生活营地以及其他业务，都离不开资金。因此签订施工合同前后，项目经理就存在一个筹集资金的问题，这是保证工程顺利进行的重要条件之一。

工程开工时的资金筹集，一方面可由公司内部资金垫支或从银行贷款，另一方面，也应采取利用本公司其他工程的下场机械、分包商的施工机械、租赁机械以及合理安排进场人员等措施，以减少开工初期的资金投入。

（五）学习合同文件

应当由项目经理组织管理人员，特别是总工程师，总会计师，负责设计，施工的工程师，测量及计算工程量的工程师，负责财务的人员等认真学习和研究合同条件。除技术规范外，应该都熟悉和理解合同条件。只有深入理解合同文件，才能自觉执行和运用合同文件，保证合同的顺利实施，保护自己的权益，避免不必要的损失。

二、工程施工合同履行过程中各方的职责

工程施工合同是指业主和承包商之间签订的合同，在合同中规定了双方各自的权利、义务和职责，监理工程师受业主聘用，对工程的实施进行监理，监理工程师的权利、义务和职责在业主与监理工程师的合同中作出规定，但在业主与承包商的合同中也对监理工程师的职责和权限的范围有明确、具体的规定，这些规定均写入合同条款之中。监理工程师应履行业主和承包商在合同中规定的职责。

（一）业主

当一个工程开工之后，现场的具体的监督和管理工作全部都交给监理工程师负责，但是业主也应指定专人作为业主代表，负责与监理工程师和承包商联系，处理执行合同的有关具体事宜，但对一些重要问题，如工程变更的批准、支付的审批、工期的延长等，均应由业主负责。业主一方的职责有以下内容：

1. 选定业主代表、任命监理工程师，并以书面形式通知承包商，如系国际贷款项目还应通知贷款方。

2. 按合同规定负责解决工程用地征用手续以及移民等施工前期准备工作问题。

3. 批准承包商转让部分工程权益的申请，批准履约保证和承保人，批准承包商提交的保险单。

4. 在承包商有关手续齐备后，及时向承包商拨付有关款项。如工程预付款、设备和材料预付款、最终结算等。

5. 主持解决合同中的纠纷、合同条款必要的变动和修改。

6. 及时签发工程变更命令，并确定这些变更的单价和总价。

7. 批准监理工程师同意上报的工程延期报告。

8. 负责编制财务年度用款计划、财务结算及各种统计报表。

9. 负责组成验收委员会对全部工程或局部工程的初步验收和最终竣工验收，并签发有关证书。

10. 如果承包商违约，业主有权终止合同并授权其他人完成合同。

（二）监理工程师

监理工程师不属于业主与承包商之间签订合同中的任一方。监理工程师是独立的、公正的第三方，受业主聘用，负责合同管理和工程监督。监理工程师的具体职责是在合同中规定的，如果业主要对监理工程的某些职权作出限制，也应在合同中作出明确规定。

监理工程师的职责可以概括为进行合同管理和信息管理，负责工程的进度控制、质量控制和投资控制以及从事协调工作。其具体的职责如下：

1. 协助业主评审投标文件，提出决标建议，并协助业主与中标者商签施工合同。

2. 在施工合同实施过程中，按照合同要求全面负责对工程的监督、管理和检查，协调现场承包商之间的关系，负责对合同文件的解释和说明，以确保合同的执行。

审批承包商申请的工程分包报告，但分包商的工作应由承包商进行直接的管理，承包商必须按照与业主签订的合同中的图纸、技术规范及合同条款的要求管理分包商。对质量等有关重要问题验收时应得到监理工程师的认可和批准。

3. 进度控制。监督检查承包商的施工进度，审查承包商入场后的施工组织设计、施工进度实施计划以及工程各阶段或各分部工程的进度实施计划，并监督实施，督促承包商按期或提前完成工程。按照合同条款主动处理工期延长问题。必要时发出暂停施工命令和复工命令并处理由此而引起的问题。

4. 帮助承包商正确理解设计意图，负责有关工程图纸的解释、变更和说明，发出图纸变更命令，提供新的补充图纸，在现场解决施工期间出现的设计问题。处理因设计图纸供应不及时或修改引起的拖延工期及索赔等问题。

5. 监督承包商认真贯彻执行合同中的技术规范、施工要求和图纸上的规定，以确保工程质量能满足合同要求。制定各类对承包商进行施工质量检查的补充规定。及时检查工程质量，特别是基础工程和隐蔽工程。及时签发现场或其他有关试验的验收合格证书。

6. 严格检查材料、设备质量，批准、检查承包商的订货，指定或批准材料检验单位，抽查或检查进场材料和设备。

7. 投资控制。负责审核承包商提交的每月完成的工程量及相应的月结算财务报表，处理价格调整中有关问题并签署当月支付款额数，及时报业主审核支付。

8. 投资控制的另一个重要方面即协助业主处理好索赔问题。当承包商违约时代表业主向承包商索赔，同时处理承包商提出的各类索赔。

9. 人员考核。承包商派去工地管理工程的项目经理，须经监理工程师批准。监理工程师有权考察承包商进场人员的素质，包括技术水平、工作能力、工作态度等。有权建议撤换项目负责人及有关人员。

10. 审批承包商要求将有关设备、施工机械、材料等物品进出海关的报告，并及时向海关发出有关公函。

11. 监理工程师应记录施工日记及保存一份质量检查记录，以作为每月结算及日后查核使用。监理工程师应根据积累的工程资料，整理工程档案。

12. 在工程结束前核实最终工程量，以便进行工程的最终支付。参加竣工验收或受业主委托负责组织并参加竣工验收。

13. 签发合同条款中规定的各类证书与报表。

14. 定期向业主提供工程情况报告，并根据工地发生的实际情况及时向业主呈报工程变更报告，以便业主签发变更令。

15. 协助调解业主和承包商之间的各种矛盾。当承包商或业主违约时，按合同条款规定，处理各类有关问题。

16. 处理施工中各种意外事件引起的问题。

(三) 承包商

1. 承包商的职责

承包商是合同的一方，必须执行合同中规定的各项任务。在执行合同方面，承包商职责有以下方面：

(1) 按合同工作范围、技术规范、图纸要求及经监理工程师批准的施工进度实施计划负责组织现场施工，每月的施工进度计划亦须事先报监理工程师批准。

(2) 每周在监理工程师召开的会议上汇报工程进展情况及存在问题，提出解决问题的办法经监理工程师批准执行。

(3) 负责施工放样及测量，所有测量原始数据、图纸均须监理工程师检查并签字批准，但承包商应对测量数据和图纸的正确性负责。

(4) 负责按工程进度及工艺要求进行各项有关现场及试验室试验，所有试验结果均须报监理工程师审核批准，但承包商应对试验成果的正确性负责。

(5) 根据监理工程师的要求，每月报送进、出场机械设备的数量和型号，报送材料进场量和耗用量以及报送进出场人员数。

(6) 制定施工安全措施，经监理工程师批准后实施，对工地的安全负责。

(7) 制定各种有效措施保证工程质量，并且在需要时，根据监理工程师的指示，提出有关质量检查办法的建议，经监理工程师批准执行。

(8) 负责施工机械的维护、保养和检修，以保证工程施工正常进行。

(9) 按照合同要求负责设备的采购、运输、检查、安装、调试及运行。

(10) 按照监理工程师的指示，对施工的有关工序，填写详细的施工报表，并及时要求监理工程师审核确认。

(11) 根据合同规定或监理工程师的要求，进行部分永久工程的设计或绘制施工详图，报监理工程师批准后实施，但承包商应对所设计的永久工程负责。

(12) 在订购材料之前，需根据监理工程师的要求，或将材料样品送监理工程师审核，将材料送监理工程师指定的试验室进行试验，试验成果报请监理工程师审核批准。对进场材料要随时抽样检验材料质量。

2. 承包商的强制性义务

关于承包商的强制性义务，通常包括以下4个方面：

(1) 执行监理工程师的指令。我国《建设工程施工合同（示范文本）》规定，监理工程师可发出口头指令，并在48小时内给予书面确认，承包人对监理工程师的指令应予以执行。

紧急情况下，监理工程师要求承包人立即执行的指令或承包人虽有异议，但监理工程师决定仍继续执行的指令，承包人应予以执行。因指令错误发生的追加合同价款和给承包人造成的损失由发包人承担，延误的工期相应顺延。

(2) 接受工程变更请求。在工程施工中，出现工程变更是一种正常现象。发包人需对工程设计进行变更，应提前14天以书面形式向承包人发出变更通知，承包人按监理工程师发出的变更通知及有关要求，进行变更。承包人不得对原工程设计进行变更，承包人在施工中提出的合理化建议涉及对设计的更改及对材料的换用，须经监理工程师同意。

(3) 严格执行合同中有关期限的规定。首先是合同工期，承包商一旦接到监理工程师发出的开工令，就得立即开工，否则将导致违约而蒙受损失。其次是在履行合同过程中，承包商只有在合同规定的有效期限内提出的要求才被接受。若迟于合同规定的相应期限，不管其要求是否合理，业主完全有权不予接受。

（4）承包商必须信守价格义务。工程施工合同是缔约双方行为的依据，价格则是合同的实质性因素，合同一经缔结便不得更改。对于承包商，价格不能更改的含义是其在正常情况下，包括施工过程中碰到的正常困难的情况下不得要求补偿。例如，未投保险的机具丢失；由于承包商违章而造成工伤事故或增加无益劳动而导致的开支等。承包商必须信守合同的既定价格。例外的情况一般只能是：

① 增加工程，包括业主要求的和不可预见的工程。

② 因修改设计而导致工程变更或改变施工条件。

③ 由于业主的行为或错误而导致工程变更。

④ 发生不可抗力事件。

⑤ 发生导致经济条件混乱的不可预见事件。

如果出现上述情况，合同价格必须发生变化。但是，只有具备上述例外情况，合同价格不变原则才具有相对的意义。

三、施工合同的违约责任

违约责任是指合同当事人违反合同约定所应当承担的民事责任。违约责任是法律规定的强制性责任。如果违反合同的当事人拒绝承担违约责任，合同对方可以通过司法途径强制其承担。违约责任制度是使合同得到履行的重要保障，有利于促进合同的履行和弥补违约造成的损失，对保护合同当事人的合法权益和社会的交易活动具有重要的意义。

（一）承担违反施工合同民事责任的方式

当事人违反施工合同的，根据其违约的性质和违约程度，以下列一种或多种方式承担民事责任。

1. 支付违约金

违约金是指由当事人在合同中约定的，当一方违约时，应向对方支付一定数额的货币。当事人可以预先在合同中约定支付违约金的数额或者计算方法。但对于逾期付款的违约金，应执行法定违约金，即按欠款总额的万分之四/日的标准计算。

违约金具有补偿性，约定的违约金视为违约的损失赔偿，损失赔偿额应相当于违约造成的损失。但约定的违约金数额高于或者低于违约行为所造成的损失的，当事人可以请求人民法院或者仲裁机构予以适当减少或增加。

2. 赔偿损失

赔偿损失，是指合同当事人就其违约而给对方造成的损失给予补偿的一种方法。违约方支付的损失赔偿额应当相当于因违约所造成的损失，包括合同履行后可以获得的利益，但不得超过违反合同一方订立合同时预见到或者应当预见到的因违反合同可能造成的损失。

3. 强制履行

《合同法》规定，"当事人一方不能履行非金钱债务或者履行非金钱债务不符合约定的，对方可以要求履行"。违反施工合同的当事人不能因为支付违约金或赔偿损失就可以免除继续履行合同的责任。对于发包人来讲，如果承包人不履行合同，其订立施工合同所期望的获得建筑产品的经济目的就无法实现。因此，非违约方有权选择请求违约方按照合同约定履行义务，从而更好地弥补非违约方的损失，有利于保护受损害的一方，也更符合订立合同所追求的经济目的。

4. 定金制裁

施工合同当事人一方在法律规定的范围内可以向对方给付定金。债务人履行债务后，定金应当抵作价款或者收回。给付定金的一方不履行约定的债务的，无权要求返还定金；收受定金的一方不履行约定的债务的，应当双倍返还定金。当事人可以预先在合同中约定定金的数额，但不得超过主合同标的额的20%。

当事人既约定违约金，又约定定金的，一方违约时，对方可以选择适用违约金或定金条款。

（二）发包人违约

1. 发包人的违约行为

发包人应当完成合同约定应由己方完成的义务。如果发包人不履行合同义务或不按合同约定履行义务，则应承担相应的民事责任。发包人的违约行为包括：

（1）发包人不按时支付工程预付款；

（2）发包人不按合同约定支付工程款；

（3）发包人无正当理由不支付工程竣工结算价款；

（4）发包人其他不履行合同义务或者不按合同约定履行义务的情况。

发包人的违约行为可以分为两类。一类是不履行合同义务的，如发包人应当将施工所需的水、电、电讯线路从施工场地外部接至约定地点，但发包人没有履行这项义务，即构成违约。另一类是不按合同约定履行义务，如发包人应当开通施工场地与城乡公共道路，并在合同条款中约定了开通的时间和质量要求，但实际开通的时间晚于约定或质量低于合同约定，也构成违约。

合同约定应由监理工程师完成的工作，监理工程师没有完成或者没有按照约定完成，给承包人造成损失的，也应当由发包人承担违约责任。因为监理工程师是代表发包人进行工作的，其行为与合同约定不符时，视为发包人的违约。发包人承担违约责任后，可以根据监理委托合同或者单位的管理规定追究监理工程师的相应责任。

2. 发包人承担违约责任的方式

（1）赔偿损失。赔偿损失是发包人承担违约责任的重要方式，其目的是补偿因违约给承包方造成的经济损失。承发包双方应当在专用条款内约定发包人赔偿承包人损失的计算方法。损失赔偿额应当相当于因违约造成的损失，包括合同履行后可以获得的利益，但不得超过发包人在订立合同时预见或者应当预见到的因违约可能造成的损失。

（2）支付违约金。支付违约金的目的是补偿承包人的损失，双方也可在专用条款中约定违约金的数额或计算方法。

（3）顺延工期。对于因为发包人违约而延误的工期，应当相应顺延。

（4）继续履行。承包人要求继续履行合同的，发包人应当在承担上述违约责任后继续履行施工合同。

（三）承包人违约

1. 承包人的违约行为

（1）因承包人原因不能按协议书约定的竣工日期或监理工程师同意顺延的工期竣工。

（2）因承包人原因工程质量达不到协议约定的质量标准。

（3）其他承包人不履行合同义务或不按合同约定履行义务的情况。

2. 承包人承担违约责任的方式

（1）赔偿损失。承发包双方应当在专用条款内约定承包人赔偿发包人损失的计算方法。损失赔偿额应当相当于违约所造成的损失，包括合同履行后发包人可以获得的利益，但不得超过承包人在订立合同时预见或者应当预见到的因违约可能造成的损失。

（2）支付违约金。双方可以在专用条款内约定承包人应当支付违约金的数额或计算方法。

（3）采取补救措施。对于施工质量不符合要求的违约，发包人有要求承包人采取返工、修理、更换等补救措施。《建设工程质量管理条例》第32条规定："施工单位对施工中出现质量问题的建设工程或者施工验收不合格的建设工程，应当负责返修"。

（4）继续履行。如果发包人要求继续履行合同的，承包人应当在承担上述违约责任后继续履行施工合同。

（四）担保方承担责任

在施工合同中，一方违约后，另一方可按双方约定的担保条款，要求提供担保的第三方承担相应的责任。

四、合同争议的解决

（一）施工合同争议的解决方式

合同当事人在履行施工合同时发生争议，可以和解或者要求合同管理及其他有关主管部门调解。和解或调解不成的，双方可以在专用条款内约定以下一种方式解决争议：

第一种解决方式是双方达成仲裁协议，向约定的仲裁委员会申请仲裁；第二种解决方式是向有管辖权的人民法院起诉。

如果当事人选择仲裁的，应当在专用条款中明确的内容有：请求仲裁的意思表示、仲裁事项、选定的仲裁委员会。在施工合同中直接约定仲裁的，关键是要指明仲裁委员会，因为仲裁没有法定管辖，而是依据当事人的约定由哪一个仲裁委员会仲裁。而选择仲裁的意思表示和仲裁事项则可在专用条款中的隐含的方式实现。当事人选择仲裁的，仲裁机构作出的裁决是终局的，具有法律效力，当事人必须执行。如果一方不执行的，另一方可向有管辖权的人民法院申请强制执行。

如果当事人选择诉讼的，则施工合同的纠纷一般应由工程所在地的人民法院管辖。当事人只能向有管辖权的人民法院起诉作为解决争议的最终方式。

（二）争议发生后允许停止履行合同的情况

发生争议后，在一般情况下，双方都应继续履行合同，保持施工连续，保护好已完工程，只有出现下列情况时，当事人方可停止履行施工合同：

1. 单方违约导致合同确已无法履行，双方协议停止施工。

2. 调解要求停止施工，且为双方接受。

3. 仲裁机关要求停止施工。

4. 法院要求停止施工。

五、合同解除

施工合同订立后，当事人应当按照合同的约定履行。但是，在一定的条件下，合同没有履行或者没有完全履行，当事人也可以解除合同。

（一）可以解除合同的情形

1. 合同的协商解除

施工合同当事人协商一致，可以解除。这是在合同成立以后、履行完毕以前，双方当事人通过协商而同意终止合同关系的解除。

2. 发生不可抗力时合同的解除

因为不可抗力或者非合同当事人的原因，造成工程停建或缓建，致使合同无法履行，合同双方可以解除合同。

3. 当事人违约时合同的解除

（1）当事人不按合同约定支付工程款，双方又未达成延期付款协议，导致施工无法进行，承包人停止施工超过 56 天，发包人仍不支付工程款，承包人有权解除合同。

（2）承包人将其承包的全部工程转包给他人，或者肢解以后以分包的名义分别转包给他人，发包人有权解除合同。

（3）合同当事人一方的其他违约致使合同无法履行，合同双方可以解除合同。

（二）当事人一方主张解除合同的程序

一方主张解除合同的，应向对方发出解除合同的书面通知，并在发出通知前 7 天告知对方。通知到达对方时合同解除。对解除合同有异议的，按解决合同争议程序处理。

（三）合同解除后的善后处理

合同解除后，当事人双方约定的结算和清理条款仍然有效。承包人应当妥善做好已完工程和已购材料、设备的保护和移交工作，按照发包人要求，将自有机械设备和人员撤出施工场地。发包人应为承包人撤出提供必要条件，支付以上所发生的费用，并按合同约定支付已完工程价款。已经订货的材料、设备由订货方负责退货或解除订货合同，不能退还的货款、退货、解除订货合同发生的费用，由发包人承担。但未及时退货造成的损失由责任方承担。除此之外，有过错的一方应赔偿因合同解除给对方造成的损失。

六、合同的风险管理

风险系指由于从事某项特定活动过程中存在的不确定性而产生的经济或财务损失、自然破坏或损伤的可能性，其特点是不确定性。在市场经济中，不确定因素，也就是风险，总是存在的，而工程承包的风险往往比其他行业更大。但风险和利润是并存的，它们是矛盾和对立的统一体。在实践中，既没有零风险和百分之百获利的机会，也没有百分之百风险和零利润的可能，关键在于承包商能不能在投标和经营过程中，善于分析风险因素，正确估计风险大小，认真研究风险防范措施以避免和减轻风险，把风险造成的损失控制到最低限度，甚至学会利用风险，把风险转为机遇，利用风险盈利。

（一）风险因素辨识

风险因素就是指可能发生风险的各类问题和原因。研究风险，首先应该了解和辨识可能产生的风险因素，并结合将要投标和实施的工程进行具体的、细致的研究和分析，才谈得上风险管理。所以风险辨识是进行风险管理的第一步重要的工作。

1. 风险因素分类

风险因素范围广，内容多，从不同的角度划分，大致有以下几种分类方法：

（1）从风险严峻程度来分，大致分为两类：一是特殊风险，也可以称之为非常风险。这主要是指业主所在国的政治风险，即由于内战、军事政变或篡夺政权等原因，引起了政权更迭，从而有可能使合同作废，甚至没收承包商的财产等。虽然在合同条件中一般都规定这类风险属于业主应承担的风险，但政权更迭后，原有的政府被推翻，由原政府签订的一切合同等均有可能被废除，因而承包商无处索赔。二是特殊风险以外的各类风险。这些风险因素尽管有的也可能造成较严重的危害，有的可能造成一般危害，但只要善于管理，采取必要的防范措施，有一些风险是可以转移或避免的。

（2）从工程实施不同阶段来看，可分为：投标阶段的风险、合同谈判阶段的风险、合同实施阶段的风险3大类，这是为了从工程项目实施全过程角度来分析和管理风险。

（3）从研究工程风险的范围来看，可分为项目风险、国别风险和地区风险3大类。

这是指对于一个国际承包商来讲，他所面临的风险不仅仅是具体项目的风险，而且范围更广泛，具有国家特征以至地区特征的重大风险。

（4）从风险的来源性质划分，大体上可分为政治风险、经济风险、技术风险、商务及公共关系风险和管理方面风险5大类。

2. 风险因素辨识和分析

一个公司的领导班子、一个工程的项目经理或是一个投标小组，在研究招标文件（或合同文件）时以及在合同实施过程中，必须有强烈的风险意识，也就是要用风险分析与管理的眼光来研究他接触到的每一个问题，来思考这个问题是否有风险，程度如何。一个善于驾驭风险的管理者必须对可能遇到的因素有一个比较全面而深刻的了解。

（1）政治风险

政治风险是指承包市场所处的政治背景可能给承包商带来的风险，属于来自投标大环境的风险因素，并不是工程项目本身所发生的，可是一旦发生，往往会给承包商带来难以估量的损失。属于这一类的风险因素有：对外战争或内战，国有化或低价收购甚至没收外资，政权更替，国际经济制裁和封锁等。

（2）经济风险

经济风险主要指承包市场所处的经济形势及项目发包国的经济政策变化可能给承包商造成损失的因素，也属于来自投标大环境的风险，而且往往与政治风险相关联。这一类风险因素有：通货膨胀、货币贬值、外汇汇率变化、保护主义政策等。

（3）技术风险

技术风险是指工程所在地的自然条件和技术条件给工程和承包商的财产造成损失的可能性。这一类风险因素有：

① 工程所在地自然条件的影响，主要表现于工程地质资料不完备，异常的酷暑或严寒、暴雨、台风、洪水等。

② 工程承包过程中技术条件的变化，此类情况比较复杂，常见的问题主要是：材料供应问题，设备供应问题，技术规范要求不合理或过于苛刻，工程量表中项目说明不明确而投标时未发现，工程变更等。

（4）商务及公共关系风险

商务及公共关系风险是指不是来自工程所在国政治形势、经济状况或经济政策等投标大环境的风险，而是来自业主、监理工程师或其他第三方以及承包商自身的风险因素，主要有：业主支付能力和信誉差，监理工程师效率低，分包商或器材供应商不能履行合同，承包商自身的失误，联营体内部各方的关系，与工程所在国地方部门的关系。

（5）管理方面风险

管理方面风险是指承包商在生产经营过程中因不能适应客观形势的变化，或因主观判断失误，或对已发生的事件处理欠妥而构成的威胁。属于这一类风险因素有：工地领导班子及项目经理工作能力，工人效率，开工时的准备工作，施工机械维修条件，不了解的国家和地区可能引起的麻烦等。

（二）承包商在承包工程中可能面临的风险

承包商作为工程承包合同的一方当事人，所面临的风险贯穿于项目的始终。随着建筑市场竞争日趋激烈，承包商面临的风险也大大增加。承包商要图生存、求发展，必须对所面临的风险有深刻的认识。

1. 决策错误风险

承包商在考虑是否进入某一市场、是否承包某一项目时，首先要考虑是否能承受进入该市场或承揽该项目可能遭遇的风险。承包商首先要对此做出决策，而在做出决策之前，承包商必须完成一系列的工作。所有这些工作无不潜伏着各具特征的风险。

（1）信息取舍失误或信息失真风险

承包市场上信息颇多，几乎每天都会发布一些工程招标或发包信息。这些信息虽然有相当一部分是真实的，但是否都值得捕捉和追踪却不见得。有些承包商急于揽到工程以摆脱困境，难免饥不择食，头脑不冷静或自不量力，见标就投。在这种背景下参与竞争，所采取的态度自然缺乏求实精神。即使中标，获取的项目也是极具亏本风险的。

（2）中介与代理风险

从事中介业务的人以谋取私利为目的，以种种不实之词诱惑交易双方成交，从中渔利。至于交易中双方可能蒙受的损失则与其无关。为了达到谋利的目的，中间人通常不让交易双方直接见面，全凭其一人穿梭往来，而承包商常常因夺标心切，对其漏洞较少察觉，甚至任凭其摆布。

除中介外，代理人也常常是风险之源。对代理人的选择极其重要。选择不当或代理协议不严谨会给承包商造成重大损失。

（3）买标与保标风险

业主买标系指业主为了压低标价，花钱雇用一两家投标人投低标，开标后要求报价较高但又很想得标的承包商降价至最低标以下方予授标。承包商联合保标系指同一国家的若干家承包商出于统一策略，内定保举某一家公司中标且不冒标价过低风险。在没有较多的强有力的外国竞争对手情况下，这种策略常常能够奏效。

无论是业主买标，还是承包商保标，都会给承包带来风险，因为前一种情况会导致承包商降低标价，而后一种情况则限制了非保举对象的承包商的得标机会，而损失只能由承包商承担。

（4）报价失误风险

报价策略是承包商中标获取项目的保证。策略正确且应用得当，承包商自然会获取很多好处，但如果出现失误或策略应用不当，则会造成重大损失。

潜伏有风险的报价策略主要有以下情况：

① 低价夺标寄盈利于索赔。

② 低价夺标进入市场，寄盈利希望于后续项目。

③ 倚仗技术优势拒不降价。

④ 倚仗关系优势拒不降价。

⑤ 对合作对象失去警惕。

⑥ 盲目用计、弄巧成拙。报价技巧是获得理想的经济效益的重要手段，但技巧使用不当则有可能弄巧成拙。弄巧成拙常见于以下情况：

a. 吊胃口策略。吊胃口策略，即许诺对方以种种好处。一般情况下，这种策略是可以奏效的。但有些时候，业主非常聪明，识破了承包商的意图，将计就计，胃口越来越大，甚至贪得无厌，最后弄得承包商无法招架。

b. 不平衡报价。出于索赔目的，承包商在报价时采取不平衡的报价办法，这是完全正确的。但如果估算错误或因未曾复核图纸而对一些本来可追加工程量的子项内容报价过低，在追加工程款时以该报价为计算基础。这对于承包商将无疑是雪上加霜。

c. 抽象报价。抽象报价是指承包商在夺标时为给业主造成低标印象，有意识地对一些子项报出抽象笼统的价格，留待履约时再逐步具体化，进而层层加码要价。这种手段多用于议标项目。一般说来，采用此法的确能达到目的。但如果履约时不注意积累资料，不能找出适当的依据，且与监理工程师合作不好，则当初的抽象报价将很难通过具体化内容而追加款项，从而导致增加的开支无法收回。

d. 背水一战。竞标后期，承包商常常被置于欲罢不能的处境，无奈之下狠下决心，背水一战。这种策略并非不可行，但背水一战的结局并不都是胜利，掉进水里淹死的并不罕见。关键是背水一战的条件是否具备。例如硬行压价，价差将通过什么途径予以弥补？如果不准备好备用措施，则背水一战的后果将是十分可怕的。

2. 缔约和履约风险

缔约和履约是承包工程的关键环节。许多承包商因对缔约和履约过程的风险认识不足，致使本不该亏损的项目亏得一塌糊涂，甚至破产倒闭。缔约和履约风险主要潜伏在合同条款和工程管理等方面。

（1）合同条款

合同条款中潜伏的风险往往是责任不清、权利不明所致。通常表现在以下方面：

① 不平等条款。在制定合同时，业主常常强加种种不平等条款。例如索赔条款本应是合同的主要内容，但许多合同中却闭口不提；又如误期罚款条款，几乎所有合同中都有详细规定，而且罚则极严。承包商如果在拟定合同条款时不坚持合理要求，则就会给自己留下隐患。

② 合同中定义不准确。有不少合同由于人为或非人为的原因，对一些问题定义不准或

含混不清。一旦事件发生，业主往往按其自己意图歪曲解释，例如有些合同中关于追加款额条款写道："发生重大设计变更可增加款额"。但是，何谓重大设计变更则无细则说明。一旦发生这类情况，业主或监理工程师随意解释。

③ 条款遗漏。有些合同条例不完善，漏掉或省略一些关键内容，致使履约时承包商常常找不到合法依据以保护自己的利益。

（2）工程管理

工程管理对于有经验的承包商来说通常并不算困难，但若是大型复杂工程，参与实施的分包公司太多，工序错综复杂，加上地质、水文及自然条件发生意外变化，总包商将面临很多风险。首先，总包商要做好协调，处理好交叉衔接问题，处理好人际关系。其次，由于高科技的不断涌现，要求用现代手段管理工程。如果承包商不掌握现代手段，其结果将导致工期延误或质量不合要求，由此而造成巨额损失。

（3）合同管理

合同管理是承包商赢取利润的关键手段。不善于管理合同的承包商是绝不可能获得理想的经济效益的。合同管理主要是利用合同条款保护自己，扩大收益。不懂得索赔，不善于运用价格调值办法，都会直接或间接地造成经济损失。

（4）物资管理

物资管理直接关系到工程能否顺利地按计划进行，材料能否充足供应等一系列问题。这些问题直接或间接地影响工程效益。如果物资管理人员不掌握准确的价格信息和可靠的货源，对物价变化趋势缺乏预见，则可能遭受的损失将是巨大的。

（5）财务管理

财务管理是承包工程获得理想经济效益的重要保证，财务工作贯穿工程项目的始终。就一个具体项目而言，从筹资到收款、付款都潜伏着重大风险。例如收款与支付时机的选择，通常是收款越早越好，而支出应尽量推迟。但工程承包则很难实现早收晚付的愿望。如果财务管理人员在这方面缺乏自觉主动意识，则不知不觉之中就会造成损失。

3. 责任风险

工程承包是基于合同当事人的责任、权利和义务的法律行为。承包商对其承揽的工程设计和施工负有不可推诿的责任，而承担工程承包合同的责任是有一定风险的。

承包商的责任风险主要发生在职业、法律、替代、人事等方面。

（1）职业责任

承包商的职业责任主要体现于工程的技术和质量。技术的高低、质量的好坏对工程具有相当重要的影响。而承包商的技术人员及其工作责任心并不是任何时候都能令人绝对满意或绝对信服的，加之工程设备差异较大，常常会因某一局部的疏忽差错或施工拙劣而影响全局，甚至给工程留下隐患。这些失误都会构成承包商的职业责任风险。

（2）法律责任

工程承包是法律行为，合同当事人负有不可推卸的法律责任。承包商应承担的法律责任主要是民事责任。民事责任的后果是经济赔偿，这对承包商无疑是一项不容忽视的风险。除了民事责任外，承包商有时也难免承担刑事责任，特别是由于技术错误或人为造成房屋倒塌、伤害人命等，而这类责任的损失风险丝毫不比民事责任小。

（3）他人的归咎责任——替代责任

最常见的替代责任主要起因于代理人和承包商的雇员。因为根据代理原则，当代理人代表委托人的利益行事时，委托人要对代理人的侵权行为负责。至于承包商的雇员，如果属民事侵害行为，自然亦应由承包商承担责任。如果实行工程分包，承包商还应承担因分包商过失或行为而造成损失的连带责任。

（4）人事责任

承包商系企业之主，对企业的每个成员的人身安全、就业保证及福利待遇都负有责任。任何雇员，尤其是关键人员的潜在损失都将可能成为承包商的责任风险。这些损失可以分为以下几类：

① 关键人员损失。关键人员系指承包公司的经营或管理骨干。这些人员的调离、死亡或丧失能力可能导致其营业额下降、成本增加或信贷萎缩，从而使企业蒙受严重损失，还可能导致承包商不得不放弃争取只有该关键人员才能争取得到的项目。

② 信用损失。承包商的债权人如银行、公司债券购买者也会因关键人物离开原职岗位或死亡而怀疑承包商的偿债能力。由此可能对承包商的信用产生不良影响。

③ 企业清偿。由于关键人员的调离或死亡，其合伙人可能不愿意接受继承人作为伙伴，或者后续的合作将很不成功，最终可能导致企业清偿。

承包商在人事责任方面所面临的风险有时可以被察觉或预料，但有时则可能是潜伏性的，到一定的条件下才显露出来，这应引起承包商的重视。

（三）风险的防范

风险的防范应该由递交投标文件、合同谈判阶段开始，到工程实施完成合同为止。风险的防范手段有多种多样，但归纳起来主要有两种最基本的手段，即采用风险控制措施来降低企业的预期损失或使这种损失更具有可测性，从而改变风险，这种手段包括风险回避、损失控制、风险分隔及风险转移等；采用财务措施处理已经发生的损失，包括购买保险、风险自留和自我保险等。

1. 因势利导化险为夷

（1）风险回避

风险回避主要是中断风险源，使其不致发生或遏制其发展。这种手段主要包括：

① 拒绝承担风险。采取这种手段有时可能不得不做出一些必要的牺牲，但较之承担风险，这些牺牲可能造成的损失要小得多，甚至微不足道。

② 放弃已经承担的风险以避免更大的损失。事实证明这是紧急自救的最佳办法。

作为工程承包商，在投标决策阶段难免会因为某些失误而铸成大错。如果不及时采取措施，就有可能一败涂地。

回避风险虽然是一种风险防范措施，但应该承认这是一种消极的防范手段。因为回避风险固然避免损失，但同时也失去了获利的机会。如果企业想生存图发展，又想回避其预测的某种风险，最好的办法是采用除回避以外的其他手段。

（2）损失控制

损失控制包括两方面的工作：减少损失发生的机会，即损失预防；降低损失的严重性，即遏制损失加剧，设法使损失最小化。

① 预防损失。预防损失系指采取各种预防措施以杜绝损失发生的可能。例如承包商通过提高质量控制标准以防止因质量不合格而返工或罚款。

② 减少损失。减少损失系指在风险损失已经不可避免的情况下，通过种种措施以遏制损失继续恶化或局限其扩展范围，使其不再蔓延或扩展，也就是说使损失局部化。例如承包商在业主付款误期超过合同规定期限时，采取停工或撤出队伍并提出索赔要求甚至提起诉讼。

（3）分离风险

分离风险系指将各风险单位分离间隔，以避免发生连锁反应或互相牵连。这种处理可以将风险局限在一定的范围内，从而达到减少损失的目的。为了尽量减少因汇率波动而导致的汇率风险，承包商可在若干不同的国家采购设备，付款采用多种货币。在施工过程中，承包商对材料进行分隔存放也是风险分离手段。

（4）风险分散

风险分散与风险分离不一样，后者是对风险单位进行分离、限制以避免互相波及，从而发生连锁反应；而风险分散则是通过增加风险单位以减轻总体风险的压力，达到共同分摊集体风险的目的。对于工程承包商，多揽项目可避免单一项目的过大风险。承包工程付款采用多种货币组合也是基于风险分散的原理。

（5）风险转移

转移风险的手段常用于工程承包中的分包和转包、技术转让或财产出租。合同、技术或财产的所有人通过分包或转包工程、转让技术或合同、出租设备或房屋等手段，将应由其自身全部承担的风险部分或全部转移至他人，从而减轻自身的风险压力。

2. 运用财务对策控制风险

（1）风险的财务转移

所谓风险的财务转移，系指风险转移人寻求用外来资金补偿确实会发生或业已发生的风险。风险的财务转移包括保险的风险财务转移和非保险的风险财务转移两种。

① 保险的风险财务转移。保险的风险财务转移是购买保险。通过保险，投保人将自己本应承担的归咎责任和赔偿责任转嫁给保险公司，从而使自己免受风险损失。

② 非保险的风险财务转移。非保险的风险财务转移是通过合同条款，通过担保银行或保险公司开具的保证书或保函来实现的。例如，在合同谈判阶段，增设保值条款，增加风险合同条款，增设有关支付条款等。

（2）风险自留

风险自留是将风险留给自己承担，不予转移。这种手段有时是无意识的，即当初并不曾预测的、不曾有意识地采取种种有效措施，以致最后只好由自己承受；但有时也可以是主动的，即经营者有意识、有计划地将若干风险主动留给自己。在这种情况下，风险承受人通常已做好了处理风险的准备。

决定风险自留必须符合以下条件之一：

① 自留费用低于保险公司所收取的费用；

② 企业的期望损失低于保险人的估计；

③ 企业有较多的风险单位，且企业有能力准确地预测其损失；

④ 企业的最大潜在损失或最大期望损失较小；

⑤ 短期内企业有承受最大潜在损失或最大期望损失的经济能力；

⑥ 风险管理目标可以承受年度损失的重大差异；

⑦ 费用和损失支付分布于很长的时间里，因而导致很大的机会成本；

⑧ 投资机会很好；

⑨ 内部服务或非保险人服务优良。

如果实际情况与以上条件相反，无疑应放弃风险自留的决策。

就工程承包而言，常见的风险管理策略及相应的措施见表 5-1。

表 5-1　常见的风险管理策略及相应的措施

风险类型	风险内容	风险防范策略	风险防范措施
政治风险	战争、内乱、恐怖袭击、国际关系紧张等	转移风险	保险
		回避风险	放弃投标
	政策法规的不利变化	自留风险	索赔
	没收	自留风险	援引不可抗力条款索赔
	禁运	损失控制	降低损失
	污染及安全规则约束	自留风险	采取环保措施、制定安全计划
	权力部门专制腐败	自留风险	适应环境利用风险
社会风险	宗教节假日影响施工	自留风险	合理安排进度、留出损失费
	相关部门工作效率低	自留风险	留出损失费
	社会风气腐败	自留风险	留出损失费
	现场周边单位或居民干扰	自留风险	遵纪守法，沟通交流，搞好关系
经济风险	商业周期	利用风险	扩张时抓住机遇，紧缩时争取生存
	通货膨胀、通货紧缩	自留风险	合同中列入价格调整条款
	汇率浮动	自留风险	合同中列入汇率保值条款
		转移风险	投保汇率险套汇交易
		利用风险	市场调汇
	分包商或供应商违约	转移风险	履约保函
		回避风险	对进行分包商或供应商资格预审
	业主违约	自留风险	索赔
		转移风险	严格合同条款
	项目资金无保证	回避风险	放弃承包
	标价过低	转移风险	分包
		自留风险	加强管理控制成本做好索赔
	支付工程款的方式与能力	转移风险	严格合同条款
	严重拖欠工程款，承包商垫资施工		
	原材料和劳务价格的涨落		
公共关系风险	发包人履约不诚意	转移风险	严格合同条款
	监理工程师信誉不好		
	招标代理机构职业道德不佳	风险控制	预防措施
	各方相互不配合或配合失当	自留风险	预防措施
	政府行政监督部门的工作效率低下	自留风险	预防措施

续表

风险类型	风险内容	风险防范策略	风险防范措施
自然风险	对永久结构的损坏	转移风险	保险
	对材料设备的损坏	风险控制	预防措施
	造成人员伤亡	转移风险	保险
	火灾、洪水、地震	转移风险	保险
	塌方	转移风险	保险
		风险控制	预防措施
技术风险	科技进步、技术结构及相关因素的变动	转移风险	严格合同条款
	项目复杂程度		
	施工中采用新技术、新工艺、新材料、新设备	自留风险	预防措施
管理风险	设计错误、内容不全、图纸不及时	自留风险	索赔
	工程项目水文地质条件复杂	转移风险	合同中分清责任
	恶劣的自然条件	自留风险	索赔预防措施
	劳务争端内部罢工	自留风险损失控制	预防措施
	施工现场条件差	自留风险	加强现场管理改善现场条件
	工作失误设备损毁工伤事故	转移风险	保险

七、工程索赔管理

(一) 施工索赔概述

1. 施工索赔的概念

索赔是在合同实施过程中，合同当事人一方因对方违约，或其他过错，或无法防止的外因而受到损失时，要求对方给予赔偿或补偿的活动。

广义地讲，索赔应当是双向的，可以是承包商向业主的索赔，也可以是业主向承包商提出的索赔。一般称后者为反索赔。我们讲的施工索赔是狭义的索赔，是承包商向业主的索赔，这是索赔管理的重点。

施工索赔是承包商由于非自身原因，发生合同规定之外的额外工作或损失时，向业主提出费用或时间补偿要求的活动。施工索赔是法律和合同赋予承包商的正当权利。承包商应当树立起索赔意识，重视索赔，善于索赔。施工索赔的性质属于经济补偿行为，而不是惩罚。索赔的损失结果与被索赔人的行为并不一定存在法律上的因果关系。索赔工作是承发包双方之间经常发生的管理业务，是双方合作的方式，而不是对立的。

2. 施工索赔的作用

（1）索赔可以促进双方内部管理，保证合同正确、完全履行

索赔的权利是施工合同的法律效力的具体体现，索赔的权利可以对施工合同的违约行为起到制约作用。索赔有利于促进双方加强内部管理，严格履行合同，有助于提高管理素质，

加强合同管理，维护市场正常秩序。

（2）索赔有助于对外承包的开展

工程索赔的健康开展，能促使双方迅速掌握索赔和处理索赔的方法和技巧，有利于他们熟悉国际惯例，有助于对外开放，有助于对外承包的展开。

（3）有助于政府转变职能

工程索赔的健康开展，可使双方依据合同和实际情况实事求是地协商调整工程造价和工期，有助于政府转变职能，并使它从繁琐的调整概算和协调双方关系等微观管理工作中解脱出来。

（4）促使工程造价更加合理

工程索赔的健康开展，把原来计入工程报价的一些不可预见费用，改为按实际发生的损失支付，有助于降低工程报价，使工程造价更加合理。

3. 施工索赔的分类

工程施工过程中发生索赔所涉及的内容是广泛的，施工索赔分类的方法很多，从不同的角度，有不同的分类方法。施工索赔的分类见图 5-1。

（1）按索赔事件所处合同状态分类

①正常施工索赔。它是指在正常履行合同中发生的各种违约、变更、不可预见因素、加速施工、政策变化等引起的索赔。

②工程停、缓建索赔。它是指已经履行合同的工程因不可抗力、政府法令、资金或其他原因必须中途停止施工所引起的索赔。

③解除合同索赔。它是指因合同中的一方严重违约，致使合同无法正常履行的情况下，合同的另一方行使解除合同的权利所产生的索赔。

（2）按索赔依据的范围分类

①合同内索赔。此种索赔是以合同条款为依据，在合同中有明文规定的索赔。如工期延误，工程变更，工程师给出错误数据导致放线的差错，业主不按合同规定支付进度款等等。这种索赔，由于在合同中有明文规定往往容易得到。

②合同外索赔。此种索赔一般是难于直接从合同的某条款中找到依据，但可以从对合同条件的合理推断或同其他的有关条款联系起来论证该索赔是合同规定的索赔。

③道义索赔。这种索赔无合同和法律依据，承包商认为自己在施工中确实遭到很大损失，而向业主寻求优惠性质的额外付款。这只有在遇到通情达理的业主才有希望成功。

一般在承包商的确克服了很多困难，使工程获得圆满成功，因而蒙受重大损失，当承包商提出索赔要求时，业主可出自善意，给承包商一定经济补偿。

（3）按合同当事人的关系进行索赔分类

①总承包向发包人索赔。它是指总承包在履行合同中因非自方责任事件产生的工期延误及额外支出后向发包人提出的赔偿要求。非自方责任事件应理解为非总承包及其分包责任事件。这是施工索赔中最常发生的情况。

②总承包向其分包或分包之间的索赔。它是指总承包单位与分包单位或分包单位之间，为共同完成工程施工所签订的合同、协议，在实施中的相互干扰事件影响利益平衡，其相互之间发生的赔偿要求。

③发包人向承包人索赔。它是指发包人向不能有效地管理控制施工全局，造成不能按

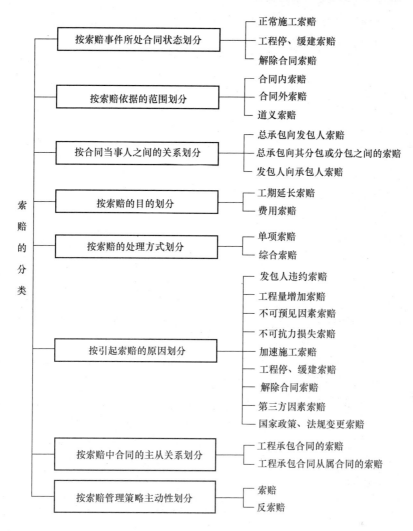

图 5-1　索赔的分类

期、按质、按量的完成合同内容的承包人提出损失赔偿要求。

（4）按索赔的目的分类

①工期延长索赔。它是指承包人对施工中发生的非承包人直接或间接责任事件造成计划工期延误后向发包人提出的赔偿要求。

②费用索赔。它是指承包人对施工中发生的非承包人直接或间接责任事件造成的合同价外费用支出向发包人提出的赔偿要求。

（5）按索赔的处理方式分类

①单项索赔。它是指在工程实施过程中，出现了干扰原合同规定的事件，承包商为此事件提出的索赔。如业主发出设计变更指令，造成承包商成本增加，工期延长，承包商为此提出的索赔要求。

②综合索赔，又称总索赔，一揽子索赔。它是指承包人在工程竣工结算前，将施工过程中未得到解决的或承包人对发包人答复不满意的单项索赔集中起来，综合提出一份索赔报告，双方进行谈判协商。综合索赔中涉及的事件一般是单项索赔中遗留下来的，意见分歧较

大的难题，责任的划分、费用的计算等各持己见，不能立即解决的问题。

（6）按引起索赔的原因分类

①发包人违约索赔。

②工程量增加索赔。

③不可预见因素索赔。

④不可抗力损失索赔。

⑤加速施工索赔。

⑥工程停建、缓建索赔。

⑦解除合同索赔。

⑧第三方因素索赔。

⑨国家政策、法规变更索赔。

（7）按索赔中合同的主从关系分类

①工程承包合同索赔。

②工程承包合同索赔可能涉及的其他从属合同的索赔。发包人或承包人为工程建设而签订的从属合同有：借款合同、技术协作合同、加工合同、运输合同、材料供应合同等。

（8）按索赔管理策略上的主动性分类

①索赔。主动寻找索赔机会，分析合同缺陷，抓住对方的失误，研究索赔的方法，总结索赔经验，提高索赔的成功率。把索赔管理作为工程及合同管理的组成部分。

②反索赔。在索赔管理策略上表现为防止被索赔，不给对方留有进行索赔的漏洞。使对方找不到索赔机会，在工程管理中体现为签署严密的合同条款，避免自方违约。当对方向自己提出索赔时，对索赔的证据进行质疑，对索赔理由进行反驳，以达到减少索赔额度甚至否定对方索赔要求之目的。

（二）索赔的起因

在工程项目施工管理中，分析引起索赔的原因，是发现索赔原因，做好索赔管理的首要方面。引起施工索赔的原因是复杂多样的，现实情况下索赔事件发生的主要原因，见图5-2。

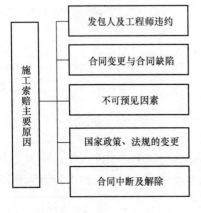

图5-2　施工索赔的主要原因

1. 发包人及工程师违约

（1）发包人违约

发包人违约主要包括以下14种情况：

①发包人未按合同规定交付施工场地。发包人应当按合同规定的时间、大小等交付施工场地，否则，施工企业即可提出索赔要求。

②发包人交付的施工场地没有完全具备施工条件。发包人未在合同规定的期限内办理土地征用、青苗树木赔偿、房屋拆迁、清除地面、架空和地下障碍等工作，施工场地没有或者没有完全具备施工条件。

③发包人未保证施工所用水电及通讯的需要。发包人未按合同规定将施工所需水、电、电讯或线路从施工场地外部接至约定地点、或虽接至约定地点，但却没有保证施工期间的需要。

④发包人未保证施工期间运输的畅通。发包人没有按合同规定开通施工场地与城乡公共道路的通道，施工场地内的主要交通干道，没有满足施工运输的需要，没有保证施工期间运输的畅通。

⑤发包人未及时提供工地工程地质和地下管网线路资料。发包人没有按合同约定及时向施工企业提供施工场地的工程地质和地下管网线路资料，或者提供的数据不符合真实准确的要求。

⑥发包人未及时办理施工所需各种证件、批件和临时用地、占道及铁路专用线的申报批准手续，影响施工。

⑦发包人未及时交付水准点与坐标控制点。发包人未及时将水准点与坐标控制点以书面形式交给施工企业

⑧发包人未及时进行图纸会审及设计交底。发包人未及时组织设计单位和施工企业进行图纸会审，未及时向施工企业进行设计交底。

⑨发包人没有协调好工地周围建筑物等的保护。发包人没有妥善协调处理好施工现场周围地下管线和邻接建筑物、构筑物的保护，影响施工顺利进行。

⑩发包人没有提供应供的材料设备。发包人没有按合同的规定提供应由发包人提供的建筑材料、机械设备，影响施工正常进行的。

⑪发包人拖延合同规定的责任。发包人拖延合同规定的责任，如拖延图纸的批准、拖延隐蔽工程的验收、拖延对施工企业所提问的答复，造成施工的延误。

⑫发包人未按合同规定支付工程款。发包人未按合同规定的时间和数量支付工程款，给施工企业造成损失的，施工企业有权提出索赔。

⑬发包人要求赶工。发包人要求赶工，一般会引起承包人加大支出，也可导致承包人提出索赔。

⑭发包人提前占用部分永久工程。发包人提前占用部分永久工程，会给施工造成不利影响，也可引起承包人提出索赔。

（2）监理工程师的不当行为

监理工程师是接受发包人委托进行工作的。从施工合同的角度看，他们的不当行为给施工企业造成的损失应当由发包人承担。发包人承担责任后，再如何与监理工程师（监理公司）进行分担，则由发包人内部管理规定和工程建设监理合同决定。监理工程师的不当行为包括以下四个方面：

①监理工程师委派人员未提前通知施工企业。

②监理工程师发出的指令、通知有误。

③监理工程师未及时提供指令批准图纸等。

④监理工程师对施工企业的施工组织进行不合理干预。

2. 合同变更与合同的缺陷

（1）合同变更

合同变更的表现形式非常多，其主要内容包括：

①发包人对工程项目有了新要求，如提高或降低建筑标准、项目的用途发生变化、消减预算等。

②在施工过程中发现设计有错误，必须对设计图纸作修改。

③发生不可抗力，必须进行合同变更。

④施工现场的施工条件与原来的勘察有很大不同。

⑤由于产生了新的施工技术，有必要改变原设计、实施方案。

⑥政府部门对工程项目有新的要求。

（2）合同缺陷

合同缺陷是指所签施工合同进入实施阶段才发现的，合同本身存在的（合同签订时没有预料的）现时已不能再作修改或补充的问题。

大量的工程合同管理经验证明，合同在实施过程中，常发现有如下的情况：

①合同条款规定用语含糊、不够准确，难以分清承发包双方的责任和权益。

②合同条款中存在着漏洞。对实际可能发生的情况未做预料和规定，缺少某些必不可少的条款。

③合同条款之间存在矛盾。在不同的条款中，对同一问题的规定或要求不一致。

④双方对某些条款理解不一致。由于合同签订前没有把各方对合同条款的理解进行沟通，发生合同争执。

⑤合同的某些条款中隐含着较大风险，即对单方面要求过于苛刻、约束不平衡，甚至发现条文是一种圈套。

3. 不可预见因素

（1）不可预见因素

不可预见因素是指承包人在开工前，根据发包人所提供的工程地质勘探报告及现场资料，并经过现场调查，都无法发现的地下自然或人工障碍。如古井、墓坑、断层、溶洞及其他人工构筑物类障碍等。

不可预见因素在实际工程中，表现为不确定性障碍的情况下更常见。所谓不确定障碍，是指承包人根据发包人所提供的工程地质勘探报告及现场资料，或经现场调查可以发现的地下自然的或人工的障碍有存在，但因资料描述与实际情况存在较大差异，而这些差异导致承包人不能预先准确地作出处理方案及处置费用的障碍。

（2）其他第三方原因

其他第三方原因是指与工程有关的其他第三方所发生的问题对本工程的影响。其表现的情况是复杂多样的，难以划定某些范围。如下述情况：

①正在按合同供应材料的单位因故被停止营业，使正需用的材料供应中断。

②因铁路紧急调运救灾物资繁忙，正常物资运输造成压站，使工程设备迟于安装日期到场或不能配套到场。

③进场设备运输必经桥梁因故断塌，使绕道运输费大增。

④由于邮路原因，使发包人工程款没有按合同要求向对方付出应付款项等。

4. 国家政策、法规的变更

国家政策、法规的变更，通常是指直接影响到工程造价的某些政策及法规。我国正处在改革开放的发展阶段，新的经济法规、建设法规不断出台和完善，价格管理逐步向市场调节过渡，每年都有关于对建筑工程造价的调整文件，对施工工程必然产生影响。

对于这类因素，承发包双方在签订合同时必须引起重视，具体如下：

（1）每年由工程造价管理部门发布的建筑工程材料预算价格调整。

（2）每年由工程造价管理部门发布的竣工工程调价系数。

（3）国家对建筑三材（钢材、木材、水泥）由计划供应改为市场供应后，市场价与概预算定额文件价差的有关处理规定。

（4）国家调整关于建设银行贷款利率的规定。

（5）国家有关部门关于在工程中停止使用某种设备、某种材料的通知。

（6）国家有关部门关于在工程中推广某些设备、施工技术的规定。

（7）国家对某种设备、建筑材料限制进口、提高关税的规定等。

显然，上述有关政策、法规对建筑工程的造价必然产生影响，一方可依据这些政策、法规的规定向另一方提出补偿要求。

5. 合同中断及解除

实际工作中，任何事物的发展都不可能像人们预先想象的那样完善、顺利。由于国家政策的变化，不可抗力以及承发包双方之外的原因导致工程停建或缓建的情况时有发生，必然造成合同中断。另外，由于在合同履行中，承发包双方在工作合作中不协调，不配合甚至矛盾激化，使合同履行不能再维持下去的情况；或发包人严重违约，承包人行使合同解除权；或承包人严重违约，发包人行使驱除权解除合同等，都会产生合同的解除。由于合同的中断或解除是在施工合同还有履行完而发生的，必然对施工工程双方产生经济损失，发生索赔是难免的。但引起合同中断及解除的原因不同，索赔方的要求及解决过程也大不一样。

（三）施工索赔的程序

承包人向发包人索赔，应遵循以下程序：

1. 意向通知。索赔事件发生后28天内，承包人应通知监理工程师，表明索赔意向，争取支持。

2. 提交索赔报告。承包人在索赔事件发生后，要立即搜集证据，寻找合同依据，进行责任分析，计算索赔金额和延长工期，最后形成索赔报告，在发出索赔意向通知后28天内报送监理工程师，抄送业主。

3. 索赔处理。监理工程师在接到索赔报告和有关资料后28天内给予答复，或要求承包人进一步补充索赔理由和证据，监理工程师在28天内未予答复或未对承包人作进一步要求，应视为该项索赔已经批准。

承包人在索赔报告提交后，还应每隔一段时间主动向监理工程师了解情况并督促其快速处理，并根据所提出意见随时提供补充资料，为监理工程师处理索赔提供帮助、支持与合作。

监理工程师（业主）接到索赔报告后，应立即认真阅读和评审，对不合理、证据不足之处提出反驳和质疑，监理工程师将根据自己掌握的资料和处理索赔的工作经验就以下问题提出质疑：

①索赔事件不属于业主和监理工程师的责任，而是第三方的责任；

②事实和合同依据不足；

③承包人未能遵守意向通知的要求；

④合同中的开脱责任条款已经免除了业主补偿的责任；

⑤索赔是由不可抗力引起的，承包人没有划分和证明双方责任的大小；

⑥承包人没有采取适当措施避免或减少损失；

⑦承包人必须提供进一步的证据；

⑧损失计算夸大；

⑨承包人以前已明示或暗示放弃了此次索赔的要求等等。

在评审过程中，承包人对监理工程师提出的各种质疑应作出圆满的答复。经过监理工程师对索赔报告的评审，与承包人进行较充分的讨论后，监理工程师应提出对索赔处理的初步意见，并参加发包人和承包人之间进行的索赔谈判，通过谈判，作出索赔的最后决定。

如果索赔在发包人和承包人之间不能通过谈判解决，可由中间人调解解决，或进而由仲裁、诉讼解决。

国际工程施工索赔的程序见图 5-3。

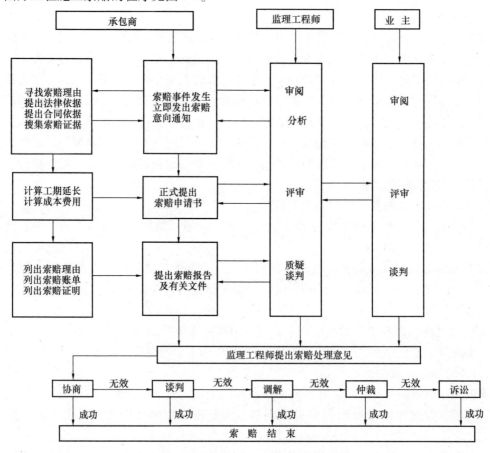

图 5-3 国际工程施工索赔程序示意图

（四）索赔报告

索赔报告是承包人向监理工程师（业主）提交的一份要求业主给予一定经济（费用）补偿和（或）延长工期的正式报告。索赔报告由承包商编写，应简明扼要，符合实际，责任清晰，证据可靠，结果无误。索赔报告编制的好坏，是索赔成败的关键。

1. 索赔报告的报送时间和方式

索赔报告一定要在索赔事件发生后的有效期（一般为 28 天）内报送，过期索赔无效。对于新增的工程量、附加工作等应一次性提出索赔要求，并在该项工程进行到一定程度，能计算出索赔额时，提交索赔报告；对于已征得监理工程师同意的合同外工作项目的索赔，可以在每月上报完成工程量结算单的同时报送。

2. 索赔报告的基本内容

索赔报告的基本内容包括以下几个方面：

（1）题目。高度概括索赔的核心内容，如"关于×××事件的索赔"。

（2）事件。陈述事件发生的过程，如工程变更情况，施工期间监理工程师的指令，双方往来信函、会谈的经过及纪要，着重指出业主（监理工程师）应承担的责任。

（3）理由。提出作为索赔依据的具体合同条款、法律、法规依据。

（4）结论。指出索赔事件给承包人造成的影响和带来的损失。

（5）计算。列出费用损失或工程延期的计算公式（方法）、数据、表格和计算结果，并依此提出索赔要求。

（6）综合。总索赔应在上述各分项索赔的基础上提出索赔总金额或工程总延期天数的要求。

（7）附录。各种证据材料，即索赔证据。

3. 索赔证据

索赔证据是支持索赔的证明文件和资料。它是附在索赔报告正文之后的附录部分，是索赔文件的重要组成部分。索赔的证据主要来源于施工过程中的信息和资料。承包人只有平时经常注意这些信息资料的收集、整理和积累，存档于计算机内，才能在索赔事件发生时，快速地调出真实、准确、全面、有说服力、具有法律效力的索赔证据来。可以直接或间接作为索赔证据的资料很多，见表5-2。

表5-2　索赔的证据

施工记录方面	财务记录方面
（1）施工日志； （2）施工检查员的报告； （3）逐月分项施工纪要； （4）施工工长的日报； （5）每日工时记录； （6）同业主代表的往来信函及文件； （7）施工进度及特殊问题的照片或录像带； （8）会议记录或纪要； （9）施工图纸； （10）业主或其代表的电话记录； （11）投标时的施工进度表； （12）修正后的施工进度表； （13）施工质量检查记录； （14）施工设备使用记录； （15）施工材料使用记录； （16）气象报告； （17）验收报告和技术鉴定报告	（1）施工进度款支付申请单； （2）工人劳动计时卡； （3）工人分布记录； （4）材料、设备、配件等的采购单； （5）工人工资单； （6）付款收据； （7）收款单据； （8）标书中财务部分的章节； （9）工地的施工预算； （10）工地开支报告； （11）会计日报表； （12）会计总账； （13）批准的财务报告； （14）会计往来信函及文件； （15）通用货币汇率变化表； （16）官方的物价指数、工资指数

（五）索赔计算

1. 工期索赔及计算

工期索赔的目的是取得业主对于合理延长工期的合法性的确认。施工过程中，许多原因都可能导致工期拖延，但只有在某些情况下才能进行工期索赔，见表5-3。

表5-3　工期拖延与索赔处理

种　类	原因责任者	处　理
可原谅不补偿延期	责任不在任何一方，如不可抗力、恶性自然灾害	工期索赔
可原谅应补偿延期	业主违约非关键线路上工程延期引起费用损失	费用索赔
	业主违约导致整个工程延期	工期及费用索赔
不可原谅延期	承包商违约导致整个工程延期	承包商承担违约罚款并承担违约后业主要求加快施工或终止合同所引起的一切经济损失

在工期索赔中，首先要确定索赔事件发生对施工活动的影响及引起的变化，然后再分析施工活动变化对总工期的影响。常用的计算索赔工期的方法有如下4种。

（1）网络分析法

网络分析法是通过分析索赔事件发生前后网络计划工期的差异计算索赔工期的。这是一种科学合理的计算方法，适用于各类工期索赔。

（2）对比分析法

对比分析法比较简单，适用于索赔事件仅影响单位工程，或分部分项工程的工期，需由此而计算对总工期的影响。计算公式为：

$$总工期索赔 = 原合同总工期 \times \frac{额外或新增工程量价格}{原合同总价} \tag{5-4}$$

（3）劳动生产率降低计算法

在索赔事件干扰正常施工导致劳动生产率降低，而使工期拖延时，可按下式计算：

$$索赔工期 = 计划工期 \times \frac{预期劳动生产率 - 实际劳动生产率}{预期劳动生产率} \tag{5-5}$$

（4）简单累加法

在施工过程中，由于恶劣气候、停电、停水及意外风险造成全面停工而导致工期拖延时，可一一列举各种原因引起的停工天数，累加结果，即可作为索赔天数。应该注意的是由多项索赔事件引起的总工期索赔，最好用网络分析法计算索赔工期。

2. 费用损失索赔及计算

1）费用损失索赔及其费用项目构成

费用损失索赔是施工索赔的主要内容。承包商通过费用损失索赔要求业主对索赔事件引起的直接损失和间接损失给予合理的经济补偿。费用项目构成、计算方法与合同报价中基本相同，但具体的费用构成内容却因索赔事件性质不同而有所不同。表5-4中列出了工期延误、业主指令工程加速、工程中断、工程量增加等类型索赔事件的可能费用损失项目的构成及其示例。

2）费用损失索赔额的计算

（1）人工费索赔额的计算。在施工索赔额中的人工费是指额外劳务人员的雇用、加班工作、人员闲置和劳动生产率降低的工时所花费的费用。一般有以下两种情况。

①由增加或损失工时计算索赔额：

$$额外劳务人员雇佣、加班人工费索赔额 = 增加工时 × 投标时人工单价 \quad (5\text{-}6)$$

$$闲置人员人工费索赔额 = 闲置工时 × 投标时人工单价 × 折扣系数 \quad (5\text{-}7)$$

业主通常认为不应计算闲置人员奖金、福利等报酬，所以折扣系数一般为 0.75。

表 5-4 索赔事件的费用项目构成示例表

索赔事件	可能的费用损失项目	示　例
工期延误	人工费增加	包括工资上涨、现场停工、窝工、生产效率降低，不合理使用劳动力等损失
	材料费增加	因工期延长而引起的材料价格上涨
	机械设备费	因延期引起的设备折旧费、保养费、进出场费或租赁费等增加
	现场管理费增加	包括现场管理人员的工资、津贴等，现场办公设施，现场日常管理费支出，交通费等
	因工期延长的通货膨胀使工程成本增加	
	相应保险费、保函费增加	
	分包商索赔	分包商因延期向承包商提出的费用索赔
	总部管理费分摊	因延期造成公司总部管理费增加
	推迟支付引起的兑换率损失	工程延期引起支付延迟
工程加速	人工费增加	因业主指令工程加速造成增加劳动力投入，不经济地使用劳动力，生产效率降低等
	材料费增加	不经济地使用材料，材料提前交货的费用补偿，材料运输费增加
	机械设备费增加	增加机械投入，不经济地使用机械
	因加速增加现场管理费	应扣除因工期缩短减少的现场管理费
	资金成本增加	费用增加和支出提前引起负现金流量所支付的利息
工程中断	人工费增加	如留守人员工资，人员的遣返和重新招雇费，对工人的赔偿等
	机械使用费增加	设备停滞费，额外的进出场费，租赁机械的费用等
	保函、保险费、银行手续费	
	贷款利息	
	总部管理费	
	其他额外费用增加	如停工、复工所产生的额外费用，工地重新整理等费用
工程量增加	费用构成与合同报价相同	合同规定承包商应承担一定比例（如 5% ~10%）的工程量增加风险，超出部分才予以补偿 合同规定工程量增加超出一定比例（如 10% ~15%）可调整单价，否则合同单价不变

②由劳动生产率降低额外支出人工费的索赔计算：

a. 实际成本和预算成本比较法。这种方法就是对受干扰影响工作的实际成本和合同中的预算成本进行比较。这种方法需要有正确合理的估价体系和详细的施工记录。这种索赔，只要预算成本和实际成本计算合理，成本的增加确属业主的原因，其索赔成功的把握性是很大的。

b. 正常施工期与受影响施工期比较法。这种方法是承包商的正常施工受干扰后导致生产率的降低的索赔。

（2）材料费索赔额计算。材料费用索赔主要包括因材料用量和材料价格的增加而增加的费用。材料单价提高的因素主要是材料采购费通常指手续费和关税等。运输费增加可能是运距加长，二次倒运等原因。仓储费增加可能是因为工作延误，使材料储存的时间延长导致费用增加。

（3）施工机械索赔额计算。通常有以下两种方法：

①采用公布的行业标准的租赁费率。承包商采用租赁费率是基于以下两种考虑：一是如果承包商的自有设备不用于施工，他可将设备出租而获利；二是虽然设备是承包商自有，他却要为该设备的使用支出一笔费用，这费用应与租用某种设备所付出的代价相等。因此在索赔计算中，施工机械的索赔费用的计算表达如下：

$$机械索赔费 = 设备额外增加台班（包括闲置）×设备租赁费率 \tag{5-8}$$

这种计算，业主往往会提出不同的意见，他认为承包商不应得到使用租赁费率中所得的附加利润。因此一般将租赁费率适当降低。

②参考定额标准进行计算。在进行索赔计算中，采用标准定额中的费率或单价是一种能为双方所接受的方法。对于监理工程师指令实施的计日工作，应采用计日工作表中的机械设备单价进行计算。对于租赁的设备，均采用租赁费率。在处理设备闲置时的单价时，一般都建议对设备标准费率中的不变费用和可变费用分别扣除50%和25%。

（4）管理费索赔额计算。管理费是无法直接计入某具体合同或某项具体工作中，只能按一定比例进行分摊的费用。管理费用包括现场管理费和公司管理费两种。

①现场管理费索赔计算。一般用下式表达：

$$现场管理费索赔值 = 索赔的直接成本费用×现场管理费率 \tag{5-9}$$

现场管理费率的确定可选用下面的方法：

a. 合同百分比法，即管理费比率在合同中规定。

b. 行业平均水平法，即采用公开认可的行业标准费率。

c. 原始估价法，即采用承包报价时确定的费率。

d. 历史数据法，即采用以往相似工程的管理费率。

②公司管理费索赔计算。目前在国外用来计算公司管理费索赔的方法是埃尺利（Eichealy）公式。该公式可分为两种形式，一种是用于延期索赔计算的日费率分摊法，另一种是用于工作范围索赔的工程总直接费用分摊法。

a. 日费率分摊法。在延期索赔中采用，计算公式如下：

$$延期合同应分摊的管理费（A）= \frac{延期合同额}{同期公司所有合同额之和}×同期公司总计划管理费 \tag{5-10}$$

$$单位时间（日或周）管理费率（B）= \frac{（A）}{计划合同期（日或周）} \tag{5-11}$$

$$管理费索赔值（C）=（B）×延期时间（日或周）\tag{5-12}$$

b. 总直接费分摊法。在工作范围变更索赔中采用，计算公式为：

$$被索赔合同应分摊的管理费（A_1）=\frac{被索赔合同原计划直接费}{同期公司所有合同直接费总和}×同期公司计划管理费总和\tag{5-13}$$

$$每元直接费包含管理费率（B_1）=\frac{（A_1）}{被索赔合同原计划直接费}\tag{5-14}$$

$$应索赔的公司管理费（C_1）=（B_1）×工作范围变更索赔的直接费\tag{5-15}$$

埃尺利（Eichealy）公式最适用的情况是：承包商应首先证明由于索赔事件出现确实引起管理费用的增加，在工程停工期间，确实无其他工程可干；对于工作范围索赔的额外工作的费用不包括管理费，只计算直接成本费。如果停工期间短，时间不长，工程变更的索赔费用中已包括了管理费，埃尺利公式将不再适用。

（5）融资成本。融资成本又称资金成本，即取得和使用资金所付出的代价，其中最主要的是支付资金供应者利息。

由于承包商只能在索赔事件处理完结以后的一段时间内才能得到其索赔费用，所以承包商不得不从银行贷款或以自己的资金垫付。这就产生了融资成本问题，主要表现在额外贷款利息的支出和自有资金的机会损失。在以下几种情况下，可以进行利息索赔：

①业主推迟支付工程款和保留金，这种金额的利息通常以合同中约定的利率计算。

②承包商借款或动用自己的资金来弥补合法索赔事项所引起的现金流量缺口。在这种情况下，可以参照有关金融机构的利率标准，或者假定把这些资金用于其他工程承包可得到的收益来计算索赔费用，后者实际上是机会利润损失。

（六）索赔策略与索赔技巧

工程索赔是一门涉及面广，融技术、经济、法律为一体的边缘学科，它不仅是一门科学，又是一门艺术，要想获得好的索赔成果，必须要有强有力的、稳定的索赔班子，正确的索赔战略和机动灵活的索赔技巧。索赔的技巧是为索赔的战略和策略目标服务的，它是索赔策略的具体体现。索赔技巧应因人、因客观环境条件而异。

1. 承包商索赔策略

（1）全面履行合同

承包商应以积极合作的态度，主动配合业主、工程师完成合同规定的各项义务，搞好各项管理工作，协调好各方面的关系。在施工承包中，承包商应遵循"守约、保质、薄利、重义"的原则。在友好和谐、信任合作的气氛中顺利履行合同，为业主的新项目能提供承包商创造条件。

（2）着眼重大索赔

承包商在施工承包中，不能斤斤计较。尤其是在工程施工的初期，不能让对方感到很难友好相处，不容易合作共事。这样做可能从心理上战胜对方，但也让对方提高了戒备，增大了索赔成功的难度。承包商在施工索赔中应着眼重大索赔。

（3）注意灵活性

在索赔事件处理中，承包商要有灵活性，讲究索赔策略，要有充分准备，要能作让步，力求索赔问题的解决使双方都满意。

（4）变不利为有利，变被动为主动

建筑市场中，承包商与业主签订工程承包合同后，有许多义务要履行，但权利有限，主要体现在招标文件中的一些规定和工程承包合同中的一些对承包商单方面约束的条款上。因而使得承包商经常处于不利的被动地位。但是，合同中也规定了索赔条款，承包商若能经常留心，也能找到索赔机会。这就要求承包商寻找、发现、把握索赔机会，变不利为有利，变被动为主动。

（5）树立正确的索赔观念

索赔是对非承包商自己的过失造成的损失的索取，是处理合同管理中的一项正常业务。

（6）"诚信原则"是索赔谈判和处理中应遵守的基本原则

诚信原则是市场交易的基本准则。依据该原则，合同当事人各方在签订工程承包合同时，对合同内容应确认是有意列入的，不能以疏忽作借口来辩解。工程师在处理索赔事件时，经常按该原则推断有经验、讲信誉的承包商在遇到某种情况时会怎样做，能否事先预知某些情况，从而推断承包商的索赔是否成立。

诚信原则可以起到对合同、法律规定的某些不足的补救作用。建筑施工活动很复杂，合同文件不可能对任何事项都作出明确规定。当合同文件未具体规定或规定不清楚时，工程师必须依据诚信原则在合同规定的总目标下公正处置。

诚信原则是"弹性"原则，工程师在处理索赔时有一定自由度。在合同实施过程中，业主、工程师与承包商之间的合作关系是否良好，是索赔能否顺利解决的关键之一。

2. 承包商索赔技巧

索赔是工程承包企业中的一项专门学问。它既有科学严谨的一面，又有灵活、艺术性的一面，这就要求承包商拥有索赔专家从事索赔工作。索赔成功不仅需要法律依据、理由充足、计算正确，还要运用好索赔技巧和艺术。

（1）把握好提出索赔的时机

过早提出索赔，对方有充足的时间寻找理由反驳；过迟提出索赔，容易给对方留下借口的理由，遭到拒绝。承包商应在索赔时效范围内适时提出索赔。

（2）编写高质量的索赔文件

一份符合实际情况、有说服力、计算准确、内容充实、有条不紊的索赔文件，能获得业主、承包商的信任，意味着索赔有良好的开端。

（3）争取将容易解决的索赔在现场解决

工程施工过程中发生的索赔，尽可能将索赔意向通知现场工程师，同他们磋商，争取他们原则同意。

取得现场工程师的确认或同情是十分重要的，即使业主拒绝支付索赔款项，承包商也可在以后索赔中取得有利地位。

（4）向业主或工程师提出书面索赔要求

当与现场工程师磋商未达成妥协方案时，承包商应检查索赔要求的合理性，进一步整理论据资料，向业主或工程师提出索赔信函。递交索赔信函后，不能坐等对方答复，最好约定时间向业主和工程师进行面谈，作细致的解释。

（5）选择高素质的索赔人员

索赔涉及面广，要求索赔人员通晓法律法规、合同、商务、施工技术等知识和工程承包的实际经验。索赔人员的个性、品格、才能也是十分重要的。索赔人员不应当是"扯皮吵架""软缠硬磨"的高手，而应当是头脑冷静、思维敏捷、处事公正、性格刚毅且有耐心、坚持以理服人的人。

（6）用好索赔谈判方式方法

进行索赔谈判，措施应婉转，说理应透彻，以理服人，不要得理不让人，尽可能不使用抗议性语言，一般不用"你违反合同""使我方受到严重损害"等敌对性语言；可采用"请求贵方作公平合理的调整""请结合×××条款加以考虑"，这样表明了索赔要求，又不伤害双方良好合作的情感，可达到良好的索赔效果。

（7）适当和必要的让步

承认自己的过失，然后再谈索赔理由，方能得到工程师、律师的认同，才能获胜。付出代价请求帮助，才能获得更大收益。在索赔谈判时，应根据情况作必要让步，放弃"芝麻"，抢摘"西瓜"，即放弃小项索赔，坚持大额索赔，提供要求对方也让步的理由，使索赔成功。

（8）发挥公关能力

信函往来和谈判是必须的，还需要在谈判交往过程中发挥索赔人员的人际交往能力，运用合法手段和方式，营造良好环境和氛围，有助于索赔成功。

（9）谋求调解

当双方互不相让，无法达成一致时，仍应寻求和解的方法。例如通过有影响人物（业主的上级机构、社会名流等）或中间媒介（双方的朋友、中间人、佣金代理人等）进行幕前幕后调解。这是种非正式的调解，是一种较好的方式。有些调解是正式性质的，在双方同意基础上可委托承包商协会、商会等机构举行听证会，进行调查，提出调解方案，经双方同意，签字后则达成调解协议。

（10）仲裁

合同中最重要的是仲裁，重大索赔一定要仲裁。仲裁既有依法解决争端的严肃性，又有相对较大的灵活性。当承包商对工程师的决定非常不满意，积少成多，而且协商已无法解决这些问题，可以把积累起来的不满进行综合，用举证的方式将争端提交仲裁，证明业主、工程师的一再错误才导致承包商现在的损失，并有权为此获得经济补偿。

仲裁很伤和气，通常结果飘忽不定。仲裁不是目的，是为实现索赔的一种手段。能友好协商解决争端，既节省了费用和时间，又维护了业主与承包商之间的友好合作关系。

若决意提交仲裁，一定要聘请国际一流的名律师，首先从气势上压倒对方，才有机会用权威律师的抗辩影响仲裁员。对于发生争端的国际仲裁，中国公司应力争在合同的仲裁条款中写明在中国境内解决，力争按中国国际经济贸易仲裁委员会的仲裁规则和程序进行。这样办理比较方便，并且中国的商业仲裁也是公正的、有国际信誉的，尤其是外资在华项目，如世界银行、亚洲开发银行的贷款项目更应如此。

（七）索赔案例

【案例1】 发包人：××公司

承包人：××建筑工程公司

承包人中标后，承接了发包人4800m²住宅工程。合同签订后，承包人按发包人提供的施工平面位置（规划部批准位置）放线后，发现拟建工程北端应拆除的临时建筑（花房）影响正常施工。发包人察看现场后便作出将总平面进行修改的决定，通知承包人将平面位置向南平移 2m 后开工。正当承包人按平移后的位置挖完基槽时，规划监督工作人员进行检查发现了问题当即向发包人开具 5 万元人民币罚款单，并要求仍按原位置施工。

承包人接到发包人仍按原平面位置施工的书面通知后提出索赔如下：

××公司基建处：

接到贵方仍按原平面位置进行施工的通知后，我方将立即组织实施，但因平移 2m 使原已挖好的所有横墙基槽作废，需要用土夯填并重新开挖新基槽。所发生的此类费用及停工损失应由贵方承担。

1. 所有横墙基槽回填夯实费用 3.5 万元。
2. 重新开挖新的横墙基槽费用 6.3 万元。
3. 86 人停工 20 天损失费 2.52 万元。
4. 租赁机械工具费 1.88 万元。
5. 其他应由发包人承担的费用 0.8 万元。

以上 5 项费用合计：15 万元。

6. 顺延工期 20 天。

××建筑公司五处

××年×月×日

发包人审核后批准了承包人的索赔。

【按】此案是法制观念淡薄在建设工程方面的体现。许多人明明知道政府对建筑工程规划管理的要求，也清楚已经批准的位置不得随意改变。但执行中仍是我行我素，目无规章。此案中，发包人如按报批的平面位置提前拆迁花房，创造施工条件。或按保留花房方案去报规划争取批准，都能避免 15 万元的损失。

【案例 2】 发包人：××城建开发公司

承包人：××建筑工程公司

承包人承接发包人综合写字楼工程施工，该工程建筑面积 18000m²，合同价 2600 万元人民币。合同工期为 2007 年 10 月 5 日开工，2008 年 6 月 5 日竣工。工程按期开工后发生了三次停工。损失索赔如下：

1. 2008 年 4 月 8 日，因发包人供应的钢材经检验不合格，承包人等待钢材更换，使部分工程停工 19 天。承包人提出停工损失人工费、机械闲置费等 6.8 万元。

2. 2008 年 6 月 9 日，因发包人提出对原设计局部修改引起部分工程停工 12 天。承包人提出停工损失费 5.2 万元。

3. 2008 年 10 月 20 日，承包人书面通知发包人于当月 25 日组织结构验收。因发包人接收通知人员外出开会，使结构验收的组织推迟到当月 29 日才进行，也没有事先通知承包人。承包人提出装修人员停工等待 4 天的费用损失 1.8 万元。

承包人上述索赔均被批准。2009 年 6 月 14 日该工程竣工验收通过。工程结算时，发包人提出应扣除承包人延误工期 20 天的罚金。按该合同"每提前或推后工期一天，按合同总价万分之二进行奖励或扣罚"的条款规定，延误工期罚金共计 10.4 万元人民币。

为此，甲乙双方代表进行了多次交涉。由于停工时，承包人没有提出延长工期索赔，工程竣工时，已超过索赔有效期。最后承包人只好同意扣罚，记作一大教训。

【按】合同无戏言，索赔应认真。此例是可说明一些问题，若上述 3 项停工损失索赔时同时提出延长工期的要求被批准，合同竣工工期应延至 2009 年 7 月 9 日，可以实际竣工日期提前 15 天，不仅避免工期罚金 10.4 万元的损失，按该合同条款的规定，还可以得到 7.8 万元的提前工期奖。由于索赔人员工作疏忽，使本来名利双收的事却变成了泡影，有关人员应从中得到教训。

💡 思考与练习

1. 什么是施工合同？它有哪些特点？
2. 施工合同的种类有哪些？
3. 承包人如何对施工合同进行管理？
4. 合同谈判的目的是什么？
5. 合同谈判的内容有哪些？
6. 如何认定无效施工合同？
7. 如何解决施工合同争议？
8. 承包工程有哪些风险？
9. 投标时风险分析用什么方法？
10. 风险防范措施有哪些？
11. 潜伏有风险的报价策略有哪些？
12. 什么叫施工索赔？
13. 在工程施工中为什么会经常发生索赔？
14. 什么是合同内索赔和合同外索赔？
15. 索赔报告的基本内容有哪些？
16. 索赔费用的计算一般应包括哪些内容？

附　录

附录一

中华人民共和国

房屋建筑和市政工程

标准施工招标资格预审文件

（2010 年版）

中华人民共和国住房和城乡建设部

_____（项目名称）_____ 标段施工招标

资格预审文件

招标人：_____（盖单位章）

_____年 _____ 月 _____ 日

第一章 资格预审公告（见学习情境二——附式3）

第二章 申请人须知

申请人须知前附表

条款号	条款名称	编列内容
1.1.2	招标人	名称： 地址： 联系人： 电话： 电子邮件：
1.1.3	招标代理机构	名称： 地址： 联系人： 电话： 电子邮件：
1.1.4	项目名称	
1.1.5	建设地点	
1.2.1	资金来源	
1.2.2	出资比例	
1.2.3	资金落实情况	
1.3.1	招标范围	
1.3.2	计划工期	计划工期：_____日历天 计划开工日期：_____年_____月_____日 计划竣工日期：_____年_____月_____日
1.3.3	质量要求	质量标准：
1.4.1	申请人资质条件、能力和信誉	资质条件： 财务要求： 业绩要求：（与资格预审公告要求一致） 信誉要求： （1）诉讼及仲裁情况 （2）不良行为记录 （3）合同履约率
		项目经理资格：____专业____级（含以上级）注册建造师执业资格和有效的安全生产考核合格证书，且未担任其他在施建设工程项目的项目经理。 其他要求： （1）拟投入主要施工机械设备情况； （2）拟投入项目管理人员； （3）……

续表

条款号	条款名称	编列内容
1.4.2	是否接受联合体资格预审申请	□不接受 □接受，应满足下列要求： 其中：联合体资质按照联合体协议约定的分工认定，其他审查标准按联合体协议中约定的各成员分工所占合同工作量的比例，进行加权折算。
2.2.1	申请人要求澄清资格预审文件的截止时间	
2.2.2	招标人澄清资格预审文件的截止时间	
2.2.3	申请人确认收到资格预审文件澄清的时间	
2.3.1	招标人修改资格预审文件的截止时间	
2.3.2	申请人确认收到资格预审文件修改的时间	
3.1.1	申请人需补充的其他材料	（9）其他企业信誉情况表； （10）拟投入主要施工机械设备情况； （11）拟投入项目管理人员情况 ……
3.2.4	近年财务状况的年份要求	___年，指___年___月___日起至___年___月___日止。
3.2.5	近年完成的类似项目的年份要求	___年，指___年___月___日起至___年___月___日止。
3.2.7	近年发生的诉讼及仲裁情况的年份要求	___年，指___年___月___日起至___年___月___日止。
3.3.1	签字和（或）盖章要求	
3.3.2	资格预审申请文件副本份数	___份
3.3.3	资格预审申请文件的装订要求	□不分册装订 □分册装订，共___分册，分别为： _____ _____ 每册采用___方式装订，装订应牢固、不易拆散和换页，不得采用活页装订
4.1.2	封套上写明	招标人的地址：_____ 招标人全称：_____ _____（项目名称）___标段施工招标资格预审申请文件在___年___月___日___时___分前不得开启。

续表

条款号	条款名称	编列内容
4.2.1	申请截止时间	_____年___月___日___时___分
4.2.2	递交资格预审申请文件的地点	
4.2.3	是否退还资格预审申请文件	□否　　　□是，退还安排：
5.1.2	审查委员会人数	审查委员会构成：____人，其中招标人代表____人（限招标人在职人员，且应当具备评标专家的相应的或者类似的条件），专家____人； 审查专家确定方式：_____。
5.2	资格审查方法	□合格制　　　□有限数量制
6.1	资格预审结果的通知时间	
6.3	资格预审结果的确认时间	
9	需要补充的其他内容	
9.1	词语定义	
9.1.1	类似项目	
	类似项目是指：	
9.1.2	不良行为记录	
	不良行为记录是指：	
……	……	
9.2	资格预审申请文件编制的补充要求	
9.2.1	"其他企业信誉情况表"应说明企业不良行为记录、履约率等相关情况，并附相关证明材料，年份同第3.2.7项的年份要求。	
9.2.2	"拟投入主要施工机械设备情况"应说明设备来源（包括租赁意向）、目前状况、停放地点等情况，并附相关证明材料。	
9.2.3	"拟投入项目管理人员情况"应说明项目管理人员的学历、职称、注册执业资格、拟任岗位等基本情况，项目经理和主要项目管理人员应附简历，并附相关证明材料。	
9.3	通过资格预审的申请人（适用于有限数量制）	
9.3.1	通过资格预审申请人分为"正选"和"候补"两类。资格审查委员会应当根据第三章"资格审查办法（有限数量制）"第3.4.2项的排序，对通过详细审查的情况人按得分由高到低顺序，将不超过第三章"资格审查办法（有限数量制）"第1条规定数量的申请人列为通过资格预审申请人（正选），其余的申请人依次列为通过资格预审的申请人（候补）。	
9.3.2	根据本章第6.1款的规定，招标人应当首先向通过资格预审申请人（正选）发出投标邀请书。	
9.3.3	根据本章第6.3款、通过资格预审申请人项目经理不能到位或者利益冲突等原因导致潜在投标人数量少于第三章"资格审查办法（有限数量制）"第1条规定的数量的，招标人应当按照通过资格预审申请人（候补）的排名次序，由高到低依次递补。	

续表

条款号	条款名称	编列内容
9.4	监督	
		本项目资格预审活动及其相关当事人应当接受有管辖权的建设工程招标投标行政监督部门依法实施的监督。
9.5	解释权	
		本资格预审文件由招标人负责解释。
9.6	招标人补充的内容	
……	……	

申请人须知正文部分

直接引用中国计划出版社出版的中华人民共和国《标准施工招标资格预审文件》（2007年版）第二章"申请人须知"正文部分（第 5 页至第 10 页）。

附表一：问题澄清通知

问题澄清通知

编号：_____

_____（申请人名称）：

_____（项目名称）_____标段施工招标的资格审查委员会，对你方的资格预审申请文件进行了仔细的审查，现需你方对下列问题以书面形式予以澄清、说明或者补正：

1.

2.

……

请将上述问题的澄清、说明或者补正于_____年____月____日____时前密封递交至_____（详细地址）或传真至_____（传真号码）。采用传真方式的，应在____年____月____日时前将原件递交至_____（详细地址）。

_____（项目名称）____标段施工招标资格审查委员会

（经资格审查委员会授权的招标人代表签字或加盖招标人单位章）

_____年____月____日

附表二：问题的澄清

问题的澄清、说明或补正

编号：_____

_____（项目名称）____标段施工招标资格审查委员会：

问题澄清通知（编号：_____）已收悉，现澄清、说明或者补正如下：

1.

2.

……

申请人：_____（盖单位章）

法定代表人或其委托代理人：_____（签字）

_____年____月____日

附表三：申请文件递交时间和密封及标识检查记录表

申请文件递交时间和密封及标识检查记录表

工程名称	_____（项目名称）_____标段		
招标人			
招标代理机构			
申请人			
申请文件递交时间	_____年____月____日____时____分		
申请文件递交地点			
密封检查情况	是否符合资格预审文件要求		
	密封用章特征简要说明		
标识检查情况	是否符合资格预审文件要求		
	标识特征简要说明		
申请人代表		日期	
招标人代表		日期	

注：本表一式两份，招标人和申请人各留存一份备查。

第三章 资格审查办法（合格制）

资格审查办法前附表

条款号		审查因素		审查标准
2.1	初步审查标准	申请人名称		与营业执照、资质证书、安全生产许可证一致
		申请函签字盖章		有法定代表人或其委托代理人签字并加盖单位章
		申请文件格式		符合第四章"资格预审申请文件格式"的要求
		联合体申请人（如有）		提交联合体协议书，并明确联合体牵头人
		……		……
2.2	详细审查标准	营业执照		具备有效的营业执照 是否需要核验原件：□是□否
		安全生产许可证		具备有效的安全生产许可证 是否需要核验原件：□是□否
		资质等级		符合第二章"申请人须知"第1.4.1项规定 是否需要核验原件：□是□否
		财务状况		符合第二章"申请人须知"第1.4.1项规定 是否需要核验原件：□是□否
		类似项目业绩		符合第二章"申请人须知"第1.4.1项规定 是否需要核验原件：□是□否
		信誉		符合第二章"申请人须知"第1.4.1项规定 是否需要核验原件：□是□否
		项目经理资格		符合第二章"申请人须知"第1.4.1项规定 是否需要核验原件：□是□否
		其他要求	（1） 拟投入主要施工机械设备	符合第二章"申请人须知"第1.4.1项规定
			（2） 拟设入项目管理人员	
			……	
		联合体申请人（如果有）		符合第二章"申请人须知"第1.4.2项规定
		……		……
3.1.2		核验原件的具体要求		
条款号				编列内容
3		审查程序		详见本章附件A：资格审查详细程序

资格审查办法（合格制）正文部分

直接引用中国计划出版社出版的中华人民共和国《标准施工招标资格预审文件》（2007年版）第三章"资格审查办法（合格制）"正文部分（第13页至第14页）。

附件 A：资格审查详细程序（略）
附表 A-1：审查委员会签到表（略）
附表 A-2：初步审查记录表（略）
附表 A-3：初步审查记录表（略）
附表 A-4：审查结果汇总表（略）
附表 A-5：通过资格预审的申请人名单（略）

第三章　资格审查办法（有限数量制）（略）

第四章　资格预审申请文件格式

_____（项目名称）_____标段施工招标

资格预审申请文件

申请人：_____（盖单位章）

法定代表人或其委托代理人：（签字）

_____年_____月_____日

一、资格预审申请函（见学习情境三——附式7）

二、法定代表人身份证明（见学习情境三——附式8）

二、授权委托书（见学习情境三——附式9）

三、联合体协议书（见学习情境三——附式10）

四、申请人基本情况表（见学习情境三——表3-2）

五、近年财务状况表（略）

六、近年完成的类似项目情况表（见学习情境三——表3-3）

七、正在施工的和新承接的项目情况表（见学习情境三——表3-4）

八、近年发生的诉讼和仲裁情况（见学习情境三——表3-5）

九、其他材料

（一）其他企业信誉情况表（年份同诉讼及仲裁情况年份要求）

1. 近年不良行为记录情况（见学习情境三——表3-6）

2. 在施工程以及近年已竣工工程合同履行情况（见学习情境三——表3-7）

3. 其他

……

（二）拟投入主要施工机械设备情况（见学习情境三——表3-8）

（三）拟投入项目管理人员情况表（见学习情境三——表3-9）

附1：项目经理简历表（见学习情境三——表3-10）

附2：主要项目管理人员简历表（见学习情境三——表3-11）

附3：承诺书（见学习情境三——附式11）

（四）其他

第五章　项目建设概况

一、项目说明

二、建设条件

三、建设要求

四、其他需要说明的情况

附录二

中华人民共和国

房屋建筑和市政工程

标准施工招标文件

（2010 年版）

中华人民共和国住房和城乡建设部

_____（项目名称）_____标段施工招标

投标文件

招标人：_____（盖单位章）

日期：_____年_____月_____日

第一卷

第一章　招标公告（未进行资格预审）（见学习情境二——附式 1）

第一章　投标邀请书（适用于邀请招标）（见学习情境二——附式 2）

第一章 投标邀请书（代资格预审通过通知书）
（见学习情境二——附式4）

第二章 投标人须知

投标人须知前附表（见学习情境二——表 2-1）

投标人须知正文部分

投标人须知正文部分直接引用中国计划出版社出版的中华人民共和国《标准施工招标文件》（2007 版）第一卷第二章"投标人须知"正文部分（第 13 页～第 22 页）。

附表1：开标记录表

＿＿＿（项目名称）＿＿＿标段施工开标记录表

开标时间：＿＿＿＿年＿＿＿月＿＿＿日＿＿＿时＿＿＿分

开标地点：＿＿＿＿＿＿＿＿＿＿＿＿＿＿＿＿＿

（一）唱标记录

序号	投标人	密封情况	投标保证金	投标报价（元）	质量目标	工期	备注	签名
招标人编制的标底（如果有）								

（二）开标过程中的其他事项记录

＿＿＿＿＿＿＿＿＿＿＿＿＿＿＿＿＿＿＿＿＿＿＿＿

（三）出席开标会的单位和人员（附签到表）

招标人代表：＿＿＿＿＿＿＿　　记录人：＿＿＿＿＿＿　　监标人：＿＿＿＿＿＿

＿＿＿＿＿＿年＿＿＿月＿＿＿日

附表2：问题澄清通知

问题澄清通知

编号：＿＿＿＿＿＿＿＿＿＿

＿＿＿＿＿＿＿＿＿＿＿（投标人名称）：

＿＿＿＿＿＿＿＿＿（项目名称）＿＿＿＿＿＿＿标段施工招标的评标委员会，对你方的投标文件进行了仔细的审查，现需你方对本通知所附质疑问卷中的问题以书面形式予以澄清、说明或者补正。

　　请将上述问题的澄清、说明或者补正于_____年_____月_____日_____时前密封递交至（详细地址）或传真至_____（传真号码）。采用传真方式的，应在_____年_____月_____日_____时前将原件递交至_____（详细地址）。

　　附件：质疑问卷

_____（项目名称）_____标段施工招标评标委员会
（经评标委员会授权的招标人代表签字或招标人加盖单位章）
_____年_____月_____日

附表 3：问题的澄清

<h2 align="center">问题的澄清、说明或补正</h2>

编号：_____

_____（项目名称）_____标段施工招标评标委员会：

问题澄清通知（编号：_____）已收悉，现澄清、说明或者补正如下：

1.

2.

……

投标人：_____（盖单位章）
法定代表人或其委托代理人：_____（签字）
_____年_____月_____日

附表 4：中标通知书（见学习情境四——附式 18）

附表 5：中标结果通知书（见学习情境四——附式 19）

附表 6：确认通知

<h2 align="center">确认通知</h2>

_____（招标人名称）：

你方_____年_____月_____日发出的_____（项目名称）_____标段施工招标关于_____的通知，我方已于_____年_____月_____日收到。

特此确认。

投标人：_____（盖单位章）
_____年_____月_____日

附表 7：备选投标方案编制要求

<h2 align="center">备选投标方案编制要求</h2>

　　备注：允许备选投标方案时，本附表应当作为本章"投标人须知"的附件，由招标人根据招标项目的具体情况和第三章"评标办法"中所附的评审和比较方法，对备选投标方

案是否或在多大程度上可以偏离投标文件相关实质性要求、备选投标方案的组成内容，装订和递交要求等给予具体规定。

附表8：电子投标文件编制及报送要求

电子投标文件编制及报送要求

备注：采用计算机辅助评标，包括采用电子化招标投标的，本附表应当作为本章"投标人须知"的附件，由招标人根据各地和招标项目的具体情况给予规定。

第三章　评标办法（经评审的最低投标价法）（略）

第三章　评标办法（综合评估法）（略）

第四章　合同条款及格式

第一节　通用合同条款

通用合同条款直接引用中国计划出版社出版的中华人民共和国《标准施工招标文件》（2007版）第一卷第四章第一节"通用合同条款"（第41页~第81页）。

（见附录三建设工程施工合同——通用合同条款）

第二节　专用合同条款

（见附录三建设工程施工合同——专用合同条款）

第三节　合同附件格式

附件1：合同协议书

合同协议书

编号：_____

发包人（全称）：_____

法定代表人：_____

法定注册地址：_____

承包人（全称）_____

法定代表人：_____

法定注册地址：_____

发包人为建设_____（以下简称"本工程"），已接受承包人提出的承担本工程的施工、竣工、交付并维修其任何缺陷的投标。依照《中华人民共和国招标投标法》《中华人民共和国合同法》《中华人民共和国建筑法》及其他有关法律、行政法规，遵循平等、自愿、公平和诚实信用的原则，双方共同达成并订立如下协议。

一、工程概况

工程名称：_____（项目名称）_____标段

工程地点：_____

工程内容：_____

群体工程应附"承包人承揽工程项目一览表"（附件1）

工程立项批准文号：_____

资金来源：_____

二、工程承包范围

承包范围：_____

详细承包范围见第七章"技术标准和要求"。

三、合同工期

计划开工日期：_____年_____月_____日

计划竣工日期：_____年_____月_____日

工期总日历天数_____天，自监理人发出的开工通知中载明的开工日期起算。

四、质量标准

工程质量标准：_____

五、合同形式

本合同采用_____合同形式。

六、签约合同价

金额（大写）：_____元（人民币）

（小写）￥：_____元

其中：安全文明施工费：_____元

暂列金额：_____元（其中计日工金额_____元）

材料和工程设备暂估价：_____元

专业工程暂估价：_____元

七、承包人项目经理：

姓名：_____；职称：_____；

身份证号：_____；建造师执业资格证书号：_____；

建造师注册证书号：_____。

建造师执业印章号：_____。

安全生产考核合格证书号：_____。

八、合同文件的组成

下列文件共同构成合同文件：

1. 本协议书；

2. 中标通知书；

3. 投标函及投标函附录；

4. 专用合同条款；

5. 通用合同条款；

6. 技术标准和要求；

7. 图纸；

8. 已标价工程量清单；

9. 其他合同文件。

上述文件互相补充和解释，如有不明确或不一致之处，以合同约定次序在先者为准。

九、本协议书中有关词语定义与合同条款中的定义相同。

十、承包人承诺按照合同约定进行施工、竣工、交付并在缺陷责任期内对工程缺陷承担维修责任。

十一、发包人承诺按照合同约定的条件、期限和方式向承包人支付合同价款。

十二、本协议书连同其他合同文件正本一式两份，合同双方各执一份；副本一式_____份，其中一份在合同报送建设行政主管部门备案时留存。

十三、合同未尽事宜，双方另行签订补充协议，但不得背离本协议第八条所约定的合同文件的实质性内容。补充协议是合同文件的组成部分。

发包人：_____（盖单位章）　　承包人：_____（盖单位章）

法定代表人或其　　　　　　　　　　　　法定代表人或其

委托代理人：_____（签字）　　委托代理人：_____（签字）

_____年_____月_____日　　　　　　　_____年_____月_____日

签约地点：_____

附件2：承包人提供的材料和工程设备一览表

序号	材料设备名称	规格型号	单位	数量	单价	交货方式	交货地点	计划交货时间	备注

附件3：发包人提供的材料和工程设备一览表

序号	材料设备名称	规格型号	单位	数量	单价	交货方式	交货地点	计划交货时间	备注

注：除合同另有约定外，本表所列发包人供应材料和工程设备的数量不考虑施工损耗，施工损耗被认为已经包括在承包人的投标价格中。

附件4：预付款担保格式

预付款担保

保函编号：_____

_____（发包人名称）：

鉴于你方作为发包人已经与_____（承包人名称）（以下称"承包人"）于_____年_____月_____日签订了_____（工程名称）施工承包合同（以下称"主合同"）。

鉴于该主合同规定，你方将支付承包人一笔金额为_____（大写：_____）的预付款（以下称"预付款"），而承包人须向你方提供与预付款等额的不可撤销和无条件兑现的预付款保函。

我方受承包人委托，为承包人履行主合同规定的义务作出如下不可撤销的保证：

我方将在收到你方提出要求收回上述预付款金额的部分或全部的索偿通知时，无需你方提出任何证明或证据，立即无条件地向你方支付不超过_____（大写：_____）或根据本保函约定递减后的其他金额的任何你方要求的金额，并放弃向你方追索的权力。

我方特此确认并同意：我方受本保函制约的责任是连续的，主合同的任何修改、变更、中止、终止或失效都不能削弱或影响我方受本保函制约的责任。

在收到你方的书面通知后，本保函的担保金额将根据你方依主合同签认的进度付款证书中累计扣回的预付款金额作等额调减。

本保函自预付款支付给承包人起生效，至你方签发的进度付款证书说明已抵扣完毕止。

除非你方提前终止或解除本保函。本保函失效后请将本保函退回我方注销。

本保函项下所有权利和义务均受中华人民共和国法律管辖和制约。

担保人：＿＿＿＿＿＿＿＿＿＿＿＿（盖单位章）

法定代表人或其委托代理人：＿＿＿＿＿＿（签字）

地　　址：＿＿＿＿＿＿＿＿＿＿＿＿＿＿＿＿＿

邮政编码：＿＿＿＿＿＿＿＿＿＿＿＿＿＿＿＿＿

电　　话：＿＿＿＿＿＿＿＿＿＿＿＿＿＿＿＿＿

传　　真：＿＿＿＿＿＿＿＿＿＿＿＿＿＿＿＿＿

＿＿＿＿年＿＿＿＿月＿＿＿＿日

备注：本预付款担保格式可采用经发包人认可的其他格式，但相关内容不得违背合同文件约定的实质性内容。

附件5：履约担保格式

承包人履约保函

＿＿＿＿＿＿＿＿＿＿＿＿（发包人名称）：

鉴于你方作为发包人已经与＿＿＿＿＿＿＿＿＿＿＿（承包人名称）（以下称"承包人"）于＿＿＿＿年＿＿＿月＿＿＿日签订了＿＿＿＿＿＿＿＿＿＿＿（工程名称）施工承包合同（以下称"主合同"），应承包人申请，我方愿就承包人履行主合同约定的义务以保证的方式向你方提供如下担保：

一、保证的范围及保证金额

我方的保证范围是承包人未按照主合同的约定履行义务，给你方造成的实际损失。

我方保证的金额是主合同约定的合同总价款＿＿＿＿＿＿%，数额最高不超过人民币＿＿＿＿＿＿元（大写）。

二、保证的方式及保证期间

我方保证的方式为：连带责任保证。

我方保证的期间为：自本合同生效之日起至主合同约定的工程竣工日期后＿＿＿＿＿＿日内。

你方与承包人协议变更工程竣工日期的，经我方书面同意后，保证期间按照变更后的竣工日期做相应调整。

三、承担保证责任的形式

我方按照你方的要求以下列方式之一承担保证责任：

（1）由我方提供资金及技术援助，使承包人继续履行主合同义务，支付金额不超过本保函第一条规定的保证金额。

（2）由我方在本保函第一条规定的保证金额内赔偿你方的损失。

四、代偿的安排

你方要求我方承担保证责任的，应向我方发出书面索赔通知及承包人未履行主合同约定义务的证明材料。索赔通知应写明要求索赔的金额，支付款项应到达的账号，并附有说明承包人违反主合同造成你方损失情况的证明材料。

你方以工程质量不符合主合同约定标准为由，向我方提出违约索赔的，还需同时提供符合相应条件要求的工程质量检测部门出具的质量说明材料。

我方收到你方的书面索赔通知及相应证明材料后，在_____工作日内进行核定后按照本保函的承诺承担保证责任。

五、保证责任的解除

1. 在本保函承诺的保证期间内，你方未书面向我方主张保证责任的，自保证期间届满次日起，我方保证责任解除。

2. 承包人按主合同约定履行了义务的，自本保函承诺的保证期间届满次日起，我方保证责任解除。

3. 我方按照本保函向你方履行保证责任所支付的金额达到本保函保证金额时，自我方向你方支付（支付款项从我方账户划出）之日起，保证责任即解除。

4. 按照法律法规的规定或出现应解除我方保证责任的其他情形的，我方在本保函项下的保证责任亦解除。

我方解除保证责任后，你方应自我方保证责任解除之日起_____个工作日内，将本保函原件返还我方。

六、免责条款

1. 因你方违约致使承包人不能履行义务的，我方不承担保证责任。

2. 依照法律法规的规定或你方与承包人的另行约定，免除承包人部分或全部义务的，我方亦免除其相应的保证责任。

3. 你方与承包人协议变更主合同（符合主合同合同条款第 15 条约定的变更除外），如加重承包人责任致使我方保证责任加重的，需征得我方书面同意，否则我方不再承担因此而加重部分的保证责任。

4. 因不可抗力造成承包人不能履行义务的，我方不承担保证责任。

七、争议的解决

因本保函发生的纠纷，由贵我双方协商解决，协商不成的，任何一方均可提请_____仲裁委员会仲裁。

八、保函的生效

本保函自我方法定代表人（或其授权代理人）签字或加盖公章并交付你方之日起生效。

本条所称交付是指：_____。

担保人：_____（盖单位章）

法定代表人或其委托代理人：_____（签字）

地　　址：_____

邮政编码：_____

电　　话：_____

传　　真：_____

_____年____月____日

备注：本履约担保格式可以采用经发包人同意的其他格式，但相关内容不得违背合同约定的实质性内容。

附件 6：支付担保格式

发包人支付保函

_____（承包人）：

鉴于你方作为承包人已经与_____（发包人名称）（以下称"发包人"）于_____年_____月_____日签订了_____（工程名称）施工承包合同（以下称"主合同"），应发包人的申请，我方愿就发包人履行主合同约定的工程款支付义务以保证的方式向你方提供如下担保：

一、保证的范围及保证金额

我方的保证范围是主合同约定的工程款。

本保函所称主合同约定的工程款是指主合同约定的除工程质量保证金以外的合同价款。

我方保证的金额是主合同约定的工程款的_____%，数额最高不超过人民币（大写：_____）元。

二、保证的方式及保证期间

我方保证的方式为：连带责任保证。

我方保证的期间为：自本合同生效之日起至主合同约定的工程款支付之日后_____日内。

你方与发包人协议变更工程款支付日期的，经我方书面同意后，保证期间按照变更后的支付日期做相应调整。

三、承担保证责任的形式

我方承担保证责任的形式是代为支付。发包人未按主合同约定向你方支付工程款的，由我方在保证金额内代为支付。

四、代偿的安排

你方要求我方承担保证责任的，应向我方发出书面索赔通知及发包人未支付主合同约定工程款的证明材料。索赔通知应写明要求索赔的金额，支付款项应到达的账号。

在出现你方与发包人因工程质量发生争议，发包人拒绝向你方支付工程款的情形时，你方要求我方履行保证责任代为支付的，还需提供项目总监理工程师、监理人或符合相应条件要求的工程质量检测机构出具的质量说明材料。

我方收到你方的书面索赔通知及相应证明材料后，在_____个工作日内进行核定后按照本保函的承诺承担保证责任。

五、保证责任的解除

1. 在本保函承诺的保证期间内，你方未书面向我方主张保证责任的，自保证期间届满次日起，我方保证责任解除。

2. 发包人按主合同约定履行了工程款的全部支付义务的，自本保函承诺的保证期间届满次日起，我方保证责任解除。

3. 我方按照本保函向你方履行保证责任所支付金额达到本保函保证金额时，自我方向你方支付（支付款项从我方账户划出）之日起，保证责任即解除。

4. 按照法律法规的规定或出现应解除我方保证责任的其他情形的，我方在本保函项下的保证责任亦解除。

我方解除保证责任后，你方应自我方保证责任解除之日起_____个工作日内，将本保函原件返还我方。

六、免责条款

1. 因你方违约致使发包人不能履行义务的，我方不承担保证责任。

2. 依照法律法规的规定或你方与发包人的另行约定，免除发包人部分或全部义务的，我方亦免除其相应的保证责任。

3. 你方与发包人协议变更主合同的（符合主合同合同条款第 15 条约定的变更除外），如加重发包人责任致使我方保证责任加重的，需征得我方书面同意，否则我方不再承担因而加重部分的保证责任。

4. 因不可抗力造成发包人不能履行义务的，我方不承担保证责任。

七、争议的解决

因本保函发生的纠纷，由贵我双方协商解决，协商不成的，任何一方均可提请_____仲裁委员会仲裁。

八、保函的生效

本保函自我方法定代表人（或其授权代理人）签字或加盖公章并交付你方之日起生效。

本条所称交付是指：_____。

担保人：_____（盖单位章）

法定代表人或其委托代理人：_____（签字）

地　　址：_____

邮政编码：_____

电　　话：_____

传　　真：_____

_____年_____月_____日

备注：本支付担保格式可采用经承包人同意的其他格式，但相关约定应当与履约担保对等。

附件 7：工程质量保修书（见附录三施工合同文本——附件 3）

附件 8：建设工程廉政责任书

建设工程廉政责任书

发包人：_____

承包人：_____

为加强建设工程廉政建设，规范建设工程各项活动中发包人承包人双方的行为，防止谋取不正当利益的违法违纪现象的发生，保护国家、集体和当事人的合法权益，根据国家有关工程建设的法律法规和廉政建设的有关规定，订立本廉政责任书。

一、双方的责任

1.1 应严格遵守国家关于建设工程的有关法律、法规，相关政策，以及廉政建设的各项规定。

1.2 严格执行建设工程合同文件，自觉按合同办事。

1.3 各项活动必须坚持公开、公平、公正、诚信、透明的原则（除法律法规另有规定者外），不得为获取不正当的利益，损害国家、集体和对方利益，不得违反建设工程管理的规章制度。

1.4 发现对方在业务活动中有违规、违纪、违法行为的，应及时提醒对方，情节严重的，应向其上级主管部门或纪检监察、司法等有关机关举报。

二、发包人责任

发包人的领导和从事该建设工程项目的工作人员，在工程建设的事前、事中、事后应遵守以下规定：

2.1 不得向承包人和相关单位索要或接受回扣、礼金、有价证券、贵重物品和好处费、感谢费等。

2.2 不得在承包人和相关单位报销任何应由发包人或个人支付的费用。

2.3 不得要求、暗示或接受承包人和相关单位为个人装修住房、婚丧嫁娶、配偶子女的工作安排以及出国（境）、旅游等提供方便。

2.4 不得参加有可能影响公正执行公务的承包人和相关单位的宴请、健身、娱乐等活动。

2.5 不得向承包人和相关单位介绍或为配偶、子女、亲属参与同发包人工程建设管理合同有关的业务活动；不得以任何理由要求承包人和相关单位使用某种产品、材料和设备。

三、承包人责任

应与发包人保持正常的业务交往，按照有关法律法规和程序开展业务工作，严格执行工程建设的有关方针、政策，执行工程建设强制性标准，并遵守以下规定：

3.1 不得以任何理由向发包人及其工作人员索要、接受或赠送礼金、有价证券、贵重物品及回扣、好处费、感谢费等。

3.2 不得以任何理由为发包人和相关单位报销应由对方或个人支付的费用。

3.3 不得接受或暗示为发包人、相关单位或个人装修住房、婚丧嫁娶、配偶子女的工作安排以及出国（境）、旅游等提供方便。

3.4 不得以任何理由为发包人、相关单位或个人组织有可能影响公正执行公务的宴请、健身、娱乐等活动。

四、违约责任

4.1 发包人工作人员有违反本责任书第一、第二条责任行为的，依据有关法律、法规给予处理；涉嫌犯罪的，移交司法机关追究刑事责任；给承包人单位造成经济损失的，应予以赔偿。

4.2 承包人工作人员有违反本责任书第一、三条责任行为的，依据有关法律法规处理；涉嫌犯罪的，移交司法机关追究刑事责任；给发包人单位造成经济损失的，应予以赔偿。

4.3 本责任书作为建设工程合同的组成部分，与建设工程合同具有同等法律效力。经双方签署后立即生效。

五、责任书有效期

本责任书的有效期为双方签署之日起至该工程项目竣工验收合格时止。

六、责任书份数

本责任书一式二份，发包人承包人各执一份，具有同等效力。

发包人：＿＿＿＿＿＿＿＿＿＿＿（公章）　　承包人：＿＿＿＿＿＿＿＿＿＿＿（公章）

法定地址：＿＿＿＿＿＿＿＿＿　　　　　　　法定地址：＿＿＿＿＿＿＿＿＿

法定代表人或其　　　　　　　　　　　　　　法定代表人或其

委托代理人：＿＿＿＿＿＿＿＿＿（签字）　　委托代理人：＿＿＿＿＿＿＿＿＿（签字）

电话：＿＿＿＿＿＿＿＿＿＿＿　　　　　　　电话：＿＿＿＿＿＿＿＿＿＿＿

传真：＿＿＿＿＿＿＿＿＿＿＿　　　　　　　传真：＿＿＿＿＿＿＿＿＿＿＿

电子邮箱：＿＿＿＿＿＿＿＿＿　　　　　　　电子邮箱：＿＿＿＿＿＿＿＿＿

开户银行：＿＿＿＿＿＿＿＿＿　　　　　　　开户银行：＿＿＿＿＿＿＿＿＿

账号：＿＿＿＿＿＿＿＿＿＿＿　　　　　　　账号：＿＿＿＿＿＿＿＿＿＿＿

邮政编码：＿＿＿＿＿＿＿＿＿　　　　　　　邮政编码：＿＿＿＿＿＿＿＿＿

第五章　工程量清单

1. 工程量清单说明（略）
2. 投标报价说明（略）
3. 其他说明（略）
4. 工程量清单与计价表（略）

第二卷

第六章　图　　纸

1. 图纸目录

序号	图名	图号	版本	出图日期	备注

2. 图纸（略）

第三卷

第七章 技术标准和要求（详细内容略）

第一节 一般要求

1. 工程说明

1.1 工程概况

1.2 现场条件和周围环境

1.3 地质及水文资料

2. 承包范围

2.1 承包范围

2.2 发包人发包专业工程和发包人供应的材料和工程设备

2.3 承包人与发包人发包专业工程承包人的工作界面

2.4 承包人需要为发包人和监理人提供的现场办公条件和设施

3. 工期要求

3.1 合同工期

3.2 关于工期的一般规定

4. 质量要求

4.1 质量标准

4.2 特殊质量要求

5. 适用规范和标准

5.1 适用的规范、标准和规程

5.2 特殊技术标准和要求

6. 安全文明施工

6.1 安全防护

6.2 临时消防

6.3 临时供电

6.4 劳动保护

6.5 脚手架

6.6 施工安全措施计划

6.7 文明施工

6.8 环境保护

6.9 施工环保措施计划

7. 治安保卫

8. 地上、地下设施和周边建筑物的临时保护

9. 样品和材料代换

10. 进口材料和工程设备

11. 进度报告和进度例会

12. 试验和检验

13. 计日工

14. 计量与支付

15. 竣工验收和工程移交

16. 其他要求

第二节 特殊技术标准和要求

1. 材料和工程设备技术要求

2. 特殊技术要求

3. 新技术、新工艺和新材料

4. 其他特殊技术标准和要求

第三节 适用的国家、行业以及地方规范、标准和规程

说明：本节内容只需列出规范、标准、规程等的名称、编号等内容。本节由招标人根据国家、行业和地方现行标准、规范和规程等，以及项目具体情况摘录。

附件 A：施工现场现状平面图

说明：该图由招标人准备，并作为招标文件本章的组成内容提供给投标人。图中应当标示本章第一节第 1.2.1 项规定的内容，并做必要的文字说明。

第四卷

第八章　投标文件格式

_____（项目名称）_____标段施工招标

投 标 文 件

投标人：_____（盖单位章）

法定代表人或其委托代理人：_____（签字）

_____年_____月_____日

一、投标函及投标函附录

（一）投标函（见学习情境三——附式 13）

（二）投标函附录（见学习情境三——表 3-12）

二、法定代表人身份证明（见学习情境三——附式 14）

二、授权委托书（见学习情境三——附式 15）

三、联合体协议书（见学习情境二—附式 10）

四、投标保证金（见学习情境三——附式 16）

五、已标价工程量清单（略）

六、施工组织设计

1. 投标人应根据招标文件和对现场的勘察情况，采用文字并结合图表形式，参考以下要点编制本工程的施工组织设计：

（1）施工方案及技术措施；

（2）质量保证措施和创优计划；

（3）施工总进度计划及保证措施（包括以横道图或标明关键线路的网络进度计划、保障进度计划需要的主要施工机械设备、劳动力需求计划及保证措施、材料设备进场计划及其他保证措施等）；

（4）施工安全措施计划；

（5）文明施工措施计划；

（6）施工场地治安保卫管理计划；

（7）施工环保措施计划；

（8）冬季和雨季施工方案；

（9）施工现场总平面布置（投标人应递交一份施工总平面图，绘出现场临时设施布置图表并附文字说明，说明临时设施、加工车间、现场办公、设备及仓储、供电、供水、卫生、生活、道路、消防等设施的情况和布置）；

（10）项目组织管理机构（若施工组织设计采用"暗标"方式评审，则在任何情况下，"项目管理机构"不得涉及人员姓名、简历、公司名称等暴露投标人身份的内容）；

（11）承包人自行施工范围内拟分包的非主体和非关键性工作（按第二章"投标人须知"第 1.11 款的规定）、材料计划和劳动力计划；

（12）成品保护和工程保修工作的管理措施和承诺；

（13）任何可能的紧急情况的处理措施、预案以及抵抗风险（包括工程施工过程中可能遇到的各种风险）的措施；

（14）对总包管理的认识以及对专业分包工程的配合、协调、管理、服务方案；

（15）与发包人、监理及设计人的配合；

（16）招标文件规定的其他内容。

2. 若投标人须知规定施工组织设计采用技术"暗标"方式评审，则施工组织设计的编制和装订应按附表七"施工组织设计（技术暗标部分）编制及装订要求"编制和装订施工组织设计。

3. 施工组织设计除采用文字表述外可附下列图表，图表及格式要求附后。若采用技术暗标评审，则下述表格应按照章节内容，严格按给定的格式附在相应的章节中。

附表一　拟投入本项目的主要施工设备表（见学习情境三——表3-14）

附表二　拟配备本工程的试验和检测仪器设备表（见学习情境三——表3-15）

附表三　劳动力计划表（见学习情境三——表3-16）

附表四　计划开、竣工日期和施工进度网络图

附表五　施工总平面图

附表六　临时用地表

附表七　施工组织设计（技术暗标部分）编制及装订要求

（一）施工组织设计中纳入"暗标"部分的内容：

_____。

（二）暗标的编制和装订要求

1. 打印纸张要求：_____。

2. 打印颜色要求：_____。

3. 正本封皮（包括封面、侧面及封底）设置及盖章要求：_____。

4. 副本封皮（包括封面、侧面及封底）设置要求：_____。

5. 排版要求：_____。

6. 图表大小、字体、装订位置要求：_____。

7. 所有"技术暗标"必须合并装订成一册，所有文件左侧装订，装订方式应牢固、美观，不得采用活页方式装订，均应采用_____方式装订；

8. 编写软件及版本要求：Microsoft Word _____；

9. 任何情况下，技术暗标中不得出现任何涂改、行间插字或删除痕迹；

10. 除满足上述各项要求外，构成投标文件的"技术暗标"的正文中均不得出现投标人的名称和其他可识别投标人身份的字符、徽标、人员名称以及其他特殊标记等。

备注："暗标"应当以能够隐去投标人的身份为原则，尽可能简化编制和装订要求。

七、项目管理机构

（一）项目管理机构组成表（见学习情境三——表3-18）

（二）主要人员简历表

附1：项目经理简历表（见学习情境三——表3-10）

附2：主要项目管理人员简历表（见学习情境三——表3-11）

附3：承诺书

承 诺 书

_____（招标人名称）：

　　我方在此声明，我方拟派往_____（项目名称）_____标段（以下简称"本工程"）的项目经理_____（项目经理姓名）现阶段没有担任任何在施建设工程项目的项目经理。

　　我方保证上述信息的真实和准确，并愿意承担因我方就此弄虚作假所引起的一切法律后果。

　　特此承诺

　　　　　　　　项目人：_____（盖单位章）

　　　　　　　　法定代表人或其委托代理人：_____（签字）

　　　　　　　　　　　　　　　_____年_____月_____日

八、拟分包计划表

序号	拟分包项目名称、范围及理由	拟选分包人				备注
		拟选分包人名称	注册地点	企业资质	有关业绩	
		1				
		2				
		3				
		1				
		2				
		3				
		1				
		2				
		3				

注：本表所列分包仅限于承包人自行施工范围内的非主体、非关键工程。

日期： 年 月 日

九、资格审查资料（具体内容见附录一）

（一）投标人基本情况表

（二）近年财务状况表备

（三）近年完成的类似项目情况表

（四）正在施工的和新承接的项目情况表

（五）近年发生的诉讼和仲裁情况

（六）企业其他信誉情况表

1. 近年企业不良行为记录情况

2. 在施工程以及近年已竣工工程合同履行情况

3. 其他

（七）主要项目管理人员简历表

十、其他材料

附录三

建设工程施工合同

（示范文本）

（GF-2013-0201）

住房和城乡建设部
国家工商行政管理总局　制定

第一部分　合同协议书

发包人（全称）：_____

承包人（全称）：_____

根据《中华人民共和国合同法》《中华人民共和国建筑法》及有关法律规定，遵循平等、自愿、公平和诚实信用的原则，双方就_____工程施工及有关事项协商一致，共同达成如下协议：

一、工程概况

1. 工程名称：_____。

2. 工程地点：_____。

3. 工程立项批准文号：_____。

4. 资金来源：_____。

5. 工程内容：_____。

群体工程应附《承包人承揽工程项目一览表》（附件1）。

6. 工程承包范围：_____。

二、合同工期

计划开工日期：_____年_____月_____日。

计划竣工日期：_____年_____月_____日。

工期总日历天数：_____天。工期总日历天数与根据前述计划开竣工日期计算的工期天数不一致的，以工期总日历天数为准。

三、质量标准

工程质量符合_____标准。

四、签约合同价与合同价格形式

1. 签约合同价为：

人民币（大写）_____（￥_____元）；

其中：

（1）安全文明施工费：

人民币（大写）_____（￥_____元）；

（2）材料和工程设备暂估价金额：

人民币（大写）_____（￥_____元）；

（3）专业工程暂估价金额：

人民币（大写）_____（￥_____元）；

（4）暂列金额：

人民币（大写）_____（￥_____元）；。

2. 合同价格形式：_____。

五、项目经理

承包人项目经理：_____。

六、合同文件构成

本协议书与下列文件一起构成合同文件：

（1）中标通知书（如果有）；

（2）投标函及其附录（如果有）；

（3）专用合同条款及其附件；

（4）通用合同条款；

（5）技术标准和要求；

（6）图纸；

（7）已标价工程量清单或预算书；

（8）其他合同文件。

在合同订立及履行过程中形成的与合同有关的文件均构成合同文件组成部分。

上述各项合同文件包括合同当事人就该项合同文件所作出的补充和修改，属于同一类内容的文件，应以最新签署的为准。专用合同条款及其附件须经合同当事人签字或盖章。

七、承诺

1. 发包人承诺按照法律规定履行项目审批手续、筹集工程建设资金并按照合同约定的期限和方式支付合同价款。

2. 承包人承诺按照法律规定及合同约定组织完成工程施工，确保工程质量和安全，不进行转包及违法分包，并在缺陷责任期及保修期内承担相应的工程维修责任。

3. 发包人和承包人通过招投标形式签订合同的，双方理解并承诺不再就同一工程另行签订与合同实质性内容相背离的协议。

八、词语含义

本协议书中词语含义与第二部分通用合同条款中赋予的含义相同。

九、签订时间

本合同于_____年_____月_____日签订。

十、签订地点

本合同在_____签订。

十一、补充协议

合同未尽事宜，合同当事人另行签订补充协议，补充协议是合同的组成部分。

十二、合同生效

本合同自_____生效。

十三、合同份数

本合同一式____份，均具有同等法律效力，发包人执____份，承包人执____份。

发包人：（公章）　　　　　　　承包人：（公章）

法定代表人或其委托代理人：　　法定代表人或其委托代理人：

（签字）　　　　　　　　　　　（签字）

组织机构代码：_____　　　组织机构代码：_____

地　　　址：_____　　　地　　　址：_____

邮 政 编 码：_____　　　邮 政 编 码：_____

法 定 代 表 人：＿＿＿＿＿＿	法 定 代 表 人：＿＿＿＿＿＿
委 托 代 理 人：＿＿＿＿＿＿	委 托 代 理 人：＿＿＿＿＿＿
电　　　　　话：＿＿＿＿＿＿	电　　　　　话：＿＿＿＿＿＿
传　　　　　真：＿＿＿＿＿＿	传　　　　　真：＿＿＿＿＿＿
电 子 信 箱：＿＿＿＿＿＿	电 子 信 箱：＿＿＿＿＿＿
开 户 银 行：＿＿＿＿＿＿	开 户 银 行：＿＿＿＿＿＿
账　　　　　号：＿＿＿＿＿＿	账　　　　　号：＿＿＿＿＿＿

第二部分　通用合同条款

（略）

第三部分　专用合同条款

1. 一般约定
1.1 词语定义
1.1.1 合同
1.1.1.10 其他合同文件包括：＿＿＿＿＿＿＿＿＿＿＿＿＿＿＿。
1.1.2 合同当事人及其他相关方
1.1.2.4 监理人：
名　　称：＿＿＿＿＿＿＿＿＿＿＿＿＿＿＿＿＿；
资质类别和等级：＿＿＿＿＿＿＿＿＿＿＿＿＿；
联系电话：＿＿＿＿＿＿＿＿＿＿＿＿＿＿＿＿；
电子信箱：＿＿＿＿＿＿＿＿＿＿＿＿＿＿＿＿；
通信地址：＿＿＿＿＿＿＿＿＿＿＿＿＿＿＿＿。
1.1.2.5 设计人：
名　　称：＿＿＿＿＿＿＿＿＿＿＿＿＿＿＿＿＿；
资质类别和等级：＿＿＿＿＿＿＿＿＿＿＿＿＿；
联系电话：＿＿＿＿＿＿＿＿＿＿＿＿＿＿＿＿；
电子信箱：＿＿＿＿＿＿＿＿＿＿＿＿＿＿＿＿；
通信地址：＿＿＿＿＿＿＿＿＿＿＿＿＿＿＿＿。
1.1.3 工程和设备
1.1.3.7 作为施工现场组成部分的其他场所包括：＿＿＿＿＿＿。
1.1.3.9 永久占地包括：＿＿＿＿＿＿＿＿＿＿＿＿。
1.1.3.10 临时占地包括：＿＿＿＿＿＿＿＿＿＿＿。
1.3 法律
适用于合同的其他规范性文件：＿＿＿＿＿＿＿＿＿＿。
1.4 标准和规范
1.4.1 适用于工程的标准规范包括：＿＿＿＿＿＿＿＿。

1.4.2 发包人提供国外标准、规范的名称：＿＿＿＿＿＿＿＿＿＿＿＿＿＿＿＿＿；

发包人提供国外标准、规范的份数：＿＿＿＿＿＿＿＿＿＿＿＿＿＿＿＿＿＿＿；

发包人提供国外标准、规范的名称：＿＿＿＿＿＿＿＿＿＿＿＿＿＿＿＿＿＿＿。

1.4.3 发包人对工程的技术标准和功能要求的特殊要求：＿＿＿＿＿＿＿＿＿。

1.5 合同文件的优先顺序

合同文件组成及优先顺序为：＿＿＿＿＿＿＿＿＿＿＿＿＿＿＿＿＿＿＿＿＿。

1.6 图纸和承包人文件

1.6.1 图纸的提供

发包人向承包人提供图纸的期限：＿＿＿＿＿＿＿＿＿＿＿＿＿＿＿＿＿＿＿；

发包人向承包人提供图纸的数量：＿＿＿＿＿＿＿＿＿＿＿＿＿＿＿＿＿＿＿；

发包人向承包人提供图纸的内容：＿＿＿＿＿＿＿＿＿＿＿＿＿＿＿＿＿＿＿。

1.6.4 承包人文件

需要由承包人提供的文件，包括：＿＿＿＿＿＿＿＿＿＿＿＿＿＿＿＿＿＿＿；

承包人提供的文件的期限为：＿＿＿＿＿＿＿＿＿＿＿＿＿＿＿＿＿＿＿＿＿；

承包人提供的文件的数量为：＿＿＿＿＿＿＿＿＿＿＿＿＿＿＿＿＿＿＿＿＿；

承包人提供的文件的形式为：＿＿＿＿＿＿＿＿＿＿＿＿＿＿＿＿＿＿＿＿＿；

发包人审批承包人文件的期限：＿＿＿＿＿＿＿＿＿＿＿＿＿＿＿＿＿＿＿＿。

1.6.5 现场图纸准备

关于现场图纸准备的约定：＿＿＿＿＿＿＿＿＿＿＿＿＿＿＿＿＿＿＿＿＿＿。

1.7 联络

1.7.1 发包人和承包人应当在＿＿＿＿＿＿天内将与合同有关的通知、批准、证明、证书、指示、指令、要求、请求、同意、意见、确定和决定等书面函件送达对方当事人。

1.7.2 发包人接收文件的地点：＿＿＿＿＿＿＿＿＿＿＿＿＿＿＿＿＿＿＿＿；

发包人指定的接收人为：＿＿＿＿＿＿＿＿＿＿＿＿＿＿＿＿＿＿＿＿＿＿＿。

承包人接收文件的地点：＿＿＿＿＿＿＿＿＿＿＿＿＿＿＿＿＿＿＿＿＿＿＿；

承包人指定的接收人为：＿＿＿＿＿＿＿＿＿＿＿＿＿＿＿＿＿＿＿＿＿＿＿。

监理人接收文件的地点：＿＿＿＿＿＿＿＿＿＿＿＿＿＿＿＿＿＿＿＿＿＿＿；

监理人指定的接收人为：＿＿＿＿＿＿＿＿＿＿＿＿＿＿＿＿＿＿＿＿＿＿＿。

1.10 交通运输

1.10.1 出入现场的权利

关于出入现场的权利的约定：＿＿＿＿＿＿＿＿＿＿＿＿＿＿＿＿＿＿＿＿＿。

1.10.3 场内交通

关于场外交通和场内交通的边界的约定：＿＿＿＿＿＿＿＿＿＿＿＿＿＿＿＿。

关于发包人向承包人免费提供满足工程施工需要的场内道路和交通设施的约定：＿＿＿＿。

1.10.4 超大件和超重件的运输

运输超大件或超重件所需的道路和桥梁临时加固改造费用和其他有关费用由＿＿＿＿＿＿承担。

1.11 知识产权

1.11.1 关于发包人提供给承包人的图纸、发包人为实施工程自行编制或委托编制的技术规范以及反映发包人关于合同要求或其他类似性质的文件的著作权的归属：＿＿＿＿＿＿＿＿＿。

关于发包人提供的上述文件的使用限制的要求：＿＿＿＿＿＿＿＿＿＿＿＿＿＿＿＿＿＿＿。

1.11.2　关于承包人为实施工程所编制文件的著作权的归属：＿＿＿＿＿＿＿＿＿＿＿＿＿。

关于承包人提供的上述文件的使用限制的要求：＿＿＿＿＿＿＿＿＿＿＿＿＿＿＿＿＿＿＿。

1.11.4　承包人在施工过程中所采用的专利、专有技术、技术秘密的使用费的承担方式：＿＿＿＿＿＿＿＿＿＿＿＿＿＿＿＿＿＿＿＿＿＿＿＿＿＿＿＿＿＿＿＿＿＿＿＿＿＿＿。

1.13　工程量清单错误的修正

出现工程量清单错误时，是否调整合同价格：＿＿＿＿＿＿＿＿＿＿＿＿＿＿＿＿＿＿＿＿＿。

允许调整合同价格的工程量偏差范围：＿＿＿＿＿＿＿＿＿＿＿＿＿＿＿＿＿＿＿＿＿＿＿＿。

2. 发包人

2.2　发包人代表

发包人代表：

姓　　名：＿＿＿＿＿＿＿＿＿＿＿＿＿＿＿＿＿＿＿＿＿＿＿＿＿＿＿＿＿＿＿＿＿＿＿＿＿；

身份证号：＿＿＿＿＿＿＿＿＿＿＿＿＿＿＿＿＿＿＿＿＿＿＿＿＿＿＿＿＿＿＿＿＿＿＿＿＿；

职　　务：＿＿＿＿＿＿＿＿＿＿＿＿＿＿＿＿＿＿＿＿＿＿＿＿＿＿＿＿＿＿＿＿＿＿＿＿＿；

联系电话：＿＿＿＿＿＿＿＿＿＿＿＿＿＿＿＿＿＿＿＿＿＿＿＿＿＿＿＿＿＿＿＿＿＿＿＿＿；

电子信箱：＿＿＿＿＿＿＿＿＿＿＿＿＿＿＿＿＿＿＿＿＿＿＿＿＿＿＿＿＿＿＿＿＿＿＿＿＿；

通信地址：＿＿＿＿＿＿＿＿＿＿＿＿＿＿＿＿＿＿＿＿＿＿＿＿＿＿＿＿＿＿＿＿＿＿＿＿＿。

发包人对发包人代表的授权范围如下：＿＿＿＿＿＿＿＿＿＿＿＿＿＿＿＿＿＿＿＿＿＿＿＿。

2.4　施工现场、施工条件和基础资料的提供

2.4.1　提供施工现场

关于发包人移交施工现场的期限要求：＿＿＿＿＿＿＿＿＿＿＿＿＿＿＿＿＿＿＿＿＿＿＿＿。

2.4.2　提供施工条件

关于发包人应负责提供施工所需要的条件，包括：＿＿＿＿＿＿＿＿＿＿＿＿＿＿＿＿＿＿＿。

2.5　资金来源证明及支付担保

发包人提供资金来源证明的期限要求：＿＿＿＿＿＿＿＿＿＿＿＿＿＿＿＿＿＿＿＿＿＿＿＿。

发包人是否提供支付担保：＿＿＿＿＿＿＿＿＿＿＿＿＿＿＿＿＿＿＿＿＿＿＿＿＿＿＿＿＿＿。

发包人提供支付担保的形式：＿＿＿＿＿＿＿＿＿＿＿＿＿＿＿＿＿＿＿＿＿＿＿＿＿＿＿＿＿。

3. 承包人

3.1　承包人的一般义务

（5）承包人提交的竣工资料的内容：＿＿＿＿＿＿＿＿＿＿＿＿＿＿＿＿＿＿＿＿＿＿＿＿＿。

承包人需要提交的竣工资料套数：＿＿＿＿＿＿＿＿＿＿＿＿＿＿＿＿＿＿＿＿＿＿＿＿＿＿＿。

承包人提交的竣工资料的费用承担：＿＿＿＿＿＿＿＿＿＿＿＿＿＿＿＿＿＿＿＿＿＿＿＿＿＿。

承包人提交的竣工资料移交时间：＿＿＿＿＿＿＿＿＿＿＿＿＿＿＿＿＿＿＿＿＿＿＿＿＿＿＿。

承包人提交的竣工资料形式要求：＿＿＿＿＿＿＿＿＿＿＿＿＿＿＿＿＿＿＿＿＿＿＿＿＿＿＿。

（6）承包人应履行的其他义务：＿＿＿＿＿＿＿＿＿＿＿＿＿＿＿＿＿＿＿＿＿＿＿＿＿＿＿。

3.2　项目经理

3.2.1　项目经理：

姓　　名：＿＿＿＿＿＿＿＿＿＿＿＿＿＿＿＿＿＿＿＿＿＿＿＿＿＿＿＿＿＿＿＿＿＿＿＿＿；

身份证号：_____；

建造师执业资格等级：_____；

建造师注册证书号：_____；

建造师执业印章号：_____；

安全生产考核合格证书号：_____；

联系电话：_____；

电子信箱：_____；

通信地址：_____；

承包人对项目经理的授权范围如下：_____。

关于项目经理每月在施工现场的时间要求：_____

承包人未提交劳动合同，以及没有为项目经理缴纳社会保险证明的违约责任：_____。

项目经理未经批准，擅自离开施工现场的违约责任：_____

3.2.3　承包人擅自更换项目经理的违约责任：_____。

3.2.4　承包人无正当理由拒绝更换项目经理的违约责任：_____。

3.3　承包人人员

3.3.1　承包人提交项目管理机构及施工现场管理人员安排报告的期限：_____。

3.3.3　承包人无正当理由拒绝撤换主要施工管理人员的违约责任：_____。

3.3.4　承包人主要施工管理人员离开施工现场的批准要求：_____。

3.3.5　承包人擅自更换主要施工管理人员的违约责任：_____。

承包人主要施工管理人员擅自离开施工现场的违约责任：_____。

3.5　分包

3.5.1　分包的一般约定

禁止分包的工程包括：_____。

主体结构、关键性工作的范围：_____。

3.5.2　分包的确定

允许分包的专业工程包括：_____。

其他关于分包的约定：_____。

3.5.4　分包合同价款

关于分包合同价款支付的约定：_____。

3.6　工程照管与成品、半成品保护

承包人负责照管工程及工程相关的材料、工程设备的起始时间：_____。

3.7　履约担保

承包人是否提供履约担保：_____。

承包人提供履约担保的形式、金额及期限的：_____。

4.　监理人

4.1　监理人的一般规定

关于监理人的监理内容：_____。

关于监理人的监理权限：_____。

关于监理人在施工现场的办公场所、生活场所的提供和费用承担的约定：_____。

4.2 监理人员

总监理工程师：

姓　　名：＿＿＿＿＿＿＿＿＿＿＿＿＿＿＿＿＿＿＿＿＿＿＿＿＿＿＿＿＿＿＿＿＿；

职　　务：＿＿＿＿＿＿＿＿＿＿＿＿＿＿＿＿＿＿＿＿＿＿＿＿＿＿＿＿＿＿＿＿＿；

监理工程师执业资格证书号：＿＿＿＿＿＿＿＿＿＿＿＿＿＿＿＿＿＿＿＿＿＿＿＿；

联系电话：＿＿＿＿＿＿＿＿＿＿＿＿＿＿＿＿＿＿＿＿＿＿＿＿＿＿＿＿＿＿＿＿＿；

电子信箱：＿＿＿＿＿＿＿＿＿＿＿＿＿＿＿＿＿＿＿＿＿＿＿＿＿＿＿＿＿＿＿＿＿；

通信地址：＿＿＿＿＿＿＿＿＿＿＿＿＿＿＿＿＿＿＿＿＿＿＿＿＿＿＿＿＿＿＿＿＿；

关于监理人的其他约定：＿＿＿＿＿＿＿＿＿＿＿＿＿＿＿＿＿＿＿＿＿＿＿＿＿＿。

4.4 商定或确定

在发包人和承包人不能通过协商达成一致意见时，发包人授权监理人对以下事项进行确定：

(1) ＿＿＿＿＿＿＿＿＿＿＿＿＿＿＿＿＿＿＿＿＿＿＿＿＿＿＿＿＿＿＿＿＿＿＿＿；

(2) ＿＿＿＿＿＿＿＿＿＿＿＿＿＿＿＿＿＿＿＿＿＿＿＿＿＿＿＿＿＿＿＿＿＿＿＿；

(3) ＿＿＿＿＿＿＿＿＿＿＿＿＿＿＿＿＿＿＿＿＿＿＿＿＿＿＿＿＿＿＿＿＿＿＿＿。

5. 工程质量

5.1 质量要求

5.1.1 特殊质量标准和要求：＿＿＿＿＿＿＿＿＿＿＿＿＿＿＿＿＿＿＿＿＿＿＿＿。

关于工程奖项的约定：＿＿＿＿＿＿＿＿＿＿＿＿＿＿＿＿＿＿＿＿＿＿＿＿＿＿＿＿。

5.3 隐蔽工程检查

5.3.2 承包人提前通知监理人隐蔽工程检查的期限的约定：＿＿＿＿＿＿＿＿＿＿＿＿。

监理人不能按时进行检查时，应提前＿＿＿＿＿＿小时提交书面延期要求。

关于延期最长不得超过：＿＿＿＿＿＿小时。

6. 安全文明施工与环境保护

6.1 安全文明施工

6.1.1 项目安全生产的达标目标及相应事项的约定：＿＿＿＿＿＿＿＿＿＿＿＿＿＿。

6.1.4 关于治安保卫的特别约定：＿＿＿＿＿＿＿＿＿＿＿＿＿＿＿＿＿＿＿＿＿＿。

关于编制施工场地治安管理计划的约定：＿＿＿＿＿＿＿＿＿＿＿＿＿＿＿＿＿＿＿＿。

6.1.5 文明施工

合同当事人对文明施工的要求：＿＿＿＿＿＿＿＿＿＿＿＿＿＿＿＿＿＿＿＿＿＿＿。

6.1.6 关于安全文明施工费支付比例和支付期限的约定：＿＿＿＿＿＿＿＿＿＿＿＿＿。

7. 工期和进度

7.1 施工组织设计

7.1.1 合同当事人约定的施工组织设计应包括的其他内容：＿＿＿＿＿＿＿＿＿＿＿＿。

7.1.2 施工组织设计的提交和修改

承包人提交详细施工组织设计的期限的约定：＿＿＿＿＿＿＿＿＿＿＿＿＿＿＿＿＿＿。

发包人和监理人在收到详细的施工组织设计后确认或提出修改意见的期限：＿＿＿＿＿＿。

7.2 施工进度计划

7.2.2 施工进度计划的修订

发包人和监理人在收到修订的施工进度计划后确认或提出修改意见的期限：_____。

7.3 开工

7.3.1 开工准备

关于承包人提交工程开工报审表的期限：_____。

关于发包人应完成的其他开工准备工作及期限：_____。

关于承包人应完成的其他开工准备工作及期限：_____。

7.3.2 开工通知

因发包人原因造成监理人未能在计划开工日期之日起_____天内发出开工通知的，承包人有权提出价格调整要求，或者解除合同。

7.4 测量放线

7.4.1 发包人通过监理人向承包人提供测量基准点、基准线和水准点及其书面资料的期限：_____。

7.5 工期延误

7.5.1 因发包人原因导致工期延误

（7）因发包人原因导致工期延误的其他情形：_____。

7.5.2 因承包人原因导致工期延误

因承包人原因造成工期延误，逾期竣工违约金的计算方法为：_____。

因承包人原因造成工期延误，逾期竣工违约金的上限：_____。

7.6 不利物质条件

不利物质条件的其他情形和有关约定：_____。

7.7 异常恶劣的气候条件

发包人和承包人同意以下情形视为异常恶劣的气候条件：

（1）_____；

（2）_____；

（3）_____。

7.9 提前竣工的奖励

7.9.2 提前竣工的奖励：_____。

8. 材料与设备

8.4 材料与工程设备的保管与使用

8.4.1 发包人供应的材料设备的保管费用的承担：_____。

8.6 样品

8.6.1 样品的报送与封存

需要承包人报送样品的材料或工程设备，样品的种类、名称、规格、数量要求：_____。

8.8 施工设备和临时设施

8.8.1 承包人提供的施工设备和临时设施

关于修建临时设施费用承担的约定：_____。

9. 试验与检验

9.1 试验设备与试验人员

9.1.2 试验设备

施工现场需要配置的试验场所：_____。
施工现场需要配备的试验设备：_____。
施工现场需要具备的其他试验条件：_____。

9.4 现场工艺试验

现场工艺试验的有关约定：_____。

10. 变更

10.1 变更的范围

关于变更的范围的约定：_____。

10.4 变更估价

10.4.1 变更估价原则

关于变更估价的约定：_____。

10.5 承包人的合理化建议

监理人审查承包人合理化建议的期限：_____。
发包人审批承包人合理化建议的期限：_____。
承包人提出的合理化建议降低了合同价格或者提高了工程经济效益的奖励方法和金额
为：_____。

10.7 暂估价

暂估价材料和工程设备的明细详见附件11：《暂估价一览表》。

10.7.1 依法必须招标的暂估价项目

对于依法必须招标的暂估价项目的确认和批准采取第_____种方式确定。

10.7.2 不属于依法必须招标的暂估价项目

对于不属于依法必须招标的暂估价项目的确认和批准采取第_____种方式确定。

第3种方式：承包人直接实施的暂估价项目

承包人直接实施的暂估价项目的约定：_____。

10.8 暂列金额

合同当事人关于暂列金额使用的约定：_____。

11. 价格调整

11.1 市场价格波动引起的调整

市场价格波动是否调整合同价格的约定：_____。
因市场价格波动调整合同价格，采用以下第_____种方式对合同价格进行调整：
第1种方式：采用价格指数进行价格调整。
关于各可调因子、定值和变值权重，以及基本价格指数及其来源的约定：_____；
第2种方式：采用造价信息进行价格调整。
（2）关于基准价格的约定：_____。
专用合同条款①承包人在已标价工程量清单或预算书中载明的材料单价低于基准价格
的：专用合同条款合同履行期间材料单价涨幅以基准价格为基础超过_____%时，或材料单
价跌幅以已标价工程量清单或预算书中载明材料单价为基础超过____%时，其超过部分据实
调整。
②承包人在已标价工程量清单或预算书中载明的材料单价高于基准价格的：专用合同条

款合同履行期间材料单价跌幅以基准价格为基础超过＿＿％时，材料单价涨幅以已标价工程量清单或预算书中载明材料单价为基础超过＿＿％时，其超过部分据实调整。

③承包人在已标价工程量清单或预算书中载明的材料单价等于基准单价的：专用合同条款合同履行期间材料单价涨跌幅以基准单价为基础超过±＿＿％时，其超过部分据实调整。

第 3 种方式：其他价格调整方式：＿＿＿＿＿＿＿＿＿＿＿＿＿＿＿＿＿＿＿＿＿。

12. 合同价格、计量与支付

12.1 合同价格形式

1. 单价合同

综合单价包含的风险范围：＿＿＿＿＿＿＿＿＿＿＿＿＿＿＿＿＿＿＿＿＿＿＿。

风险费用的计算方法：＿＿＿＿＿＿＿＿＿＿＿＿＿＿＿＿＿＿＿＿＿＿＿＿＿。

风险范围以外合同价格的调整方法：＿＿＿＿＿＿＿＿＿＿＿＿＿＿＿＿＿＿＿。

2. 总价合同

总价包含的风险范围：＿＿＿＿＿＿＿＿＿＿＿＿＿＿＿＿＿＿＿＿＿＿＿＿＿。

风险费用的计算方法：＿＿＿＿＿＿＿＿＿＿＿＿＿＿＿＿＿＿＿＿＿＿＿＿＿。

风险范围以外合同价格的调整方法：＿＿＿＿＿＿＿＿＿＿＿＿＿＿＿＿＿＿＿。

3. 其他价格方式：＿＿＿＿＿＿＿＿＿＿＿＿＿＿＿＿＿＿＿＿＿＿＿＿＿＿＿。

12.2 预付款

12.2.1 预付款的支付

预付款支付比例或金额：＿＿＿＿＿＿＿＿＿＿＿＿＿＿＿＿＿＿＿＿＿＿＿＿。

预付款支付期限：＿＿＿＿＿＿＿＿＿＿＿＿＿＿＿＿＿＿＿＿＿＿＿＿＿＿＿＿。

预付款扣回的方式：＿＿＿＿＿＿＿＿＿＿＿＿＿＿＿＿＿＿＿＿＿＿＿＿＿＿＿。

12.2.2 预付款担保

承包人提交预付款担保的期限：＿＿＿＿＿＿＿＿＿＿＿＿＿＿＿＿＿＿＿＿＿。

预付款担保的形式为：＿＿＿＿＿＿＿＿＿＿＿＿＿＿＿＿＿＿＿＿＿＿＿＿＿＿。

12.3 计量

12.3.1 计量原则

工程量计算规则：＿＿＿＿＿＿＿＿＿＿＿＿＿＿＿＿＿＿＿＿＿＿＿＿＿＿＿＿。

12.3.2 计量周期

关于计量周期的约定：＿＿＿＿＿＿＿＿＿＿＿＿＿＿＿＿＿＿＿＿＿＿＿＿＿＿。

12.3.3 单价合同的计量

关于单价合同计量的约定：＿＿＿＿＿＿＿＿＿＿＿＿＿＿＿＿＿＿＿＿＿＿＿＿。

12.3.4 总价合同的计量

关于总价合同计量的约定：＿＿＿＿＿＿＿＿＿＿＿＿＿＿＿＿＿＿＿＿＿＿＿＿。

12.3.5 总价合同采用支付分解表计量支付的，是否适用第 12.3.4 项（总价合同的计量）约定进行计量：＿＿＿＿＿＿＿＿＿＿＿＿＿＿＿＿＿＿＿＿＿＿＿＿＿＿＿。

12.3.6 其他价格形式合同的计量

其他价格形式的计量方式和程序：＿＿＿＿＿＿＿＿＿＿＿＿＿＿＿＿＿＿＿＿＿。

12.4 工程进度款支付

12.4.1 付款周期

关于付款周期的约定：_____。

12.4.2 进度付款申请单的编制

关于进度付款申请单编制的约定：_____。

12.4.3 进度付款申请单的提交

（1）单价合同进度付款申请单提交的约定：_____。

（2）总价合同进度付款申请单提交的约定：_____。

（3）其他价格形式合同进度付款申请单提交的约定：_____。

12.4.4 进度款审核和支付

（1）监理人审查并报送发包人的期限：_____。

发包人完成审批并签发进度款支付证书的期限：_____。

（2）发包人支付进度款的期限：_____。

发包人逾期支付进度款的违约金的计算方式：_____。

12.4.6 支付分解表的编制

（1）总价合同支付分解表的编制与审批：_____。

（2）单价合同的总价项目支付分解表的编制与审批：_____。

13. 验收和工程试车

13.1 分部分项工程验收

13.1.2 监理人不能按时进行验收时，应提前_____小时提交书面延期要求。

关于延期最长不得超过：_____小时。

13.2 竣工验收

13.2.2 竣工验收程序

关于竣工验收程序的约定：_____。

发包人不按照本项约定组织竣工验收、颁发工程接收证书的违约金的计算方法：_____。

13.2.5 移交、接收全部与部分工程

承包人向发包人移交工程的期限：_____。

发包人未按本合同约定接收全部或部分工程的，违约金的计算方法为：_____。

承包人未按时移交工程的，违约金的计算方法为：_____。

13.3 工程试车

13.3.1 试车程序

工程试车内容：_____。

（1）单机无负荷试车费用由_____承担；

（2）无负荷联动试车费用由_____承担。

13.3.3 投料试车

关于投料试车相关事项的约定：_____。

13.6 竣工退场

13.6.1 竣工退场

承包人完成竣工退场的期限：_____。

14. 竣工结算

14.1 竣工付款申请

承包人提交竣工付款申请单的期限：_____。

竣工付款申请单应包括的内容：_____。

14.2 竣工结算审核

发包人审批竣工付款申请单的期限：_____。

发包人完成竣工付款的期限：_____。

关于竣工付款证书异议部分复核的方式和程序：_____。

14.4 最终结

14.4.1 最终结清申请单

承包人提交最终结清申请单的份数：_____。

承包人提交最终结算申请单的期限：_____。

14.4.2 最终结清证书和支付

（1）发包人完成最终结清申请单的审批并颁发最终结清证书的期限：_____。

（2）发包人完成支付的期限：_____。

15. 缺陷责任期与保修

15.2 缺陷责任期

缺陷责任期的具体期限：_____。

15.3 质量保证金

关于是否扣留质量保证金的约定：_____。

15.3.1 承包人提供质量保证金的方式

质量保证金采用以下第_____种方式：

（1）质量保证金保函，保证金额为：_____；

（2）_____%的工程款；

（3）其他方式：_____。

15.3.2 质量保证金的扣留

质量保证金的扣留采取以下第_____种方式：

（1）在支付工程进度款时逐次扣留，在此情形下，质量保证金的计算基数不包括预付款的支付、扣回以及价格调整的金额；

（2）工程竣工结算时一次性扣留质量保证金；

（3）其他扣留方式：_____。

关于质量保证金的补充约定：_____。

15.4 保修

15.4.1 保修责任

工程保修期为：_____。

15.4.3 修复通知

承包人收到保修通知并到达工程现场的合理时间：_____。

16. 违约

16.1 发包人违约

16.1.1 发包人违约的情形

发包人违约的其他情形：_____。

16.1.2　发包人违约的责任

发包人违约责任的承担方式和计算方法：

（1）因发包人原因未能在计划开工日期前 7 天内下达开工通知的违约责任：_____。

（2）因发包人原因未能按合同约定支付合同价款的违约责任：_____。

（3）发包人违反第 10.1 款（变更的范围）第（2）项约定，自行实施被取消的工作或转由他人实施的违约责任：_____。

（4）发包人提供的材料、工程设备的规格、数量或质量不符合合同约定，或因发包人原因导致交货日期延误或交货地点变更等情况的违约责任：_____。

（5）因发包人违反合同约定造成暂停施工的违约责任：_____。

（6）发包人无正当理由没有在约定期限内发出复工指示，导致承包人无法复工的违约责任：_____。

（7）其他：_____。

16.1.3　因发包人违约解除合同

承包人按 16.1.1 项（发包人违约的情形）约定暂停施工满_____天后发包人仍不纠正其违约行为并致使合同目的不能实现的，承包人有权解除合同。

16.2　承包人违约

16.2.1　承包人违约的情形

承包人违约的其他情形：_____。

16.2.2　承包人违约的责任

承包人违约责任的承担方式和计算方法：_____。

16.2.3　因承包人违约解除合同

关于承包人违约解除合同的特别约定：_____。

发包人继续使用承包人在施工现场的材料、设备、临时工程、承包人文件和由承包人或以其名义编制的其他文件的费用承担方式：_____。

17.　不可抗力

17.1　不可抗力的确认

除通用合同条款约定的不可抗力事件之外，视为不可抗力的其他情形：_____。

17.4　因不可抗力解除合同

合同解除后，发包人应在商定或确定发包人应支付款项后_____天内完成款项的支付。

18.　保险

18.1　工程保险

关于工程保险的特别约定：_____。

18.3　其他保险

关于其他保险的约定：_____。

承包人是否应为其施工设备等办理财产保险：_____。

18.7　通知义务

关于变更保险合同时的通知义务的约定：_____。

20.　争议解决

20.3　争议评审

合同当事人是否同意将工程争议提交争议评审小组决定：_____。

20.3.1 争议评审小组的确定

争议评审小组成员的确定：_____。

选定争议评审员的期限：_____。

争议评审小组成员的报酬承担方式：_____。

其他事项的约定：_____。

20.3.2 争议评审小组的决定

合同当事人关于本项的约定：_____。

20.4 仲裁或诉讼

因合同及合同有关事项发生的争议，按下列第_____种方式解决：

（1）向_____仲裁委员会申请仲裁；

（2）向_____人民法院起诉。

附件

协议书附件：

附件1：承包人承揽工程项目一览表

专用合同条款附件：

附件2：发包人供应材料设备一览表

附件3：工程质量保修书

附件4：主要建设工程文件目录

附件5：承包人用于本工程施工的机械设备表

附件6：承包人主要施工管理人员表

附件7：分包人主要施工管理人员表

附件8：履约担保

附件9：预付款担保

附件10：支付担保

附件11：暂估价一览表

附件1：

承包人承揽工程项目一览表

单位工程名称	建设规模	建筑面积（平方米）	结构形式	层数	生产能力	设备安装内容	合同价格（元）	开工日期	竣工日期

附件2：

发包人供应材料设备一览表

序号	材料、设备品种	规格型号	单位	数量	单价（元）	质量等级	供应时间	送达地点	备注

附件3：

工程质量保修书

发包人（全称）：_____

承包人（全称）：_____

发包人和承包人根据《中华人民共和国建筑法》和《建设工程质量管理条例》，经协商一致就（工程全称）签订工程质量保修书。

一、工程质量保修范围和内容

承包人在质量保修期内，按照有关法律规定和合同约定，承担工程质量保修责任。

质量保修范围包括地基基础工程、主体结构工程，屋面防水工程、有防水要求的卫生间、房间和外墙面的防渗漏，供热与供冷系统，电气管线、给排水管道、设备安装和装修工程，以及双方约定的其他项目。具体保修的内容，双方约定如下：_____。

二、质量保修期

根据《建设工程质量管理条例》及有关规定，工程的质量保修期如下：

1. 地基基础工程和主体结构工程为设计文件规定的工程合理使用年限；

2. 屋面防水工程、有防水要求的卫生间、房间和外墙面的防渗为_____年；

3. 装修工程为_____年；

4. 电气管线、给排水管道、设备安装工程为_____年；

5. 供热与供冷系统为_____个采暖期、供冷期；

6. 住宅小区内的给排水设施、道路等配套工程为_____年；

7. 其他项目保修期限约定如下：_____。

质量保修期自工程竣工验收合格之日起计算。

三、缺陷责任期

工程缺陷责任期为_____个月，缺陷责任期自工程竣工验收合格之日起计算。单位工程先于全部工程进行验收，单位工程缺陷责任期自单位工程验收合格之日起算。

缺陷责任期终止后，发包人应退还剩余的质量保证金。

四、质量保修责任

1. 属于保修范围、内容的项目，承包人应当在接到保修通知之日起 7 天内派人保修。承包人不在约定期限内派人保修的，发包人可以委托他人修理。

2. 发生紧急事故需抢修的，承包人在接到事故通知后，应当立即到达事故现场抢修。

3. 对于涉及结构安全的质量问题，应当按照《建设工程质量管理条例》的规定，立即向当地建设行政主管部门和有关部门报告，采取安全防范措施，并由原设计人或者具有相应资质等级的设计人提出保修方案，承包人实施保修。

4. 质量保修完成后，由发包人组织验收。

五、保修费用

保修费用由造成质量缺陷的责任方承担。

六、双方约定的其他工程质量保修事项：_____。

工程质量保修书由发包人、承包人在工程竣工验收前共同签署，作为施工合同附件，其有效期限至保修期满。

发包人（公章）：_____ 承包人（公章）：_____

地　　址：_____ 地　　址：_____

法定代表人（签字）：_____ 法定代表人（签字）：_____

委托代理人（签字）：_____ 委托代理人（签字）：_____

电　　话：_____ 电　　话：_____

传　　真：_____ 传　　真：_____

开户银行：_____ 开户银行：_____

账　　号：_____ 账　　号：_____

邮政编码：_____ 邮政编码：_____

附件 4：

主要建设工程文件目录

文件名称	套数	费用（元）	质量	移交时间	责任人

附件5：

承包人用于本工程施工的机械设备表

序号	机械或设备名称	规格型号	数量	产地	制造年份	额定功率（kW）	生产能力	备注

附件6：

承包人主要施工管理人员表

名 称	姓名	职务	职称	主要资历、经验及承担过的项目
一、总部人员				
项目主管				
其他人员				
二、现场人员				
项目经理				
项目副经理				
技术负责人				
造价管理				
质量管理				

续表

名　称	姓名	职务	职称	主要资历、经验及承担过的项目
二、现场人员				
材料管理				
计划管理				
安全管理				
其他人员				

附件 7：

分包人主要施工管理人员表

名称	姓名	职务	职称	主要资历、经验及承担过的项目
一、总部人员				
项目主管				
其他人员				
二、现场人员				
项目经理				
项目副经理				
技术负责人				
造价管理				
质量管理				
材料管理				

续表

名称	姓名	职务	职称	主要资历、经验及承担过的项目
二、现场人员				
计划管理				
安全管理				
其他人员				

附件 8:

履 约 担 保

_____（发包人名称）：

鉴于_____（发包人名称，以下简称"发包人"）与_____（承包人名称）（以下称"承包人"）于_____年_____月_____日就（工程名称）施工及有关事项协商一致共同签订《建设工程施工合同》。我方愿意无条件地、不可撤销地就承包人履行与你方签订的合同，向你方提供连带责任担保。

1. 担保金额人民币（大写）_____元（￥_____）。

2. 担保有效期自你方与承包人签订的合同生效之日起至你方签发或应签发工程接收证书之日止。

3. 在本担保有效期内，因承包人违反合同约定的义务给你方造成经济损失时，我方在收到你方以书面形式提出的在担保金额内的赔偿要求后，在 7 天内无条件支付。

4. 你方和承包人按合同约定变更合同时，我方承担本担保规定的义务不变。

5. 因本保函发生的纠纷，可由双方协商解决，协商不成的，任何一方均可提请_____仲裁委员会仲裁。

6. 本保函自我方法定代表人（或其授权代理人）签字并加盖公章之日起生效。

担保人：_____（盖单位章）

法定代表人或其委托代理人：_____（签字）

地　　址：_____

邮政编码：_____

电　　话：_____

传　　真：_____

_____年_____月_____日

附件 9：

预付款担保

＿＿＿＿＿＿＿＿＿＿＿＿＿＿＿＿＿＿＿（发包人名称）：

　　根据 ＿＿＿＿＿＿＿＿＿＿＿＿＿＿＿＿＿＿＿＿＿＿＿（承包人名称）（以下称"承包人"）与 ＿＿＿＿＿＿＿＿＿＿＿＿＿＿＿＿＿＿＿（发包人名称）（以下简称"发包人"）于＿＿＿＿年＿＿＿＿月＿＿＿＿日签订的 ＿＿＿＿＿＿＿＿＿＿＿＿＿＿＿＿（工程名称）《建设工程施工合同》，承包人按约定的金额向你方提交一份预付款担保，即有权得到你方支付相等金额的预付款。我方愿意就你方提供给承包人的预付款为承包人提供连带责任担保。

　　1. 担保金额人民币（大写）＿＿＿＿＿＿＿＿＿＿＿＿＿＿元＿＿＿＿＿＿＿＿＿＿＿＿＿＿（￥）。

　　2. 担保有效期自预付款支付给承包人起生效，至你方签发的进度款支付证书说明已完全扣清止。

　　3. 在本保函有效期内，因承包人违反合同约定的义务而要求收回预付款时，我方在收到你方的书面通知后，在 7 天内无条件支付。但本保函的担保金额，在任何时候不应超过预付款金额减去你方按合同约定在向承包人签发的进度款支付证书中扣除的金额。

　　4. 你方和承包人按合同约定变更合同时，我方承担本保函规定的义务不变。

　　5. 因本保函发生的纠纷，可由双方协商解决，协商不成的，任何一方均可提请＿＿＿＿＿＿仲裁委员会仲裁。

　　6. 本保函自我方法定代表人（或其授权代理人）签字并加盖公章之日起生效。

担保人：＿＿＿＿＿＿＿＿＿＿＿＿＿＿＿＿＿＿＿（盖单位章）

法定代表人或其委托代理人：＿＿＿＿＿＿＿＿＿＿＿（签字）

地　　址：＿＿＿＿＿＿＿＿＿＿＿＿＿＿＿＿＿＿＿＿＿

邮政编码：＿＿＿＿＿＿＿＿＿＿＿＿＿＿＿＿＿＿＿＿＿

电　　话：＿＿＿＿＿＿＿＿＿＿＿＿＿＿＿＿＿＿＿＿＿

传　　真：＿＿＿＿＿＿＿＿＿＿＿＿＿＿＿＿＿＿＿＿＿

＿＿＿＿年＿＿＿＿月＿＿＿＿日

附件 10：

支 付 担 保

＿＿＿＿＿＿＿＿＿＿＿＿＿＿＿＿（承包人）：

　　鉴于你方作为承包人已经与＿＿＿＿＿＿＿＿＿＿＿＿＿＿＿＿（发包人名称）（以下称"发包人"）于＿＿＿＿年＿＿＿＿月＿＿＿＿日签订了 ＿＿＿＿＿＿＿＿＿＿＿＿＿＿＿＿＿（工程名称）《建设工程施工合同》（以下称"主合同"），应发包人的申请，我方愿就发包人履行主合同约定的工程款支付义务以保证的方式向你方提供如下担保：

一、保证的范围及保证金额

1. 我方的保证范围是主合同约定的工程款。

2. 本保函所称主合同约定的工程款是指主合同约定的除工程质量保证金以外的合同价款。

3. 我方保证的金额是主合同约定的工程款的_____%，数额最高不超过人民币元（大写：_____）。

二、保证的方式及保证期间

1. 我方保证的方式为：连带责任保证。

2. 我方保证的期间为：自本合同生效之日起至主合同约定的工程款支付完毕之日后_____日内。

3. 你方与发包人协议变更工程款支付日期的，经我方书面同意后，保证期间按照变更后的支付日期做相应调整。

三、承担保证责任的形式

我方承担保证责任的形式是代为支付。发包人未按主合同约定向你方支付工程款的，由我方在保证金额内代为支付。

四、代偿的安排

1. 你方要求我方承担保证责任的，应向我方发出书面索赔通知及发包人未支付主合同约定工程款的证明材料。索赔通知应写明要求索赔的金额，支付款项应到达的账号。

2. 在出现你方与发包人因工程质量发生争议，发包人拒绝向你方支付工程款的情形时，你方要求我方履行保证责任代为支付的，需提供符合相应条件要求的工程质量检测机构出具的质量说明材料。

3. 我方收到你方的书面索赔通知及相应的证明材料后 7 天内无条件支付。

五、保证责任的解除

1. 在本保函承诺的保证期间内，你方未书面向我方主张保证责任的，自保证期间届满次日起，我方保证责任解除。

2. 发包人按主合同约定履行了工程款的全部支付义务的，自本保函承诺的保证期间届满次日起，我方保证责任解除。

3. 我方按照本保函向你方履行保证责任所支付金额达到本保函保证金额时，自我方向你方支付（支付款项从我方账户划出）之日起，保证责任即解除。

4. 按照法律法规的规定或出现应解除我方保证责任的其他情形的，我方在本保函项下的保证责任亦解除。

5. 我方解除保证责任后，你方应自我方保证责任解除之日起_____个工作日内，将本保函原件返还我方。

六、免责条款

1. 因你方违约致使发包人不能履行义务的，我方不承担保证责任。

2. 依照法律法规的规定或你方与发包人的另行约定，免除发包人部分或全部义务的，我方亦免除其相应的保证责任。

3. 你方与发包人协议变更主合同的，如加重发包人责任致使我方保证责任加重的，需征得我方书面同意，否则我方不再承担因此而加重部分的保证责任，但主合同第 10 条（变更）约定的变更不受本款限制。

4. 因不可抗力造成发包人不能履行义务的，我方不承担保证责任。

七、争议解决

因本保函或本保函相关事项发生的纠纷，可由双方协商解决，协商不成的，按下列第_____种方式解决：

（1）向_____仲裁委员会申请仲裁；

（2）向_____人民法院起诉。

八、保函的生效

本保函自我方法定代表人（或其授权代理人）签字并加盖公章之日起生效。

担保人：_____（盖章）

法定代表人或委托代理人：_____（签字）

地　　址：_____

邮政编码：_____

传　　真：_____

_____年_____月_____日

附件 11：

材料暂估价表

序号	名称	单位	数量	单价（元）	合价（元）	备注

工程设备暂估价表

序号	名称	单位	数量	单价（元）	合价（元）	备注

专业工程暂估价表

序号	名称	单位	数量	单价（元）	合价（元）	备注

参 考 文 献

[1]　全国人大常委会法工委研究室. 中华人民共和国合同法释义[M]. 北京：人民法院出版社，1999.

[2]　全国人大常委会法工委研究室. 中华人民共和国招标投标法释义[M]. 北京：人民法院出版社，1999.

[3]　标准文件编制组. 中华人民共和国2007年版标准施工招标资格预审文件使用指南[M]. 北京：中国计划出版社，2008.

[4]　标准文件编写组. 中华人民共和国2007年版标准施工招标文件使用指南[M]. 北京：中国计划出版社，2008.

[5]　孙琬钟. 中华人民共和国招标投标法实务全书[M]. 北京：中国人民公安大学出版社，1999.

[6]　黄文杰. 建设工程招标实务[M]. 北京：中国计划出版社，2002.

[7]　何红锋. 工程建设中的合同法与招标投标法[M]. 北京：中国计划出版社，2002.

[8]　徐崇禄、董红梅. 建设工程施工合同系列文本应用[M]. 北京：中国计划出版社，2003.

[9]　何佰洲. 工程建设法规与案例[M]. 北京：中国建筑工业出版社，2004.

[10]　谷学良. 工程招标投标与合同[M]. 哈尔滨：黑龙江科学技术出版社，2004.

[11]　中国建设监理协会. 建设工程合同管理[M]. 北京：知识产权出版社，2007.

[12]　孙宏斌. 招投标与合同管理[M]. 武汉：华中科技大学出版社，2008.

[13]　成虎. 建设工程合同管理与索赔[M]. 南京：东南大学出版社，2008.

[14]　朱昊. 建设工程合同管理与案例评析[M]. 北京：机械工业出版社，2008.

[15]　王春宁. 建设工程招标投标与合同管理实务[M]. 北京：中国建筑工业出版社，2009.

[16]　刘晓黎. 建设工程招投标与合同管理[M]. 上海：同济大学出版社，2010.

[17]　刘黎虹. 工程招投标与合同管理[M]. 北京：机械工业出版社，2012.

[18]　朱晓轩. 建筑工程招投标与施工组织合同管理[M]. 北京：电子工业出版社，2012.

[19]　王志毅. 中华人民共和国招标投标法实施条例200问[M]. 北京：中国建材工业出版社，2013.